燃料分析技术问答

第三版

2014年版

方文沐
杜惠敏 编著
李天荣

中国电力出版社
CHINA ELECTRIC POWER PRESS

内 容 提 要

本书是在《燃料分析技术问答　第二版》的基础上修订而成的。

全书详细介绍了燃料（煤炭、石油和天然气）的物理化学特性及其最新检测方法，尤其对煤炭的机械化采、制样和煤质在线分析仪及其检测扩展了许多有实际应用价值的内容，同时对商品煤的质量的抽查和验收，特别是后者做了重点的阐述。此外，也涉及燃煤锅炉、误差及数据处理和化学分析的一些基础知识。

本书以一问一答的方式，紧密结合火电厂燃料使用的特点及燃料领域内必须了解的若干技术问题进行深入浅出地叙述，针对性强，通俗易懂。所以，它是燃料质量检验人员学习和培训的理想教材，也是燃料质量管理人员案头上必备的一本参考书。此外，它还可供燃料锅炉工作者和锅炉运行人员工作时参考。

图书在版编目（CIP）数据

燃料分析技术问答/方文沐，杜惠敏，李天荣编著．3版．—北京：中国电力出版社，2005.2（2023.5重印）
ISBN 978-7-5083-2640-5

Ⅰ．燃…　Ⅱ．①方…　②杜…　③李…　Ⅲ．燃料-分析-基本知识-问答　Ⅳ．TQ511-44

中国版本图书馆CIP数据核字（2004）第112457号

中国电力出版社出版、发行
（北京市东城区北京站西街19号　100005　http://www.cepp.sgcc.com.cn）
三河市百盛印装有限公司印刷
各地新华书店经售

*

1993年12月第一版

2005年2月第三版　2023年5月北京第二十六次印刷
787毫米×1092毫米　32开本　19印张　401千字
印数72411-73410　定价80.00元

前言

电厂燃料费用约占发电成本的70%。随着电力工业的迅速发展、装机容量的日益大型化，电煤需求量急剧增加，煤质监督的任务也越来越繁重、艰巨。煤炭质量不但影响发电成本，还直接关系锅炉机组的安全运行，加强燃煤的质量监督，提高质量管理水平，对降低发电成本，提高火电厂经济效益和安全运行有着十分重要的意义。

在中能电力燃料公司主管部门的指导下，自1989年以来开展的煤质检验人员考核发证工作，每两年举办一次，迄今为止已进行八次了。为配合此工作而编写的培训教材《燃料分析技术问答》已多次再版，它对帮助煤质检验人员掌握业务知识，提高检测技术水平起到了积极作用。

鉴于近年来与煤炭检测方面有关的国家标准和电力标准有所修改，同时又增加了一些至关重要的国家标准和电力标准，此外，还有不少新型仪器和现代技术用于煤质检验和管理方面，因此，有必要对原《燃料分析技术问答》（第二版）进行修订。

修订后的《燃料分析技术问答》分为15章。新增加部分的内容主要有商品煤质量的验收、机械化采制样及其有关使用性能的规范化、煤炭在线分析仪使用性能的评价、煤场盘煤和管理以及煤质化验室仪器的校准等。此外，还对各章内容按最新国家标准及电力行业标准进行了修改和增补。通过这次修订，使《燃料分析技术问答》的内容更具有深度和广度，更加接近实际。它是煤质检验人员学习和培训的一本理想教材，同时也是从事火电厂燃料管理人员的较为全面的参考书。此外还可供从事燃料锅炉人员工作时参考。

编著者

于2004年6月30日

目录

第二章 燃料质量管理基础

第三章 采样和制样

通用部分

人工采、制样部分

机械化采、制样部分

第四章 工业分析

第五章　发　热　量

第六章 硫的分析

第七章　元　素　分　析

第八章　物 理 特 性

第九章 煤灰的化学成分及其高温特性

第十章　燃油和燃气的采样及分析

第十一章 煤质在线分析仪及其检测

第十二章　化学分析基础

第十三章　燃料锅炉基础

第十四章　误差及数据处理基础

第十五章　煤质各指标相互关系及分析结果的审核

计 算 示 例

附　　录

第一章 燃料基础

1-1 能源大致有哪几种分类方法？

所谓能源是指能提供某种形式能量的物质。用作火电厂的燃料通常有煤炭、石油及其炼制品和天然气（含油田煤气）等。这些燃料是能源的重要构成部分。能源分类的方法有以下三种：

（1）从是否经过加工的角度，能源可划分为一次能源与二次能源。

一次能源是指从自然界直接取得且不改变其基本形态和品位的能源，如煤炭、筛选煤、石油、天然气等。

二次能源是指一次能源经加工转换成另一种形态和品位的能源，如柴油、重油、电力等。

（2）从利用范围的角度，能源可划分为常规能源和新能源。

常规能源是指目前被广泛利用的能源，如煤炭、石油、天然气等。

新能源指的是目前还未能被广泛利用的且正在研究有待于推广的一次能源，如太阳能等。

（3）从能否恢复利用的角度，能源可划分为再生能源和非再生能源。

再生能源是指能够循环利用的且不断得到补充的一次能

源，如水能、太阳能、地热等。

非再生能源指的是经过亿万年才能形成的且在短时间内又无法恢复的一次能源，如煤灰、石油等。

1-2 什么叫做燃料？它应具备哪些基本要求？

在空气中容易燃烧产生热量，且能被广泛应用于工农业生产和人民生活的物质叫做燃料。它要具备下列基本要求：

(1) 能释放出热量并能产生较高的温度；

(2) 广泛地存在于自然界或从自然界物质中经加工可获得的大量物质；

(3) 容易供应，价格低廉；

(4) 便于利用、贮存和运输；

(5) 含硫量低，燃烧产物不污染或少污染环境，不影响生态平衡。

1-3 什么叫做有机燃料？它可分为哪几种？

由碳和氢等主要元素组成的有机物质的天然燃料及其加工后的人造燃料，都可称为有机燃料。它一般可分为：

(1) 固体燃料，木柴、泥炭、煤炭、油页岩、木炭、煤粉、选煤废料及型煤等。

(2) 液体燃料，石油及其炼制品(汽油、柴油及重油等)。

(3) 气体燃料，天然煤气（油田煤气、气田煤气）、人造煤气、石油气等。

我国电站锅炉主要燃用固体燃料，液体燃料多见于产油地区或作为辅助燃料用，至于以气体作为锅炉燃料的情况则很少。但近年来，为减少锅炉排气和排渣的污染环境，燃气锅炉有所增加。

1-4　矿物燃料包括哪些？

从广义上来说，矿物燃料有固体矿物燃料、液体矿物燃料和气体（矿物）燃料。它们的共同特征是来源相同，都是由自然界的植物或动物经生物化学和物理化学的长期作用而形成的有机体组成，同时还含有数量不等的无机物质。固体矿物燃料有褐煤、烟煤、无烟煤和油页岩。一般煤化程度高的煤含碳量高，含氢量低，吸水性弱，其氧和氮的总量与氢之比也小；液体矿物燃料有石油及其炼制产品，它的组成较稳定，其碳、氢、氮等含量变化不大，一般这三者总量在98%以上；气体（矿物）燃料主要是天然煤气（即气田煤气和油田煤气），它们绝大部分的组成以甲烷为主，一般可达到90%以上，气田煤气的甲烷含量比油田煤气高些。此外，还有待研究开发的煤田煤气。

1-5　燃料的可燃与不可燃部分各包含哪些主要成分？

天然有机燃料的组成都可划分为可燃与不可燃两部分。由于燃料生成条件及贮存状态不同，所以固体、液体和气体燃料中的可燃和不燃部分所含的成分也有所差异。固体燃料的可燃部分是由多种碳、氢、氧化合物和氮、硫化合物组成的具有胶态特性的有机复合体；不可燃部分是无机矿物质，如高岭土、硫化物、氧化物、碳酸盐、硫酸盐、氯化物、某些金属呈有机盐形态的化合物及水等。液体燃料的可燃部分是由多种烷烃、环烷烃和芳香烃等组成的，此外，还含有沥青质和胶质，不燃部分是能溶于水的各种盐类、少量同有机酸相结合的某些金属化合物及水等。天然气体燃料的可燃部分主要是甲烷，而乙烷、丙烷、丁烷很少，不可燃部分主要是氮气、氦气、二氧化碳和水汽等。此外，还有硫化氢气体。

就燃料中可燃部分和不可燃部分的混合均匀性来说，以气体燃料为最好，其次是液体燃料，固体燃料则最差，特别是煤炭，这给煤炭的采、制样工作带来很大的困难。

1-6 煤炭是怎样生成的?

煤炭从某种意义上来说是地壳运动的产物。远在几亿年前的古生代、中生代和几千万年前的新生代时期，大量植物的遗体，经过复杂的生物化学和物理化学的长期作用转变为煤，这个过程称为成煤作用。成煤作用过程分成两个阶段，第一阶段植物在浅海或沼泽湖泊中大量繁殖，经微生物的化学作用，低等植物形成腐泥，高等植物形成泥炭；第二阶段泥炭和腐泥因地壳运动下沉，长期受高温（地球热度）、高压（地球岩层压力）作用形成煤，这一阶段也叫煤化阶段。煤化过程是一个增碳化过程，是一个由低级向高级逐渐变化的过程，即煤化作用不断加深，泥炭逐渐变成褐煤、烟煤和无烟煤。

1-7 油页岩是怎样形成的?

油页岩是由死水中的微生物在隔绝空气的条件下被分解而成的一种矿物燃料，当微生物被分解时变成含树脂很多的物质，并与周围无机矿物质经长期混合后形成了油页岩。在我国除江苏、台湾和京、津、沪地区外，各（省）区均分布有油页岩矿。

1-8 油页岩的基本特征是什么?

油页岩外观多呈土黄色，含油率多时呈黑灰色，我国油页岩含油率一般约为5%~10%，发热量为4.20~14.60 MJ/kg,灰分为50%~80%，含硫量为0.5%~3%。油页岩既可加热干馏，制取页岩油，又可直接作为沸腾锅炉燃料或其他锅炉的掺烧燃料。

1-9　泥炭是怎样生成的？

泥炭是由沼泽中各种植物的分解产物和未分解的植物原质组成的未经煤化的含水混合物，它是由泥炭化作用而形成的一种可燃物质。泥炭因沼泽化程度不同可分低位、中位和高位三种，我国泥炭多为低位泥炭，它主要分布在东北地区，其次是华东、华南和西南地区，此外，四川、云南及新疆等地也有。

1-10　泥炭的基本特征是什么？

泥炭外观颜色呈黄褐色乃至棕黑色，疏松，水分含量较大，刚开采的泥炭的水分高达85%~95%，一般不易去除；含氮量为1.5%~2.5%，比褐煤和烟煤低；含硫量也较低，通常低于0.5%，最高也不超过1%，并且多以有机硫形态存在。不同程度沼泽化的泥炭的性质也有所差别，低位泥炭，灰分为6%~13%，有机质为50%~70%，发热量为7.95~14.65 MJ/g；中位泥炭，灰分为4%~6%，有机质为65%~85%，发热量为10.45~14.64MJ/kg；高位泥炭，灰分为2%~4%，有机质为80%~90%，发热量为12.54~16.73MJ/kg。

1-11　什么叫做煤岩的宏观组分？它分为哪几种？

煤岩是一种有机岩石。在煤岩学宏观研究中，可以用肉眼或借助放大镜能观察到的煤的页岩组分叫做煤的宏观组分。煤的宏观组分一般可分为镜煤、丝炭、亮煤和暗煤四种，它们是构成煤炭的基本组分。

（1）镜煤。外观呈黑色，光泽强，断面平滑如镜，质脆易破碎，其挥发分和含氢量高，粘结性强。

（2）丝炭。外观像木炭，颜色灰黑，呈纤维结构，质脆易碎，疏松多孔，但矿化了的丝炭则坚硬致密，密度大。

（3）暗煤。外观一般呈灰黑色，光泽暗淡，硬度大，而且韧度也大，不易破碎。

（4）亮煤。外观光泽强，仅次于镜煤，比重较小，质脆易碎。

这些宏观组分的含量,随着煤化程度的不同有很大的差异。

1－12　什么叫做煤岩的显微组分？它分为哪几种？

在煤岩学微观研究中，用经特殊加工处理的煤片，在显微镜下，借助透射光或反射光能观察到的各种组分称为显微组分，它可分为有机显微组分和无机显微组分两部分。

（1）有机显微组分。

1）镜质组分，也叫凝胶化组分，它是植物茎、叶的木质纤维组织经过凝胶化作用形成的各种凝胶体，是腐煤中最主要的显微组分。

2）丝炭化组分，它是由木质纤维组织经丝炭化作用形成的，是煤中最常见的显微组分。

3）稳定组分，它是成煤植物中化学稳定性强的组成部分，包括树脂、孢子、花粉、角质膜、木栓层等。

（2）无机显微组分。

1）粘土组，常见的粘土有高岭土、水云母、伊利石、蒙脱石等，一般含量多，是灰分的主要来源。

2）硫化物组，常见的有黄铁矿和白铁矿，它们呈透镜状或球状的微晶集合体，它是煤中硫分的重要来源之一。

3）碳酸盐组，常见的有方解石、白云石、菱铁矿等，一般含量少。

4）氧化物组，常见的有赤铁矿、金红石、石英、玉髓等，含量极少。

5）硫酸盐组，常见的有硫酸铁、硫酸钙等，含量很少。

1-13 煤的元素组成与煤的变质程度有何关系？

随着煤的变质程度不同，煤的元素组成相应地会发生变化。变质程度愈高，煤中碳含量（C_{daf}）就愈高，通常无烟煤为90%～98%，贫煤为89%～93%，焦煤为85%～91%，肥煤及气煤为79%～88%，长焰煤为76.5%～81%，褐煤为60%～77%，泥炭为50%～60%。与之相反，氢含量（H_{daf}）则随煤的变质程度的加深而降低，氢在煤中的含量一般为2%～6.5%，也有极少数无烟煤的氢含量低于1.5%。氧含量也随煤的变质程度的加深而显著降低，从褐煤到无烟煤变化范围为30%～0.5%。氮在煤中含量很少，通常在0.5%～3%范围内变化，而且随煤的变质程度的加深和成煤地质环境的还原程度的降低而减少。硫与煤的变质程度无明显关系，而与成煤和地理环境条件密切相关，在不同品种煤中硫的含量差别很大，其变化范围为0.1%～12%，但多数情况为0.5%～3%。

1-14 煤炭为什么要进行分类？

煤炭是重要的能源和化工原料，在人民生活及工农业生产中均占有极其重要的地位。要开发和合理利用煤炭资源，就必须对作为主要固体燃料的煤炭进行既有科学性又有实用性的分类，以适应各工业的不同技术要求，同时也便于各工业部门的选用，以达到以煤为燃料或原料的各种设备有最高的效率或保证产品质量。如炼焦需要粘结性较好的煤，制造民用煤气需要粘结性差、挥发分高的年轻煤，锅炉用煤则需要挥发分和发热量均较高的煤。我国是世界上煤炭资源丰富的国家之一，煤的储量和产量均居世界前列，因此，做好煤炭的分类工作，更具有重大意义。煤炭分类方法很多，有按成因分类、按实用工艺分类、按煤化程度和工艺相结合的分类等。

1－15　我国煤炭是根据哪些参数分类的？

我国煤炭分类是按照表征煤化程度的参数（V_{daf}、P_m）和表征工艺性能的参数（G、Y_{mm}、b）相结合进行分类的。图 1－1 为中国煤炭分类简图。

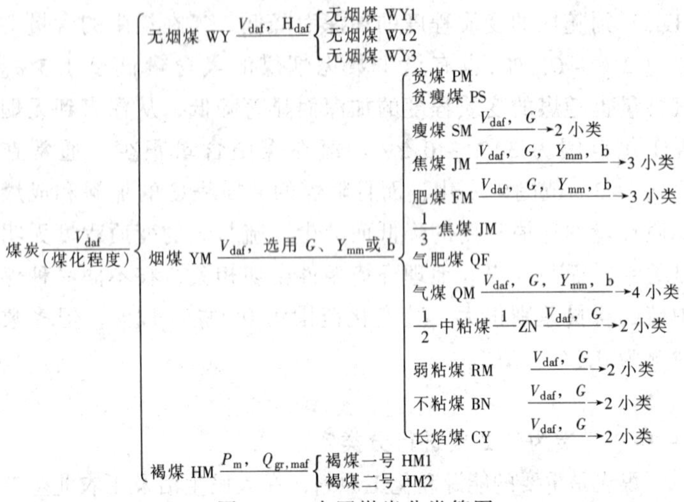

图 1－1　中国煤炭分类简图

V_{daf}—干燥无灰基挥发分，%；P_m—透光率，%；G—粘结指数；Y_{mm}—胶质层厚度；b—奥亚膨胀度，%；$Q_{gr,maf}$—恒湿无灰基发热量，MJ/kg

1－16 发电煤粉锅炉用煤技术条件是什么？

GB/T 7562—1998 发电煤粉锅炉用煤技术条件适用于电厂固态排渣煤粉锅炉，技术条件选用了 7 项指标：它们是挥发分（V_{daf}）（辅以发热量 $Q_{net,ar}$）分为 5 级，发热量 $Q_{net,ar}$ 分为 5 级，灰分（A_d）分为 3 级，全水分（M_t）分为 4 级，全硫分（$S_{t,d}$）为 4 级，煤灰熔融性软化温度（ST）分为 4 级，煤的哈氏可磨指数（HGI）分为 3 级。

表 1－1　发电煤粉锅炉用煤技术条件

挥发分技术要求

符　　号	V_{daf}%	$Q_{net,ar}$，MJ/kg
$V_1$①	6.50～10.00	＞21.00
V_2	10.01～20.00	＞18.50
V_3	20.01～28.00	＞16.00
V_4	＞28.00	＞15.00
$V_5$②	＞37.00	＞12.00

①不宜单独燃用；

②适用于褐煤。

表 1－2　发热量技术条件

符　　号	$Q_{net,ar}$，MJ/kg
Q_1	＞24.00
Q_2	21.01～24.00
Q_3	17.01～21.00
Q_4	15.51～17.00
$Q_5$①	＞12.00

①适用于褐煤。

表 1-3　　灰分技术条件

符　号	A_d
A_1	≤20.00
A_2	20.01～30.00
A_3	30.01～40.00

表 1-4　　全水分技术条件

符　号	M_t, %	V_{daf}, %
M_1	≤8.00	≤37.00
M_2	8.1～12.00	≤37.00
M_3	12.1～20.00	>37.00
M_4	>20.0[1)]	

表 1-5　　硫分技术条件

符　号	$S_{t,d}$, %
S_1	≤0.50
S_2	0.51～1.00
S_3	1.01～2.00
S_4	2.01～3.00

表 1-6　　煤灰熔融性软化温度技术条件

符　号	ST, ℃
ST_1	>1150～1250
ST_2	1260～1350
ST_3	1360～1450
ST_4	>1450

表 1-7 煤的哈氏可磨性技术条件

符　号	HGI
HGI_1	>40~60
HGI_2	>60~80
HGI_3	>80.00

1-17 煤炭产品品种是怎样划分的?

目前，我国煤炭产品划分品种与等级的依据主要有三条原则：一是加工方法的不同，二是用途的不同，三是煤炭品质的不同。根据这些原则，将煤炭产品分为五大类27个品种，五大类的划分和定义如下：

(1) 精煤。指经过洗选加工后供炼焦用洗选煤产品。$A_d \leqslant 12.5\%$。

(2) 粒级煤。经过洗选加工或筛选加工后，粒度下限在6mm以上的煤炭产品。共分十四个品种。

(3) 洗选煤。经过洗选或筛选加工，清除了大部分杂质与矸石的煤炭产品及粒度上限分别在80、60、50、25、20、13或6mm以下的煤炭产品。共分七个品种。

(4) 原煤。指煤矿生产出来的毛煤经过人工或机械拣出规定粒度的矸石（包括黄铁矿等杂物）以后的煤炭产品。

(5) 低质煤。指灰分（A_d）人于40%的各种煤炭产品，包括灰分在40.01%~49%的原煤，灰分在16.01%~49%的煤泥，灰分大于32%的中煤及在按发热量计价中其收到基低位发热量（$Q_{net,ar}$）小于14.5MJ/kg的动力用煤。见表1-8煤炭产品的品种规格。

表 1-8　　煤炭产品规格

产品类别	品种名称	质量规格		备注
		粒度（mm）	灰分（%）（A_d）	
1. 精煤	冶炼用煤焦精煤	>50，<80 或 <100	<12.5	
	其他用煤焦精煤	>50，<80 或 <100	12~16.00	
2. 粒级煤	洗中块	25~50，20~60	≤40	
	中块	25~50	≤40	
	洗混中块	13~50，13~80	≤40	
	混中块	13~50，13~80	≤40	
	洗混块	>13，>25	≤40	
	混块	>13，>25	≤40	
	洗大块	50~100，>50	≤40	
	大块	50~100，>50	≤40	
	洗特大块	>100	≤40	
	特大块	>100	≤40	
	洗小块	13~25，13~20	≤40	
	小块	13~25	≤40	
	洗粒煤	6~13	≤40	
	粒煤	6~13	≤40	
3. 洗选煤	洗原煤	≤300	≤40	动力煤洗煤厂的洗混煤灰分≤40%，按发热量计价的洗混煤收到基低位发热量≥14.5MJ/kg
	洗混煤	<50	≤32	
	混煤	<50	≤40	
	洗末煤	<13，<20，<25	≤40	
	末煤	<13，<20，<25	≤40	
	洗粉煤	<6	≤40	
	粉煤	<6	≥40	
4. 原煤	原煤、水采原煤	/	≤40	
5. 低质煤	原煤	/	≥40.01~49	按发热量计价的中煤收到基低位发热量<14.5MJ/kg
	中煤	≤50	≥32.01~49	
	煤泥（水采煤泥）	<1，<1.5	≥16.01~49	

1-18 煤炭的灰分、硫分和发热量是怎样分级的?

我国煤炭资源丰富，品种齐全。为了指导煤炭资源的开发、加工利用和为各工业行业依据自身的煤质要求选用，促进煤炭市场的发展。因此，将煤炭质量按工业上广用的主要煤质特性——灰分、硫分和发热量进行分级，如表1-9~表1-11中所示。

表1-9　　煤炭灰分分级

序号	级别名称	灰分（A_d）范围,%
1	特级灰煤	≤5.00
2	低灰分煤	5.01~10.00
3	低中灰煤	10.1~20.00
4	中灰分煤	20.01~30.00
5	中高灰煤	30.01~40.00
6	高灰分煤	40.01~50.00

表1-10　　煤炭硫分分级

序号	级别名称	灰分（$S_{t,d}$）范围,%
1	特级硫煤	≤5.00
2	低硫分煤	0.51~1.00
3	低中硫煤	1.01~1.50
4	中低硫分煤	1.51~2.00
5	中高硫煤	2.01~3.00
6	高硫分煤	>3.01

表1-11　　煤炭发热量分级

序号	级别名称	发热量（$Q_{net,ar}$）范围，HJ/kg
1	低热值煤	8.50~12.50
2	中低热值煤	12.51~17.00
3	中热值煤	17.01~21.00
4	中高热值煤	21.01~24.00
5	高热值煤	24.01~27.00
6	特高热值煤	>27.00

1－19　我国煤炭分类中有哪些类别煤常作为动力用煤？它们的主要特点是什么？

在我国现行的煤炭分类中，常作为动力用煤的有无烟煤、贫煤、贫瘦煤、不粘煤、弱粘煤、长焰煤和褐煤，此外，还有含硫高而又不易洗选的一些炼焦用煤。这些类别煤的特点如下：

（1）无烟煤。煤化程度最高的煤，挥发分 $V_{daf} \leqslant 10\%$，含碳量 C_{daf}高达 90%，含氢量 H_{daf}一般小于 4%，氧和氮的含量也比其他类别的煤低。这种煤抗粉碎性能高，燃烧时不易着火，化学反应性弱，贮存时不发生自燃。

（2）贫煤。煤化程度最高的烟煤，其挥发分 $V_{daf}>10\%\sim20\%$，含碳量 C_{daf}高达 90%，含氢量 H_{daf}一般为 4%～4.5%。这种煤着火温度高，燃烧时火焰短，但发热量高，燃烧持续时间较长。

（3）贫瘦煤。高变质程度的烟煤，单独炼焦时，大部分能结焦，挥发分 $V_{daf}>10.0\%\sim20.0\%$，含碳量 C_{daf}与含氢量 H_{daf}都比贫煤略小。这种煤的燃烧特性近似于贫煤，有时燃烧后会结成块状物，但通常灰的软化温度 ST 高。

（4）弱粘结煤：是一种粘结性较弱的低变质程度到中等变质程度的烟煤，挥发分 V_{daf}为 22%～37%，加热时，产生胶质体较少，炼焦时产生粉焦多。易着火，燃烧性能好。

（5）不粘结煤：变质程度较低的中高挥发分烟煤，挥发分 $V_{daf}>20.0\%\sim37.0\%$。一般水分含量大，发热量较上述煤低，但易着火，燃烧时火焰较长。

（6）长焰煤：变质程度最低、挥发分最高的烟煤，挥发分 $V_{daf}>37.0\%$，水分仅次于褐煤，发热量比褐煤高，有些煤还含少量的次生腐植酸。易着火，燃烧性能好，火焰长。

(7) 褐煤：经过成岩作用，但它是没有或很少经过变质作用而形成的煤，含水量高达45%，含碳量 C_{daf} 相对较低，挥发分 V_{daf} 高达37.0%，低位发热量 $Q_{net,ar}$ 大多为10.45～16.73 MJ/kg。这种煤热稳定性差，风干时易爆裂成碎煤。由于灰分中常含有较多的碱土金属，因此，灰熔融性温度低。

1－20　什么是动力用煤？它包括哪些类别的煤？

从广义上来说，凡是作为发电、机车、非电站锅炉、烧制水泥等用的煤炭均属于动力用煤。就煤炭类别而言，主要有长焰煤、褐煤、不粘结煤、弱粘结煤、贫煤和粘结性较差的气煤及少部分无烟煤；就商品煤来说，主要有洗混煤、洗中煤、煤泥、末煤、粉煤和筛选煤等。此外，某些高灰、高硫而可选性又很差的气、肥、焦、瘦等炼焦煤种也属于动力用煤。动力用煤量约占全国煤年产量的40%，随着大型锅炉机组的采用和环境保护要求的提高，今后对动力用煤的质量要求将会日益严格，例如，当前许多火电厂入厂煤的含硫量要求控制在1%以下等。

1－21　动力用煤的特性参数主要包括哪些？

动力用煤的特性参数一般可分为煤特性和灰特性两部分。煤特性部分有工业分析（水分、灰分、挥发分和固定碳）、元素分析（碳、氢、氧、氮、硫）、发热量、比热，着火温度、燃烧分布曲线、燃尽率、煤焦比表面、可磨性、磨损性、粒度、堆积密度和堆积角等特性参数。灰部分有熔融性温度、粘性温度、化学成分（主要为二氧化硅、三氧化二铝、三氧化二铁、氧化钙、氧化镁、氧化钾、氧化钠、二氧化锰、二氧化钛、五氧化二磷和三氧化硫）和比电阻等特性参数。这些煤、灰的特性对发电用锅炉设计和系统选择，以及生产运行都是必不可少的重要技术资料。

1－22　试写出常用试验项目和其右下标的代表符号。

为表达准确的含义和应用方便，燃煤中常用试验项目的符号采用相应的英文名词的第一个字母或缩略字表示。如需试验项目进一步划分时，同样也可采用其相应的英文词或缩略字标在试验项目代表符号右下角（简称右下标）的方法表示。常用试验项目符号和其右下标符号分别列于表1－12和表1－13。

表1－12　试验项目符号

试验项目	代表符号	试验项目	代表符号
水分	M	矿物质	MM
固定碳	FC	最高内在水分	MHC
真（相对）密度	TRD	灰分	A
视（相对）密度	ARD	挥发分	V
哈氏可磨指数	HGI	碳	C
原苏联热工研究院可磨指数	VTI	氢	H
变形温度	DT	氧	O
软化温度	ST	硫	S
流动温度	FT	氮	N

表1－13　右下标符号

右下标	代表符号	右下标	代表符号
全（水分、硫……）	t	低位（发热量）	net
外在（水分）	f	收到基	ar
内在（水分）	inh	空气干燥基	ad
有机（硫）	O	干燥基	d
硫酸盐（硫）	S	干燥无灰基	daf
硫铁矿（硫）	p	恒湿无灰基	maf
弹筒（发热量）	b	干燥无矿物基	dmmf
高位（发热量）	gr		

1-23 什么叫做基？常用的燃煤基有哪几种？

在工业生产或科学研究中，有时为某种目的将煤中的某些成分不计进去而重新组合，然后计算其组成百分含量，这种组合体称为基。换句话说，就是指以什么状态（组合体）的煤来表示化验结果。常用的燃煤基有收到基、空气干燥基、干燥基和干燥无灰基四种。此外，还有恒湿无灰基，见表 1-14。

表 1-14　　各种基的燃煤状态

燃煤基	燃煤状态	燃煤含有组成
收　到	收到时的燃煤	表面水分、空干基水分、灰分、挥发分、固定碳
空气干燥	达到与环境湿度平衡时的燃煤	空干基水分、灰分、挥发分、固定碳
干　燥	在 105℃下干燥后的假想燃煤	挥发分、灰分、固定碳
干燥无灰基	扣除水分和 815℃下燃烧所得灰分质量后的假想燃煤	挥发分、固定碳
恒湿无灰基	从在 30℃、相对湿度为 97%下达到平衡的煤中扣除 815℃下燃烧所得灰分质量后的假想燃煤	水分（饱和）、挥发分、固定碳

1-24 试用图表示各燃煤基组成的相互关系？

每一种基的燃煤都是由煤炭中某些组成所构成的。这些构成各燃煤基的组成既有相同的部分，又有相异的部分，它们之间的关系如图 1-2 所示，如全水分 = 表面水分 + 分析水分，全水分 + 无机矿物质 + 有机可燃质 = 100%等。

图 1-2　燃煤的组成示意

1-25　试图示燃煤的工业分析与元素分析之间的关系?

煤中水分、挥发分、灰分和固定碳四项组成，通常称为工业分析，而碳、氢、氮、硫和氧五项元素，通常又称为元素分析。它们组成之间存在着内在的联系，并揭示了煤炭的最基本信息，因此，它们也是锅炉用煤的必不可少的基础资料。

工业分析和元素分析的组成间的关系，如图 1-3 所示。

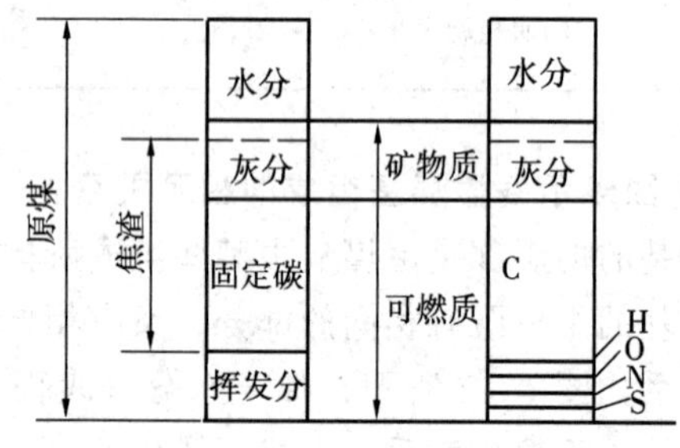

图 1-3　工业分析和元素分析的组成间的关系

1-26 怎样正确表达常用四种基的组成百分含量?

常用四种基的工业分析和元素分析结果的组成百分含量表达式如下:

(1) 收到基——以收到状态的煤为基来表示煤中各组成含量的百分比。

工业分析: $M_{ar} + A_{ar} + V_{ar} + FC_{ar} = 100$ (1-1)

元素分析: $C_{ar} + H_{ar} + N_{ar} + S_{c,ar} + O_{ar} + A_{ar} + M_{ar} = 100$ (1-2)

式中 $S_{c,ar}$——煤中可燃硫。

(2) 空气干燥基——以空气干燥状态的煤为基来表示煤中各组成含量的百分比。

工业分析: $M_{ad} + A_{ad} + V_{ad} + FC_{ad} = 100$ (1-3)

元素分析: $C_{ad} + H_{ad} + N_{ad} + S_{c,ad} + O_{ad} + A_{ad} + M_{ad} = 100$ (1-4)

(3) 干燥基——以无水状态的煤为基来表示煤中各组成含量的百分比。

工业分析: $A_d + V_d + FC_d = 100$ (1-5)

元素分析: $C_d + H_d + N_d + S_{c,d} + O_d + A_d = 100$ (1-6)

(4) 干燥无灰基——以假想的无水无灰状态的煤为基来表达煤中各组成含量的百分比。

工业分析: $V_{daf} + FC_{daf} = 100$ (1-7)

元素分析: $C_{daf} + H_{daf} + N_{daf} + S_{c,daf} + O_{daf} = 100$ (1-8)

1-27 怎样进行各种基间的换算?

在表示试验项目的分析结果时，须在该试验项目的符号右下角标明是何种基，才能正确地反映该试验项目分析结果的准确信息，也便于工程技术和煤炭管理人员的应用。分析

结果要从一种基换算到另一种基时，可按式（1-9）进行计算得到，即

$$Y = KX_0 \tag{1-9}$$

式中 X_0——按原基计算的某一组成含量的百分比；

Y——按新基计算的同一组成含量的百分比；

K——基的换算系数（也称基的换算比例系数），见表1-15。

表1-15 基换算比例系数

X_0 \ K \ Y	收到基	空气干燥基	干燥基	干燥无灰基
收到基	—	$\frac{100-M_{ad}}{100-M_{ar}}$	$\frac{100}{100-M_{ar}}$	$\frac{100}{100-M_{ar}-A_{ar}}$
空气干燥基	$\frac{100-M_{ar}}{100-M_{ad}}$	—	$\frac{100}{100-M_{ad}}$	$\frac{100}{100-M_{ad}-A_{ad}}$
干燥基	$\frac{100-M_{ar}}{100}$	$\frac{100-M_{ad}}{100}$	—	$\frac{100}{100-A_d}$
干燥无灰基	$\frac{100-M_{ar}-A_{ar}}{100}$	$\frac{100-M_{ad}-A_{ad}}{100}$	$\frac{100-A_d}{100}$	—

使用燃煤基须根据生产和科研的需要加以选择。实验室应用分析试样测定各种组成的含量，其计算结果为空气干燥基。空气干燥基的组成含量是换算为其他各种基的基础。设计锅炉设备和计算煤耗时要求采用收到基来表示各种组成，使之符合锅炉实际运行情况；在研究煤的组成结构时则要采用干燥无灰基来表示煤中各组成，以避免水分和灰分的干扰等。在计算时不要将不同基的同一组成的结果直接相加或相

减。对于燃油，因含水分和灰分都很少，故各基表示同一组成时的结果相差很小。因此，在非精确计算中可以忽略。

1-28 为什么表示燃煤组成必须标明基？基的符号如何正确表示？

表示燃煤分析结果（如工业分析、元素分析和发热量等）必须标明是何种基才有实际意义，因为用不同基表示同一组成的分析结果相差很大，导致各种煤的分析结果缺少可比性，给实际应用中造成混乱。因此，表示燃煤的分析结果须按下列规定书写基的符号。

（1）试验项目的代表符号要用大写英文字母，基的代表符号要用小写英文字母。

（2）先书写试验项目的代表符号，而后在符号右下角标明基符号，例如 S_{ad}、S_{d}、S_{daf}、S_{ar}等。

（3）试验项目符号最后一个字母为小写，若与所采用的基的符号混淆时，则用逗号分开，如 $G_{a,d}$。

（4）试验项目细划分时，则将基符号写在项目细划分符号后，用逗号分开，如 $S_{c,d}$、$S_{p,d}$等。

1-29 怎样进行各基低位发热量间的直接换算？

通常在进行各种基低位发热量换算之前，要把该基低位发热量换算成该基的高位发热量后，再进行基间的换算。例如要将煤的空气干燥基低位发热量换算成收到基低位发热量，则先将煤的空气干燥基低位发热量换算成该基高位发热量，再进行基间的换算，而后计算换基后的低位发热量。

这种不同基低位发热量之间的换算十分烦琐，步骤又多，容易发生差错，因此可采用表 1-16 中公式直接换算，方便可靠。

表 1-16　各基低位发热量的直接换算公式

已知的基	要换算到的基			
	收到基	空气干燥基	干燥基	干燥无灰基
收到基	—	$Q_{net,ad}=(Q_{net,ar}+23M_{ar})\times\frac{100-M_{ad}}{100-M_{ar}}-23M_{ad}$	$Q_{net,d}=(Q_{net,ar}+23M_{ar})\times\frac{100}{100-M_{ar}}$	$Q_{net,daf}=(Q_{net,ar}+23M_{ar})\times\frac{100}{100-M_{ar}-A_{ar}}$
空气干燥基	$Q_{net,ar}=(Q_{net,ad}+23M_{ad})\times\frac{100-M_{ar}}{100-M_{ad}}-23M_{ar}$	—	$Q_{net,d}=(Q_{net,ad}+23M_{ad})\times\frac{100}{100-M_{ad}}$	$Q_{net,daf}=(Q_{net,ad}+23M_{ad})\times\frac{100}{100-M_{ad}-A_{ad}}$
干燥基	$Q_{net,ar}=Q_{net,d}\times\frac{100-M_{ar}}{100}-23M_{ar}$	$Q_{net,ad}=Q_{net,d}\times\frac{100-M_{ad}}{100}-23M_{ad}$	—	$Q_{net,daf}=Q_{net,d}\times\frac{100}{100-A_d}$
干燥无灰基	$Q_{net,ar}=Q_{net,daf}\times\frac{100-M_{ar}-A_{ar}}{100}-23M_{ar}$	$Q_{net,ad}=Q_{net,daf}\times\frac{100-M_{ad}-A_{ad}}{100}-23M_{ad}$	$Q_{net,d}=Q_{net,daf}\times\frac{100-A_d}{100}$	—

1-30　基的换算公式（或称换算系数）的推算依据是什么？

基的换算系数是建立在物质守恒的基础上的，换句话说，就是依据某一组成在已知基和要换算的基中的绝对量是相等的，并以此为依据进行推算而来的。在基的换算中，会遇到两种不同的换算系数类型：

一种类型是基的换算系数中不存在相同的组成部分，属于这种基的换算类型最多，如 $\frac{100-M_{ar}}{100}$ 和 $\frac{100-M_{ad}}{100}$ 等；另一种类型是基的换算系数中存在着相同的组成部分，属于这种类型的基的系数很少，只有 $\frac{100-M_{ad}}{100-M_{ar}}$ 和 $\frac{100-M_{ar}}{100-M_{ad}}$ 两个。

1－31　存在相同组成部分的基的换算系数是如何推算的?

换算系数中存在着相同的组成部分，属于这种基的换算公式较少。今以 $X_{ad}=X_{ar}\times\frac{100-M_{ad}}{100-M_{ar}}$ 为例来说明这一推导的过程。假设空干基煤样为100g，水分为 M_{ad} 和含碳量为 X_{ad}g。为了将（$100-M_{ad}$）g 干煤量转换为含有 M_{ar} 的收到基煤样量，可假想往（$100-M_{ad}$）g 干煤中加入一定量水，其水量令之为 Xg，使之成为含有 M_{ar} 收到基煤量。则下式成立

$$\frac{X}{100-M_{ad}+X}\times 100=M_{ar}$$

解得：$X=M_{ar}\times\frac{100-M_{ad}}{100-M_{ar}}$

因此，所得到的收到基煤样量为：$100-M_{ad}+M_{ar}\times\frac{100-M_{ad}}{100-M_{ar}}$，则其中含碳量为 X_{ar}g。依据物质守恒定律

$$X_{ad}=X_{ar}\times\frac{100-M_{ad}+M_{ar}\times\frac{100-M_{ad}}{100-M_{ar}}}{100}$$

经整理简化后得

$$X_{ad}=X_{ar}\times\frac{100-M_{ad}}{100-M_{ar}} \qquad (1-10)$$

此式为从收到基换算到空干基时采用的换算系数，其余

的如 $X_{daf} = X_{dmmf} \times \frac{100 - MM_d}{100 - M_d}$ 等换算系数的推导也可采用同样方法进行推导。

1－32　不存在相同组成部分的基换算系数是怎样推算的？

换算系数中不存在相同的组成部分，属于这种基的换算系数类型是最多的。今以 $X_{ad} = X_d \times \frac{100 - M_{ad}}{100}$ 为例来说明这一推导的过程。假设 100g 空干基煤样中含碳 X_{ad}g，水分为 M_{ad}，从这 100g 煤样转换为干基煤样为（$100 - M_{ad}$）g，当干基煤样为 100g 时，设其中含碳量为 X_d g，因此，($100 - M_{ad}$)g 干煤样中碳的绝对量为

$$(X_d/100) \times (100 - M_{ad})\ \mathrm{g}$$

依据物质守恒定律，转换前后碳的绝对量应相等，故式（1－11）成立，即

$$X_{ad} = X_d \times (100 - M_{ad})/100 \qquad (1-11)$$

上式就是从干基换算到空干基时采用的基换算系数，属于这一类型的其他基的换算公式也可采用同样方法进行推导。

1－33　怎样用煤质试验项目符号和右下标符号表示各种水分、硫分和发热量？

（1）水分（M）：全水分——M_t，外在水分——M_f，内在水分——M_{inh}，收到基水分——M_{ar}，空气干燥基水分——M_{ad}。

（2）硫分（S）：全硫——S_t，硫酸盐硫——S_s，有机硫——S_o，硫铁矿硫——S_p。

（3）发热量（Q）：弹筒发热量——Q_b，高位发热量

——Q_{gr}，低位发热量——Q_{net}。

1-34　试简述石油的形成及其基本特征。

石油是蕴藏在地下的可燃性液体矿物。它是由古代动物和微生物的遗体在古沼泽、湖泊、江河、海洋中随着泥沙一起沉积形成的有机淤泥，在断绝氧气的还原环境中，受地层压力、温度和淤泥中的细菌、催化剂、放射性物质的长期作用，经过千百万年漫长复杂的变化形成的。天然石油通常是淡黄色到黑褐色的流动或半流动粘稠液体，相对密度一般小于1，即绝大多数石油介于0.8~0.98之间，但也有例外，有的高达1.06，有的低到0.707。

1-35　我国燃料油是怎样分组（类）的?

我国燃料油的分组系按照馏分性质分成九个组别，各组别又根据使用对象及生产条件划分为若干品种，如图1-4所示。

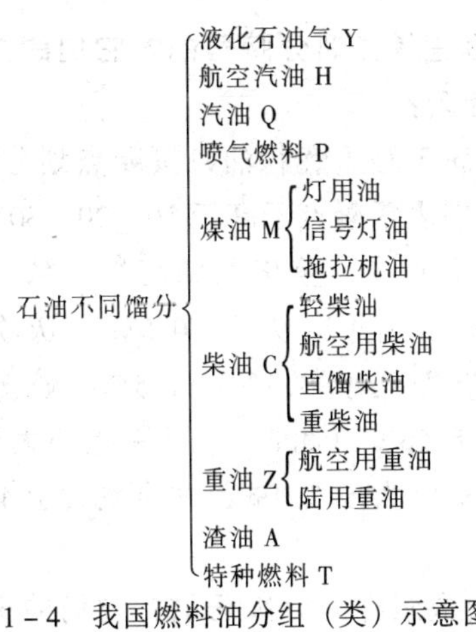

图1-4　我国燃料油分组（类）示意图

其中，重油、渣油常用作锅炉燃料，而柴油多作为辅助燃料，此外，不经任何炼制的原油有时也用作锅炉燃料，但数量极少。

1-36 重油是怎样划分牌号的？它们的主要油质特性参数是什么？

重油是燃料型炼油厂炼制过程中残留下来的粘性大的黑色重质燃料油，也可由各种重油或重油与蜡油按不同比例配制而成。其挥发性较低，闪点较高。按照80℃时的运动粘度划分为20、60和100三种牌号，牌号大则粘度大。重油的特性参数；运动粘度为44.2~114.5mm²/s（80℃），闪点为80~120℃（开口），凝点为15~25℃，灰分为1.0%~2.0%，硫分为1.0%~2.0%，机械杂质为1.5%~2.5%。当用硫分超过0.5%的原油炼制时，其硫分常超过3%，这种重油不宜作为锅炉燃料。

1-37 重柴油是怎样划分牌号的？它们的主要油质特性参数是什么？

重柴油也属于轻质燃料油，按凝点划分为10、20和30三种牌号，分别表示凝点不高于10、20、30℃，与轻柴油相反，牌号高则凝点高。重柴油的特性参数：运动粘度大于44.2mm²/s（50℃），残炭大于0.5%，灰分为0.04%~0.08%，机械杂质大于0.5%~1.5%，硫分大于0.5%~1.5%，闪点小于65℃（闭口）。当用硫分大于0.5%的原油炼制时，其硫分常大于2.0%，残炭也大于4.0%。

1-38 轻柴油是怎样划分牌号的？它们的主要油质特性参

数是什么？

轻柴油属于轻质燃料油，按凝点划分为0、－10、－20和－35四种牌号，分别表示凝点不高于0、－10、－20、－35℃。牌号愈高，凝点愈低。轻柴油的特性指标范围：运动粘度为7～13mm^2/s（20℃），灰分大于0.025%，无机械杂质，闪点为50～60℃（闭口）。硫分一般大于0.2%，但不超过1%，含硫量的大小取决于炼制用的原油中硫的含量和选用的工艺条件。

1－39 火电厂常用的燃料油有哪些品种？

电厂常用的液体燃料主要有渣油、裂化重油与燃料重油，有时也辅以原油，或轻柴油。

（1）渣油。来源于减压蒸馏塔底部的残油，其主要成分为重质高分子烃类和大量胶状物质，硫分含量一般比原油多，不含碳素质，故不易发生雾化喷嘴结焦或阻塞的现象。

（2）裂化重油。来源于石油裂化后的残留物，它主要是由高分子结合的产物——胶状质和沥青质结合成的黑色固体物，此外，还含有部分未分解的石油产品。裂化重油的粘度较渣油小，但喷雾燃烧时因容易产生焦结而使喷嘴堵塞。

（3）燃料重油。燃料重油一般是渣油和裂化残油或蜡油调制而成的一种混合油品。根据不同锅炉的技术要求，按不同比例，可以制成多种混合油品。

（4）原油。从油田开采出来且经脱水的一种粘稠状液体，呈黑褐色，含有以烃类为主的多种有机化合物，其中有低分子的烃类化合物，因此，其闪点和燃点均较低。原油含水分一般较石油产品多，机械杂质也较多。因此，在运输、贮存和使用中更要采取防火、防爆及输油系统防堵等措施。

(5) 轻柴油。它是在原油蒸馏中继煤油之后的一种馏分，通常无色透明，几乎不含水分及机械杂质，闪点不大于50～60℃，多数情况下含硫量小于1%。火电厂有时作为点火或辅助燃烧用。

1-40 石油的元素组成包括哪些?

石油主要由碳、氢元素组成，其中碳含量占83%～87%，氢含量占11%～14%，两者合计96%～99%，其余是硫、氮、氧及微量元素，有些石油含硫、氮基很高，硫含量可高达3.6%～5.3%，氮含量可高达1.4%～2.2%，见表1-17。石油中除上述五种主要元素外，还含有微量金属元素和其他非金属元素。金属元素中最主要是钒、镍、铁、铜、铅，此外还有钙、钛、镁、钠、钴、锌等，非金属元素中主要有氯、硅、磷、砷等，但它们在石油中的含量都很少。

表1-17 某些石油的元素组成

原油名称＼元素组成	碳(%质量)	氢(%质量)	硫(%质量)	氮(%质量)	氧(%质量)
大庆原油	85.74	13.31	0.12	0.13	
胜利原油	86.26	12.20	0.80	0.41	
孤岛原油	84.24	11.74	1.8～2.0	0.50	
大港原油	85.67	13.40	0.12	0.23	
辽河原油	85.74	12.90	0.14	0.22	
扶余原油	85.16	13.24	0.10～0.17	0.16	
克拉玛依原油	86.10	13.30	0.10	0.23	0.28
江汉原油	84.92	12.23	1.36～2.0	0.30～0.36	
苏联杜依玛兹原油	83.90	12.30	2.67	0.33	0.74
墨西哥原油	84.20	11.40	3.66		0.80
美国宾夕法尼亚原油	84.90	13.70	0.50		0.90
伊朗原油	85.40	12.80	1.06		0.74

1-41 石油中的硫化合物是以什么形态存在的？在原油蒸馏加工中，这些硫化合物是怎样变化的？

硫是石油中常含有的一种元素，硫在石油中的形态至少有30多种，已确定的有元素硫、硫化氢、硫醇、硫醚、环硫醚、二硫化物，噻吩及其同系物等，在蒸馏过程中，石油中的硫化合物一部分受热分解成分子较小的硫化物和元素硫，随着馏分沸点的升高，硫含量增加，且大部分硫是集中在渣油中。

不同石油的含硫量相差很大，从万分之几到百分之几。通常将含硫量大于2%的石油称为高硫石油，低于0.5%的称为低硫石油，介于0.5%～2%的称为中硫石油。我国石油大多数属于低硫石油，一部分属于中硫石油。

1-42 燃油中一般含有哪些主要微量金属元素？

石油除碳、氢主要元素外，还含有微量的金属元素，这些元素虽然含量很小，但对锅炉运行的安全有着极大的危险性，特别是油灰中的五氧化二钒（V_2O_5），熔点很低，极易与硫酸盐结合而形成低熔融混合物，从而导致受热表面玷污和高温腐蚀。我国几个主要石油产地的原油含有的金属元素列于表1-18中（供参考）。

表1-18　某些石油的元素组成

元素组成 / 原油名称	硫（%质量）	氮（%质量）	钒（μg/g）	镍（μg/g）	铁（μg/g）	铜（μg/g）	砷（μg/g）	备注
大庆原油	0.12	0.13	<0.08	2.3	0.7	0.25	2800	三号集油站101油库

续表

原油名称 \ 元素组成	硫 (%质量)	氮 (%质量)	钒 (μg/g)	镍 (μg/g)	铁 (μg/g)	铜 (μg/g)	砷 (μg/g)	备注
胜利原油	0.80	0.41	1.0	26				
孤岛原油	1.8~2.0	0.50	0.8	14~21				
大港原油	0.12	0.23	<1	18.5		0.8		
任丘油田	0.31	0.38	0.7	15	1.8		0.22	周李庄油库任丘南大站
辽河原油	0.14	0.22						
克拉玛依原油	0.10	0.23	<0.4	13.8	8	0.7		
扶余原油	0.10~0.17	0.16	0.46	2.9		0.53		
江汉原油	1.36~2.0	0.30~0.36	0.4	12	<1	0.5		
玉门原油	0.11~0.13	0.3	<0.02	18.8	6.8	0.46		
长庆原油	0.10~0.23	0.05~0.23	<1	~2				
南阳原油	0.27	0.15	0.3	6.4	23	0.8		
世界各地原油最高含量	5.5（委内瑞拉）	0.4~2.2（阿尔及利亚）	230（委内瑞拉）	138（美国加州）			1630（美国加州）	
世界各地原油最低含量	0.02	0.02	0.1	<1			<0.01	

1-43　燃油品质的化学特性参数包括哪些？

作为火电厂燃油品质的主要化学参数常见的有水分、硫分、灰分和灰的化学成分等。

（1）水分。水分是燃油组成成分之一，是一种有害杂质，其含量多少与油的品种、运输装卸过程（是否采用蒸汽加热）及环境气候等有关。水分可用作计算实际进油量，贮油量的依据，还可为防止燃油在低温凝成小冰粒而及早采取有效措施提供信息。

(2) 硫分。燃油中硫，多数与有机质结合而形成各种硫的烃类化合物，重质燃油一般比轻质燃油含硫量多，因为在炼制过程中硫选择性被遗留在残渣油中，石油中硫化合物燃烧时生成 SO_x 污染环境，它是燃油中有害物质之一。

(3) 灰分和灰化学成分。燃料油中的灰分含量很低，一般在0.01%～0.15%之间，但灰的化学成分却由于原油产地不同和加工工艺各异而有很大的波动，其中影响最大的是钒的氧化物（V_2O_5），它熔点很低，容易与灰中碱金属，特别是与 Na_2SO_4 结合，产生低熔融混合物，这种混合物在600℃的金属表面上引起高温腐蚀。

1-44 燃油的物理特性参数主要包括哪些？

用于火电厂中的燃油，其主要物理特性参数常见的有粘度、凝点、闪点、密度和机械杂质等。

(1) 粘度。粘度表征液体燃料流动时，其内部层面（或质点）间的摩擦力，它随着温度的升降而减小或增大。燃料油的输送和雾化都需以粘（度）—温（度）曲线为依据，粘度小的油品流动性好，且易于雾化成细小微粒，可减少化学不完全燃烧热损失。因此，粘度是评价油泵输送性能和雾化性能的一个重要特性，粘度在219.1～730.9mm^2/s之间的燃料油可泵送，粘度在11.5～27.7mm^2/s之间才可雾化。

(2) 凝点。凝点表征液体燃油逐渐冷却至停止流动时的最高温度。凝点高低与油品中含石蜡的多少有关，一般含蜡量高的比含蜡量低的凝点高。燃油的保管贮存和装卸运输等都与凝点密切相关，特别对我国寒冷地区具有实用意义。

(3) 闪点。闪点表征液体燃料加热析出的可燃气体同空气组成的混合气体与明火接触瞬间闪火时的最低温度。可作为液体燃料的危险等级的分类指标。闪点的高低与油品中所含的低馏分可燃气体相关，低馏分气体含量愈多，则其燃点愈低。闪点对燃油的安全贮存、运输和防止事故发生有着实际意义。

(4) 密度。密度表征单位体积燃油的质量，单位为 g/cm^3。它与规定温度下同体积水的密度之比称为相对密度。燃油密度与油品种类、温度及大气压有关，温度升高，则密度减小，大气压增加，则密度增大。在装卸、输送、贮存时都需用燃油密度作为计量依据。

(5) 机械杂质毒机械杂质表征存在于油晶中所有不溶于溶剂（如汽油、苯）的沉淀状的或悬浮状的物质，这些物质多数是砂子、粘土、铁屑粒子等。机械杂质含量高的油品，容易引起油路和过滤器的堵塞、油泵和喷油嘴的磨损、输油管道的玷污等。

1-45　天然气是怎样形成的?

天然气是在形成石油的过程中生成的。当古代动、植物和微生物的遗体在古沼泽、湖泊、海洋中随着泥沙形成的有机淤泥，在隔绝氧的还原环境下，受地压、地温和细菌等长期的作用下形成石油的初期，生成的油和气在生油层中随着沉积盆地的下沉，在压力和毛细管力的作用下进入储油层，然后再聚集在封闭地质构造中，形成油矿、油气矿（油田煤气）和气矿（气田煤气）。

1-46　气体燃料是怎样分类的?

电厂燃用的气体燃料主要是天然气和液化气，有时也用高炉煤气和压力煤气化装置生产的煤气。气体燃料分类可按标准状态（0℃，1013.25mbar）下干燥气体单位体积的高位发热量（$Q_{gr,N}$）将燃气分为四类。

第一类：$Q_{gr,N} < 10MJ/m^3$。

属于这一类的气体燃料主要有高炉煤气。高炉煤气是一种炼铁过程中的副产品，是在高炉中底层燃烧形成的 CO_2 被上层焦炭还原成的 CO 富气，因含有较多不燃气体，一般发热量较低，为提高发热量可掺入焦炉煤气或天然煤气制成所谓增碳高炉煤气。

第二类：$Q_{gr,N}10 \sim 30MJ/m^3$。

属于这一类的气体燃料有城市煤气和远程煤气，它们主要产生于煤的气化装置，在气体装置内，煤屑与富氧空气（或纯氧）以及水蒸气一起在气化压力下完全气化后所得到的一种燃气。

第三类：$Q_{gr,N}30 \sim 60MJ/m^3$。

属于此类的气体燃料主要有天然煤气和天然石油气，其中甲烷含量一般占 90% 以上。

第四类：$Q_{gr,N} > 60MJ/m^3$。

属于这一类的气体燃料主要有液化汽，其主要成分为丙烷、丙烯丁烷和丁烯的混合气体。

1－47 天然煤气是由哪些成分组成的？

大然煤气通常是指气田煤气和油田煤气两种，它们是优质的天然气体，均属于矿物性燃料。

1985 年的统计材料表明：已探明储量最多的是原苏联、占世界天燃气储量的 42.6%，其次是美国，占 5.02%，中国只占 0.91%。世界各国天然气的成分组成（体积比）大致为，甲烷 56.3% ~ 99.6%，乙烷 0.4% ~ 19.8%，丙烷 0.01% ~ 7.8%，丁烷 0.01% ~ 2.5%，戊烷 0.01% ~ 3.6%，CO_2 0.01% ~ 10. 8%，氮气 0.03% ~ 1.6%，硫化氢 0.06% ~ 5.0%，Q_{net}29.52 ~ 42.50MJ/Nm^3。

1-48　什么叫天然气沃泊指数（Wobbe index）?

天然气沃泊指数是指在规定参比条件下的体积高位发热量除以在相同的规定计量参比条件下的相对密度的平方根。它可用于衡量通过一只燃烧器（如喷嘴）的能流，据此可评价用不同成分气体时对燃烧器的热功率。

用体积高位发热量和体积低位发热量表示沃泊指数的定义分别用公式表示如下

$$W_{o,N} = \frac{Q_{gr,V}}{\sqrt{d}} \tag{1-12}$$

$$W_{u,N} = \frac{Q_{net,V}}{\sqrt{d}} \tag{1-13}$$

式中　$Q_{gr,V}$——标准状态下的体积高位发热量，MJ/m^3；

$Q_{net,V}$——标准状态下体积低位发热量，MJ/m^3；

d——气体燃料的相对密度。

如果单位质量（1kg）可燃气体的高位发热量（$Q_{gr,m}$）和低位发热量（$Q_{net,m}$）为已知时，便可相应计算出沃泊指数，其公式如下

$$W_o = Q_{gr,m}\sqrt{d} \tag{1-14}$$

$$W_u = Q_{net,m}\sqrt{d} \tag{1-15}$$

第二章 燃料质量管理基础

2-1 当前火电厂燃煤有哪些特点？

随着电力工业的迅速发展和煤炭市场改革的深化，目前，火电厂燃煤出现了许多新的特点：

（1）燃煤数量多。因单座火电厂装机容量的增大，其所需的燃煤量也相应的增多，例如，一座百万千瓦级装机容量的火电厂一天燃用的天然煤就有 10000t 左右。

（2）燃煤品种杂，因装机容量大、燃用煤量多，供应煤的矿点就多，致使煤炭品种繁杂。

（3）燃煤杂质多。燃煤中除含有矸石外，还经常夹杂有从开采、运输中混入的木片、金属物、棉纱或塑料制品等杂质。

（4）粒度范围广。燃用地方小窑煤的火电厂，因供煤矿点多，还混有未经加工处理的原煤，一般粒度范围广，且不稳定。

上述这些燃煤的状况，不仅增加了煤质监督的工作量和难度，而且还潜在着危及锅炉安全经济运行的因素，因此，要加强煤质例行监督，防患于未然。

2-2 什么是燃煤管理？它主要包括哪些内容？

燃料是火电厂提供能源（化学能）的物质基础，燃料费用占发电成本的70%左右，因此，燃料成本是火电厂生产管理和经济核算的中心环节。火电厂燃煤管理，实际上是一项系统工程，对外它涉及与煤炭有关的各个行业部门联系，以期获得与锅炉燃用煤质特性大致相近而又价格合理的煤炭；对内又涉及电力生产、安排调度、节约能源和环境保护等问题。由此可见；燃煤管理是一项兼有生产管理和经营管理的工作，它包括燃煤供应计划的编制、燃煤成本的核算、燃煤数量和质量的验收、燃煤的合理贮存、燃煤的盘点和正确混配等。这些工作必须规范化、科学化，以提高燃料质量管理的效能。

2－3　为什么要进行入厂燃煤验收？

为了防止“亏卡”和“亏吨”，用煤单位应按相关规定的方法验收煤炭质量和数量。煤炭质量验收有时叫做检质，它是通过对来煤进行采样、制样和化验，以核验其煤质的过程；煤炭数量验收通常称为计量，它是利用轨道衡（或地中衡或电子皮带秤）对来煤进行称量，以核验其数量的过程。不论是检质还是计量都必须对来煤进行批批检质，车车计量。因此，检质和计量是燃料管理的重要组成部分，它们对于维护电厂的合法利益和增加经济效益都具有重要的现实意义。同时，通过对燃煤的验收还为不同品种煤的科学贮存、合理配煤和建立煤质档案资料奠定了基础。

2－4　火电厂燃煤验收工作一般包括哪些内容？

火电厂燃煤验收工作的内容主要是指大、中型电厂煤的计量和检质。大、中型电厂煤的计量验收因运输方式不同，可以分为火车、汽车运煤的计量验收和船舶运煤的计量验收。前者通常用轨道衡、地中衡、电子皮带秤或验尺计量煤炭的数量，若采用检尺计量，还要测出煤炭的容积密度。后者一般采用观测水尺测量后再换算为负载质量，但有时也利用码头磅秤或电子皮带秤直接计量。

入厂煤的煤质验收包括采样、制样和化验。采样、制样和化验以及质量评定应按GB/T18666—2002《商品煤质量抽查和验收方法》中相关规定进行。化验项目根据煤炭计价规定一般有发热量、灰分、水分、挥发分、硫分、块度下限率及煤炭品种等。为积累资料、建立历史档案，还应定期进行各品种累积煤样（综合煤样）的元素分析、工业分析，发热量、硫分、煤灰熔融性等的测定，每年至少进行一次。这些档案资料很有价值，可为验收煤质提供很好的借鉴。

2-5 为什么要制定GB/T18666《商品煤质量抽查和验收方法》（简称GB/T18666标准）？

煤炭作为特殊商品进入市场以后，买受方和出卖方因煤炭质量问题时有发生，且有增多的趋势。鉴于此，电力和煤炭有关单位共同制定了《商品煤炭质量抽查和验收方法》国家标准，并由国家质量监督检验检疫总局发布实施。这为有效解决煤炭用户和煤炭供方（煤矿、中转站和销售公司等）之间因煤炭质量发生的纠纷问题，提供了一个科学、公正和公平的法律依据，从而规范了煤炭贸易市场，造就一个良性循坏的发展局面，同时也为煤炭用户和煤炭供方加强内部管理，提高采制化检测水平，增加了新的活力。

2-6 GB/T18666标准适用于哪些范围？

GB/T18666—2002于2002年10月1日开始实施，该标

准分为商品煤质量抽查方法和商品煤质量验收方法两大部分，内容主要有术语和定义、检验项目、评价质量指标和确保商品煤样代表性的采制化若干规定。商品煤质量抽查方法适用于煤炭生产单位的煤炭销售点，也适用于煤炭中转站的专门销售单位（包括煤炭公司的煤炭销售站等）。煤炭质量抽查时的采样基数一般为1000t或一个发运批量，也可以是小于1000t但至少为一个作业班的生产、堆积与运输量。商品煤质量验收方法适用于煤炭所有用户，主要是电力、冶金、化工、铁道和民用等。煤炭质量验收时的采样基数应为买受方实际收到的或出卖方交给用户的整批煤量，包括分数次或数日抵达买受方的同一批煤炭。

2-7 GB/T18666标准对商品煤验收的采制化强调了哪些主要问题？

标准中对采制化强调了下列几个主要问题：

（1）采样人员。为了确保采取煤样的代表性，强调采样应由2名以上人员进行，起到相互监督，防止出差错的作用。

（2）采样地点。强调了采样应在移动的煤流或火车、汽车载煤中进行，同时还考虑到用煤单位载煤的多样性，允许在特殊情况下，可以从驳船中采取仲裁用的煤样，但强调要从单独存放的煤堆中用搬移煤堆并在搬移过程中采取。

（3）子样分布。强调组成买受方的验收煤样和出卖方的煤样的子样应分布在不同的对角线上或不同的由纵横平行线组成的方格内，子样位置要错开。

（4）煤样制备。为确保煤样不因制备而损失其代表性，强调了煤样缩分必须采用二分器，除非煤样过湿或粒度过大例外。

(5) 规范化记录。强调在采制化过程中要作详细记录，并要求按已设计好的格式填写好。

2-8 GB/T18666标准中商品煤质量验收方法包括了哪些主要内容？

为使煤炭验收规范化，GB/T18666标准中对商品煤质量验收规定了下列内容：

(1) 采样地点（指不同的运煤工具）；

(2) 采样基数；

(3) 煤炭质量评定标准的允许差；

(4) 采制样方法；

(5) 煤炭质量发生争议时的解决方法等。

2-9 为什么GB/T18666标准对商品煤质量验收时的采样基数作了严格的规定？

煤炭质量验收的采样基数是指采样时所含盖的煤量的大小。按煤炭采样理论，两个组成样本的子样来源于同一母体，且其子样数相同，则其样本才具有统计上意义的可比性。因此，标准中要求买受方与出卖方采取煤样时的采样基数要相同。换句话说，由买受方与出卖方组成两个煤样的子样是来源于同一批煤量的大小，即同一母体，唯有这样，两者采取的煤样的煤质之间才有可比性。执行十多年的MT 176—1991《商品煤质量抽查方法》就是存在买受方和出卖方组成验收煤样的子样不是来源于同一母体大小，故现已被停用。

2－10　什么是采样基数？它与采样单元有何不同？

采样基数是指商品煤质量验收时采取煤样所含盖的批煤量的大小。它可以是 1000t 或大（小）于 1000t 批煤量。一个采样基数的煤量，在采样时视其煤量大小，可以作为一采样单元，也可以划分成多个采样单元，要求各采样单元的采样精密度要相同，且要按各采样单元的煤量加权平均计算出该采样基数批煤量的煤质指标。采样单元是指采取一个总样时所含盖的煤量，通常一个采样单元的煤量要比采样基数的煤量少，至多两者煤量相同。

2－11　为什么 GB/T18666 标准中对商品煤质量验收的采样地点作了原则性规定？

这里采样地点指的是载煤的运输工具，如火车、汽车和皮带输送机等。煤炭是不均匀的散装物料，在不同载煤工具上，其粒度的分布状态是相异的。如果同批煤运到买受方后转移到其他载煤工具上采样，尽管采样方法相同，也会增加两个总样（厂、矿）间煤质的差异性，这就可能导致煤碳质量验收不合格。因此，标准中强调了同批煤达到买受方落地前采样，其目的就是使两地采样地点保持一致性，以增加两个总样煤质间的可比性。

2－12　GB/T18666 标准中规定批煤验收的评定质量指标有哪些？

GB/T18666 标准中选择了反映各种商品煤有利用价值的共性指标：干基灰分、干基发热量和反映国家环保要求指标干基硫分。在验收批煤质量时，对原煤、筛选煤和其他选煤（包括非冶炼用精煤）的商品煤，按发热量计价的要检验发热量和全硫指标，按灰分计价的要检验灰分和全硫指标。在抽查商品煤质量时，各品种煤需检验的煤质指标与验收时大致相同，不过对冶炼用精煤的商品煤，还需增加全水分检验指标。此外，买受方还可根据各工业用煤的技术要求和经营的需要可约定其他煤质指标作为评定指标，如炼焦用煤可选定粘结指数或结焦性，动力用煤可选定灰熔融性、可磨性和粒度等。

2－13 GB/T18666 标准中商品煤发热量差值允许差是怎样规定的？

发热量是评价商品煤质量，特别是电力用煤质量的重要指标之一。要合理确定商品煤发热量差值的允许差，关键的问题是要正确科学地选择 $\frac{\Delta Q_{gr,d}}{\Delta A_d}$ 比值。它意味着灰分每变化 1%，则其相应发热量变化多少。比值应能反映常用煤质的变化规律才有实用价值。由于煤炭变质程度不同，反映在各类别煤的比值上相差较大。通过大量常用煤种的煤质资料统计和对同批煤的煤矿与电厂的煤质的对比试验，以及客观上的一些实际因素，最终选定为 0.396 较为合适，同时结合采样的精密度推算出不同灰分商品煤以发热量表示采样精密度 P_Q 和计算公式：$P_Q = \Delta Q_{gr,d} \times / \Delta A_d = 0.396 P_{Ad}$。例如 GB 475 中规定的采样精密度为 ±2%，折算成以发热量表示的采样精密度为 ±2×0.396MJ/kg，对同批煤买受方和出卖方两总样发热量的差值允许差值应为 $\sqrt{2} \times (\pm 2 \times 0.396) = 1.12$MJ/kg，依此类推可得出商品煤不同灰分下发热量差值的允许差（见表2－1）。

表 2－1　　商品煤的发热量允许差

煤品种	灰分（A_d）	以发热量表示的精密度，MJ/kg	允许差（$\Delta Q_{gr,d}$）报告值－检验值	计算结果 MJ/kg
原煤和筛选煤	≥20.00～40.00	±2×0.396	$\sqrt{2}$×（±2×0.396）	+1.12
	10.00～20.00	±0.1A_d×0.396	$\sqrt{2}$×（0.1A_d×0.396）	+0.056A_d
	<10.00	±1×0.396	$\sqrt{2}$×（±1×0.396）	+0.56
非冶炼用精煤			按原煤，筛选煤计	
其他洗煤				
冶炼用精煤				

注　$\Delta Q_{gr,d}$为发热量（干基高位）允许差；

$\Delta Q_{gr,d}$取正值是为限制出卖方以次充好。

2－14　商品煤灰分的允许差是如何确定的？

商品煤灰分的允许差是以 GB/T 475—1996 标准中的采样精密度为基础并结合商品煤允许差的特殊性推算出来的。所谓商品煤的允许差是指买受方和出卖方对同一批煤量采取的两个总样煤质测定值间差值的允许差。实验室常用的煤质测定值的允许差（重复性和再现性）的确定所用的分析煤样是由同一总样制备得到的，而确定商品煤的煤质间的允许差所选用的分析煤样是由同一批煤量异地采取的两个总样分别制备而成的。按煤炭采样的理论，对一批煤单次采样的测定值与其多次采样测定值的平均值的差值，有 95％概率下会落在采样精密度（±P）内。GB/T475—1996 标准中规定对原煤和筛选煤采样的精密度规定为：当 A_d>20％时为±2％（绝对值），A_d≤20％时为 1/10A_d，但不小于 1％（绝对值）。依此，确定了 GB/T18666 标准中原煤和筛选煤及其他品种煤的异地采取的两个总样灰分测定值之间的差值允许差应为

$\sqrt{2}\times(\pm P)$，参见表2－2。

表2－2　　商品煤灰分的允许差推荐值

煤的品种	灰分 A_d（%）	GB/475规定的精密度P（%）	允许差 报告值－检验值 ΔA_d，（%）
原煤和筛选煤	＞20.00～40.00	±2	$\sqrt{2}\times(\pm2)=-2.82$
	10.00～20.00	$\pm0.1A_d$	$\sqrt{2}\times(\pm0.1A_d)=-1.41A_d$
	＜10	±1	$\sqrt{2}\times(\pm1)=-1.41$
其他洗煤		±1.5	$\sqrt{2}\times(\pm1.5)=-2.12$
非冶炼用精煤			－1.13
冶炼用精炼			－1.11

注　ΔA_d干基灰分允许差；

ΔA_d取负值是为矿方自己监控出矿煤质量。

2－15　GB/T18666标准中商品煤验收方法规定的报告值和检验值是指什么？

商品煤验收方法中规定的报告值和检验值指的是同一完整批煤。报告值是指验收批煤质量时，出卖方包括煤矿销售点和中转站等随着运煤递交给买受方的该批煤煤质报告上的测定值，也可以是贸易合同的约定值，产品标准或规格的规定值等。检验值是指买受方包括火电厂、化工厂和洗煤厂等对同批煤采样、制样和化验获得的测定值。不论是采用哪种作为检验值都必须以报告值为被减数，检验值为减数，两者不可颠倒。

2－16　GB/T18666标准中商品煤全硫的允许差是如何确定的？

煤炭多少都含有硫分，而硫分是煤中有害成分之一。电站锅炉排放的 SO_2 是大气污染的主要来源之一。商品煤硫分的允许差是以精煤测定数据的统计结果为基础的，并结合当前煤的具体情况确定的。依据精煤不同硫含量（$S_{t,d}$）范围的报告值减检验值之差的极限值的平均值（$\Delta S_{t,d}/\bar{S}_{t,d}$），即

$\Delta S = 0.1746S_t$，依此计算含硫分 1% 的煤的差值允许差应为 $0.1746 \times S_t = 0.1746 \times 1 = 0.1746 = 0.17$，考虑到精煤和精煤外的其他品种煤的差异，对精煤取 0.16，而对其他煤取 0.17。全硫允许差确定如下表：

表 2－3　　商品煤全硫允许差

煤的品种	以检验值计的 $S_{t,d}$（%）	允许差（报告值－检验值）（%）
冶炼用精煤	<1.00	－0.16
	≥1.00	$-0.16S_{t,d}$
其他煤	<1.00	－0.17
	1～2.00	$-0.17S_{t,d}$
	2.00～3.00	－0.34

2－17　GB/T18666 标准中规定的允许差和通常煤试验方法中规定的允许差有什么不同？

通常煤质试验方法中规定的同实验室的允许差是控制内部化验质量的界定值，它表示对同一个总样重复两次测定结果的差值的界定值（临界值）——大数减小数（绝对值）。GB/T18666 中规定的是同批煤两个总样测定值差值的允许差，它是评定出卖方（矿方等）煤炭质量是否合格的界定值，界定值取单方向，有的取正值，有的取负值，其目的都是为加强矿方自我监控出矿煤质量的一种约束，煤质只能优不能劣，更不能以次充好。例如，对来厂批煤验收时：当

$\Delta A_d = -3.12\%$，评定该批煤质量不合格，相反，当 $\Delta A_d = -2.32\%$ 评定该批煤质量合格；同样当 $\Delta Q_{gr,d} = 1.20$MJ/kg，评定该批煤质量不合格，相反 $\Delta Q_{gr,d} = 0.98$MJ/kg，评定该批质量合格。其余煤质量指标的评定，与此类同。

2-18 GB/T18666 标准中对贸易合同约定的商品煤质量评定指标的界定值是如何确定的？

通常贸易合同是买受方和出卖方根据各自需求并经协商自愿签订的一种特殊契约。就煤炭贸易合同而言，它应包括煤的品种、质量、数量和受煤地点以及其他一些有关事项。验收煤炭质量评定指标的允许差要按下式计算

$$T = T_0/\sqrt{2} \tag{2-1}$$

式中 T——实际允差，%或 MJ/kg；

T_0——GB/T18666—2002 中表 2-1～表 2-3 规定的允许差界定值。

对于有合同约定值、产品标准（或规格）的规定值的商品煤的单项质量指标的允许差也可依上述计算确定。当合同约定值或产品标准（规格）规定值为一数值范围时，对于全水分、灰分和硫分取上限值作为出卖方报告值；对于发热量则取下限值作为出卖方的报告值。

2-19 如何将出卖方提供的收到基低位发热量换算为干基高位发热量？

在煤炭贸易中有按发热量 $Q_{net,ar}$ 计价和按灰分（A_d）计价两种方式。按发热量计价的动力用煤出卖方提供的煤质指标至少有 $Q_{net,ar}$，M_{ar} 和 M_{ad} 等项，然而在 GB/T 18666—2002

中规定验收批煤时评定煤炭质量的发热量指标允许差是以$\Delta Q_{gr,d}$界定值为准，因此有必要将出卖方提供的$Q_{net,ar}$换算成$Q_{gr,d}$，而后与买受方的发热量（$Q_{gr,d}$）比较得出$\Delta Q_{gr,d}$值，并依此判断是否超过评定煤炭质量的允许差。从$Q_{net,ar}$换算成$Q_{gr,d}$有下列A与B两种公式。

A式：$$Q_{gr,d}=(Q_{net,ar}+206H_{ar}+23M_{ar})\times\frac{100}{100-M_{ar}} \qquad (2-2)$$

B式：$$Q_{gr,d}=(Q_{net,ar}+23M_{ar})\times\frac{100}{100-M_{ar}}+206H_{d} \qquad (2-3)$$

同一品种煤的氢值变化不大，上两式中的氢可从近2~3个月的同一品种煤累积煤样实测获得。也可从统计最近三个月的同一品种煤的煤质历史资料获得。

由上述两式可知，要从$Q_{net,ar}$值换算到$Q_{gr,d}$值需要M_{ar}、M_{ad}和H_{ad}煤质指标值。如果出卖方只提供批煤的$Q_{net,ar}$值而未给出或不完全给出上面计算所需的煤质指标值，那么允许用买受方验收的检验值作为该批煤质量验收的依据。

2-20 商品煤验收中发热量差值超过商品煤允许差的原因可能有哪些?

出卖方和买受方对同批煤发热量差值（$\Delta Q_{gr,d}$）超过商品煤允许差可能有下列几种原因：

（1）异地水分影响——煤的全水分指标与环境条件（气候、运输和堆存等）密切相关，即使在同实验室内对同一煤样重复两次测定也不容易得到非常近似的结果，因此它是个不确定值。我国商品煤是按收到基低位发热量（$Q_{net,ar}$）指标值大小计价的，它与水分关系很大，粗略估算，对同批煤全水分每变化 1% 其 $Q_{net,ar}$ 变化约 0.25MJ/kg，换算到 $Q_{gr,d}$，其值就更大了。

（2）异地采制样——尽管出卖方和买受方都宣称按国家相关标准执行，但也不尽完全相同。尤其采样操作：采样工具、子样大小，子样分布和采样深度等。这些稍有不同都会增加异地采取总样间的差异性，制样也存在类似情况。

（3）人员素质——采制化人员的素质，包括专业技能，专业知识和敬业精神。它是作好采制化工作的最基本因素，是贯穿于采制化全过程，有形或无形规范工作人员行为，提高工作质量，因此从事采制化人员须经过专业定期培训，并持有效的岗位合格证上岗。

2-21 出卖方和买受方对批煤质量发生争议时解决的途径有哪几种？

当出卖方的报告值和买受方的检验值的差值超过标准中规定的相应允许差并发生批煤质量争议时，在这种情况下，买受方应将收到的该批煤单独堆放，然后依次按下列方式之一进行解决。

（1）双方协商，充分讨论，取得共识，达成意见一致。

（2）双方共同对该批煤采样（一个总样）并共同制样和化验。以此化验结果作为检验值进行验收；若双方同意也可各自采取 1 个总样（2 个总样），制样和化验，以买受方的化验结果为检验值，以出卖方的化验结果为“报告值”计算差值允许差判定其质量是否合格来进行验收。

（3）双方请共同认可的第三公正方对买受方收到的批煤进行采制化，并以此检验结果进行验收。仲裁中一切费用由败诉方承担。

在异议批煤落地堆放期间，要确保批煤的完整性，不要毁损并严防失火。

2－22 怎样做好火车运煤的煤量验收工作?

现在常用的火车运输的煤量验收是轨道计量方法，该法仅限于装有轨道衡的电厂。在进行煤量验收时，应使火车在卸煤前后按要求速度逐一通过轨道衡器，并分别自动记下载重火车质量和火车自身质量，两者差值即为该车皮的煤量。煤车在过轨道衡以后，应立即从该煤车上采样。从同一种煤的各车皮上采取的煤样可混合成为一个综合样，然后化验其全水分、内在水分、灰分、挥发分、发热量等。

由于水分直接影响煤的质量，故要通过换算才能获得正确结果。对原煤、混煤，当实测全水分超过规定水分时，可按下列公式计算煤量

$$m_{gs} = m_{Dm} \cdot (100 - M_{Dm}) / (100 - M_{gs}) \qquad (2-4)$$

式中 M_{gs}——含规定水分的到站煤的质量，t;

m_{Dm}——到站煤的实际质量，t;

M_{Dm}——到站煤实测全水分,%;

M_{gs}——规定水分,%。

对洗混煤、洗末煤和其他洗煤，当实测全水分超过计量水分时，可按下式折合成含计量水分的煤量

$$m_{JL} = m_{Dm} \cdot (100 - M_{Dm}) / (100 - M_{JL}) \qquad (2-5)$$

式中 m_{JL}——含计量水分的到站煤的质量，t;

M_{JL}——计量水分,%。

2－23 怎样验收火车运输的入厂煤质量？

煤炭质量的好坏既影响电厂发电成本，又影响锅炉的安全运行。因此，要把好入厂煤的质量验收关。

验收中除了遵守 GB/T18666—2002 标准相关规定外，还要做好以下工作：

（1）验收火车来煤报告单，核实车皮编号、数量、来煤品种。

（2）按照 GB/T 475—1996《商品煤样采取方法》的规定进行采样。采得的煤样应按不同种煤分开存放，并分别按 GB/T 474—1996《煤样的制备方法》的规定制成粒度小于 0.2mm 的分析试样。

（3）需测定的煤质指标有 M_t、A_{ad}、V_{ad}、$Q_{net,ar}$和 $S_{t,ad}$。对块煤限下率视情况而定。在更换新煤种时，还要进行元素分析和煤灰熔融性测定。用于计算低位发热量的氢值，要采用该批煤的实测结果，如若缺乏实测结果，则可暂用上个月同种煤的平均实测氢值替代。

（4）建立入厂煤煤质档案资料，以便掌握各种煤煤质变化规律，并可据此推导出煤质特性参数间的各种相关回归方程（经验公式），作为实测结果的内部检查。

2－24 船舶运输的煤量验收有哪几种方法？

船舶运输煤量的验收一般有以下三种方法：

（1）电子皮带秤计量法。此法是将轮船（或驳船）上的煤通过机械装置（如抓斗机）转移到码头专用的皮带上，然后用精密度为 ±0.5% 的电子皮带秤直接称出煤量。因定期用实物校验装置进行校正，故一般计量准确可靠，也较简单，但仅适用于装有到厂专用皮带的码头的电厂。

(2) 水尺计量法。顾名思义，此法是根据船舶上水尺的吃水深度与排水量的关系，再由排水量与水密度的关系计算出船舶的载煤量。由于观测水尺吃水深度的准确度不很高，加上不同水域的水密度又不同，所以此法计煤量误差较大。但由于这是国际上传统的一种船舶计量方法，所以至今仍有许多国家包括我国都在使用。

(3) 磅秤检斤计量法。此法是将船舶上的煤运到码头上，用磅秤逐一称量，而后将各次称量相加即可获得总煤量。此法较准确、可靠，但劳动量大，一般电厂不予使用。此外，还有些吨位较小的内河拖驳，因无水尺计量装置，所以一般用重载水线计量载运量，计量误差大。

2-25 煤长期贮存时煤质会发生哪些变化？

煤在露天长期贮存时，因不断受到风、雨、雪的作用及温度变化的影响，煤质会发生变化，其变化程度与贮存条件、时间及煤品种直接相关。煤质变化主要表现在：

(1) 发热量降低。贫煤、瘦煤发热量下降较小，而肥煤、气煤和长焰煤则下降较大。

(2) 挥发分变化。挥发分也会发生变化，对变质程度高的煤挥发分有所增多，对变质程度低的煤挥发分则有所减少。

(3) 灰分产率增加。煤受氧化后有机质减少，导致灰分相对增加，发热量相对降低。

(4) 元素组成发生变化。长期贮存的煤其元素组成有所变化。碳和氢含量一般会降低，氧含量会迅速增高，而硫酸盐硫也有所增高，特别是含黄铁矿硫多的煤，因为煤中黄铁矿易被氧化而变成硫酸盐。

（5）抗破碎强度降低。一般煤受氧化后，其抗破碎强度均有所下降，测定可磨指数值增高。

2－26　什么叫做煤的自燃？影响自燃的因素是什么？

煤是在常温下会发生缓慢氧化的一种物料。它与空气接触受氧化的同时产生热量，并聚集在煤堆内，随着时间的延长，煤堆内蓄热就会增多，温度也会愈来愈高；温度升高又会加速煤的氧化作用，当温度达到60℃后，煤堆温度会急剧上升，若不及时处理便会着火。这种煤在无需外火源时，因受自身氧化作用蓄热而引起的着火称为自燃。影响煤自燃的因素主要有以下三个方面：

（1）煤的性质。煤的变质程度对煤的氧化和自燃具有决定意义。一般变质程度低的煤，其氧化自燃倾向大。此外，煤的岩相组成和矿物质种类及其含量、粒度大小和含水量多少，都会影响煤的氧化自燃性能。

（2）组堆的工艺过程。为减少空气和雨水渗入煤堆，组堆时，要选择好堆基，逐一将煤层压实并尽可能消除块、末煤分离和偏析，最好在组堆后在其表面覆盖一层炉灰，再喷洒一层粘土浆，同时，还要设置良好的排水沟。

（3）气候条件。大气温度、降雨量、降雪量、大气压力波动、刮风持续时间及风力大小等因素，都会影响煤的氧化自燃。

上述诸因素中，煤本身的性质是最主要的，实践证明，无烟煤、贫瘦煤等煤化程度高的煤，即便是长期存放无需特殊组堆，也不会发生自燃现象。而年轻的烟煤特别是褐煤，一般只存放数日，就会发生自燃，煤场烟雾弥漫，甚至着火。此时煤堆要及时处理，以消除自燃。

2－27 防止煤堆自燃的措施是什么？

为减少或防止煤堆自燃，可采用下列预防措施：

（1）分层压实组堆。对易受氧化的煤如褐煤、长焰煤，组堆时最好分层压实，至少也得将表层压实，有条件时还可在煤堆表面披上一层覆盖物。实践证明，这是一种很有效且又经济的根本措施。

（2）建立定期检温制度。对贮量大、存期长的煤堆特别是变质程度低的煤，需每天检测一次煤堆温度，对其他类别的煤可适当延长检温时间，并做好详细记录。

（3）及时消除自燃祸源。在检温过程中，一旦发现煤堆温度达到60℃的极限温度，或煤堆每昼夜平均温度连续增加高于2℃（不管环境温度多高）时，就立即消除“祸源”。消除自燃祸源的方法是将“祸源”区域内的煤挖出暴露在空气中散热降温或立即供应锅炉燃烧。注意，不要往“祸源”区域煤中加水，这样会加速煤的氧化和自燃。

2－28 对长期贮存易氧化的煤应怎样组堆？

对需长期贮存且易受氧化的煤，最好采用煤堆压实且其表面覆盖一层适宜的覆盖物质的方法防止自燃，因为空气和水是露天贮存煤堆引起氧化和自燃的主要原因。煤堆内若有空隙，乃至空洞，空气便可自由透入堆内，使煤氧化放热，同时，煤堆内水分会被受热蒸发并在煤堆高处凝结释放大量热量；再者，煤中的黄铁矿也会因被氧化而放出热量。这些都会产生或加剧煤的氧化作用和自燃倾向。相应的防止办法是在煤堆表面覆盖一层无烟煤粉、炉灰、粘土浆等。此外，还可喷洒阻燃剂溶液，既可减缓煤的自燃倾向，又可减少因煤被风吹走而造成的损失。

应当指出，同一种煤在于煤棚存放要比露天存放好，在受氧化和机械损失方面也均相对较小些。

2-29 贮煤场煤的组堆要注意些什么事项?

在有条件的电厂，对不同品种的煤要分开组堆存放。对需要长期贮存的煤，尤其是低变质程度的煤，组堆时要分层压实，减少空气和雨水的透入和防止煤的自燃。在组堆时要注意下列具体事项：

(1) 选择好组堆形状。一般堆成正截角锥体较为理想，因为正截角锥体自然通风较好，可减少风吹雨淋对煤的损耗。

(2) 选择好组堆方向。根据我国地理位置特点，组堆以南北方向长，东西方向短为宜，这可减少太阳直射，有利于防止煤堆自燃。

(3) 组堆时防止块末分离、偏析和煤堆高度过高，以阻止空气进入煤堆。

(4) 组堆过程中要检查煤堆高 0.5m 处的煤温与周围环境的温度，若两者温度相差大于 10℃，则要重新组堆压实。

(5) 为监测煤堆温度变化，在煤堆中要安插许多底部为圆锥形的适当大小的金属管，以便插入温度敏感探头测温。

(6) 煤堆最好选在水泥地面上，且周围设有良好的水沟，因为煤堆中水分增多，会促进煤的氧化和自燃。

(7) 组堆完毕后，要建立组堆档案，写明堆号、煤品种及其进厂时间、组堆工艺和监测温度等。

2-30 煤在组堆及长期贮存中会发生哪些损耗?

煤在组堆及长期贮存中的损耗，概括起来有机械损耗和化学损耗两种。

（1）机械损耗。搬运中撒掉的和飞散的损耗，煤混入土中的损耗，被风和雨雪带去的煤尘和煤粉的损耗。

（2）化学损耗。煤中有机质氧化自燃过程中的损耗，挥发分降低和粘结性的变差而形成的损耗等。

因此，在组堆及长期贮存中要尽量减少上述各种“有形”或“无形”的损耗，以提高火电厂的经济效益。

2-31 火电厂常用的配煤方法有哪几种？

正确实现预定的配煤比关系到配煤的质量，因此，必须选择行之有效的合理方法。通常采用下列两种方法：

（1）煤斗挡板开度法。此法依据装有已知煤质的煤斗的挡板开度来调节输煤皮带上的煤量，从而达到该种煤单位时间的预定送煤量，如甲、乙两种煤需按 3:1 混配，则预先分别调节好甲、乙两煤斗挡板的开度，使其皮带输煤量为3:1，这样即可达到预定的配煤比。

（2）抓斗数法。此法只适用于设有门式抓煤设施的电厂。各种煤的抓斗数量依据预定的混配比确定，如甲、乙两种煤混合，确定其配比为1:2，则应抓一斗甲煤，抓两斗乙煤，混匀后，再用抓斗转移到已混好的煤堆中备用。这种方法既费时又费力，现已不用了。

此外，最近国外推荐一种自动配煤系统，该系统主要由计量料斗、实时检测煤质装置，电气控制和若干输煤皮带组成。在配煤中，可依据检测装置测量的煤质参数调节料斗给煤速度，以达到预先选定的煤质要求，该系统配煤质量高，可适用于煤矿出矿煤和大型火电厂燃煤的混配。

2-32 为什么火电厂锅炉要进行混配煤和掺烧？

电厂锅炉进行混配煤和掺烧，大致基于下列几种原因：

(1) 进入火电厂的煤往往是多品种而又质量差异较大的煤，因此，必须将多品种煤混合配制成接近于原锅炉设计所用的煤质，然后送入锅炉中燃烧，才能保证锅炉安全、经济、高效率地运行。

(2) 燃料费用占火电厂成本的比重高达70%左右，随着市场经济的深化改革，煤炭市场的开放，电厂在保证、维护安全、经济运行的基础上，同时选用几个品种煤搭配燃烧，以降低燃料费用。

(3) 随着供用电矛盾的缓解，电网调峰任务日趋繁重，大量机组较长时间在低负荷下（30%~50%）运行，为保证低负荷下燃烧稳定，也需要调配煤质。

(4) 为了控制电厂锅炉烟气中硫氧化物的排放量，也需混配、掺烧低硫煤，使之达到排放标准。

2-33 怎样计算混配煤的配煤比？

为了提高锅炉运行的安全性和经济性，有效方法之一就是通过混配煤使之燃用的煤质接近于原锅炉设计的煤质，如何正确计算混配煤的配比以达到预期的效果呢？我们可以采用下列做法：

(1) 依据锅炉的需要选择好配煤的煤质特性参数，如V_{daf}、$Q_{net,ar}$、A_d、$S_{t,d}$或ST等。

(2) 要选择好混配煤中的约束条件。

1) $x_1 + x_2 + \cdots + x_{n-1} + x_n = 1$ (2-6)

2) $x_1 \geqslant 0$、$x_2 \geqslant 0$、$x_{n-1} \geqslant 0$、$x_n \geqslant 0$ (2-7)

(3) 确定配煤煤质参数的允许变化的极限值。上式中 $x_1, x_2, \cdots, x_n$ 为参与混配煤的各煤种的配比，即各煤种的煤量分别占混配煤量的质量百分比。

示例：某火电厂为改善锅炉燃烧，提高热效率，需要将甲、乙两种煤混配掺烧，经分析研究认为是由于煤的挥发分偏低引起的，故选定挥发分作为配煤的煤质参数，由于是两种煤（甲煤：$V_{1,daf}=11.00\%$；乙煤：$V_{2,daf}=28.5\%$）混配，就有两个配比，设其为 x_1 和 x_2。x_1 和 x_2 都是未知的，故需建立两个方程式才能求解。

经分析研究确定挥发分的允许变化不得低于 18.50%（已考虑到混煤的不均性和实际的一些情况）。即

$$x_1 V_1 + x_2 V_2 \geqslant V_{daf,min}$$

由于只有两种煤参与混配，故

$$x_1 + x_2 = 1 \qquad x_1 V_1 + x_2 V_2 = 18.50$$

式中 V_1、V_2——甲种煤和乙种煤的挥发分；

x_1、x_2——甲种煤和乙种煤的配比；

$V_{daf,min}$——混配煤要求的最低挥发分含量，%。

由上两式可求解出：

$$x_2 = (18.50 - x_1 V_1)/V_2$$

将 $x_1 = 1 - x_2$ 代入式中，则得 $x_2 = 0.4285$。

将 x_2 代入上式可得出

$$x_1 = 0.5715$$

上述计算结果显示：要获得混配煤挥发分不低于 18.50%，就需使混合煤中甲种煤占 57.2%，乙种煤占 42.8%（按质量计）。当有三种煤混配时，也可按同样原理求出，不过这时有三个配比，即有三个未知数，就需建立三

个方程式来求解。

2－34 什么是配煤的混匀度？怎样测定混匀度？

混匀度是火电厂和炼焦厂混配煤中的一项重要技术指标，对火电厂而言，混匀的目的就是缩小煤质的波动性，有利于锅炉的正常燃烧，提高锅炉热效率。与通常煤的不均匀的概念相反，它是表示两种及两种以上品种煤通过配煤设备或特定操作进行混合后煤的均匀程度。混匀度是以混配煤流中的混合前、后煤的标准差的差值占混合前煤的标准差的份额，以百分率表示。确定混合煤的混匀程度可按下列方法进行：

（1）依据锅炉燃烧需要的煤质编制好混煤计划，确定参与混合的品种煤及其比例。

（2）预先测定好参与各种煤的不均匀性（每品种煤子样不少于 30 个，下同），然后计算出混合前煤的不均匀性（以标准差表示，下同）；也可在最初阶段相混的煤流中采取煤样并计算出混合前煤的不均匀性。

（3）从最后阶段混合的煤流中采取煤样并计算出混合后煤的不均匀性。

（4）按下式计算混合煤的均匀度

$$\eta_{mi} = (1 - 2\sqrt{V_{后}}/2\sqrt{V_{前}}) \times 100 \qquad (2-8)$$

式中 $\sqrt{V_{前}}$——混合前煤的不均匀性；

$\sqrt{V_{后}}$——混合后煤的不均匀性；

η_{mi}——混合煤的均匀度。

2－35 为什么火电厂需用激光盘煤仪测量贮煤场煤量？

电厂为准确计算煤耗和核算发电成本。往往每逢月末或年终要用人工的传统盘煤方法，对煤场的存煤进行盘点。传统的盘煤方法，不仅费时费力，而且盘煤量的准确性不够高，这就给火电厂最重要的经济指标——煤耗及入厂煤和入炉煤的热值差带来了不真实性。据估计，每次人工盘煤中所需机械设备的台班费、油料费、维护费、折旧费和劳务费等为 2 ~ 3 万元。每年约花掉 25 ~ 36 万元，全国约有 700 多座火电厂，每年仅盘煤一项耗去约 2 亿多元，其中还未计及由于煤耗计算不准确而产生了的经济损失。因此，电厂煤场存煤量的盘点应摒弃传统的人工盘煤方法，而需采用能够适用于任何煤堆形状、盘煤精密度高的盘煤仪是十分必要的，这是电厂煤场科学管理的需要。更是大煤场存煤量多盘煤发展的方向。

2 – 36　国内专用的盘煤仪器有哪些类型？

国内开发的盘煤仪主要有下列几种类型，它们的设计原理和使用要求条件是各不相同的。

（1）摄像盘煤仪。利用摄像机直接拍摄煤堆形状，它需要将摄像仪架设在高处，进行拍摄，对无一定形状的煤堆死角多，在光照不足的情况下无法测量，且精密度低。

（2）红外盘煤仪。需要 1 人操作仪器，另一人手持着带有反射镜的标杆，在煤堆上下移动多次，既费力，又费时，工作条件差，但精密度尚可。

（3）超声波盘煤仪。需要 2 ~ 3 个测量探头安装在门式装卸机或斗轮式堆取料机上或安装在特定高度的塔架上。借助机械位移或旋转对煤堆进行扫描，但它仍同样存在测量死角而影响测量精密度。

(4) JP 型便携式激光盘煤仪。这是目前应用最多的，较理想的一种盘煤仪。只要初次建立测量控制网，求出测站点坐标，(约 2～3h)，以后只要 1 人操作仪器，绕煤场周围一圈，就可测量任何形状的煤堆体积，因此，不存在死角，测量精密度高。对一个 2～3 万吨存煤量的煤场，一般只需 1.5～2h 就可完成。

2-37 激光盘煤仪主要由哪些部件组成？

激光盘煤仪的构成部件主要有下列三部分：

(1) 脉冲激光仪。它含有激光量程传感器，流体倾斜传感器，观测系统，显示器和可插到地上的标杆等。

(2) 电子罗经仪。它主要用于方位角测量，其起始方向可以是磁北方向，也可以是真北方向。

(3) 掌上小型微机。它用于储存观测量程序。在观测程序控制下，采用人机对话方式进行观测作业，提示作业员进行何种操作，接收激光仪、电子罗经仪的观测数据。显示被测点的平面图型，提供数据质量参数等。

2-38 试简述 JP 便携式激光盘煤仪的操作步骤？

JP 便携式激光盘煤仪是一种高精技术产品，其盘煤操作步骤如下：

(1) 建立煤场测量控制网，求出测站点坐标；

(2) 使用激光仪对煤堆进行观测、获取表面若干特征线和点的空间坐标值；

(3) 用图形显示已观测点的平面位置，观测质量评定与处理；

(4) 数据处理与排序；

（5）按选定的数学模型对数据进行处理，建立煤场的数学地面模型，计算煤堆体积；

（6）绘制不同角度所观察煤场的煤堆立体图形；

（7）打印盘煤表报。

2－39　试简述 JP 便携式激光盘煤仪计算煤堆体积的过程？

JP 型便携式盘煤仪的计算程序可以对任意表面形状的煤堆进行体积计算，其计算过程如下：

（1）将煤场按纵横两方向分成 $M \times N$ 个网络。这一过程相当于将煤堆切成 $M \times N$ 个底为四边形的小煤柱。

（2）按一定的数学模型求各格网点的空间坐标值，该组坐标值反映了煤堆的表面形状。这一过程就是建立的煤堆的数学地面模型。

（3）计算各小煤柱的煤柱体积。

（4）累计求各小煤柱的体积之和。这样就可计算出被测量煤堆的体积。

从以上计算过程可看出，只要采集的特征线、点的位置能反映出煤堆表面形状且划分格网数有足够的多，那么求出的体积就越接近于煤堆的真实体积。一般体积测量误差为 $\pm 1\%$。

2－40　火电厂燃煤的保管、贮存有什么作用？

火力发电厂燃煤的保管、贮存是燃料管理中一项重要的工作。它对于合理贮煤，确保入炉煤质，减少耗损（包括机械耗损与化学耗损），都有着十分重要的作用，而且对降低发电成本、增加电厂经济效益也是一种有效途径。因此，要重视燃煤保管工作。为了保证火电厂燃料连续供应，保持正常发电，火电厂就要贮备一定的煤量。其贮备煤量要依据锅炉机组及其消耗水平、运输路程远近、贮煤场大小、季节气候等因素来确定，一般为7~10天。煤的贮备过多或过少都是不恰当的。贮备过多会影响电厂资金周转，且因长期贮存的煤会发生低温氧化，导致煤质下降，严重时还会引起煤的自燃；贮备过少则难以应付意外发生的情况，如因运输事故而延长煤的到厂时间，或煤矿因故不能按时发运煤等造成的锅炉燃料中断，影响正常发电。

2-41 为什么对动力用煤要按发热量计价？

动力用煤按灰分计价不能真正反映按质论价的原则。因为不同矿区的煤，它们的灰分有时十分接近，但发热量却可能相差较大，有时发热量的差值甚至达到4MJ/kg。因此，有必要把按灰分计价改为按发热量计价。动力用煤按发热量计价的好处在于：

（1）动力用煤主要是利用煤的热值，按发热量计价就可更合理实现以质论价、优质优价的政策。

（2）实行按热值计价，有利于煤矿加强煤质管理和提高煤炭质量。同时，也可促使用户更好地合理利用煤炭，为节能起到积极作用。

应当指出：我国煤炭按发热量计价是以应用基低位发热量为基准的，它涉及煤中全水分，而全水分是一个受很多因素影响的参数，因此按 $Q_{net,ar}$ 计价不如按 $Q_{gr,d}$ 计价合理，同时也有利于用户存煤量准确的计算。

2-42 在执行动力用煤按发热量计价时对煤化验室工作有哪些要求？

执行动力用煤按发热量计价时须按照有关采样、制样和化验的国家标准的规定进行。

(1) 采样工具和制样设备要齐全，并符合规定要求。

(2) 每一采样点采完煤样后要立刻将煤样放入密闭且不污染煤样的容器中，待全部采樑完毕后，要迅速送往实验室化验。

(3) 热量计及其附件要完好，且定期用标准煤样校验，其余各项目测定用的仪器设备也要符合规定要求，并定期校验。

(4) 各电厂可根据积累的大量例行试验数据，推导出经验公式作为煤质实测值的内部检查。

(5) 煤质检验人员（含采样、制样、化验）须经专业培训，取得有效岗位合格证后方可上岗操作。

2-43 燃油采用何种计量方法验收?

目前，国内散装石油及液体石油产品的计量普遍采用体积质量法，即测定进厂燃油的体积和油温，而后采样并测出油的密度。据此就可计算出进厂燃油的质量 m 。

国家标准规定的燃油计量公式为

$$m = (\rho_{20} - 0.00111) V_{20} \tag{2-9}$$

式中 ρ_{20} ——进厂燃油在 20℃时的密度，t/m^3；

V_{20}——该批燃油在 20℃时的体积，m^3；

0.00111——对石油密度的空气浮力的修正值，t/m^3。

按下式计算进厂燃煤在 20℃时的体积 V_{20}

$$V_{20} = V_t [1 - \alpha (t - 20)] \tag{2-10}$$

式中 V_t ——燃油在温度 t 时的体积，m^3。

α——燃油体积温度系数，℃$^{-1}$见第十章表10－2；

t——燃油实际温度，℃。

2－44　进厂燃油质量验收要化验哪些油质指标？

进厂油的质量验收所需化验的油质指标视具体情况而定。对常用油种一般只化验粘度、闪点、密度、硫分和水分，每月至少测定燃油发热量2～3次；每年进行一次综合油样的元素分析。对新油种除了要化验上述油质指标外，还要化验机械杂质、凝点，并进行元素分析等，同时，还要测定不同温度下燃油的粘度，并绘制出粘度与温度的关系曲线，以提供燃油加热及雾化的技术依据。

2－45　进厂油在卸油过程中应注意哪些安全事项？

在卸油过程中务必注意下列事项：

(1) 卸油中加温对原油一般不超过45℃，重油一般不超过80℃。

(2) 卸油用的蒸汽温度应考虑到加热部件外壁附着物不会引起着火的可能，且蒸汽管道保温层要完整无损。

(3) 卸油时严禁用箍有铁丝的胶皮管或铁管接头吸油，打开油盖时也严禁使用铁器。

(4) 油区铁路轨道须有良好的接地装置，其电阻不大于5Ω。

(5) 卸油过程中要设专人经常巡视，防止冒油、漏油。

(6) 在卸油地点附近应留有消防器具，以备急用。

2－46　燃油在保管中要注意些什么？

火电厂燃用油品种有柴油、重油、渣油和蜡油，有时也有原油。这些油品均属于易燃物质，其中有些油品还会挥发出低馏分的碳氢化合物。因此，油品的保管应以安全为主，在接卸、输送、贮存等过程中要认真做好防火、防爆、防漏工作。为此要求如下：

（1）油罐进油不要装得太满，要留有适当的空间。油罐顶部应装有透气孔和阻火口。金属油罐还要装有淋水装置。

（2）油罐应设在指定的油区内，油区周围设有高度不低于 2m 的围墙，并挂有明显的“严禁烟火”标志。

（3）在油区内禁止使用铁工具，同时也严禁携带火种（如火柴、打火机）和钉有铁掌的鞋子。

（4）不同油品应分开贮存，不得掺混，同时，还要对油品质加强安全监督。

（5）做好进厂燃油的详细记录，包括油品种、数量、产地、其他等。

2－47　如何计算燃煤、油设备及燃煤电站锅炉的 SO_2 排放总量？

燃煤、油设备及燃煤电站锅炉计算 SO_2 排放总量可依据其燃料种类和是否安装有脱硫装量等不同有下列几种情况：

（1）燃煤设备排放 SO_2 量

$$G = 2 \times B \times \mathrm{S} \times (1 - \eta_0) \times 80\% \qquad (2-11)$$

（2）燃油设备排放 SO_2 量

$$G = 2 \times B \times \mathrm{S} \times (1 - \eta_0) \qquad (2-12)$$

（3）燃煤电站锅炉排放 SO_2 量

$$G = 2 \times B \times f \times (1 - \eta_0) \times \mathrm{S}_{t,ar} \qquad (2-13)$$

除此以外，对生产工艺中产生的 SO_2 排放量可按下式计算：

$$G = 2 \times (B_S - D - E) \tag{2-14}$$

上诸式中 f——煤中硫转化为 SO_2 的百分比，%；

G——SO_2 排放量，kg；

2——SO_2 与 S 的分子量比；

$S_{t,ar}$——煤中收到基全硫，%；

S——燃煤、油中硫含量，%；

η_0——脱硫效率，%（对没安装脱硫置时，$\eta_0 = 0$）；

B——煤或油消耗量，kg；

B_S——物料中含硫总量，kg；

D——生产中转化成其他硫化合物中硫分总量，kg；

E——进入其他物质（如渣等）中硫分总量，kg。

2-48 电站燃煤锅炉 SO_2 排放量与哪些因素有关？

电站燃煤锅炉燃用含硫煤时，其中有 80% 以上硫分转化为 SO_2，且绝大部分随着烟气排放到大气，是大气中 SO_2 污染的主要来源。SO_2 排放量的多少与下列因素有关。

（1）煤中含硫量的多少。任何煤都含有硫分，少则低于 1%，多则超过 10%。同一台锅炉燃用含硫量多的煤，其 SO_2 排放量就比燃用含硫量低的煤少。据估计燃煤含硫量每增加 1%，这对一座 1000MW 的火电厂，意味着每天向大气多排放 SO_2 量约达 200t。

（2）煤中含碱性矿物质的多少。通常煤中含有碱性矿物

质如 $CaCO_3$、$MgCO_3$、KNaO 等，它们在煤燃烧时被加热分解后随着烟气流向烟囱的过程中逐渐吸收或吸附部分 SO_2，最高可达到 SO_2 总量的 20%以上，视煤中含硫分和含碱性矿物质的多少而有所差别。

（3）燃煤锅炉是否安装脱硫装置。目前，无论采用何种脱硫技术，一般脱硫率都可达到 50%左右，甚至有些可达到 90%以上，这就是说只有一小部分煤中硫分所生成的 SO_2 排放到大气中，这大大改善了环境污染。

2-49　在燃烧锅炉内煤中硫与碱性物质发生了哪些变化？

煤炭或多或少都含有硫分。一般认为全硫小于 0.5%以有机硫为主，但当全硫大于 1%~1.5%以上时，黄铁矿硫就占主要了。无论是有机硫还是黄铁矿硫燃烧后都会转换为 SO_2 和极少量 SO_3。

$$S_{(\text{有机})} + O_2 \longrightarrow SO_2 \tag{2-15}$$

$$4FeS_2 + 11O_2 = 8SO_2 + 2Fe_2O_3 \tag{2-16}$$

SO_2 与烟气中水蒸气化合形成 H_2SO_3，而 H_2SO_3 又氧化生成 H_2SO_4

与此同时，煤中碱性矿物质则分解为碱性氧化物

$$CaCO_3 = CaO + CO_3 \tag{2-17}$$

$$MgCO_3 = MgO + CO_2 \tag{2-18}$$

页岩则分解为 R_2O（Na_2O）

$$Na_2O \cdot 2Al_2O_3 \cdot 6SiO_2 2H_2O = Na_2O + 2Al_2O_3 + 6SiO_2 + 2H_2O \tag{2-19}$$

$$Na_2O \cdot 2Al_2O_3 \cdot 2H_2O + Na_2O + 2Al_2O_3 + 2H_2O \tag{2-20}$$

这些新生的碱性氧化物细粉粒，具有很强的化学活性，很容易与 H_2SO_4 或 H_2SO_3发生作用，并随着烟气流排出炉外的过程中不断地增加，使原来呈碱性的飞灰碱性降低，甚至最终变成酸性。

第三章 采样和制样

通用部分

3-1 为什么要进行燃煤采样作业？

目前，煤炭是我国火电厂的主燃料，其质量好坏直接影响锅炉运行的安全，也涉及火电厂的经济效益，特别是当前燃料费占发电成本的70%左右。因此，要求火电厂对燃煤质量进行例行监督——采、制、化，而采样是第一道工序，也是后续两道工序的基础。

（1）验收入厂煤质量，可防止不合格和煤炭进入电厂，同时，也可以提供按煤质分开存放以及依质计价的依据。

（2）检验入炉煤质量。为司炉人员及时提供煤质信息，确保锅炉安全经济运行，也可为正平衡准确计算煤耗提供数据。

（3）检验贮煤场煤质量。可准确计算入厂煤和入炉煤的热值差和确定最终发电成本提供依据。

上述这些煤质检验均离不开采样，由此可见，燃煤采样是火电厂生产中必不可少的一种作业，也是燃煤质量监督的基础。

3-2 试列图表示火电厂燃煤计质和计量的工作流程？

燃煤计质（质量验收）和计量（数量验收）是火电厂燃煤管理的最重要组成部分，因为它们是核算各种经济指标的资料来源。火电厂燃煤的计质和计量工作流程图，参见图 3－1。

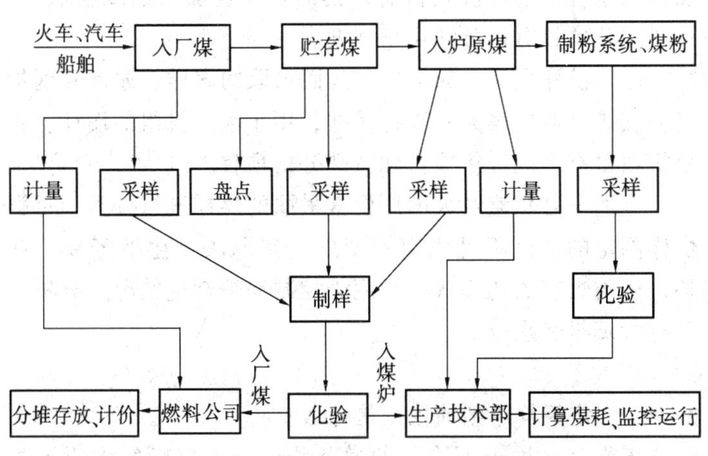

图 3－1　火电厂燃煤的计质和计量流程图

3－3　火电厂采集的煤样，按其用途大致可分为哪几种？

（1）全水分煤样。用于测定煤中全水分而专门采取的。煤样水分具有双重意义，既影响煤炭质量，又影响煤炭数量。全水分包括外在水分和空气干燥基水分。

（2）工业分析煤样。用于锅炉安全经济运行的例行煤质监督而采取的煤样，分析项目有 M_{ad}、V_{ad}和 A_{ad}，有时还测定 $Q_{gr,ad}$和 $S_{t,ad}$项目。

（3）热效率试验用煤样。在做锅炉热效率试验时，为了计算锅炉机组相关的运行参数和分析研究而需要采集的煤样，测定项目通常有工业分析、元素分析，有时还有可磨性或灰熔融性等。

（4）制粉系统煤样。为了监控制粉系统运行的安全性和确保制备合格的经济煤粉而采集的唯一经加工的煤粉煤样。一般化验项目有水分和煤粉细度。

（5）设计煤样。为电厂扩建而采取的煤样，通常要到指定的煤矿（或供煤点）进行采样，用于锅炉机组的设计。其分析项目有常规分析项目和特殊分析项目。

上述只是粗略对火电厂例常采取的煤样进行分类，每类煤样测定的项目不是固定不变的，它取决于生产需要。此外，还与煤有关的飞灰样，用于控制锅炉燃烧情况，分析项目有含碳量和水分。

3－4　制定采样原则的依据是什么？

煤炭是一种极不均匀的散状物料，不仅颗粒大小不均匀，而且不同颗粒有不同的煤质特性，甚至同样大小的颗粒也不尽相同，这就是说煤炭的采样须以概率论为核心的数理统计方法为理论依据，制定采样基本原则，才能采到有代表性的煤样。为便于说明，举例如下：今有红球 40 个和白球 10 个（分别代表 40 单位有机质和 10 个单位矿物质）同放入一个布袋内，混匀后随机摸出 5 个球，记下红、白球数，而后将此 5 个球投回布袋内，又混匀后随机摸出 5 个球，记下红、白球数。如此操作，直到操作 100 次为止。统计每次摸出的 5 个球中出现红、白球的数目，并计算出出现白球的概率，其结果如表 3－1 所示。

表 3-1　　5个球中出现白球的概率

白球个数	0	1	2	3	4	5
出现概率（%）	31.66	43.13	20.98	4.42	0.40	0.01

由表 3-1 中可以看出，摸出一个白球的最高概率是 43.13%，即摸出的 5 个球中出现 1 个白球和 4 个红球的机会最多。它恰好等于布袋内白球（矿物质）和红球（有机质）混合后的平均“组成”。

从这一例子中，得到了混合物料采样要遵循的一些基本原则。

（1）采样必须是随机的，不要施加任何人为意志（本例子中随机地一次摸出 5 个球）。

（2）采样次数即采取的子样数要足够多（本例子中摸出球的次数为 100 次）。

（3）每次采取的子样质量要基本接近（本例子中每次摸出 5 个球）。

（4）每次采出的煤样质量与被采煤整个质量之比是很小的（本例子中每次摸出 5 个球后又重新返回袋内）。

（5）被采物料的平均质量组成出现于相应概率最高的那个组成成分（本例子中出现最高概率时相应的“组成”是白球和红球的平均“组成”为 1 个白球和 4 个红球）。

（6）采样器具要符合被采物料的要求（本例子中用手一次能摸出 5 个球）。

燃煤采样时，只要遵循上面采样的基本原则，就可采取到有代表性的煤样。

3-5　什么叫采样？

为化验或检测一批（值、堆）煤炭的质量，按规定方法从整批（值、堆）大量煤炭中采取少部分煤作为煤样，这一少部分煤样在物理和化学性质上必须能代表该批（值、堆）煤炭的平均煤质特性，这一采取煤样的过程为采样。采样、制样和分析化验是获得正确可靠结果的三个重要环节，若以方差表示采制化总误差，则采样误差占总误差的80%。

3-6 什么叫做机械化采样？

机械化采样从广义上来说，是指利用专门设计的机械设备来完成由人工操作的采样和制样的全过程。对于不均匀性大的散状煤炭物料，它是能采到有代表性煤样的最好采样手段。凡具有采样和制样功能的并符合其相关技术标准要求的机械设备，通称为机械化采制样装置，有时也简称机械采样装置。火电厂使用的机械化采样装置有两大类，一类是安装在带式输送机上用来采取入炉煤煤样的，另一类安装在贮煤场附近用来采取入厂煤煤样的。这两类机械采制样装置，除了采样器部分不同外，其制样部分基本相同。此外，有些靠海运的火电厂为采取入厂煤煤样，将机械采样装置安装在码头上的带式输送机上。

3-7 试解释系统、随机、连续和间断采样的定义是什么？

（1）系统采样：在采样中按相的时间、空间或质量的间隔采取子样，但在第一间隔内子样的采取是随机的。其余的子样按选定的间隔采取。

（2）随机采样：在采样中对子样采取的部位和时间都不施加任何人为意志，能使任何部位的煤都有机会被采出。

（3）连续采样：从每一个采样单元中采取一个总样，采样时其子样点以均匀间隔分布。

（4）间断采样：从许多采样单元中的某几个采样单元采取煤样，其子样点不是以均匀间隔分布。

3-8 静止煤和移动煤的采样各有什么特点？

静止状态的煤的采样是指对非移动状态的煤按规定方法进行采取煤样的。通常煤量多，煤粒度分散性大，煤外裸露表面少，且容易受到环境的局限，采样精密度差，一般不易采取到有良好代表性的煤样。常见的静止煤采样有火车、汽车顶部、船舶舱内和煤堆上的煤。与静止煤相反的是移动煤的采样，所谓移动煤采样是指对移动状态的煤流，按相关规定方法进行采样。一般煤外裸露表面多，任何颗粒都有可能被采出，如带式输送机上和火车装、卸煤流中采样，采样的精密度比静止煤高，采到的煤样也较静止煤采样代表性好。因此，要尽可能在移动煤流中采样，这是采样的一个基本原则。

3-9 什么叫制样？

制样是指按规定方法将从批煤中采取的煤样，通过破碎和缩分（有时还包括混合和干燥）使之达到分析或试验状态的过程。制样是采制化的中间环节。实践证明，制样的误差占采制化总方差的16%。因此，如果制样过程不规范化，同样可使最终制备的分析煤样或试验煤样不具有原批煤的平均煤质特性。

3-10 什么是煤的不均匀性？

煤是有机质和矿物质的混合物，因其生成、采掘和加工条件的不同，其不均匀性也各异。煤的不均匀性是表征在物理性质和化学性质上的分散性的大小，通常用初级子样方差来度量。其数值大，则反映煤的不均匀度大。煤的不均匀度大小，主要决定于煤本身的变异性，即无机矿物质的分布状态。对于某出矿煤在生产条件（包括生产煤层、采掘方式等）相对稳定的情况下，在某一段时间内，其煤不均匀度变化有一个确定的波动范围，这就是说煤的不均匀度对某一已确定的煤是一个特征的物理“常量”。实践证明，混煤的均匀性要比参与混合的任一种煤都差。

3-11　影响煤的不均匀性有哪些因素？

煤炭的不均匀性主要取决于煤本身的变异性，而煤的变异性又与下列因素密切相关。

（1）无机矿物质的分布状态。通常煤中矿物质有与有机质结合状态的矿物质和游离状态的矿物质两种，前者分布较均匀，一般不易分离出来；后者分布不均匀，通常可用干选或湿选工艺从煤中分离出来。

（2）不同粒度煤有不同的煤质特性。不同煤粒度具有各异的物理化学特性是煤的属性之一，它表现在所有的粒度范围内，即使将煤磨碎很细仍具有这种特征。

（3）偏析作用。在煤的运输或流动过程中，粒度不同的煤，会因其质量不同而引起大小粒度的分离。同样粒度的煤又会因密度各异而发生偏析现象，这些都会增加煤的不均匀性。

（4）是否经过加工处理。一般经过加工处理的煤，可以增加煤粒度组成的均匀性，减少各粒度间相对密度的差异性。这些都有利于减小煤的不均匀性。因此，煤是否经过加工，也是影响煤不均匀度的因素之一。

3-12 什么叫做批？怎样划分批？

批是指需要进行测定整体性质的一个独立煤量。在煤炭商务活动及例行煤质监督中可按下列情况之一进行批的划分：

（1）一个确定时间内发运的煤量。如在某个时间从某港口转运到某用户的煤量或从某一供煤公司调运到用户的煤量等。

（2）一个班（值、日）生产或消耗的煤量。如某煤矿在某班内生产的煤量或某火电厂某班经输煤皮带系统输给原煤仓的煤量等。

（3）一艘船、一列火车或一辆卡车运载的煤量。如运到火电厂的一列火车单一品种煤的煤量，或多品种煤混装的一列火车的煤量等。

3-13 划分采样单元有哪几种情况？

从一批（班、值）煤中采取一个总样所涵盖的煤量叫做一个采样单元。一个采样单元的煤量除一些特殊规定外，一般可大可小，视实际生产需要而定。采样单元划分有以下几种情况：

（1）对精煤和特种工业用煤，要按品种、分用户以1000t（±100t）规定一采样单元。

（2）对除精煤和特种工业用煤外的其他煤，只按品种，不分用户，规定以1000t（±100t）为一采样单元。

（3）对国际贸易中的出口煤，按品种、分国别按供货合同发运给外商的煤量可为一采样单元，也可以以一天的实际运量为一采样单元。

（4）运量超过1000t或用户收到煤量不足1000t，可以以实际运量为一采样单元。

(5) 遇到下列情况之一者可将批煤划分成若干采样单元：

1) 运载多品种的一批煤，可按品种划分采样单元。如一列火车运载多品种的批煤。

2) 运载煤量多且卸煤时间长的批煤，采样时可适当划分若干采样单元，如船舶运载的批煤。

3) 为了某种目的需要改善采样精密度时，可将批煤划分成若干采样单元。

当一批煤划分成若干采样单元而进行采样时，每采样单元的采样方法和采样精密度要保持一致，其批煤的平均煤质特性可按各采样单元的煤量加权平均得到。

3－14　采样单元、子样、分样和总样的定义是什么？

采样单元是指从一批（值、班、堆）煤中采取一个总样所涵盖的煤量。一批煤可以是一个采样单元或多个采样单元。

子样是指采样器（具）操作一次所采取或一次截取的煤流的全断面的一份煤样。

分样是指由一个采样单元中的若干子样组成，代表采样单元的一部分煤样。

总样是指从一采样单元中采取的全部子样合并构成的煤样，代表整个采样单元的煤样。

3－15　总样的代表性与哪些因素有关？

总样的代表性是指所采取的总样的煤质特性 $\bar{x}$ 与被采煤的整批（值、堆）煤的平均煤质特性 μ 的接近程度。两者差值小，则表示采样的偏差小。总样的代表性与下列诸因素有关：

（1）煤的变异性即不均匀度 V_1；

（2）采样的精密度 P_L；

（3）采取子样的数目 n；

（4）选择的置信概率 P。

它们之间存在着如下关系

$$\pm P_L = K(P)\frac{V_1}{\sqrt{n}} \qquad (3-1)$$

式（3-1）表明：当置信概率选择后，对于均匀性好的煤只要采取较少的子样数目，就可达到预期的采样精密度。

$K(P)$ 是概率系数：

当 $K(P)=1$ 时，置信概率等于 68.26%；

当 $K(P)=2$ 时，置信概率等于 95.45%；

当 $K(P)=3$ 时，置信概率等于 99.73%。

3-16 采样系统偏差产生的原因是什么？

采样系统偏差常见来源于以下几种情况：

（1）子样点位置不正确。如煤堆上采样时，子样多布置在煤堆底部周边；输煤皮带上采样时，子样多分布在煤层两侧或火车车厢上采样时，子样多分布在车厢边沿等。

（2）子样间隔时间不正确，如时间基采样系统的采样间隔时间选择不正确，使采样的周期与被采煤煤质变化的周期相巧合，掩盖了煤样真实性。

（3）子样的分界不正确。如采取子样的粒度组成不能代表邻近煤的粒度组成，即相邻煤的倾向相似。

（4）子样采取的方式不正确。如选用与被采煤标称最大粒度不相适应的采样器（具）采样。

（5）采到的煤样由于保存不善，如水分损失或制备操作不当失去了原煤的代表性等。

3－17 什么是在线制样、离线制样、定质量缩分和定比缩分？

在线制样一般是指采取的初级子样或由初级子样组成的总样利用与采样系统构成一体的设备制备煤样。

离线制样是指用不与机械化采样系统构成一体的设备，以人工或机械化方法对机械采样系统采取的煤样进行制备。

定质量缩分是指在制样缩分中保留的煤样质量一定，并与被缩分煤样量无关的一种缩分方法。

定比缩分是指以一定的缩分比，即保留的煤样量和被缩分的煤样量成一定比例的一种缩分方法。

人工采、制样部分

3－18 什么叫做煤的子样最小质量？

煤的子样最小质量是指能保持采取的每个子样的粒度组成与它周围煤的粒度组成相接近的最小质量。如果子样质量偏小，就可能漏采或少采某种粒度的煤（通常是粒度大的煤），造成两者粒度组成差异，从而导致煤样的代表性降低。因此，采样时，要使每个子样的质量均不少于其相应标称最大粒度要求的最小质量，因为子样最小质量与粒度大小密切相关。

3－19 人工采取商品煤样的精密度是怎样规定的？

现行《商品煤样采取方法》中规定的煤炭采样精密度，系参照 ISO《硬煤采样方法》并结合我国煤炭生产和应用的实际情况制定的。它适用于人工从煤流中、火车、汽车顶部、船上和煤堆上采取无烟煤、烟煤和褐煤的商品煤样。采样的精密度规定如下：对原煤和筛选煤，当 $A_d \leqslant 20\%$ 时，精密度为灰分的 $\pm \frac{1}{10} \times A_d$，但不小于 $\pm 1\%$（绝对值）；当 $A_d > 20\%$ 时，其精密度为 $\pm 2\%$（绝对值）。对炼焦用精煤，精密度为 $\pm 1\%$（绝对值）。对其他洗煤（包括中煤），精密度为 $\pm 1.5\%$（绝对值）。

上面规定的商品煤样的精密度，仅适用于供需双方计价的人厂煤的采样。但对火电厂的入炉煤样，由于计算火电厂运行的重要经济指标煤耗的需要，要求采样的精密度要优于 $\pm 1\%$（绝对值），方可保证计算煤耗的准确性，故不宜采用。

3-20 为什么对低灰分煤（精煤除外）的采样精度规定为灰分的 $\pm \frac{1}{10} \times A_d$，但不小于 $\pm 1\%$？

对灰分 $A_d \leqslant 20\%$ 的原煤和筛选煤的采样精密度规定为 $\pm \frac{1}{10} \times A_d$，但不小于 $\pm 1\%$。这是基于下列事实考虑的：对低于或等于 20% 灰分中灰分较大的煤可按灰分的 $\pm \frac{1}{10} \times A_d$ 计算，如灰分为 13% 和 11%，其采样精密度分别为 $\pm 1.3\%$ 和 $\pm 1.1\%$。但对低丁 20% 灰分中灰分较小的煤，如灰分为 5% 和 8%，若按灰分的 $\pm \frac{1}{10} \times A_d$ 计算分别为 $\pm 0.5\%$ 和 $\pm 0.8\%$，它们比均匀性较好的洗精煤的采样精密度要求还要高，显然，这是不合理的。为此，灰分小于或等于 20% 的原煤和筛选煤，规定其采样精密度为灰分的 $\pm \frac{1}{10} \times A_d$，

但不小于 ±1%（绝对值）。

3-21 如何确定人工采样中的子样最小质量?

在人工采样中一般确定煤的子样最小质量有下列两种途径:

(1) 源于 ISO1988-1975 标准的方法，由经验公式计算获得

$$m = 0.06D \tag{3-2}$$

式中 m——子样最小质量（不得小于 0.5kg），kg;

D——标称最大粒度，mm;

0.06——比例系数，kg/mm。

我国 GB 475 中提出的标称最大粒度和子样质量关系中，选用的比例系数约为 0.04，因此，规定的子样最小质量要比 ISO 标准小些。

(2) 按 GB 475 标准中规定选取：当标称最大粒度 <25mm时，其子样最小质量为 1kg；当标称最大粒度 <50mm时为 2kg；当标称最大粒度 <100mm 时为 4kg；而当标称最大粒度 >100mm（作者根据该标准中有关条文叙述，认为最大粒度不应超过 150mm 为宜）时为 5kg。

3-22 怎样确定原煤的标称最大粒度?

所谓原煤的标称最大粒度是指在粒度分析中与筛上物累积质量百分率最接近（但不大于）5%的筛子相应的筛孔尺寸。它是确定子样最小质量的主要依据，一般粒度愈大则其子样质量就愈多。确定原煤的标称最大粒度可按下述方法进行。

(1) 以 1000t 原煤为基数，沿斜线方向按 5 点循环，在

每节车皮上采取一个质量不少于30kg的煤作为子样，始末两点离车角的距离为1m。

（2）合并各子样为筛分煤样，缩分并称出质量约600kg（精确到0.5kg）。

（3）分别过150、100、50mm的圆孔筛和25mm的方孔筛，称出筛上物的质量（精确到0.5kg），计算筛上物占整个煤样的质量百分数。

（4）取筛上物累积质量百分数最接近于5%的那个筛孔的孔径尺寸作为煤的最大粒度。

（5）至少每半年试验一次，试验结果代表半年内该煤的标称最大粒度。

如若需要精密测量标称最大粒度，可将筛分的试验结果绘制成筛上物累积百分率和筛孔径的关系曲线，而后查出与5%的筛上物累积百分率相应的筛孔径尺寸，即为所测量的煤的标称最大粒度。

3-23　怎样确定煤量为1000t和超过1000t的采样单元应采的最少子样数目？

在采样中，不仅要求应采的最少子样数分布要均匀、且分布在整个采样单元中，同时还要采够应采的最少子样数目。对于煤量为1000t和超过1000t的采样单元应采的最少子样数可按下列规定选取。

当采样单元的煤量超过1000t时，以表中规定的相应1000t的最少子样数目为基数，并按式（3-3）计算出应采的最少子样数目，即

$$N = n \cdot (m/1000)^{\frac{1}{2}} \tag{3-3}$$

式中　N——实际应采的子样数目，个；

n——表中规定的子样数目（参比基数），个；

m——实际被采的煤量，t。

表 3-2　　煤量 1000t 的应采最少子样数目

品种 \ 采样地点		煤流	火车	汽车	船舶	煤堆
原煤、筛选煤	干煤灰分（A_d > 20%）	60	60	60	60	60
	干基灰分（A_d）≤20%	30	60	60	60	60
精煤		15	20	20	20	20
其他洗煤（包括中煤）和粒度大于 100mm 块煤		20	20	20	20	20

注　表中规定的子样数目也是供煤量超过 1000t 或不足 1000t 采样时，确定应采的最少子样数目的参比基数。

3-24　如何确定煤量不足 1000t 采样单元应采的最少子样数目？

对于不同运煤工具的不足 1000t 煤量的采样单元应采的子样数目，可按照表 3-3 时行确定。

表 3-3　　煤量不足 1000t 应采的最少子样数目

品种 \ 采样地点		煤流	火车	汽车	船舶	煤堆
原煤、筛选煤	干基灰分（A_d）> 20%	> 350t，按比例递减；≤350t，一律不得少于 20 个	> 300t，按比例递减；≤300t，一律不得少于 18 个	> 300t，按比例递减；≤300t，一律不得少于 18 个	> 500t，按比例递减；≤500t，一律不得少于 30 个	> 500t，按比例递减；≤500t，一律不得少于 30 个
	干基灰分（A_d）≤20%	> 350t，按比例递减；≤350t，一律不得少于 10 个	> 300t，按比例递减；≤300t，一律不得少于 18 个	> 300t，按比例递减；≤300t，一律不得少于 18 个	> 500t，按比例递减，≤500t，一律不得少于 30 个	> 500t，按比例递减，≤500t，一律不得少于 30 个

续表

采样地点 品种	煤流	火车	汽车	船舶	煤堆
精煤	>350t，按比例递减；≤350t，一律不得少于5个	>300t，按比例递减；≤300t，一律不得少于6个	>300t，按比例递减；≤300t，一律不得少于6个	>500t，按比例递减；≤500t，一律不得少于10个	>500t，按比例递减；≤500t，一律不得少于10个
其他洗煤（包括中煤）和粒度大于100mm的块煤	>350t，按比例递减；≤350t，一律不得少于7个	>300t，按比例递减；≤300t，一律不得少于6个	>300t，按比例递减；≤300t，一律不得少于6个	>500t，按比例递减；≤500t，一律不得少于10个	>500t，按比例递减；≤500t，一律不得少于10个

计算按比例递减子样数目时，要以表中1000t的采样单元的应采的最少子样数为基数。

3-25　怎样由人工在火车顶部采取入厂煤煤样？

由人工在火车顶部采取入厂煤煤样要按下列操作进行：

(1) 首先按照同一品种煤的煤量作为一个采样单元。若煤量尚嫌过大，不便于采样，也可划分为两个或两个以上采样单元。

(2) 根据煤的品种确定应采子样数目及其子样布置方式。

(3) 对原煤、筛选煤每节车皮至少采取3个子样，对不足6节车皮煤量为一个采样单元时，则应采子样数不得少于18个；对除精煤外的其他洗煤每节车皮按5点循环至少采取1个子样，对不足6节车皮煤量为一采样单元时，其子样数不得少于6个。

(4) 在布置子样点的部位，挖坑至0.4m以下，再用尖铲（宽度约250mm、长度约300mm）进行采样。

(5) 子样质量要符合 GB/T 475—1996 中的要求。

(6) 采样中不能将应采的大块煤、矸石或黄铁矿石漏掉，也不应该将不属于采样范围内的这些东西采进来。

(7) 每次采取的子样要立刻放入密闭而不受污染的容器中。一旦采样结束，拴好标签。标签的内容包括：煤品种、矿名、车皮数、采样日期、采样员签名等。

(8) 将附有标签的煤样迅速送往实验室，办好移交手续。

3-26 火车顶部采样时子样点的布置有哪几种方式？

火车顶部采样时根据批煤量的多少，子样点的布置方式有下列几种。

(1) 斜线 3 点布置方式：在车皮对角线上布置 3 个子样点，其中两个子样点布置在对角线上的首尾，且各距车角 1m，余下一个子样点布置在对角线的中央。它适用于超过以 6 节车皮的煤量（300t 或 360t）为一采样单元的原煤和筛选煤的采样，采样时，每节车皮采取 3 个子样。

(2) 斜线 5 点布置方式：在车皮对角线上布置 5 个子样点，其中两个布置在对角线的首尾，且各距车角 1m，其余 3 个按等距离布置在首尾两个子样点之间的线段上。它适用于超过以 6 节车皮煤量（300t 或 360t）为一采样单元的精煤、其他洗煤和粒度大于 100mm 块煤的采样，采样时，按 5 点循环每车皮采取 1 个子样。

(3) 交叉斜线 3 点布置方式：子样点同样按 3 点布置在对角线上，当 1 节车皮的子样数超过 3 个时，则多出的子样按"均匀布点，使每一部分都有机会被采出"的原则布置在交叉的对角线上。这种子样点的布置方式只适用于以不足 6

节车皮煤量（小于250t或360t）为一采样单元的原煤和筛选煤的采样。

（4）交叉斜线5点布置方式：子样点同样布置在车皮对角线上，当一节车皮的子样数超过5个时，则多余的子样布置在交叉的对角线上。这种子样点布置方式适用于以不足6节车皮煤量（小于250t或360t）为一采样单元的精煤、其他洗煤和100mm块煤的采样。

（5）车皮平行线布置方式：沿车皮长、宽方向划出平分线，而后将子样点布置在平分线上（或方格内）。它适用于以不足6节车皮煤量（小于250t或360t为一采样单元的采样。当一个车皮的子样超过3个（原煤、筛选煤）和5个（精煤、其他洗煤和100mm块煤）时，可采用这种子样点布置方式代替交叉3点或5点布置方式，起到等效的作用。

3－27　怎样在汽车上采取入厂煤的煤样？

由人工在汽车上进行入厂煤煤样的采取可按以下操作进行：

（1）首先按同一品种煤的煤量划分采样单元。

（2）在每辆车上（带拖斗的视为两辆车）沿着车厢对角斜线方向上布置子样点（首尾两点距车角0.5m）。

（3）按3点循环方式在每辆车上采取1个子样，对同品种煤一大运煤量不足30t（6辆车以下）作为一采样单元的，采取的子样数不得少于6个。

（4）采样时用尖锹（长300mm×宽250mm）在布置子样点部位挖坑至0.4m以下再采取。

（5）子样质量要求符合GB/T475—1996中的规定。

（6）采样中不能将应采的大块煤、矸石或黄铁矿漏采，同时，也不能将不属于采样范围内的这些东西采进来。

（7）、（8）同题 3－25 中（7）和（8）。

3－28　怎样由人工在煤堆上采取煤样？

煤堆上一般不易采到有代表性的煤样，特别是庞大煤堆上的采样。因此，选用时要十分慎重，并严格按照以下操作进行：

（1）首先要估算被采煤堆的大致煤量，而后依据估算的煤量按式（3－4）计算应采的最少子样数目，即

$$N = n\sqrt{\frac{m}{1000}} \tag{3-4}$$

（2）子样点布置：

1）依据煤堆形状将子样点分布在煤堆的顶部（距顶面 0.5m）、底部（距地面 0.5m）和中部（顶部到底部的中央）；

2）按照大致估算的顶部、底部和中部的周长按比例分配子样数；

3）按已确定的子样数依据“均匀布点”的原则，按等距离或等弧度布置子样点。

（3）采样时，先除去 0.2m 的表层煤后，用尖锹（长 300mm × 宽 250mm）采取。

（4）通常煤堆的坡度大，当除去表层煤时，上方的大块煤或矸石容易滚落下来，如遇到这种情况，则应彻底清除掉。

（5）、（6）同题 3－25 中（7）和（8）。

3－29　怎样在运煤小船舶上采取煤样？

小船舶主要是指驳船，一般装载量有 500、1000、1500

和 2000t 等数种。驳船的唯一用途是将近海船上的煤炭分装运到各火电厂用户。下述规定仅限用于不能在装、卸过程中采取煤样的场合。

（1）采样单元：以一艘驳船装载的实际煤量为一采样单元。

（2）子样数目：根据驳船的不同装载量，确定应采子样的数目：

1）对 1000t 装载容量的驳船子样至少要 60 个。

2）对 1500t 装载容量的驳船子样至少要 74 个。

3）对 500t 装载容量的驳船子样至少要 30 个。

（3）采样点布置要符合“均匀布点，使各部分煤都有机会被采出的原则。对于未设有分舱的驳船可将子样点分布在驳船平分线上。

（4）子样最小质量：符合 GB475 中规定。

（5）采样时，用长 300mm×250mm 的采样铲子在子样点部位挖 0.4m 以下后再进行采取。（6）、（7）同题 3－25 中（7）和（8）。

3－30　怎样采取海轮运煤的煤样？

海轮一般设有多舱，每舱装载煤量多达数千吨不等。下述规定适用于人工采样的场合。

（1）采样单元：不管各舱中装载的煤的品种是否相同，均以每舱为一采样单元。如若煤量尚嫌过多，可将一舱分为若干个采样单元。

（2）子样数目：海轮运煤量多，故按下式计算

$$N = n \cdot (m/1000)^{\frac{1}{2}}$$

式中　n——参比基数子样数目。对原煤和筛选煤取 60，对

精煤外的其他洗煤取20。

（3）采样煤层的划分：因每舱装煤量高度一般约为10m，故至少分2个采样层，即在装煤高度平分线的上下分两个等距离采样层。也可以划分为上、中、下三个采样层，它们分别是距煤顶面1/6、3/6和5/6高度。

（4）子样点布置：根据“均匀布点，使每一部分煤都有机会被采出”的原则，将子样点均匀分布在新露出的采样煤层表面上，并且在各层中采取的子样数目要相等。

（5）采样工具：机械卸煤机上的抓斗（一般码头卸煤机上都有）。

（6）子样最小质量：符合GB/T 475中的规定要求。

（7）当估计卸煤机卸下的煤量约到上、下部或上、中、下部采样煤层表面时，就按分布的子样点用抓斗机在采样点部位上采取，采到的煤被转移到卸煤机上的料斗内后，立即由工人用宽度为标称最大粒度2.5~3倍的采样铲从煤料斗中攫取煤样。

（8）、（9）同题3-25中（7）和（8）。

3-31　在输煤皮带上怎样采取全水分煤样？

全水分煤样的采取可按以下步骤进行：

（1）依据现场实际情况，可选用时间基或质量基配置子样数；

（2）不论煤的品种，每1000t煤至少采取10个子样，并以此作为全水分煤样子样数目参数比基数。当批煤超过1000t时，则按下式计算应采的子样数

$$N = n \cdot \sqrt{\frac{m}{1000}}$$

式中　n——子样数目的参比基数，这里等于 10；

N——实际要采的子样数目，个；

m——实际被采的煤量。

当批煤不足 1000t 时，应采的子样数不得少于 6 个。

（3）~（7）同题 3－25 中（4）~（8）。

注：火电厂输煤皮带机速度快、煤流层厚度大，一般不主张采用人工采样，以免发生人身事故。

3－32　怎样在火车和汽车上采取全水分煤样？

按不同的载煤工具要求分别进行采取全水分煤样：

（1）火车上采取：

1）当火车到达后，立刻由采制人员进行采样；

2）当批煤超过 1000t 时，不论煤的品种，沿着车厢对角线按 5 点循环法每车至少采取 1 个子样。

3）当批煤不足 1000t 时，至少采取 6 个子样。

（2）在汽车上采样：

1）当汽车到达厂后立刻由采制人员进行采样；

2）不论煤的品种，在车厢对角线上按 3 点循环法，每隔两个车（带有拖斗的视为两车）至少采取一个子样，但当车数少于 6 个时不得少于 2 个子样。

不论是在何种载煤工具上采取全水分煤样，其采样工具和子样质量都要符合 GB/T/475 中规定要求。

3－33　怎样采取制粉系统中的煤粉样？

制粉系统中煤粉样的采取，视采样位置的不同而有所区别。

（1）对中间储仓式制粉系统可在细粉分离器下粉管或给

粉机落粉管中采样。

1）在细粉分离器下粉管中采样时，可采用煤粉活动采样管。该采样管是由开有槽形的两根金属管套叠而成的。外管 ϕ40/34mm；内管 ϕ35.5/30mm；槽口长度比下（落）粉管内直径略小。采样时，使采样管的内外管槽形开口处于相互遮盖的位置，插入下粉管中后，将槽形口朝上，转动采样管外管使槽形口接受煤粉，取完煤粉后，恢复内外管槽形口相互遮盖的位置，取出采样管，将煤粉收集于磨口的玻璃容器中。每班采样至少两次。

2）在对给粉机落粉管中的连续采样，可采用煤粉自由沉降采样器。该采样器由一根头部开有 ϕ1.5～2.5mm 圆孔的直管和煤粉样收集罐组成。采样时，将该管插入垂直的落粉管的中心处，并保持整套采样装置处于密封状态。每班采样量至少为 1kg。

（2）对直吹式制粉系统可在一次煤粉管中按等截面积连续采样，采样时，可使用抽气式活动等速采样器。该采样器是由等速采样管、两级旋风捕集器、过滤器及微压计等组成的。采样时，将等速采样管插入煤粉输送管中，借助抽气源和微压计调整采样管内的粉速和输粉管道的粉速，使二者相等，抽出的煤粉样经旋风捕集器到集样器内。每班采样量至少为 1kg。

3－34　怎样采取锅炉飞灰样？采样时要注意哪些事项？

目前，火电厂飞灰采样基本上采用两种类型的采样器，一种是抽气式飞灰采样器，适用于在垂直烟道中采样；另一种是撞击式飞灰采样器，适用于在水平烟道中采样。后者采取的飞灰样，颗粒一般偏粗，因此，可燃物含量比实际偏大，需要校正。

（1）用抽气式飞灰采样器采样。该采样器是由采样管、U形管差压计、旋风捕集器、中间灰斗、集样罐等组成的。采样时，全套装置应处于气密状态。具体操作如下：

1）采样管要安装在高于烟气露点温度约50℃的锅炉尾部烟道内，管口要朝向烟气流侧。

2）调节抽气阀门使采样管口内烟速接近于烟道内的烟速，然后开始收集样品。

（2）用撞击式飞灰采样器采样。该采样器较简单，主要由一根直径为51mm、头部呈15°~30°斜口的管子、直通式阀门和集样罐组成，集灰瓶外加有固定架。具体操作如下：

1）采样管头部斜口的中心要位于水平烟道的中心线上。

2）采样管安装位置应选择有利于被撞击的飞灰受重力作用后落到集样罐中。

以上两种采样方法都应注意，露在烟道外的连接管道要尽量短，并予以保温，以防止烟气中水蒸气凝结。采样系统要保持良好的气密性，每班采集的飞灰量不少于300~500g。由于撞击式飞灰采样器捕捉到的主要是较粗颗粒的飞灰，所以测得可燃物含量一般偏高。在使用这种采样器时，应先用抽气式等速飞灰采样系统进行比较，求得其修正因子。多次试验证明，修正因了约为0.85。

3-35　制样的基本要求是什么？

要制备仍保持由初级子样组成的煤样代表性的煤样，应符合下列基本要求：

（1）对标称最大粒度超过25mm以上的煤样，无论其数量多少，都要全部先破碎到25mm以下才允许缩分（在线机械采制样对此无要求）。

（2）破碎机破碎煤样时不应受任何污染，包括研磨件铁粉的污染。

（3）在缩分煤样时，须严格按照标称最大粒度对保留煤样最小质量的要求保留煤样量。

（4）缩分中要尽量多采用二分器或其他类型的机械缩分器。缩分器使用前要经权威质检部门确认是无系统偏差的。

3-36　制样的总则是什么？

制样的总则体现了煤制备的总要求，它贯穿着整个煤样的制备过程，主要包括以下内容：

（1）煤样制备的目的要明确，它是将采集到的煤样，经过破碎混合和缩分等程序制备成有代表性的试验用煤样。

（2）煤样制备方案（含制备步骤）的设计要合理，使其最终能获得足够小的制样方差和较少的留样量。

（3）煤样制备的总方差（含制备和化验）要达到 $0.05P_{\mathrm{L}}^{2}$ 的要求，且无系镜俯差（P_{L} 为采制化总精密度，对入厂煤为 ±2%；对入炉煤为 ±1%）。

（4）对需要检验与煤样制备精密度有关的设备和制备程序，要及时进行试验加以确认。

3-37　制样室设施要具备哪些基本要求？

制样室是确保煤样制备质量的重要基本条件之一，因此，其设施要符合下列要求：

（1）制样室要宽大敞亮，不受风雨及外来灰尘和有害气体的影响。

（2）制样室应为水泥地面。堆掺缩分区，还需要在水泥地面上铺以厚度为6mm以上的钢板。

(3) 制样室内的防尘设备应安装在与制样设备等高度的地方，以增加除尘效果。

(4) 制样室应备有卫生设施，如洗脸盆、淋浴器及其下水管道等。

(5) 制样室还应设有专用更衣室及必要的衣柜等。

(6) 在制样室旁或附近还应设有贮存煤样的专用房间。房间内应通风良好，保持干燥，无热源，不受阳光直射，无任何化学药品等。

3-38 燃煤化验室常用的颚式破碎机有哪几种规格？使用中应注意些什么？

颚式破碎机主要由机座、偏心轴、颚板、连杆、调节机构与闭锁拉簧等部分组成。工作时由电动机经三角皮带轮传动至偏心轴，借偏心轴和连杆作用使颚板破碎物料，出料粒度的大小在规定范围内可以调节。其种类和粒度规格见表3-4。

表3-4 化验室常用颚式破碎机规格

装料口（长×宽，mm×mm）	最大进料（mm）	出料（mm）	功率（kW）
100×60	45	6~10	1.7
150×100	90	5~25	1.7
100×125	100	6~38	3.0

颚式破碎机主要是供粗碎煤样用的，其特点是破碎能力强，单位时间破碎量大，破碎比也较大，化验室使用时给料块度一般不超过45~100mm，出料粒度最小可达到6mm以

下。

在使用中应注意下列事项：

(1) 为避免卡住颚板和衬板脱落，应通过拉杆把活动颚板用弹簧拉紧。

(2) 禁止破碎超过允许的最大进料块度的煤。

(3) 煤样在破碎前应用磁铁石去除其中可能混入的金属异物。

(4) 转动皮带应加设防护罩。

(5) 在破碎煤样时，禁止在破碎机上做任何维修工作。

3-39 燃煤化验室常用的光面对辊破碎机有哪几种？使用中应注意的事项是什么？

燃煤化验室常用的光面对辊破碎机的种类见表3-5。

表3-5　化验室用的光面对辊破碎机规格

对辊直径（mm）	对辊长（mm）	进料粒度（mm）	功率（kW）
200	75	<10~20	1.7
	125	<10~20	2.8

对辊破碎机是由机座、进料口、对辊、调节机构和转动机构等组成。工作时电动机带动减速齿轮或皮带使对辊转动，对辊轴间的距离可通过调节机构加以调整。煤样从进料口进入两辊轴之间时被破碎。

光面对辊破碎机适用于煤样中碎，其特点是：破碎能力大，可在一定范围内调节出料粒度，进料粒度允许10~20mm，出料粒度可达0.5mm以下。煤样经过对辊破碎后立即排出，可以避免煤样过粉碎，这对于制备要求不含过多的细粉煤样尤为适合。

使用对辊破碎机应注意下列事项：

（1）根据出料粒度要求调节对辊间的距离。

（2）进料的粒度不要超过规定要求，以防对辊卡死。

（3）对太湿的煤要适当干燥后再破碎，否则，会发生“煤饼”现象。

（4）转动机构要设有防护罩，在机器转动时不允许任何检修工作。

3-40 化验室常用的密封式振动粉磨机的结构及其使用中的注意事项是什么？

燃煤化验室制备分析试样用的密封式振动粉磨机是由机座、电动机、料钵（含击环和击块）等组成。煤样放入料钵内，借助于直立安装的电动机转动并带动一偏心重锤产生激裂振击，使与振动机相连的圆盘座上的料钵振动。由于料钵激烈振动，使其内击环和击块之间以及它们与料钵内壁之间互相碰撞，致使煤样在极短时间内粉碎。此种振动粉磨机的特点是：粉磨效率高，能在1min内将煤粉磨到0.075～0.15mm。粉磨过的样品不需筛分和缩分，可直接作为分析煤样。它要求进料粒度小于6mm，装料量为100g。目前，已发展有多料钵粉磨机，每料钵装料量为400g。

使用振动式粉磨机的注意事项：

（1）装煤样量及其粒度要符合规定要求，否则，往往不能保证制备样品的粒度。

（2）粉磨机最好要用地脚螺钉固定好，防止在振动中移动。

（3）电动机安装要求在正确位置，周围要匀称，防止偏心重锤转动时由于不平衡的原因而使电动机轴断裂。

（4）一旦发现粉磨机异常，就要立刻停止运行。

（5）煤样粉磨时间不宜过长，以免发热使煤样中水分损失或由于发生煤样中水分受热析出而润湿煤样产生煤样成团现象，同时，也会使样品中的含铁量增加。

3-41　试说明 XSB-70 型振筛机的工作原理和使用中应注意哪些事项？

燃煤化验室内常用的电动振筛机有两种。一种是 XSB-70 型 ϕ200 标准筛振筛机，另一种是 B·06511 型标准筛振筛机。第一种已在许多有关燃煤标准方法中被推荐，使用较广泛。

XSB-70 型标准筛振筛机是模拟人工筛分设计的，它主要由机座、上盖、回转机构、固定筛机构与电动机等组成。工作时，通过电动机带动回转机构使固定的套筛作水平移动的同时，也带动撞击机构动作，定期作上下撞击，以提高筛分能力。

使用中的注意事项：

（1）XSB-70 型振筛机在使用中要用地脚螺钉固定。B·06511 型振筛机最好也要用适当的方式固定。

（2）对采用 380V 电源的 XSB-70 振筛机接上电源后，如发现电动机只有空转声而固定筛机构不动作，则说明电动机的相向与机器设计的相向不相符，应立刻转换振筛机上的电源换向开关。

（3）固定筛机构中的上盖转动杆若不易滑动，可适量加润滑油，对其他转动部件也要定期加润滑油，防止干磨。

3-42　燃煤化验室常用的金属网筛有哪几种？使用时应注

意些什么？

燃煤化验中常用的金属网筛根据在试验中的用途不同可分为：

（1）供制备分析煤样用的筛。一般有 25mm×25mm、13mm×13mm、3mm×3mm、1mm×1mm 的方孔筛，此种筛有木制的矩形外框。此外，还有 $\phi 3$ 的圆孔筛，0.20mm×0.20mm、0.10mm×0.10mm 方孔标准试验筛。

（2）供制备粒级范围煤样用的筛。属于这种用途的筛有制备测定哈氏可磨指数煤样的 1.25mm 和 0.63mm 的方孔筛，制备测定 VTI 可磨指数煤样的 3.20mm 和 1.25mm 的方孔筛，这些筛都是试验标准筛。

（3）供分析煤粉细度用的筛。用于这一目的的筛有分析制粉系统中煤粉细度的 0.090mm×0.090mm、0.20mm×0.20mm 的方孔标准试验筛；测定煤的可磨性中用的判断煤粉细度的 0.071mm×0.071mm 和 0.090mm×0.090mm 的方孔标准试验筛。试验标准筛一般为圆形外金属框架，直径为 200mm，边高为 20～40mm（不含筛底以下部分），使用标准试验筛应注意下列情况：

1）使用前应先检查筛网有无松弛、抽丝、损伤或孔径明显不均匀等，若有，则不应使用。

2）把筛子摞叠成套筛或从套筛中解下筛子，都不能用硬物敲打或撬动。

3）试验筛使用一定时间后，最好把筛网置于酒精中上下移动数次，去除堵塞在网眼中的煤粉，也可用蘸着酒精的干净棉花球从筛下轻擦筛网（注意：切勿从筛上擦筛网），直至棉花球没有黑色煤粉为止。

4）不用时应将试验筛平放叠层，其最上层筛应用筛盖盖好，防止异物掉入损坏筛网。

5）严禁筛子作为装盛东西的容器。

3-43　制样室内一般应备有哪些制备煤样的设备？

火电厂燃煤制样室应备有下列制样设备：

（1）破碎设备。适用于制样的破碎机有颚式、锤式破碎机、对辊破碎机、钢制棒（球）磨机、密封式研磨机以及各种与缩分机相结合的联合破碎缩分机等。

（2）缩分设备。适用于制样的缩分机，有不同规格的二分器（包括敞开式和密闭式）和各种机械缩分器等。

（3）筛分设备。包括筛子和机械筛分机，适用于制样的筛子有 ϕ50mm 圆孔筛，25mm×25mm、13mm×13mm、6mm×6mm、3mm×3mm、1mm×1mm 方孔筛和 0.2mm 试验标准筛等（如若需要，还应备有 ϕ3mm 的圆孔筛）。

机械振筛机适用于制备一般分析煤样和其他煤样以及供其他试验的筛分用等。

此外，还备有供手工磨碎煤样的钢板和带把捣碎工具、十字分样板、平板、铁锹等。

3-44　缩分前为什么要掺合煤样？怎样掺合煤样？

缩分是制样中产生误差的主要原因。为了减少缩分误差，在破碎后或缩分前，都要充分掺合煤样，使粒度均匀分布，这样可以大大地降低缩分的误差。最简单的方法是采用二分器，煤样连续三次通过二分器，且每次缩分后所得的两份煤样重新混合在一起，因为二分器在缩分过程中，同时起到了充分掺合的作用，因而不需另外专门掺合。制样中，始终要采用二分器，这样既保证了混合质量，又减少了工作量，节省了时间。手工掺合的方法不宜采用，特别是堆锥的方法，极易导致因粒度偏析（大小颗粒分离）而掺合不匀，对于粒度小于0.2mm的煤样就更为严重，因为细小而干燥的试样更易偏析，且因引起粉尘飞扬而损失，增加制样误差。

3－45　试说明槽式二分器的结构？

槽式二分器是由许多斜底左右交错的分样格槽组成的。格槽的宽度至少为煤样标称最大粒度的2.5～3倍，但不小于5mm，格槽斜底坡度不小于60°。格槽总数的一半将煤样导流到一边，另一半则将煤样导流到另一边。所有斜槽嵌在作为分样斗的主架上，分样斗安装在四角支架上，支架下设有两个接样斗。二分器的优点是结构简单，使用方便。它具有多点缩分的性能，随着操作重复缩分点可成倍地增加。因此，它对缩分的试样具有较强的均匀性，提高了缩分效率和缩分样品质量。

3－46　怎样正确使用槽式二分器？

使用槽式二分器时要遵循下列操作方法，才可得到满意的效果。

（1）首先要正确选用与煤样粒度相适应的槽式二分器，一般格槽宽度不小于煤样标称最大粒度的2.5倍。

燃后用铲样工具将煤样有规则地加入到二分器斗中，并使之均匀地分布在所有格槽内。

（2）在向二分器加煤时，必须使煤样自由下落，不可将铲样工具口偏向一边而导致煤样偏流。

（3）要控制加煤速度，防止格槽堵煤。

(4) 当煤样需多次通过二分器时，则每次要保留的煤样应交替地从二分器两边获得。

(5) 缩分不同煤品种时，缩分前应把二分器清除干净后方可进行。

(6) 在使用二分器缩分粒度≤0.2mm的煤样时，应采用封闭式二分器，以减少水分损失和粉尘飞扬。

3-47 缩分中保留煤样的最小质量与哪些因素有关?

在一切散粒混合的物料中，都存在一个可以保持与原物料同样组成平均物料特性极限质量。煤炭属于散粒混合物料，同样具有这一性质。这一极限质量就是缩分过程中需保留煤样的最小质量，它与物料本身的性质有关，并随着下列因素的变化而增大:

(1) 煤炭粒度的增加;

(2) 煤炭不均匀性的增加;

(3) 要求测定精密度的提高。

综合这些因素可用经验公式表示如下

$$m = kd^a$$

式中 k——比例系数，与物料性质及要求测定的精密度有关，一般变动范围为0.1~0.5;

a——指数，在1.5~2.7之间;

m——最小试样质量，kg;

d——煤炭的粒度上限（标称最大粒度），mm。

鉴于火电厂多燃用混煤，而混煤一般不均匀性大，因此有条件的电厂可依据本厂的实际燃煤试验结果求解出上述公式中的有关系数（k 和 a），然后按公式计算出不同粒度下的最小留样量，使缩分出的留样量既能真正具有保持原煤样的代表性，又能使其留样量达到最少的要求。

3－48　试述一般分析煤样的制备步骤?

从试验室中的煤样制备一般分析煤样可按下列步骤进行：

（1）煤样粒度大于25mm时，无论其煤量多少，都须破碎使全部通过25mm方孔筛，掺合均匀后，用堆锥四分法缩分出不少于60kg的煤样。

（2）将缩分出的不少于60kg的煤样继续破碎，使之全部通过13mm方孔筛，掺合均匀后，用相应的二分器缩分出不少于15kg的煤样。若需进行全水分测定，则可从留样中用九点采样法取出部分煤样。

（3）将缩分出的不少于15kg煤样再继续破碎，使之全部通过6mm方孔筛，掺合均匀后，用相应的二分器缩分出不少于7.5kg的煤样。若需测定全水分，则可从留样中用九点采样法取出部分煤样。

（4）将缩分出的不少于7.5kg煤样继续破碎，使之全部通过3mm方孔筛，掺合均匀后，用相应的二分器缩分出不少于3.75kg的煤样。若需减灰用煤样和存查煤样，则可从弃煤样中用二分器缩分出部分煤样。

（5）若将缩分出的不少于3.75kg煤样继续破碎，使之全部通过1mm方孔筛，掺合均匀后，用相应的二分器缩分出不少于0.1kg的煤样。同时，从弃煤中用二分器缩分出不少于0.5kg的煤样作为存查样品用。

（6）将缩分出的煤样在50℃左右烘干2～4h，取出，待与空气湿度达到平衡后，全部磨细到粒度小于0.20mm，掺合均匀，装瓶作分析试样用。

注　制备中当煤样粒度小于 3mm 时，缩分出 3.75kg。如使它全部通过了 3mm 的圆孔筛，则可用二分器直接缩分出不少于 100g 和不少于 500g，分别用于制备分析用煤样和作为存查煤样。

3-49　怎样使制备好的粒度小于 0.2mm 分析煤样达到空气干燥状态？

在制备煤样中，当煤样粉碎到全部通过 0.2mm 的筛子后，须经空气干燥，使之达到空气干燥状态。空气干燥可按下列方法进行：

(1) 将制备好的 0.2mm 煤样放入洁净而干燥的盘中，摊成均匀薄层。

(2) 将装有煤样的盘移到预先调节好温度的干燥箱中，控制温度不超过 50℃，每小时称量一次，直到连续干燥 1h 后，煤样质量变化不超过 0.1%，即达到空气干燥状态。

(3) 煤样移出干燥箱，稍冷却后，装入煤样瓶中，装入的煤样量应不超过煤样瓶容积的 3/4，以便使用时混合。

3-50　怎样制备全水分煤样？

测定全水分煤样的制备可根据其水分含量多少按下列方法进行：

(1) 对水分少的煤样，将煤样直接破碎到规定粒度 6mm 以下，稍加掺合摊平后，用九点法缩分出不少于 0.5kg 煤样，立刻装入密封容器中（装样量不超过容器容积的 3/4，下同）。

(2) 对水分较多的煤样，可用破碎机一次破碎到粒度小于 13mm，并缩分出不少于 2kg 煤样，立刻装入密封容器中。

(3) 对水分多而不能顺利通过破碎机的煤样，应先将其中特大块煤选出，并破碎到粒度约为 13mm 以下，掺合后用九点法分出 2kg，立刻放入密闭的容器中。

不管是哪种煤样，都应做到制备要及时，缩分操作要迅速。

将制备好的全水分煤样，称出质量，贴好标签后，连同记录迅速送化验室。

全水分煤样若需缩分时，可将煤样稍混合摊平后立即用九点法缩取。

3－51　怎样检验试验室内缩分器的精密度和系统偏差？

缩分器在使用前应经精密度和系统偏差的检验，以确保制样的质量。具体检验方法如下：

（1）精密度的检验。

1）将同一种煤样用缩分器缩制成两份——留样和余样，组成一对煤样。

2）每对煤样分别制成（单独处理）分析煤样，并测定水分和灰分各两次，取其平均值作为测定结果。

3）计算每对煤样的干基灰分及其两者的差值 h（留样减余样）。

4）按照同样的操作和计算方法，至少进行 20 个同一品种，这样就可得到 20 对灰分的差值 h 。

5）按照试验顺序把 20 对灰分差值分成两组，并分别计算出各组灰分差值的绝对值的平均值 h_1 和 $\bar{h}_2$ 。

6）判断：若 $h_1 \leqslant 0.37P_L$ 且 $h_2 \leqslant 0.37P_L$（P_L 为采样、制样和化验的精密度），则认为缩分器的缩分精密度符合要求；若 $\bar{h}_1$ 和 $\bar{h}_2$ 中的任一个大于 $0.37P_L$，则认为精密度不合格。

(2) 系统偏差的检验。

1) 将上面得到的至少 20 对试样的干基灰分差值 d(带正负号,为区别于 h,将此差值改为 d) 相加,以计算其平均值 $\bar{d}$。

$$\bar{d} = \frac{\sum_{i=1}^{n} d_i}{n} \tag{3-5}$$

2) 计算出差值的方差 V_d

$$V_{\mathrm{d}} = \frac{n\Sigma d^2 - (\Sigma d)^2}{n(n-1)} \tag{3-6}$$

3) 进一步按下式计算出 t_j

$$t_j = \frac{|\bar{d}|}{\sqrt{V_d}}\sqrt{n} \tag{3-7}$$

4) 查 t 分布表中显著性水平 $\alpha = 0.05$ 及自由度 $n-1$ 相应的 t_{c} 临界值。

5) 判断:若 $t_j < t_c$, 则认为缩分器缩分煤样时不会产生系统偏差,可投入使用。

3-52 当确认入厂原煤粒度大于 150mm 的煤块(含矸石)的含量超过 5%时,应如何采样、计算灰分和发热量?

当入厂原煤经过按 GB/T 477—1998 测定,确认粒度大于 150mm 的煤块(含矸石)含量超过 5%时,则采取煤样时,大于 150mm 的煤块(含矸石)不再取入,但该批煤的灰分和发热量分别按下式计算

$$A_{\mathrm{d}} = \frac{A_{\mathrm{d1}}B + A_{\mathrm{d2}}(100 - B)}{100} \tag{3-8}$$

$$Q_{gr,d} = \frac{Q_{gr,d1}B + Q_{gr,d2}(100 - B)}{100}$$

式中　A_d——入厂煤的实际灰分,%;

$Q_{gr,d}$——入厂煤的实际发热量, MJ/kg;

A_{d1}——粒度大于150mm煤块的灰分,%;

$Q_{gr,d1}$——粒度大于150mm煤块的发热量, MJ/kg;

A_{d2}——不采粒度大于150mm煤块时的灰分,%;

$Q_{gr,d2}$——不采粒度大于150mm煤块时的发热量, MJ/kg;

B——粒度大于150mm煤块的百分率,%。

机械化采、制样部分

3-53　燃煤采样常用的采样基有哪几种?

采样基是指采样中以什么基来确定子样采取的间隔。在燃煤采样中采样基有时间基、质量基和空间基三种。以时间作为子样采取的间隔叫时间基,以质量作为子样采取的间隔叫质量基,以空间作为子样采取的间隔叫空间基。前两种基可用于移动煤流中的机械采样,最后一种基一般用于对静止煤的采样。采样间隔与煤量的多少、煤的不均匀性及采样单元的划分等都密切相关。

3-54　燃煤采样时子样有哪几种可能的配置方式?

子样配置是指采样中应采取的子样数目是以何种方式进行分配的。常见采样单元的子样配置方式有按时间、质量和空间三种,不同采样类型的子样配置方式是取决于燃煤的运输方式和人们需要来确定的。

(1)子样按时间基配置。它适用于带式输送机上移动煤流采取煤样,把预定的子样数按时间间隔均匀分布,这种子样配置方式一般适用于煤流量相对保持稳定的场合。我国燃煤机械采制样装置绝大多数是按照这种方式配置的。

(2) 子样按质量基配置。它同样适用于带式输送机上移动煤流中采取煤样，不过它是按等同质量间隔均匀分布子样的，且在带式输送机上须装有自动计量装置。这种子样配置方式的最大特点是不论皮带上煤流变化多大，一般都能采到有代表性的煤样。

(3) 子样按空间基配置。顾名思义，它是按照被采煤所占据的空间来配置子样数的，即按煤表面等距离、等面积或等深度均匀布置子样点（数）的，一般只适用于静止状态煤的采样。例如火车、汽车、船舶和煤堆上的采样。

3－55　采取初级子样的方法有哪几种？

采取初级子样的方法有下列几种：

(1) 系统采样。因采取子样基的间隔不同可分为时间基采样和质量基采样，它们适用于移动煤流的采样，如皮带输煤机等。

1) 时间基采样：采取子样是按预定的时间间隔采取，第一个子样在第一个子样时间间隔内随机采取，后续的子样按相同的时间间隔采取。采取的子样质量要与采样时煤流量成比例，并满足最小的平均初级子样质量 $\bar{m}$ 和煤粒度相应的最小初级子样质量 m_a 的要求。

2) 质量基采样：初级子样质量是按设定的质量基间隔采取，同样，第一个子样质量在第一个质量内随机采取，子样的质量不随煤流量改变，且各个子样质量相同，其变化不大于20%。

(2) 分层随机采样。它适用于静止煤的采样，如轮船、煤堆等。

1）时间基分层随机采样：将每一个时间间隔从 0 到一个间隔数划分成若干段（s 或 min），然后用抽签随机方法决定各个时间间隔内的时间段，并到此时间数时采取子样。

2）质量基分层随机采样：将每一质量间隔从 0 到一个质量段（t），然后用抽签随机方法决定各个质量间隔内的采样质量段，并到此质量数时采取子样。

3-56 在机械化采样系统中初级子样的质量有何规定?

机械化采样系统的采样器所采取的初级子样质量与人工采样的子样质量不同，通常大大地超过一个总样所需的质量。因此需要减少初级子样质量，其减少的方法有直接缩分初级子样质量和经破碎后缩分初级子样质量两种。无论采用何种方法缩分后，初级子样质量要符合下列两个条件。

（1）要满足平均的最小质量 $\bar{m}$（kg）

$$\bar{m} = Mg/n \tag{3-9}$$

式中 Mg——最小总样质量，kg。

（2）要满足与煤粒度相应的最小子样质量 m_a（kg）

$$m_a = d^2 \times 10^{-3} \tag{3-10}$$

式中 d——被采煤的标称量大粒度，mm。

计算的 m_a，不得少于 0.1kg。

3-57 什么叫做初级子样和初级子样方差?

采样器（工具）最初从被采的煤中直接采取的子样，叫做初级子样，而初级子样方差则是指采得的单个子样的方差，它是由采样方差和变异性方差构成的，并取决于煤的品种、标称最大粒度，加工处理和混合程度，被测煤质量参数的绝对值大小以及采取子样的质量等因素。煤的初级子样方差大，则表示其不均匀度大。

3-58 怎样直接测定单个子样方差?

单个子样方差有时也称初级子样方差。它采用双份采样方法并通过制样和化验估算出总方差及制样和化验方差，总方差减去制样和化验方差后就是初级子样方差。具体方法如下：

(1) 从一批煤或同品种煤的若干批煤中采取至少 50 个子样。

(2) 将采取的每一个子样用二分器缩分成两份试样（当粒度 >13mm 时应先破碎到 $\leqslant 13$mm 再缩分出两份试样）。

(3) 再将每一份试样按国家标准制样方法制备成分析试样。

(4) 将每个制备好的分析试样（粒度 <0.2mm）按相关标准方法化验 M_{ad} 和 A_{ad} 并换算成 A_d 。

(5) 计算出每一子样的两份分析试样的测定值的平均值和其间的差值 d ，再按下式计算出制样和化验的方差 V_{PT} 。(因为从采到的同一个子样中分成两份试样，故只有制样和化验误差)。

$$V_{PT} = \frac{(\Sigma d^2)}{2n_p} \tag{3-11}$$

(6) 计算出每一个子样的双份试样测定值的平均值 x ，再按式（3-12）计算总方差 V_0,即

$$V_0 = \frac{\Sigma x^2 - \dfrac{(\Sigma d^2)}{n_p}}{n_p - 1} \tag{3-12}$$

（7）将已计算出的总方差 V_0 和制样化验方差 V_{PT}，按式（3－13）就可得到初级子样方差 V_1，即

$$V_1 = \frac{\Sigma x^2 - \frac{(\Sigma d^2)}{n_p}}{n_p - 1} - \frac{V_{PT}}{2} \qquad (3-13)$$

以上诸式中　n_p——份样的对数。

3－59　如何计算初级子样的时间基和质量基的采样间隔？

（1）时间基子样间隔：初级子样应均匀分布在整个采样单元的批煤量中，以时间基采取子样的时间间隔 ΔT 按式（3－14）计算，即

$$\Delta T \leqslant \frac{60m}{Gn} \qquad (3-14)$$

式中　m——采样单元煤量，t；

G——煤的最大流量，t/h；

n——子样数目。

（2）质量基采样间隔：初级子样应均匀分布在整个采样单元的批煤量中，以质量基采取子样的质量间隔 Δm 按式（3－15）计算，即

$$\Delta m \leqslant \frac{m}{n} \qquad (3-15)$$

式中　m——采样单元煤量，t；

n——子样数目，个。

3－60　机械化采样装置设计的基本原则是什么？

机械化采样装置设计的基本原则是：

（1）整机采制样装置至少配备有采样器、给料机、破碎机和缩分器等主要组件。

（2）所选用的采制样组件要多样性，以适合各种条件的需要。当现场采样改变时，不会影响采制系统的完整性；

（3）采制样系统应具有足够的灵活性，例如当制样系统局部发生故障，其余各组件可借助适当的旁路制样设备仍可继续进行。

（4）任何组件应具备有单独进行工作的能力，并辅设必要的一些功能，如裤叉式斜槽或短运输皮带等，以便及时将采到的煤样转移到预先准备好的制样设备中。

（5）机采装置安装地点应位于燃煤计量器具附近，以达到计质与计量的统一。

（6）装置应具有交替拼合子样组成双份样和轮流交替子样组成多份样的能力。

（7）各组件出口处应设有旁路以便进行采制系统和各组件的动态校核试验。

（8）整机的各组件应便于检查、清理和检修维护。

3－61　用于横扫皮带的采样器应拥有哪些技术性能要求？

横扫皮带的采样器（中部采样）的性能应符合下列技术要求：

（1）采样器切割一次可采取一个煤流横断面，横断面可以垂直于皮带中心线，也可以与皮带中心线成一定角度。

（2）采样器横过皮带采样时，其速度不得小于皮带运行速度，且要均匀，各点速度相差不得大于10%。

（3）采样器的进料开口应不小于被采煤标称最大粒度的2.5倍。

（4）采样器容积有足够大、足以容纳最大煤流下采到的单个子样全部质量。

(5) 对簸箕型采样器，两边封闭板前沿的弧形要与皮带的弧形相一致，在采样时要与皮带保持一个最小距离，但不能直接接触，后封闭板前沿加设有扫煤软刷子或作弹性软接触，以确保不损伤皮带和不留“底煤”。

3-62 用于皮带端部落煤流的采样器有哪些技术要求?

用于落煤流采样器（端部采样）要符合下列技术要求：

(1) 采样器切割一次可截取一个完整的煤流断面。

(2) 采样器切割煤样时，要以均匀速度通过煤流，任何一点的切割速度变化都不超过设计速度的5%；对煤流密度高的大容量煤流采样时，采样器的切割速度在1.5m/s以下不会导致实质性的偏差。

(3) 从皮带侧向切入煤流的采样器，其进料口的宽度至少为被采煤的标称量大粒度的2.5倍，其长度不得小于采样点的煤流厚度。从皮带正（背）向切入煤流的采样器其进料口宽度至少为被采煤的标称最大粒度的2.5倍，其长度不得小于煤流的宽度。

(4) 采样器容积应能容纳单个子样的全部煤样量或通过单个子样的全部煤样量（对一边采样一边输送煤样的采样器）不发生溢流或堵塞。

(5) 采样器开口倾斜角 β 应设计为煤流速度矢量相对于采样器速度矢量方向与采样器移动方向的夹角，这样才可使煤流中的各煤粒通过开口时间相等，且不被“压缩”，从而不致发生紊乱煤流。

3-63 在机械采样中如何确定采样单元和采样单元的子样数?

在机械化采样中，批煤量采样单元的划分可以依据该批煤量的多少，按下列计算采样单元数

$$m=\sqrt{\frac{M}{1000}} \tag{3-16}$$

式中 M ——被采煤的批煤量，t；

m ——采样单元数，个。

每个采样单元要采的子样数要依据被采煤的品种，测定煤质参数的精密度和采样地点的不同而有所不同，参见表3-6。

表3-6 相应精密度下，每一采样单元的子样数

煤　种	精密度（灰分）A_d，%	不同采样地点的子样数 n		
		煤　流	火车和驳船	煤堆和轮船
洗　煤	±0.8%	16	22	22
未洗煤	$\pm 1/10\ A_d$ 且 $\leqslant 1.6$	28	40	40

3-64 要采到符合精密度和无系统偏差要求的煤样应符合哪些原则？

要采到既符合精密度又无系统偏差的煤样应符合下列原则：

（1）采样器或采样工具。选用与被采批煤标称最大粒度相适应的采样器具，让应采煤的每一颗粒都有同等机率被采到，这是最先决的条件。

（2）煤的变异。依据煤的变异性大小，正确选择要采的总样数和组成每个总样的子样数。当遇到变异性大的煤，可多增加总样数和组成总样的子样数。

（3）子样质量。每个子样质量应不小于与标称最大粒度

相应的质量，这是减少采样无系统偏差的又一个重要操作。

3－65 什么是采样精密度？

精密度通常表示在相同的条件下，经多次试验得到独立试验结果之间的接近程度。在煤采样的特殊条件下，采样精密度是指单个测定值与同一种煤进行无数次采样的测定值的平均值的差值（95%概率下）的极限值。此极限值也叫采样偏差，如果采样、制样和化验无系统偏差，则采样的精密度也就是准确度了。在煤炭采制化领域内规定的精密度通常都含有这两层意义，例如 GB/475—1996 标准中规定：对 $A_d>20\%$ 的原煤和筛煤采样精密度为 ±2%（绝对值），若某批煤化验结果 $A_d=28.5\%$，则该批煤的灰分的真值介在 26.5%～30.5%之间。

3－66 要使煤样测定结果达到预期的精密度应考虑哪些因素？

要考虑下列诸因素：

（1）被采煤的变异性。煤的变异性决定了初级子样方差的大小，子样方差大的煤，则表示煤的不均匀性大。

（2）被采批煤中采取的总样数目，即采样单元的数目。同一批煤多划分采样单元所采到的煤样精密度，就比少划分采样单元的采到的煤样的精密度高。

（3）每一采样单元煤量中采取的子样数目。对同一批煤采取子样数目多的所组成的煤样的精密度就比采取子样数目少的精密度高。

（4）制备中保留的煤样量。一个总样经制备后所保留的煤样量至少要与标称最大粒度要求的煤量相适应，否则，测定结果达不到预期精密度。

3-67 要达到期望精密度下的总样的最小质量与哪些因素有关？

要达到期望精密度下的总样最小质量与下列因素有关：

（1）煤的标称最大粒度。因为标称粒度大的煤，其子样单个子样质量就大；

（2）被测参数的期望精密度。因为精密度期望值高，就得采取更多的子样；

（3）煤的变异性。因为变异性大的煤需采取更多的子样；

（4）采取的子样数。因为煤批量大,需采取的子样就多。

表 3-7 一般分析试验总样、全水分总样缩分后总样的最小质量

标称最大粒度（mm）	缩分精密度为 0.2%（A_d）% 的总样质量（kg）	
	一般分析和共同试样	全水分试样
150	2600	500
90	470	95
50	170	35
25	40	8
13	15	3
10	10	2
6	3.75	1.25
3	0.7	0.65
40	0.10	/

3-68 用标准差估算采样精密度（含采制化）有哪两种方法？

用标准差（S）估算采制化总精密度有以下两种方法：

(1) 用标准差点值估算精密度时，可直接按下式计算求得而加以估算，这种估算的精密度只用一个单一值表示精密度，它是最佳的估算值。

$$P = 2S$$

(2) 用标准差范围估算精密度时，要以标准差的点值估算的精密度 P 和计算标准差 S 的自由度 f 有关的因素 a_L 和 a_U 来估算精密度的上限和下限。这种估算的精密度不是一个“单一值”而是一个范围，即在95%置信水平下例行采样精密度应落在此上下限内。a_L 和 a_U 由表3－8给出。

$$精密度上限 = a_U P \qquad 精密度下限 = a_L P$$

表3－8　　精密度范围计算因素

f（观测数）	5	6	7	8	9	10	15	20	25	50
下限因素（a_L）	0.62	0.64	0.66	0.68	0.69	0.70	0.74	0.77	0.78	0.84
上限因素（a_U）	2.45	2.20	2.04	1.92	1.83	1.75	1.55	1.44	1.38	1.24

3－69　如何计算带式输送机上机械采样器切割一次所截取的初级子样质量？

适于带式输煤机的机械采样有落煤流采样和横过皮带采样两种方式。采样器切割一次的初级子样质量与带式输煤机的出力（煤流量）、皮带运行速度和煤标称最大粒度以及采样器的切割速度有关。在燃煤同样标称最大粒度条件下，随着皮带宽度和皮带速度的增加，切割的初级子样质量也增加，此外还有适用于静止煤采样的机械螺杆采样器。此三种机械采样方式切割的初级子样质量分别按以下各式计算。

（1）落煤流的采样器——沿着煤流方向横截落煤流的采样

$$m = \frac{C \times 10^{-3}}{3.6V} \tag{3-17}$$

式中 m——单位初级子样质量，kg；

C——输煤机的实际煤的流量，t/h；

V——采样器切割速度，m/s

（2）横过皮带的采样器

$$m = \frac{C \times 10^{-3}}{3.6V_b} \tag{3-18}$$

式中 m——单个初级子样质量，kg；

C——输煤机的实际煤流量，t/h；

b——采样器开口尺寸，mm；

V_b——输煤的皮带运行速度，m/s。

（3）螺旋杆采样器——从煤表面插入煤中

$$m = \frac{1}{4}\pi d^2 lp \tag{3-19}$$

式中 m——单个子样质量，kg；

d——采样器开口直径，m；

l——采样器长度，m；

p——煤堆积密度，kg/m³。

螺旋杆采样器对水分较高和粒度较大的煤不太适应。

3-70 什么是多份采样和双份采样？

多份采样是指按一定的间隔采取子样，并将采到的子样轮流放入不同的已编好号的容器中，以构成两个或两个以上的煤质接近的煤样。它适用于特定的批煤或验收采样装置的采样精密度检验。双份采样是多份采样的一种特殊形式，按选定的采样间隔采取子样，采到的子样轮流放入已编好号的两个煤样容器中。它适用于核检例行批煤量的采样精密度。

3-71 火车载煤机械采样时子样点位置的选择常用的方法有哪两种?

常用有下列两种方法：

(1) 全深度采样。将车厢分成若干边长为1m的小方块并编号，然后按系统采样方法用机械螺杆依次轮流在小方块中采取一个全深度煤样作为一个子样，也可以用随机采样方法选择位置。

(2) 深部采样。先将车厢分成若干边长1m的小方块，再将每一小方块分成上中下三层，采样时可用系统方法或随机采样方法从小方块中某层采取一个子样。

不论全深度采样或深度采样，第一个采样位置在第一个车厢中是随机的。

3-72 用机械采样器采取汽车载煤的煤样时要遵守哪些采样原则?

汽车因载煤量不同，其采取煤样的方法也有所区别，但它们都要遵循下列采样原则。

(1) 子样的分布。

1) 载煤量20t以上的汽车。当要求的子样数少于或等于一个采样单元的车厢数时，则每车厢采取一个子样；当子样数多于采样单元的车厢时，则用子样数除以车数，余下子样数可用系统方法均匀布置在余下的车厢内，也可用随机方法进行布置子样。

2）载煤量20t以下的汽车。当要求的子样数等于一采样单元 的车厢数时，每一车厢采取一个子样；当要求的子样数多于一个采样单元的车厢时，则每一车厢应采的子样等于总子样数除以车厢数，若有余下子样数，可用系统方法或随机方法将其分布在整个采样单元中，当要求的子样数少于车厢数时，应将整个采样单元均匀分成若干间隔，而后用系统方法或随机方法，从每一间隔采取一个或数个子样。

（2）子样的位置。

不论是20t以上或以下的载煤汽车采样时，子样的位置可选用全深度布置或分层布置。

3-73 用螺杆机械采样器采取火车载煤的煤样时要符合哪些采样原则？

静止煤煤样的采取一般可利用螺杆采样器，火车载煤也不例外，但应遵循下列这些采样原则：

（1）采样单元。依批煤量的多少而定。可以是一节或数节甚至20节车厢为一采样单元。

（2）子样的分布。要依应采的子样数确定。当子样数等于或小于采样单元的车厢数时，则每节车厢布置一个子样；当子样数多于采样单元的车厢数时，则每节车厢应采的子样数为应采的子样总数除以车厢数，余下的子样数按照均匀布点的原则摊在相关的车厢中（系统采样方法），也可用随机采样方法选定在某几个车厢中。

（3）子样点位置。要按逐个车厢子样不同位置的原则进行，以使车厢中的各部分煤都有可能被采到的机会。

3-74 怎样用多份采样方法检验机械采制样装置的采样精密度（含制样和化验）？

一台新购置并安装调试好的机械采样装置，可选用多份采样方法检验它的采样精密度是否达到期望值的要求。

检验采样精密度的方法如下：

（1）选定一批已知初级子样方差的批煤量作为一采样单元，如果煤的初级子样方差不知道可参考煤质相近的煤。

（2）按下式计算出该采样单元煤的子样数 n

$$n = 4V_1/(P_L - V_{PT}) \tag{3-20}$$

其中 $P_L = \pm 2\%\ (A_d)$ $V_{PT} = 0.2$

（3）将 n 个子样均匀地分布在该批煤的整个采样时间内。

（4）由采样器采到的子样逐一经输送机送到破碎机，并在破碎机出口处分别接收其破碎后的子样。

（5）将 n 个破碎后的子样依次轮流放入 J 个容器中，组成 J 个煤质近似的试样，$J \geqslant 10$。

（6）对 J 个试样按预先选定的要测量的煤质参数如 A_{ad} 和 M_{ad} 分别进行测定，并换算成 A_d。

（7）依据下列公式计算总体标准差 S 和精密度 P

$$S = \sqrt{[\Sigma x_i^2 - (\Sigma x_i)^2/n]/(n-1)}$$

$$P = 2S/\sqrt{J}$$

（8）从精密度范围计算因素表中查出自由度为 J 的上、下限因数 a_U 和 a_L（参见题 3-68），而后计算精密度上限

$a_U P$ 和下限 $a_L P$ ，据此就可得到该机采装置的采样精密度范围。

3-75 怎样利用双倍子样数采样方法检验例常批煤的采样精密度（含制样和化验）?

核验例常批煤采样精密度的目的是为调整采样步骤，使之达到要求的精密度下，采取尽可能少的子样数目。通常是采用双倍子样数的采样方法核检采样精密度，其步骤如下：

（1）将一批煤或同一品种的若干批煤划分为 10 个采样单元。

（2）从每一采样单元中，采取通常批煤的子样数（ n_0 ）的两倍子样数（2 n_0 ），依次轮流放入 A 容器（例常批煤子样）和 B 容器（新增加的子样）中组成一对双份试样。

（3）按相关国标对 10 个采样单元最后组成的 A_1B_1、$A_2B_2\cdots A_9B_9$、$A_{10}B_{10}$ 的 10 对双份试样分别进行制样。

（4）按相关国标对制备好的 10 对双份试样化验 M_{ad}、A_{ad} 并换算成 A_d 和计算出双份试样间的差值 d 。

（5）按下式计算出双份试样标准差 S 和精密度 ρ

$$\sqrt{\frac{\Sigma d^2}{2n_\rho}}$$

式中 n_ρ——双份试样对数。

95%是置信水平下单个子样的精密度为

$$P = 2S$$

10 个采样单元平均值的精密度为

$$P = \frac{2S}{\sqrt{10}} = 0.6325S$$

精密度期望值 P_0 落在 $a_\mathrm{L}P$ 和 $a_\mathrm{U}P$ 之间，则证明例常采

样的精密度的期望值已达到。详情参见题3－68，如 P 虽落在置信范围内，但置信范围很宽，且其上限 $a_U P$ 超过最差的允许差精密度 P_W，还必须进一步试验方可做出结论。

3－76 机械采制样装置整机使用性能有哪些技术要求？

整机使用性能对机采装置能否可靠运行起着决定性作用。因此整机使用性能的技术要求要符合：

(1) 至少配置有采样器、集样槽、给煤（样）机、破碎机、缩分器和弃煤处理系统以及电气监控系统等组件，并符合相关标准规定。

(2) 各组件要具有足够大的出力，且相互匹配，以能通过全部子样量而不发生任何损失。

(3) 防堵能力要强，既能防止湿煤堵塞，又能防止比设计大的煤块进入系统内。

(4) 整机设有故障保护或报警，断煤停采、远程控制和自防堵、自清扫等功能。

(5) 各组件间连接的管道直径至少要大于通过煤最大粒度的4倍，管道坡度不小于65°～70°。

(6) 所有各组件均采用封闭式结构设计，使水分损失和煤粉泄漏降到最低程度。

(7) 整机处理单个子样量所需的时间要比采样间隔时间短。

3－77 破碎机使用性能有哪些技术要求？

破碎机使用性能技术要求要符合：

(1) 转速最好是低速的，一般不高于300～400r/min，若采用高速破碎机，为防止水分损失，可在破碎机进出口间串接一个水分循环平衡管。

（2）破碎后的煤样粒度，要能满足后续组件工作的需求，其中受限制的最大粒度不超过5%。

（3）适应破碎湿煤能力强，要求当煤中水分 M_f 为6%~8%时，仍不影响工作。

（4）破碎工作件应能耐磨，且长期工作无明显发热。

（5）破碎机结构封闭性要好，工作时不应有细粉外扬或泄漏煤屑。

3-78 缩分器的使用性能要符合哪些技术要求？

缩分器是机械化采制样系统中重要组件之一，其使用性能要符合下列技术要求：

（1）有足够的容量能完全保留或通过整个试样而不损失或溢出。

（2）缩分用的切割器应能横扫进入缩分器试样的整个断面，切割口宽度至少要比通过该试样的最大粒度约3~4倍。

（3）切割器的切割次数要满足：对单个初级子样至少为6次，对一个总样至少为60次，且要满足该试样粒度下相应的最小质量要求。

（4）不发生系统偏差，即无选择性收集（或弃去）某些颗粒煤或失去水分。

（5）切割器要以均匀的速度通过煤流，任一点的速度变化不能超过预定速度的5%。

3-79 对入厂煤机械采样装置的使用性能还应有哪些特殊技术要求？

与入炉煤相比，入厂煤机械采制样装置要复杂得多，特别是采样部分，它不仅是由于采样所处的环境条件多样化，而且还在于某种程度上，带有单纯随机采样的特点。

因此它除了遵守一般机械化采样原则外，还要符合下列基本要求：

(1) 要求整机体积既适于新建电厂采用，也便于已运行的电厂应用。

(2) 整机及其操作机构能在恶劣环境（风雨、粉尘、日晒）下长期运行。

(3) 整机对煤的粒度和水分变化适应性要强。

(4) 采样器应具有下列功能：

1) 采样器具有三维方向移动的功能；

2) 采样点定位系统要准确可靠；

3) 采样头应具有破碎大块煤的能力，且可采到全深度煤层的煤样；

4) 弃煤最好直接排在车厢内，不需另备弃煤处理系统；

5) 配备有多工位自动贮煤箱，以适应多品种煤采样的需要。

3-80　怎样核检机械化采样系统中缩分器的缩分比？

缩分比关系到最终留样量是否符合粒度与最小留样量的关系，过多或过少都是不适宜的。特别是机械采样装置中的缩分器的缩分比还会受到燃煤的水分的影响，因此，应对于非连续调节缩分比的缩分器或连续调节缩分比的缩分器都要进行缩分比的核检。

(1) 调节缩分比。对手动调节缩分比的缩分器或自动连续调节缩分比的缩分器，至少要选定两个缩分比进行试验。

(2) 待带式输送机载负荷正常运行之后，启动采样器以下各组件，使整机投入运行。

（3）采样器采取30个子样（依据最终留样量的多少而定）作为一个试验单元。将试验单元内由缩分器分取出来的留样和弃样分别称量记作 G_1 和 G_2。

（4）调节另一缩分比，按照同样操作再进行一次。

（5）按下式计算缩分比（D_r）

$$D_r\% = \frac{G_1}{G_1 + G_2} \times 100 \qquad (3-21)$$

3－81　怎样核检机械采样装置的水分损失率？

水分损失率是指采到的煤样经机械采样装置包括集料槽、落煤管、给料机、破碎机、缩分器直到样品罐的整个过程中煤样水分的损失程度。它是机械采样装置的一个重要技术指标，既涉及检质，又影响计量，同时，也是考核整机严密性的一个指标。在ISO标准、SD标准中都有明确要求。水分损失率检测步骤如下：

（1）试验前一天将约等于机械采样装置采取的40个子样煤量，加水调制成含水率（M_f）约为6%～8%的湿煤，而后用塑料布盖好。

（2）启动机械采样装置，除采样器不工作外，其余各组件均投入运行，选择最小采样周期，模拟机械采样的子样煤量，由人工从集料槽投入。

（3）每个子样投入前，从中取出少量的煤样，以累积成测定全水分煤样，记作A煤样。每次取出煤量要相等，并放入严密而又不受污染的容器中。

（4）与此同时，收集在机采装置运行中缩分器分出的留样量，记作B煤样。

（5）按 GB/211 测定 A 和 B 煤样全水分（M_t），两者之差即为该机采样装置水分损失率。

（6）这样的水分损失率试验要进行三次。

（7）评定：若水分损失率均小于 1%，则认为该机采装置水分损失率合格。

第四章 工业分析

4-1 工业分析包括哪几项？为什么说它们是工业用煤的基础资料？

煤的工业分析也叫技术分析和实用分析，是水分、灰分、挥发分和固定碳四个项目的总称。工业分析是一切工业用煤的基础资料，也是了解和研究煤质的最基本的特性参数。对发电用煤，为了使煤粉易于燃烧，保持炉膛热强度，提高锅炉热效率，要求燃煤挥发分不低于10%，灰分不大于35%；对于建材工业用煤，要求所用煤粉挥发分高至25%，甚至高达30%以上，且灰分宜小于20%，这样才可保证回转窑炉燃烧并制成高标号水泥；对高炉喷吹用煤，要求全水分低于8%，灰分小于15%，才能炼制出符合要求的生铁；对民用煤，则要求为挥发分低于10%、灰分不宜高于30%~35%的无烟煤。由此可见，任何用煤部门都离不开工业分析资料。

4-2 煤中水分存在的形态有哪几种？它们各有什么特征？

煤中水分按结合状态可分为游离水和化合水两大类，游离水以吸附、附着等机械方式与煤结合；而化合水则以化合方式同煤中的矿物质结合，是矿物晶格的一部分，如硫酸钙（$CaSO_4 \cdot 2H_2O$）、高岭土（$Al_2O_3 \cdot 2SiO_2 \cdot 2H_2O$）中的结晶水。

游离水按其赋存状态又可分为外在水分和内在水分。

外在水分是指吸附在煤颗粒表面上或非毛细孔穴中的水分，在实际测定中，是指在一定条件下煤样与周围空气湿度达到平衡时所失去的水分。煤的外在水分不稳定，受环境条件影响。

内在水分是指吸附或凝聚在煤颗粒内部毛细孔中的水，在实际测定中，是指在一定条件下煤样达到空气干燥状态时保持的水分，内在水分在常温下不会失去，只有加热到一定温度时才会失去。外在水分和内在水分的总和称为全水分。

化合水是与矿物质结合的水分，在实际测定中，是指除去全水分后仍保留下来的水分。在105~110℃温度下化合水是不会分解逸出的，通常在200℃以上方能分解逸出。

在煤质分析中，水分的测定包括全水分（M_t）和空气干燥基水分（M_{ad}）。

收到基水分是指收到状态时存在的水分，与全水分可以混用。

分析水分是指用分析煤样在规定条件下测定的水分，与空气干燥基水分相互混用。

4-3 煤中水分对火电生产运行有何影响？

煤中水分不能燃烧，煤中水分越高，可燃物就相对减少，发热量降低，而且在燃烧时水分蒸发还要吸收一部分热量，1kg水分，大约要消耗2.5MJ的热量，由于水分蒸发消耗大量热量，导致炉膛温度下降，煤粉着火困难。水分增加还导致煤粉失去松散性，煤粉斗和给粉机出现煤粉粘结现象。

另外，水分增加时，燃烧产生的水蒸气体积增加，因而使烟气量增多，增加了排烟热损失和引风机耗电量。水分过高，较多的水分随一、三次风送入炉膛会直接影响煤粉着火和燃烧的稳定性。水分增高，烟气中水蒸气分压也增高，促进了烟气中三氧化硫形成硫酸蒸汽的作用，增加锅炉尾部低温处硫酸的凝结沉积，造成空气预热器腐蚀、堵灰和烟囱内衬的剥落。

水分还是露天存煤引起氧化的主要原因，特别是对于黄铁矿含量高的煤，加剧了其氧化自燃的倾向。

一般认为煤中水分超过8%时会给输煤系统运行造成麻烦，若水分（M_t）超过12%～17%会严重影响运行可靠性。对烧褐煤的锅炉 M_t 可达22%。

水分还影响发电厂煤炭数量验收，如煤矿与电厂签订的合同中，规定全水分为6%，而实际电厂收到的煤全水分为8%，如煤矿发给电厂的煤为1万t，则电厂少收煤量212t。

水分对煤的收到基低位发热量计算结果也有影响。

4-4 简述煤的全水分的几种测定方法，它们各适用于什么煤种？

测定煤的全水分有通氮干燥法、空气干燥法、微波干燥法和方法D（一步法及两步法）等。

（1）通氮干燥法。称取粒度小于6mm的煤样10～12g（称准至0.01g）平摊于称量瓶中，打开瓶盖，放入预先通入干燥氮气并已加热到105～110℃的干燥箱中，烟煤干燥1.5h，褐煤和无烟煤干燥2h，取出，冷却，称量，并进行检查性干燥。

适用于各种煤。

（2）空气干燥法。称取粒度小于6mm的煤样（称准至

0.01g）平摊于称量瓶中，打开盖放入预先鼓风并加热到105～110℃的干燥箱中，在鼓风条件下，烟煤干燥2h，无烟煤干燥3h。取出冷却后，称量，并进行检查性干燥。

适用于烟煤和无烟煤。

（3）微波干燥法。称取粒度小于6mm煤样10～12g于称量瓶中，打开盖，放入微波炉测定仪的旋转盘的规定区内，按预先设定的程序工作，直到结束。

适用于烟煤和褐煤。

（4）一步法或两步法。

1）一步法。称取粒度小于13mm的煤样500g（称准至0.5g）于浅盘中，再预先鼓风并加热到105～110℃的干燥箱中，烟煤干燥2h，无烟煤干燥3h。取出浅盘，趁热称量，并进行检查性干燥。

2）两步法。称取粒度小于13mm的煤样适量（称准至0.01%）平摊于浅盘中，于温度不高于50℃的环境下干燥到质量恒定（连续干燥1h，质量变化不大于0.1%）。称量。

将煤样破碎到粒度小于6mm，按空气干燥法测定内在水分（M_{inh}）。

煤样全水分的百分含量为

$$M_t = M_f + \frac{100 - M_f}{100} \times M_{inh} \quad (4-1)$$

式中 M_f——煤样的外在水分，%；

M_{inh}——煤样的内在水分，%。

适用于外在水分高的烟煤和无烟煤。

4－5 通氮干燥法对干燥箱有什么要求？

通氮干燥法使用小空间干燥箱，箱体严密，具有较小的自由空间，有气体进、出口，并带有自动控温装置，能保持温度在105～110℃范围内。

所使用氮气纯度为99.9%，含氧量小于0.01%。

4-6 实验室收到从外地运来的煤样后，要做哪些检查工作？

在收到煤样后，首先应检查煤样容器外表有无损坏及密封情况，然后将其表面擦拭干净，用工业天平称量，准确到总质量的0.1%，并与容器标签所注明的总质量进行核对，如果称出的总质量小于标签上所注明的总质量（不超过1%），并且能确定煤样在运送过程中没有损失时，应将减少的质量作为煤样在运送过程中的水分损失，并计算出该质量对煤样质量的百分数，计入煤样全水分。

在称取煤样之前，应将密封容器中的煤样混合至少1min后再称量。

4-7 煤样在运送过程中水分有损失，应怎样补正？

如果在运行过程中煤样的水分有损失，但不大1%时，则按下式求出补正后的全水分值。

$$M_t = M_1 + \frac{m_1}{m} \times (100 - M_1) \quad (4-2)$$

式中 M_1——煤样运送过程中的水分损失量，%；

m_1——干燥后煤样减少质量，g；

m——煤样质量，g。

当M_1大于1%时，表明煤样在运送过程中可能受到意外损失，则不可补正。但测得的水分可作为试验室收到煤样的全水分。在报告结果时，应注明“未经补正水分损失”，并将煤样容器标签和密封情况一并报告。

4-8 为什么全水分测定未规定不同化验室的允许差？

煤中全水分不是一个稳定值，随着气候的变化和操作过程的不同而有很大差异，这会使不同的化验室测定的结果无可比性。即使是同一化验室，同一样品有时也很难得出一致的结果。因此，规定不同实验室的允许差是毫无实际意义的，同时，也会给执行国家标准时造成不必要的困难。

4-9 测定13mm煤样全水分时，为什么取出浅盘后立即趁热称量？

由于测定13mm煤样全水分时，称样量为500g，而且平摊于浅盘中，干燥后热态煤样吸湿性极强，如果在空气中冷却时间稍长，则不同湿度下测得的水分结果就会产生偏差。另一原因是为保持全水分平行测定的一致性。

4-10 测定全水分的注意事项是什么？

测定全水分最关键的是保持煤采样时的全部水分，不允许有损失，因此，操作要求如下：

（1）采取的全水分煤样应保存在密封良好的容器内，并存放在阴凉干燥的地方。

（2）制样速度要快，最好用密封式破碎机。

（3）制备全水分煤样时，要求粒度不应过小，若需用粒度较小的煤样，则选用密封式破碎机制样，或采用两步法进行全水分测定。

（4）测定全水分前仔细检查盛煤样容器的情况，然后擦净称量，并与标签上注明情况逐一核对，确认运输过程有无水分损失。

(5) 全水分送至化验室后应立即测定。

(6) 在称取煤样前，应将密封容器中的煤样混合至少1min后再称量。

(7) 全水分是规范性的测定项目，因此，要严格按照标准中的规定要求进行操作。

(8) 测定13mm全水分时，干燥后的浅盘要立即趁热称量。

4-11 一般分析煤样水分的测定有哪几种方法？

一般分析煤样水分的测定有下列两种方法。

(1) 通氮干燥法（适用于所有煤种）。

用预先干燥和称量过的称量瓶，称取粒度小于0.2mm以下的空气干燥煤样（1±0.1）g，（精确至0.0002g），打开瓶盖，放入预先通入干燥氮气，并已加热到105~110℃的干燥箱中，烟煤干燥1.5h，褐煤和无烟煤干燥2h。取出，冷却，称量，并进行检查性干燥。

(2) 空气干燥法（适用于烟煤和无烟煤）。

称取一定量的空气干燥煤样（1±0.1）g，（精确至0.0002g），置于预先鼓风并加热到105~110℃的干燥箱中，在一直鼓风的条件下，烟煤干燥1h，无烟煤干燥1~1.5h。取出，冷却，称量，并进行检查性干燥。

此外GB/T 15334—1994标准中还规定了用微波干燥法测定空干（分析）基煤样水分。它适用于褐煤、烟煤和无烟煤，但不作仲裁用。此法是称取一定量的空气干燥基煤样，置于微波测水仪内，加热室内磁控管发射非电离微波，使水分子受超高速振动，产生摩擦热，使煤中水分迅速蒸发，根据煤样质量损失计算水分。

4－12 试比较不同方法测定分析煤样水分的优缺点？

（1）空气干燥法：以空气为干燥介质，只适用于烟煤和无烟煤。该法所需设备简单，操作方便，一次同时可测定数个样品，从这个意义上说，测定速度快，测定条件易于掌握。但由于煤样处于热态下干燥，各种类别煤都不同程度地受到氧化，测定结果可能偏低或偏高。此法可作为现场例行监督煤质用。

（2）通氮干燥法：以氮气替代空气为加热介质，加热中煤样不易受氧化，因此特别适用于易氧化的类别煤。与空气干燥法一样，一次又可同时测定多个样品，测定精密度较高。但所需设备比空气干燥法稍复杂。操作不方便，且消耗大量氮气。成本费用高。因此，通氮干燥法一般适用于科研部门和仲裁样品试验，不宜用作生产、监督、控制。

在仲裁分析中遇到有用空气干燥煤样水分进行校正及基的换算时，应用通氮干燥法测定空气干燥煤样的水分。

4－13 为什么对装有热煤样的称量瓶要规定冷却时间？

称量瓶从干燥箱中取出，立即加盖，放入干燥器中冷却至室温。试验证明，在空气中冷却 3min 后放入干燥器中，与从干燥箱中取出加盖直接放入干燥器冷却相比，结果偏低。因为称量瓶从干燥箱中取出来时，热的干燥煤样吸湿性极强。当温度急剧下降时，因称量瓶内产生微负压而吸入潮湿空气，使干燥过的煤样质量增加，水分测定结果偏低。为此，规定称量瓶从干燥箱中取出后应立即加盖，置入干燥器中冷却到室温（约 20min）后称量。

4-14 测定水分为什么要进行检查性干燥试验?

用干燥法测定煤中水分时，尽管对各类别煤规定了干燥温度和时间，但由于煤炭生成条件各异，其组织结构十分复杂，即使同一类别煤也是千差万别的，所以煤样在规定的温度和时间内干燥后，还需进行检查性干燥试验，每次30min，以确认煤样中水分是否完全逸出，直到质量恒定为止，它是试验终结的标志。最后一次干燥后称量与前一次称量比较，直至减量在规定范围内（0.0010g），或质量有所增加为止。在后一种情况下，采用质量增加前的一次质量作为计算依据。水分在2%以下时，不必进行检查性干燥。

4-15 为什么要在有鼓风装置的干燥箱中测定水分?

干燥箱又名烘箱、恒温箱。它是测定煤炭水分的重要设备。一般干燥箱底部和顶部分别设有可调的进气孔和排气孔，以形成对流。箱内空气借助安装在底部的电阻丝热源加热，并不断形成自然对流，使要干燥的物质温度不断升高，迫使其中水分逸出，直至完全干燥为止。由于自然对流的干燥箱热源来自底部，不同层高存在着温差，温度不均匀，因此，玻璃温度计所指示的温度，只能代表该层高的平均温度，不能代表箱内实际温度，这会给测定结果带来影响。

鼓风干燥箱能够克服这一缺点，它是借助鼓风机的作用使箱内的热空气强迫对流，并产生扰乱气流，这有助于消除不同层高度的温度差别。因而场温度比自然对流均匀。实验证明箱内温差一般不超过 0.5~1℃，同时，强迫热空气对流，也加速了煤样的干燥速度，因此，规定煤中水分的测定须在带有鼓风装置的干燥箱内进行，并规定将装有煤样的称量瓶放入干燥箱前3～5min开始鼓风。

4-16 测定空气干燥煤样水分应注意哪些事项？

（1）制备分析煤样时，严格控制煤样的干燥温度，不得超过50℃，否则，使空气干燥煤样水分测定结果偏低。

（2）不同类别煤在105～110℃干燥箱中干燥时间不一样，要严格掌握。

（3）掌握好称量瓶在干燥器中冷却时间，称量瓶从干燥箱中取出后，立即加盖，放入干燥器冷却至室温（约需20min）。

（4）进行检查性干燥试验，每次30min，直到连续两次干燥煤样质量减少不超过0.0010g或质量增加时为止。水分在2.00%以下时，不必进行检查性干燥。

（5）测温元件要定期经有资格的计量部门校验。

4-17 煤的最高内在水分测定的原理是什么？

在常压和温度为30℃以及相对湿度为96%的条件下，吸附和凝结于煤毛细管和孔隙内的饱和水分称为最高内在水分。

最高内在水分的测定原理是将饱吸水分的煤样用恒湿纸处理，以除去大部分外在水分，使煤团分散开，然后放在温度为30℃、相对湿度为96%的充氮调湿器内，在常压和不断搅动的情况下使其达到湿度平衡，然后在105～110℃的温度下烘干，根据减少的质量计算最高内在水分。由于煤的孔隙度同煤的变质程度有一定关系。因此，最高内在水分在很大程度上表征年轻煤的煤化程度。另外，它还可提供计算恒湿无灰基高位发热量，用于烟煤和褐煤的分类辅助指标。

4－18　什么是煤的灰分？它来源于什么？

煤在一定的温度（815±10）℃下，其中所有可燃物完全燃尽，同时，矿物质发生一系列分解、化合等复杂反应后遗留下来的残留物，这些残留物称为灰分产率，通常称灰分。

煤灰中所含元素多达60多种，其中含量较多的有硅、铝、铁、镁、钙、钠、钾、硫、磷、钛等。这些元素在灰中主要是以氧化物的形态存在，只有极少数为硫酸盐形态存在。

煤中灰分的来源主要有三个方面：

(1) 原生矿物质，是成煤植物中所含的无机元素，主要为碱金属的盐类，含量极少；

(2) 次生矿物质，是煤形成过程中溶有各种盐类的水渗入煤层而混入或与煤伴生的矿物质，含量也较少；

(3) 外来矿物质，是煤炭开采过程中混入的矿物质。

煤中矿物质主要包括粘土、方解石（碳酸钙）、黄铁矿（或白铁矿）、硫酸盐和氧化物以及其他一些伴生矿稀散元素等。

原生矿物质和次生矿物质称内在矿物质，这两种矿物质很难用选煤方法除去。由它们所形成的灰分叫内在灰分。

外来矿物质可用选煤的方法除去，由它所形成的灰分叫外来灰分。

煤中矿物质与灰分有一定的相关性，可借助于经验公式计算得出

$$MM = 1.10A + 0.5Sp \qquad (4-3)$$

式中　MM——煤中矿物质含量，%；

A——灰分产率，%，

Sp——硫化铁硫含量，%。

4-19 灰分对火电厂生产运行有什么影响？

灰分同水分一样是煤中有害杂质之一，煤中灰分越多，可燃物成分相对减少，发热量就越低，因此，燃用高灰分煤会给电厂生产带来一系列困难。

（1）燃烧不正常。灰分增加，炉膛温度下降，理论燃烧温度降低，如灰分从30%增加到50%，每增加1%的灰分，理论燃烧温度平均降低5℃。煤的燃尽度差，排灰量增大，机械不完全燃烧热损失增加，飞灰和灰渣带走的物理热损失增加，同时，由于炉膛温度降低，使煤粉着火困难，引起燃烧不良，严重时引起熄火。

（2）事故率增加。煤的含灰量越多，锅炉受热面的沾污，积灰越多，从而导致排烟温度升高，排烟热损失增加，降低了锅炉运行的经济性。当煤的折算灰分（A_z）大于15%时还会造成输煤、制粉、引风、除尘等设备的磨损，从而引起锅炉设备的漏风、堵灰等事故率增加，因此从燃烧稳定和运行安全、经济考虑，固态排渣炉燃用的煤的灰分不宜超过40%。

（3）环境污染。燃用灰分多的煤，灰量成倍或数倍地增加，使电厂排放的粉尘、灰渣急剧增加，严重的污染和破坏生态环境。

（4）燃用多灰分的煤给锅炉设备造成很大磨损，缩短了设备的使用寿命。特别是制粉系统，钢材消耗量比烧好煤高3倍左右。

（5）增加了基建投资和厂用电量。灰分增多，使输煤和制粉、除尘等设备容量增加，储灰场容量加大，投资增加；灰分增高，用煤量、排灰量增加，导致输煤、制粉、除尘系统耗电量增大。

4-20　煤在灰化过程中，矿物质发生了哪些变化？

在测定灰分过程中，煤被加热燃烧，其中的主要矿物质发生了下列变化：

（1）失去结晶水。当温度高于200℃时，含有结晶水的硫酸盐和高岭土发生脱水反应。

$$CaSO_4 \cdot 2H_2O = CaSO_4 + 2H_2O \uparrow$$

$$Al_2O_3 \cdot 2SiO_2 \cdot 2H_2O = Al_2O_3 \cdot 2SiO_2 + 2H_2O \uparrow$$

（2）受热分解。碳酸盐在500℃左右开始分解成二氧化碳和金属氧化物。

$$CaCO_3 = CaO + CO_2 \uparrow$$

$$FeCO_3 = FeO + CO_2 \uparrow$$

（3）氧化反应。在温度为400~600℃时发生氧化反应

$$4FeS_2 + 11O_2 = 2Fe_2O_3 + 8SO_2 \uparrow$$

$$2CaO + 2SO_2 + O_2 = 2CaSO_4$$

$$4FeO + O_2 = 2Fe_2O_3$$

（4）受热挥发。碱金属化合物和氯化物在700℃以上开始部分挥发。

以上各种反应，因为在800℃时就基本反应完成，所以测定灰分的温度规定为（815±10）℃。

4-21　煤在灰化过程中各种形态硫有什么变化？

煤灰化时，其中各种形态的硫都发生了变化。随温度的

升高，有机硫和硫铁矿硫发生热解，并释出硫氧化物。前者热解温度稍低于硫铁矿硫，在490℃左右热解完毕，而后者却在580℃左右热解结束。但硫酸盐因其分解温度高，如硫酸钙大于1450℃，硫酸镁为1110℃，它在灰化过程中不仅不减少，反而随温度的升高而有所增加。试验表明硫酸盐硫从300℃开始缓慢增加，到400℃时，增加速度则有所加快，但到600℃以后就趋于缓慢。这是因为煤中碳酸盐加热产生新鲜的氧化钙，活性大，捕捉二氧化硫或三氧化硫形成硫酸钙固定下来，因而增加了硫酸盐的含量。因此，在灰化过程中须采取分段控温加热的办法，以避免二次生成硫酸盐，从而提高测定灰分的准确性。

4-22　灰分含量和灰分产率的含义有何不同？

不少人将灰分测定结果误称为灰分含量，而正确的名称应为灰分产率。灰分含量和灰分产率是两种不同的概念，称灰分含量易被理解为灰分与碳、氢、氧等元素一样是煤中固有的组成之一。但实际灰分不是煤中所固有的。灰分是当煤在高温下燃烧时，除其中可燃部分生成气态化合物逸出外，矿物质也发生复杂的化学变化，最终形成以硅、铝氧化物成分为主的物质。温度和燃烧条件不同，所生成灰分量和灰分的组成也各有差异，可见，灰分是煤燃烧中经过一系列分解化合复杂反应后剩下的残渣。它的组成质量不同于煤中矿物质，但二者之间有一定相关性。因此，称灰分测定结果为灰分产率或灰分，而不称为灰分含量。

4-23　国标中灰分测定方法有哪几种？

国标中灰分测定的方法有缓慢灰化法和快速灰化法两

种，缓慢灰化法为仲裁法。

(1) 缓慢灰化法是称取一定量的空气干燥煤样，放入马弗炉中，以一定的速度加热到（815±10)℃，灰化并灼烧到质量恒定，以残留物的质量占煤样质量的百分数作为煤样的灰分。

(2) 快速灰化法包括方法A和方法B两种。

1）方法A：将装有煤样的灰皿放在预先加热至（815±10)℃的灰分测定仪的传送带上，煤样自动送入仪器内完全灰化，然后送出。以残留物的质量占煤样质量的百分数作为煤样的灰分。

2）方法B：将装有煤样的灰皿由炉外逐渐送到预先加热到（815±10)℃的马弗炉中灰化并灼烧至质量恒定。以残留物的质量占煤样质量的百分数作为煤样的灰分。

4-24 试简述缓慢灰化法测定煤中灰分的步骤。

在预先灼烧至质量恒定的灰皿中，称取粒度小于0.2mm的空气干燥煤样（1±0.1）g，称准至0.0002g，均匀地摊平在灰皿中，使其每平方厘米的质量不超过0.15g。将灰皿送入炉温不超过100℃的马弗炉恒温区中，关上炉门，并使炉门留有15mm左右的缝隙，在不少于30min的时间内将炉温升至500℃，并在此温度下保持30min。继续升温到（815±10)℃,并在此温度下灼烧1h。

从炉中取出灰皿，放在耐热石棉板上，在空气中冷却5min左右，移入干燥器中冷却至室温（约需20min）后称量。

进行检查性灼烧，每次20min，直到连续两次灼烧后的质量变化不超过0.0010为止，以最后一次灼烧后的质量为计算依据，灰分低于15%时不必进行检查性灼烧。

4-25 试简述快速灰化法测定煤中灰分的步骤。

快速灰分测定有方法A和方法B两种。

(1) 方法A：将快速灰分测定仪预先加热至(815±10)℃。开动传送带并将其调节到17mm/min左右或其他合适的速度。

在预先灼烧至质量恒定的灰皿中称取粒度小于0.2mm的空气干燥煤样(0.5±0.01)g，称准至0.0002g，均匀地摊平在灰皿中，使每平方厘米的质量不超过0.08g。

将盛有煤样的灰皿放在快速灰分测定仪的传送带上，立即自动送入炉中。当灰分从炉内送出时，取下，放在耐热瓷板或石棉板上，在空气中冷却5min左右，移入干燥器中冷至室温(约20min)后称量。

(2) 方法B：在预先灼烧至质量恒定的灰皿中，称取粒度小于0.2mm的空气干燥煤样(1±0.1)g，称准至0.0002g。均匀地摊平于灰皿中，使其每平方厘米的质量不超过0.15g。将盛有煤样的灰皿预先分排放在耐热瓷板或石棉板上。

将马弗炉加热到850℃，打开炉门，将放有灰皿的耐热瓷板或石棉板缓慢地推入马弗炉中，先使第一排灰皿中的煤样灰化，待5~10min后煤样不再冒烟后以每分不大于2cm的速度把其余各排灰皿顺序地推入炉内烘热部分，若煤样着火发生爆燃，试验作废。

关上炉门，在(815±10)℃温度下灼烧40min。

进行检查性灼烧，每次20min，直到连续两次灼烧后质量变化不超过0.0010g为止。以最后一次灼烧后的质量为计算依据。如遇有检查性灼烧时结果不稳定，应改为缓慢灰化法重新测定。灰分低于15.00%时，不必进行检查性灼烧。

4-26　测定灰分用高温炉和快速灰分测定仪应符合哪些要求？

（1）测定灰分用高温炉必须满足下列条件：

1）炉膛能保持温度为（815±10）℃。

2）炉膛有足够的恒温区。

3）炉后壁的上部带有直径为25~30mm的烟囱，下部离炉底20~30mm处，有一个插热电偶的小孔，炉门有一直径为20mm的通气孔。

高温炉的恒温区应在关闭炉门下测定，并至少每年测定一次，高温计（包括毫伏计和热电偶）至少每年校准一次。

（2）灰分快速测定仪必须满足下列条件：

1）高温炉能加热到（815±10）℃，并具有足够长的恒温区（长约140mm），出口端温度不高于100℃。

2）炉内有充分的空气供煤样燃烧。

3）煤样在炉内有足够长的停留时间，以保证灰化完全。

4）能避免或最大限度地减少煤中硫氧化生成的硫氧化物和碳酸盐分解生成的氧化钙接触。

5）快速仪的链式自动传送装置用耐高温金属制成，传送速度可调，在1000℃温度下不变形，不掉皮。

6）控制仪：包括温度控制装置和传送带装置，温度控制装置能将炉温自动控制在（815±10）℃，传送带传送速度控制装置能将传送速度控制在15~50mm/min之间。

4-27　测定灰分时正确的灰化条件是什么？

灰化的过程，实际上就是煤中可燃部分转化为二氧化碳、水分，以及硫的氧化物和矿物质部分转化为各种金属氧化物的过程，在高温下矿物质中的碳酸盐分解成氧化钙和二氧化碳，同时，黄铁矿和有机硫也被氧化成二氧化硫和三氧化硫气体，当这些气体与 CaO 接触时，形成了硫酸钙而固定在灰分中，从而使灰分测定值偏高。为了避免该反应的发生，可依据它们分解温度的高低，适当安排加热温度、时间和辅以通风条件，使燃烧产物中硫的氧化物在碳酸盐分解以前完全排出炉外。由于黄铁矿和有机硫的氧化反应在 500℃以前就基本结束，而碳酸盐反应在 500℃时才开始分解，至 800℃时分解完全，所以只要控制煤加热至 500℃，并在此温度下保持一段时间（30min），使生成的硫的氧化物及时从安装在高温炉后部的烟囱排出炉外，然后将炉温升至（815±10）℃，灼烧 1h，从而就可得到正确的灰分测定结果。这也是为什么在高温炉后部要安装烟囱的理由。

4-28 为什么在测定灰分时需进行检查性灼烧试验？

在测定煤灰分的燃烧过程中，各种反应，包括可燃物质和矿物质的燃烧反应，在 800℃左右已基本完成。方法中规定在（815±10）℃燃烧 1h，主要是考虑在此温度下煤中某些物质的反应需要一定时间才能彻底完成。特别是对高变质程度的无烟煤以及高灰分的石煤等，必须进行检查性灼烧试验，以保证燃烧后残留物中除了极少量硫酸盐外不应含有任何未燃尽的有机质及未分解的矿物质。

检查性灼烧试验，每次 20min，直到连续两次灼烧的质量变化不超过 0.0010g 止。用最后一次灼烧后的质量为计算依据，灰分低于 15%时不必进行检查性灼烧。

4-29 测定煤灰分时应注意哪些事项？

灰分测定操作虽然简单，如若没有注意到下列诸问题，就可能得不到准确的测定结果。

（1）缓慢灰化法测定灰分时要按照要求放入灰皿后，在不少于 30min 的时间内将炉温缓慢升至 500℃，并在此温度下保持 30min。再升至（815±10）℃。

（2）高温炉通风要良好，炉后面要安装烟囱，一般要求烟囱内径 25～30mm，视炉膛体积大小而定。烟囱要安装在炉膛后部上方，连接处要严密，烟囱高度要合适，一般为 60cm 左右。炉门有一直径 20mm 的通风孔。

（3）热电偶位置要正确。热电偶不要紧贴炉底，应与炉底有 20～30mm 的距离，热电偶套有保护管，防止热端受腐蚀，其套管端部最好充填氧化铝粉，以减少热滞后性。

（4）灰皿在炉膛内位置要合适，同时对多个样品进行快速测定灰分时，要将含硫高的煤靠近炉膛后部放置，而含硫量低的煤放在近炉门处，这样就可减少由于逸出的硫氧化物在炉内“交叉作用”而影响测定结果。

（5）灰皿要放置在恒温区域内。同时测定多个样品的煤灰分时，应注意各灰皿都应处在预先确定好的恒温区域内，以保持温度的一致性。

（6）煤样要完全灰化。煤样灰化除了炉内有充分的空气外，还要求称好样品后，要轻轻振动灰皿，使煤样铺平摊开，其厚度不超过 $0.15g/cm^2$。

（7）空气中冷却时间要一致。从高温炉中取出装有灰分的灰皿时，要控制灰皿在空气中冷却的时间，一般要求不超过 5min，就移到干燥器中冷却。因为热态灰分是一种吸湿性很强的物质，容易吸湿，时间过长，使灰分的质量增加。

（8）进行检查性灼烧，每次 20min，直到连续两次质量变化不超过 0.0010g 为止，用最后一次的质量进行计算。

4-30 为什么对含黄铁矿硫高的煤样实测灰分值需要进行修正？

一般煤中都含有黄铁矿硫，在测灰分的条件下，黄铁矿硫产生下列化学变化

$$4FeS_2 + 11O_2 = 2Fe_2O_3 + 8SO_2\uparrow$$

从反应式可以看出，黄铁矿中的硫形成二氧化硫逸出，而铁却被氧化生成三氧化二铁遗留于灰中，因而使灰分测定结果比应有的测定值偏高，这在黄铁矿硫的含量低的情况下可以忽略，但当增加到一定数量时，导致空气干燥基的元素分析百分组成的总和超过 100%。因此，必须对实测灰分进行修正。具体修正方法如下：

（1）按规定方法测定煤中黄铁矿硫的含量（$S_{p,ad}$）。

（2）根据黄铁矿（FeS_2）分子式中的硫铁质量比计算出相应于 $S_{p,ad}$ 的铁含量，即

$$Fe = Fe/2S \cdot S_{p,ad} = 0.8709S_{p,ad}$$

（3）根据三氧化二铁（Fe_2O_3）分子式中的氧铁质量比计算铁变成三氧化二铁的系数。

$$3O/2Fe = 0.4298$$

（4）计算出的铁含量乘以 0.4298 系数，可得出由于 Fe 转变为 Fe_2O_3 时灰分的额外增加质量。

（5）从实际测得的灰分中减去 Fe 变成 Fe_2O_3 的额外增加质量，即为应有的灰分产率。

4-31 什么是煤中矿物质？测定原理是什么？

煤中矿物质是赋存在煤中的无机物，不包括游离水，但

包括化合水。

测定原理是煤样用盐酸和氢氟酸处理，计算用酸处理后煤样的质量损失。测定酸处理过煤样的灰分及氧化铁含量，经分别计算扣除氧化铁后残留灰分及酸处理过的煤样中黄铁矿含量。再测定酸处理过的煤样中氯的含量，以计算吸附盐酸的量，根据以上结果，计算出煤中矿物质含量。

4－32　什么是煤的挥发分？测定中挥发物质的逸出过程是什么？

煤样在规定条件下隔绝空气加热，并进行水分校正后质量的损失率叫挥发分。

煤在隔绝空气的条件下加热，挥发物质的析出过程大体如下：

（1）20～200℃释放出吸附在煤中的水分、二氧化碳、甲烷等气体。

（2）200～500℃含氧官能团分解产生二氧化碳和水，非芳香族物质呈气态或液态，分解出大量的甲烷、烯烃和低温焦油类物质。

（3）500～700℃主要是甲基以及较长侧链分解产生甲烷、氢和一氧化碳等，芳香族碳环聚合成半焦。

（4）700～950℃半焦分解，产生大量的氢和一氧化碳、低温焦油和气态产物二次裂解，对热不稳定的原子团从煤的基本结构中失去并分解。

4－33　挥发分对火电厂生产运行有什么影响？

挥发分是发电厂用煤的重要指标，挥发分的高低对煤的着火和燃烧有较大影响。挥发分高的煤易着火，火焰大，燃烧稳定，但火焰温度较低。相反，挥发分低的煤，不易点燃，燃烧不稳定，化学和机械不完全燃烧热损失增加，严重时，甚至还能引起熄火。煤粉细度、送风方式、风粉条件都与挥发分有关，挥发分高的煤易燃烧完全，煤粉可以磨的粗些，挥发分低的煤，不易燃烧完全，煤粉要磨的细些。

煤的挥发分对煤粉锅炉燃烧器的结构形式和一、二次风的选择，炉膛形状及大小燃烧带的铺设，制粉系统的选型和防爆措施的设计等都与挥发分有密切关系。所以，在供应煤时，应尽可能根据原设计煤种的挥发分供给；否则，就会造成许多麻烦。

例如，原来设计烧低挥发分的炉子改烧高挥发分后，炉腔火焰中心逼近喷燃器出口处，可能烧坏喷燃器造成停炉事故或使火焰中心偏斜，造成炉膛前后烟温偏差大，水冷壁受热不均匀，引起管子局部过热、胀粗或爆管等；反之，原来设计用高挥发分煤的炉子改烧低挥发分后，火焰中心远离喷燃器出口，送入煤粉一时得不到高温烟气加热就会推迟着火，相应缩短了煤粉在炉内燃尽的时间和空间，使炉温降低影响燃烧速度，降低煤粉燃尽度，增加飞灰可燃物和机械不完全燃烧热损失。因此，电厂供煤要尽可能考虑与锅炉原设计相匹配挥发分的煤种。

除此之外，煤的挥发分还与煤的存放及制粉系统的安全运行有密切关系，煤粉阴燃的温度随煤的挥发分含量增高而降低，如 V_{daf}为 15% ~ 30% 的煤阴燃温度为 270 ~ 300℃，V_{daf}为 40% 的煤阴燃温度为 210℃，因此当煤中挥发分高时，制粉系统煤粉积集时容易使煤粉着火自燃。

挥发分高的煤在贮存时易发生氧化与自燃，因此，高挥发分煤存放时间不宜过长，通常以 1 ~ 2 个月为宜，组堆也不宜过高。挥发分高的煤加速了煤的氧化和变质，使发热量降低，灰分增加。

由于煤的挥发分与煤的煤化程度关系密切，随着煤化程度加深而降低的规律性十分明显，中国以及国际上都以挥发分为煤分类的主要依据。

4－34　挥发分产率和挥发分含量的含义有什么不同？

挥发分含量和挥发分产率具有不同的含义。挥发分含量往往被人理解为挥发分是原来煤中的一个组成部分，是固有的，而实际上它是煤在特定条件下受热分解的产物。不同的温度有不同的挥发分产率，其化学成分也有差异，所以挥发分测定结果不宜称挥发分含量，而称挥发分产率较为确切。为应用方便，可简称挥发分。对煤挥发分产率的正确理解应是煤在（900±10）℃下隔绝空气加热7min，煤中有机物发生热解并挥发出气体和常温下液体，扣除其中分析煤样水分后的质量占试样量的质量百分比。

4－35　测定挥发分的原理是什么？

煤在（900±10）℃的温度下，隔绝空气加热7min，其中有机物质和一部分矿物质热解成为气体，包括常温下生成的液体逸出，使质量减少，以失去的质量占煤样的百分率，减去煤样的水分后即为挥发分。

煤的挥发分测定是一项规范性很强的试验，其测定结果完全取决于人为选定的条件，主要试验条件为：试样质量、加热温度和加热时间，其他如坩埚的材质、大小、形状、厚薄以及坩埚架的大小等，在一定程度上也都影响挥发分测定结果。总之，改变任何一种试验条件，都会对测定结果带来影响。因此，任何一个挥发分测定的标准方法，都应对这些条件及其细节做严密的规定，以保证测定方法的规范性。

4-36 测定挥发分用高温炉应符合什么要求？

高温炉要带有高温计和控温装置，能保持温度在（900±5）℃，并有足够的（900±5）℃的恒温区，炉子的热容量为当起始温度为920℃时，放入室温下的坩埚架和若干坩埚，关闭炉门后，在3min内恢复到（900±10）℃。炉后壁有一个排气孔和一个插热电偶的小孔。小孔位置应使热电偶插入炉内后其热接点在坩埚底和炉底之间，距炉底20~30mm处。

高温炉的恒温区应在关闭炉门下测定，并至少每年测定一次，高温计（包括毫伏计和热电偶）至少每年校准一次。

4-37 为什么测定挥发分时对加热温度、时间作了严格的规定？

加热温度和加热时间是影响挥发分测定的两个重要因素，特别是加热温度。煤的工业分析中明确规定测定挥发分时加热温度为（900±10）℃，加热时间为7min，其中至少要有4min的时间是在此规定的温度下，否则，试验作废。这说明温度和时间对测定结果会起到综合作用。试验证明：在850~900℃的温度下，褐煤尚有2%、烟煤尚有1%~2%、无烟煤尚有1%以下的逸出量；加热时间6min的测定结果比加热7min平均偏低0.33%，而8min比7min则平均偏高0.17%，由此可见，加热温度和加热时间对测定结果都会产生影响。

4-38 测定挥发分时，应怎样操作才能得到准确的结果？

测定挥发分时，除严格按照规定的加热温度和加热时间外，还要注意下列事项：

（1）称样前坩埚要在（900±10）℃的温度下灼烧到质量恒定。

（2）称取试样质量要在（1±0.01）g范围内，并轻敲坩埚，使试样摊平。

（3）高温炉要有足够的恒温区，能保持（900±5）℃的温度，根据炉子恒温区域来确定一次要放的坩埚数量，通常以不超过4~6个为宜。

（4）坩埚的几何形状和容积大小都要符合规定要求，坩埚的总质量以15~20g为宜。

（5）在测定过程中，应在炉温升至920℃左右打开炉门，迅速将放有坩埚的架子送入恒温区，关闭炉门，并立即计时。要注意观察恢复到（900±10）℃所需的时间，当样品放入后3min内就要恢复到（900±10）℃，否则，试验作废。

（6）所使用的热电偶的安装位置要正确，并在有效检定期内。

（7）测定挥发分与测定灰分的高温炉应分开，如同用一台高温炉，当测定挥发分时，应将烟囱出口处的挡板关闭或用耐火材料堵住。

（8）坩埚要放在坩埚架上，坩埚架用镍铬丝或其他耐热金属丝制成，其规格尺寸以能使所有坩埚都在高温炉恒温区内，并且坩埚底部紧邻热电偶热接点上方。

（9）从炉中取出坩埚后，在空气中冷却5min，然后移入干燥器冷至室温（约20min）后，称量。

4-39 为什么测定挥发分后坩埚外表面有时出现黑色附着物？

测定挥发分后，经常发现坩埚内表面（包括盖），产生一层黑色油光附着物，这是正常现象，可在试验后通过高温下灼烧的方法除去，但如果测定后坩埚盖上和坩埚外面有絮状烟垢凝聚，则是由于煤的挥发分太高，受热逸出速度过快造成的。遇有这种情况，试验作废。此时将煤样压成饼状，并切成粒度约 3mm 小块后测定，经过这样的处理之后，一般都可得到解决。

4-40 测定变质程度高的或低的煤挥发分时应注意哪些事项？

测定某些变质程度低的煤，如褐煤、长焰煤，加热时有大量挥发分和水分迅速逸出而将煤中碳的颗粒带出，这些赤热的碳粒使坩埚口出现火花，甚至当水分和挥发分都很高时，由于它们的突然受热释出，大量气体有时能把坩埚盖吹开，不仅带走碳粒，而且使煤受到氧化，造成挥发分测定结果偏高。要防止这种现象发生，最有效的办法是将试样压成饼状，切成小块；再作试验；同时制备上述煤样时要避免细粉过多。对于无烟煤和焦炭等变质程度高、挥发分低的煤，加热过程中可能发生严重氧化作用，此时可加入几滴挥发性液体（如苯）来阻止空气侵入，防止氧化。

4-41 怎样计算挥发分测定结果？

空气干燥煤样挥发分按下式计算

$$V_{ad} = \frac{m_1}{m} \times 100 - M_{ad} \tag{4-4}$$

式中 V_{ad}——空气干燥煤样的挥发分,%;

m——空气干燥煤样的质量,g;

m_1——煤样加热后减少的质量,g;

M_{ad}——空气干燥煤样的水分,%。

干燥无灰基挥发分

$$V_{daf} = \frac{V_{ad}}{100 - M_{ad} - A_{ad}} \times 100 \quad (4-5)$$

当空气干燥煤样中碳酸盐二氧化碳质量分数为2%~12%,则

$$V_{daf} = \frac{V_{ad} - (CO_2)_{ad}}{100 - M_{ad} - A_{ad}} \times 100 \quad (4-6)$$

当空气干燥煤样中碳酸盐二氧化碳质量分数大于12%时,则

$$V_{daf} = \frac{V_{ad} - [(CO_2)_{ad} - (CO_2)_{ad(焦渣)}]}{100 - M_{ad} - A_{ad}} \times 100 \quad (4-7)$$

式中 $(CO_2)_{ad}$——空气干燥煤样中碳酸盐的质量分数,%;

$(CO_2)_{ad(焦渣)}$——焦渣中二氧化碳对煤样量的质量分数,%。

4-42 浮煤挥发分与原煤挥发分有什么关系?

煤样在900℃高温下热解将产生两种挥发分,一种是以低分子烃类(甲烷、乙烷、甲烯、乙烯等)为主的气态产物,这是有机挥发分;煤中许多矿物质受热还会析出结晶水和二氧化碳、硫磺蒸气及硫化氢气体等,这些属于无机挥发分。矿物质含量越多,它们受热分解出的无机挥发分也就越高。因此,一般原煤挥发分总是比浮煤高,且原煤灰分愈高,浮煤挥发分(V_{daf})比原煤降低得也愈多,其降低程度与浮煤的灰分(A_d)比原煤的灰分(A_d)降低的程度成正

比。例如原煤与浮煤的灰分（A_d）相差为26.33%时；原煤与浮煤的挥发分（V_{daf}）差为3.66%；原煤与浮煤的灰分（A_d）相差为20.00%时，则原煤与浮煤的挥发分（V_{daf}）差为3.01%。因此，对同一矿区煤而言，可根据原煤灰分与其挥发分高低来推算出浮煤的V_{daf}。但是，当原煤含有大量丝质组分时（该组分挥发分较低），经过洗选会使浮煤中含挥发分较高的镜煤富集，从而导致浮煤的V_{daf}较原煤要高。

4-43 动力用煤发热量计价中，为什么规定用浮煤干燥无灰基挥发分作为计算比价系数K_V的依据？

在中国煤炭的分类标准中，规定原煤灰分（A_d）小于10%的不需减灰，对灰分（A_a）大于10%的煤样应采取经氯化锌重液（密度为1.4kg/L）减灰后的浮煤样测定挥发分指标，这是因为干燥无灰基挥发分受灰分影响大，两种空气干燥基挥发分相同的燃煤，换算成干燥无灰基挥发分。其灰分大的比灰分小的高，如甲、乙两种煤，其空气干燥基挥发分都为28.8%，甲的灰分（A_{ad}）为25.0%，乙的灰分（A_{ad}）为40.0%，则对干燥无灰基挥发分（V_{daf}）来说，甲煤为38.7%；而乙煤为48.0%，于是乙煤的挥发分比价系数K_V比甲煤高，这显然是不合理的。为此，动力用煤按热值计价的挥发分（V_{daf}）应以经密度为1.4kg/L氯化锌重液减灰后的浮煤挥发分为依据进行计算，这真正体现了“优质优价”的原则，也有利于用煤单位合理利用煤炭的方针，促进节能工作的发展。

4-44 什么是挥发分焦渣特征？它是如何划分的？

挥发分焦渣特征是指测定煤挥发分后遗留在坩埚底部的

残留物粘结、结焦性状。根据残留物的特征，可以粗略估评煤的粘结性质，其序号即为焦渣特征代号。焦渣特征区分如下：

（1）粉状——全部是粉末，没有相互粘着的颗粒。

（2）粘着——用手指轻碰即成粉末或基本是粉末，其中较大的团块轻轻一碰即成粉末。

（3）弱粘结——用手指轻压即成小块。

（4）不熔融粘结——以手指用力压才裂成小块，焦渣上表面无光泽，下表面稍有银白色光泽。

（5）不膨胀熔融粘结——焦渣形成扁平的块，煤粒的界线不易分清，焦渣上表面有明显银白色金属光泽，下表面银白色光泽更明显。

（6）微膨胀熔融粘结——用手指压不碎，焦渣的上、下表面均有银白色金屑光泽，但焦渣表面具有较小的膨胀泡（或小气泡）。

（7）膨胀熔融粘结——焦渣上、下表面有银白色金属光泽，明显膨胀，但高度不超过15mm。

（8）强膨胀熔融粘结——焦渣上、下表面有银白色金属光泽，焦渣高度大于15mm。

4-45 焦渣特征对电力用煤有何意义？

挥发分逸出后遗留的焦渣特征系表示煤在骤热下的粘结结焦性能。它对锅炉用煤的选择有积极的参考意义。对于链条炉，燃用粉状焦渣特征的煤，则容易被空气吹走，造成燃烧不完全，燃用粘结性强的煤，焦渣粘附在炉栅上，增加煤层阻力，妨碍通风。对于煤粉炉，粘结性强的煤，则在喷入炉膛吸热后立即粘结在一起，形成空心的粒子团，未燃尽就被烟气带出炉膛，增加飞灰可燃物。上述这些情况，都会导致锅炉效率降低，增加一次能源消耗，降低火电厂经济效益。因此，焦渣特征类型对锅炉燃烧用煤的选择和指导都有着实际应用价值。

4-46 什么叫做煤的固定碳？怎样计算固定碳含量？

从测定煤样的挥发分后的残渣中减去灰分后的残留物叫固定碳。实际固定碳并非纯碳，其中还含有少量的其他成分，主要为氢、氮、氧和硫。这些成分在加热中残留下来。从气煤到无烟煤，在固定碳的组成成分中，碳均为95%左右，氢为1%~11.3%，氮为0.7%~1.5%，硫加氧为2.02%~2.95%。

固定碳是在测定水分、灰分、挥发分之后，用差减法求得的，通常用100减去水分、灰分和挥发分得出。它累积了水分、灰分、挥发分的测定误差，所以它是个近似值。

各种基准的固定碳计算公式如下：

（1）空气干燥基固定碳。

$$FC_{ad} = 100 - (M_{ad} + A_{ad} + V_{ad})$$

（2）干燥基固定碳。

$$FC_{d} = 100 - (A_{d} + V_{d})$$

（3）丁燥无灰基固定碳

$$FC_{daf} = 100 - V_{daf}$$

4-47 快速煤质工业分析仪的测定原理是什么？

快速煤质工业分析的测定原理是热重分析法借助远红外线加热设备与称重的电子天平结合在一起，在特定的气氛，规定温度和规定时间条件下，对受热过程中逐一失去质量的试样予以称量，并由此计算出试样的水分、灰分、挥发分的质量百分数。

4－48　试简述快速煤质工业分析仪测定流程？

首先选择测试程序，然后按屏幕提出要求输入样品总个数、样品位置、样名等，并将相应数量的空坩埚按提示位置依次放入高温炉的转盘孔中，盖上炉盖，按称空坩埚键，仪器自动称量各坩埚质量，然后按称重键，自动称煤样，并显示称量结果。

试样称量完后，打开氮气阀，向高温炉内通氮气，调节氮气流量为 3～4L/min，高温炉开始加热，进行水分测试，炉温升至 97℃时，控制一定速度，升温至 135℃，恒温 5min，自动称量至质量恒定，将测量得的水分结果显示在屏幕上。

水分测完后进入挥发测试阶段，加坩埚盖，炉子升温至 892℃，按一定速度控制升温到 900℃，恒温 2min，自动称量，校正，得出挥发分结果。

挥发分测定后进入灰分测定阶段，当炉温降至 600℃以下时，移去坩埚盖，打开氧气阀，控制氧气流量 3～4L/min。加热炉在 815℃进入恒温状态，20min 后，自动称量到试样质量恒定。得出灰分测定结果，并打印出全部试验结果。

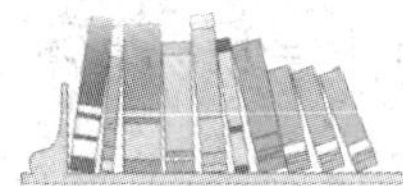

第五章 发 热 量

5-1 测定燃煤发热量对电力生产有什么意义？

发热量是煤炭作为燃料利用的一个重要的煤质特性指标，它对于电力安全生产和经济运行均具有重要的意义，主要表现在以下方面：

（1）在煤炭管理上，入厂煤属于商务贸易。它的计价、编制电厂燃料的消耗定额和供应计划、核算发电成本和计算能源利用效率等，都要以发热量作为主要依据。

（2）在设计锅炉机组时，煤炭发热量可用来计算炉膛热负荷、选择磨煤机容量和计算物料平衡等必不可少的煤质参数。

（3）在锅炉机组运行时，煤炭发热量又是锅炉热平衡、配煤燃烧及负荷调节等的主要依据，同时也是计算发供电煤耗经济指标的依据之一。

此外，煤的发热量还能表征煤的变质程度，因此，在《中国煤炭分类》中以恒湿无灰基高位发热量作为烟煤和褐煤的辅助分类指标。

5-2 发热量的法定计量单位和惯用计量单位的定义是什么？为什么要废除惯用单位？

发热量的法定计量单位是焦耳（符号 J），它的定义是 1 牛顿（N）的力在力的方向上通过 1 米（m）的距离所做的功；即 1 焦耳（J）=1 牛顿（N）×1 米（m）=1 牛顿·米（N·m）。

焦耳（J）是国际单位制中的热量单位，也是我国 1984 年颁布的法定计量单位中规定的热量单位。

发热量的惯用计量单位是卡（符号 cal）。它的定义是 1g 纯水在一定条件下温度升高 1℃时所需要的热量。我国用的是 20℃，即 1g 纯水，在标准气压下，温度从 19.5℃升到 20.5℃时所需的热量。

废除发热量的惯用计量单位而采用法定计量单位焦耳的理由是：

(1) 热、功、能是可以互相转换的，为避免多种单位制并存所造成的混乱和给计算带来的麻烦，对热、功、能三个物理量统一使用焦耳作为计量单位。

(2) 因卡的定义是 1g 纯水在一定条件下，温度升高 1℃时所需要的热量，它涉及水的比热，而水的比热在不同温度下是不相同的，显然，其测定的精密度不如以电能物理量为基础的焦耳高。

统一用焦耳作为单位后，不仅可以避免换算麻烦，而且还可以减少由于换算而引起的错误。

5-3 法定计量单位热力学温标是如何定义的？它与摄氏度有何关系？

热力学温标的温度单位是开尔文，符号为 K。它的定义是水的三相点，该点温度为 273.16K，而开尔文的一度等于水的三相点热力学温度的 1/273.16。水的三相点温度是唯一的，即对应于一个固定 T 值（和 P 值）。而水的冰点和沸点不是唯一的，在不同的压强下，冰点和沸点的温度是不相同的。因此，在测量上，水的三相点的重现性要比冰点和沸点好，准确性也高。

摄氏温度（℃）不是法定计量单位，而是一个具有专门名称的导出单位。它规定在101325Pa下水的冰点为0℃，沸点为100℃，它与开尔文定标的起点不同，两者在数值上相差273.15K，即摄氏度0℃时对应于开尔文温标的温度为273.15K，这两种温标相互关系为：$t = T - T_0$（t为摄氏度，T为热力学温度，$T_0 = 273.15K$）。当表示温差时，单位用摄氏度或开尔文时所得的数值相等。因此，在使用中凡是表示温差的场合，℃与K可以互换使用。

5-4 常见的热量单位有哪几种？它们与焦耳单位的换算关系是什么？

常见的热量单位有15℃卡、20℃卡、国际蒸汽表卡、热化学卡和英制热单位等，它们的定义和焦耳之间的关系如下：

（1）15℃卡（符号cal_{15}）。

15℃卡是在标准大气压下（101325Pa），1g纯水温度从14.5℃升高到15.5℃时所需要的热量。

$1cal_{15} = 4.1855J$　　　　$1J = 0.2399cal_{15}$

（2）20℃卡（符号cal_{20}）。

20℃卡是在标准大气压下（101325Pa），1g纯水温度从19.5℃升高到20.5℃时所需要的热量。

$1cal_{20} = 4.1816J$　　　　$1J = 0.2391cal_{15}$

（3）国际蒸汽表卡（符号cal_{IT}）。

国际蒸汽表卡是在1956年伦敦第五届国际蒸汽大会上确定$1cal_{IT} = 4.1868J$

$1J = 0.2388cal_{IT}$卡

(4) 热化学卡（符号 cal_{th}）。

在 1910 年到 1948 年间，考虑到以往人们使用卡的习惯，继续保留卡的名称，人为地规定了 1 卡等于多少焦耳，但不再与水的比热有关系，故称作热化学卡，“干卡”或规定卡。

$1cal_{th} = 4.1840J$

$1J = 0.2390cal_{th}$

(5)❶ 英制热单位（符号 Btu）

1 磅纯水由 32°F（0℃）加热到 212°F（100℃）时所吸收的热量的 1/180。

1 平均 Btu = 1055.79J

1J = 0.000946 平均 Btu

5-5 什么叫做显热、潜热和反应热?

凡在热交换中物质温度发生变化时所吸收或放出的热量叫做显热，例如，将水从室温加热到 60℃时所吸收的热量。潜热是指当物质发生相变时所吸收或放出的热量，如汽化热、融化热等。反应热系指物质进行化学反应时（一般在定压条件下）所吸收或放出的热量，例如，纯碳完全燃烧时的反应热为 408.333kJ/mol，氢燃烧生成加时反应热为 241.738kJ/mol。

---

❶ 表示发热量 cal/g 和 Btu/lb 的换算关系：

$1Btu/lb = \frac{1}{1.8}cal/g$

$1cal/g = 1.8Btu/lb$

5-6 什么是汽化热（或凝结热）、融化热（或凝固热）？

汽化热（或凝结热）是指物质从液态转化为气态时所吸收的热量（或当物质由气态凝结成同温下液态时所放出的热量），例如水的汽化热在100℃时为2254.3kJ/kg，凝结在同温下液态水释放出的热量也为2254.3kJ/kg；在0℃时是2496.4kJ/kg，凝结为同温下液态水释放出的热量也是2496.4kJ/kg。

融化热（或凝固热）是指物质由固态转化为液态时所吸收的热量（或当物质由液态转化为同温下固态时所放出的热量），例如冰的融化热为6021.5J/mol，则凝固成同温下的固体冰时的凝固热也为6021.5J/mol。

5-7 GB/T 213—2003标准中修订了哪些主要内容？

GB/T 213—2003年版（下称现标准）和1996年版（下称原标准）相比修订了下列主要内容：

（1）热容量标定。原标准要求热容量标定一般应进行5次重复试验，其极限值如不超过40J/K，取5次结果的平均值作为仪器的热容量，否则，再做一次或两次，取极限值不超过40J/K的5次结果的平均值做为仪器的热容量。而现标准则修改为，用标准苯甲酸重复标定热容量5次，其5次试验结果的平均值（E）和标准差（S_Q）所计算的相对标准差不超过0.20%时，就取此5次试验结果的平均值做为仪器的热容量，若超过，再补做一次试验，取其中5次符合要求的试验结果的平均值做为仪器的热容量。

（2）方法精密度（允许差）。原标准规定同一实验室的重复性精密度为150J/g，而现标准则修改为120J/g，但不同实验室的再现性精密度未做修改仍为300J/g。

(3) 恒压低位发热量的计算公式：原标准所列的恒压低位发热量计算公式中只有氢和氧修正项，而现标准中却增加了氮修正项，使其计算结果更准确。修改前后的两公式分列于下：

1) 原标准

$$Q_{net,p,ar} = (Q_{gr,v,ad} - 212H_{ad} - 0.8O_{ad}) \times \frac{100 - M_t}{100 - M_{ad}} - 24.4M_t \tag{5-1}$$

2) 现标准

$$Q_{net,p,ar} = [Q_{gr,v,ad} - 212H_{ad} - 0.8(O_{ad} + N_{ad})] \times \frac{100 - M_t}{100 - M_{ad}} - 24.4M_t \tag{5-2}$$

此外，现标准中还增加了测定弹筒洗液硫的方法，不过它是作为资料性附录。

5-8 测定发热量的试验室应具备哪些条件?

测定发热量的试验室对测定结果准确性有很大的影响。因此，国内外对测定发热量试验室的条件都做了严格的规定。

(1) 实验室应设在朝北的单独房间，不得在同一房间内进行其他试验项目。

(2) 实验室内温度应尽量保持恒定。每次测热试验室温变化不应超过 1K。夏冬季室温变化以不超过 15 ~ 30K 为宜。若达不到要求时，需要安装空调设备，但热量计要避开空调器出来的空气流。

(3) 实验室内应无强烈的空气对流和任何发热的热源。

5-9　什么是燃料的发热量？

单位质量的燃料在一定温度下完全燃烧时所释放出的最大反应热称作发热量。发热量的常用单位：对固体燃料（如煤炭等）和液体燃料（如石油制品等）是千焦/千克（符号kJ/kg），对气体燃燃料是千焦/标准立方米（符号 kJ/m^3）。一般煤炭的低位发热量为 9200～30520kJ/kg，石油为，43910～48100kJ/kg，天然气为 35370～35750kJ/m^3。

5-10　什么叫弹筒发热量、高位发热量和低位发热量？

单位质量燃料（气体燃料除外）在充有过量氧气的氧弹内完全燃烧，其终态燃烧产物温度为 25℃。其中气态产物有二氧化碳、剩余氧气、氮气，液态产物有硫酸、硝酸和液态水及固态产物灰分，这时所释放出的热量，称为弹筒发热量（Q_b）。若上述终态燃烧产物中氮氧化物和硫氧化物以气态的形式存在，且其余均相同，则这时释放出的热量称为高位发热量，即由弹筒发热量减去硝酸形成热和硫酸与二氧化硫形成热之差后所得的热量。若上述终态燃烧产物中除氮氧化物和硫氧化物以气态存在外，水也以气态存在，则这时释放出的热量称为低位发热量，即由高位发热量减去水（煤中水和氢燃烧后形成的水）的汽化热后所得的热量。

显然，对同一煤样，弹筒发热量值最大，低位发热量值最小，而高位发热量值介于它们两者之间。

5-11　什么是恒容发热量和恒压发热量？

物质在燃烧过程中保持一定容积，无膨胀反抗外压做功时释放出的热量为恒容发热量。相反，物质在燃烧过程中，为保持一定压力，需反抗外压向外膨胀做功，这时所释出的热量称为恒压发热量。实验室测定燃料发热量系在充有氧气的氧弹内燃烧的，其体积没有发生变化，因此，测得的发热量属于恒容发热量；而在工业锅炉中，燃料只在相对稳定的大气压下燃烧，主要由于全部水（含氢燃烧时生成的水）汽化变成气态后增大体积排出炉外，向外做功达到一定压力，故其发热量属于恒压发热量。煤中碳燃烧时生成 CO_2 消耗相同体积的 O_2 故不增加体积。恒压发热量比恒容发热量高，对于一般煤炭约高 8～15J/g，对于含氢多的液体燃料约高 30～50J/g。

5－12　对氧弹热量计的主要部件有什么技术要求？

氧弹热量计的主要部件有氧弹、内筒、外筒、搅拌器和量热温度计等。它们的技术要求如下：

（1）氧弹。由耐热、耐腐蚀的镍铬或镍铬钼合金钢制成，弹筒容积为 250～300mL，且具备耐高温、耐腐蚀和不产生热效应的特点；能承受充氧压力和燃烧过程中产生的瞬时高压，试验过程中能保持完全气密。

（2）内筒。由紫铜、黄铜或不锈钢制成，能装水 2000～3000mL，外表面镀铬要均匀、有光泽，无点状，无气泡，且不渗漏水。

（3）外筒。为金属制成的双壁容器，并配有严密的盖。对恒温式热量计，外筒装满水的热容量至少为热容量的 5 倍；对绝热式热量计外筒应装有足够的水，供循环用，同时装有加热装置和感温元件，并配有自动控温装置，使外筒水温能紧密跟踪内筒温度。

（4）搅拌器。螺旋式或其他形式的搅拌器，转速为 400～600r/min，并保持稳定，既能使主期时间不超过 8～9min，又不至于产生过多的搅拌热（10min 内不大于 120J）。

（5）量热温度计。对玻璃温度计最小分度值应为 0.01K，并附有刻度校正和平均分度值的计量机关检定证书；对数字式量热温度计和铂电阻温度计，其分辨率为 0.001K，测温准确度至少达到 0.002K。

5－13　测定发热量的基本原理是什么？

测定固体及液体燃料的发热量的基本原理是，取一定量的燃料试样，置于充有过量氧气的氧弹中燃烧，用一定量的水吸收释放出的热量，同时，准确测定水的温升值，而后依据预先确定好的量热体系的热容量和水的温升值，按照式（5－1）计算，即

$$Q_b = E(t_n - t_0)/m \tag{5-3}$$

式中　Q_b——燃料试样的弹筒发热量，J/g；

m——燃料试样的质量，g；

E——量热体系的热容量，J/K（或 J/℃）；

t_0，t_n——分别为量热体系在试样开始燃烧时的温度和量热体系在试样完全燃烧后达到最高时的温度，℃。

5－14　试简述传统恒温式热量计测定燃煤发热量的主要操作步骤。

利用传统恒温式热量计测定燃煤发热量时可按下列步骤进行：

（1）在燃烧皿中精确称取分析试样 0.9～1.1g，而后置于氧弹中。

（2）往氧弹中缓慢充入氧气直到压力为 2.8～3.0MPa 时止。

(3) 往内筒中加入足够水，并称准至1g。

(4) 把氧弹放入内筒中，使水淹没过氧弹盖顶面10～20mm，盖上盖。

(5) 将调节好的贝克曼温度计插入热量计中，以测内筒温度。

(6) 启动搅拌器5min后开始计时，记下温度（t_0）和露出柱温度（t_e），并立即通电点火，内筒温度随即上升，点火后1分40秒时读取一次内筒温度（$t_{1'40''}$），到第一个下降温度时，又读取一次内筒温度（t_n）作为主期终点温度。

(7) 停止搅拌器，取出氧弹，排放弹内燃烧废气。

(8) 测量未烧完的点火丝长度，以计算实际消耗的点火丝所产生的热量。

(9) 依据检定证书对贝克曼温度计进行平均分度值和刻度（孔径）的修正。

(10) 计算冷却校正值 C。

(11) 按下式计算弹筒发热量：

$$Q_{b,ad} = \{EH[(t_n + h_n) - (t_0 + h_0) + c] - (q_1 + q_2)\}/m \quad (5-4)$$

式中 $Q_{b,ad}$——分析试样的弹筒发热量，J/g；

E——热量计的热容量，J/K；

q_1——点火热，J；

q_2——添加物的发热量，若试验中不加添加物则 q_2 为零，J；

m——试样质量，g；

H——贝克曼温度计的平均分度值；

h_0，h_n——t_0 和 t_n 温度时的刻度校正值，℃；

c——冷却校正值,℃。

注：对电脑热量计测热步骤同 1～4、7～8，其余依据热量计说明书操作。

5－15 常用的冷却校正公式有哪几种?

我国目前燃料测热中有以下两种常用的冷却校正公式：

(1) GB/T213 公式。

$$C = (n - a)v_n + av_0 \qquad (5-5)$$

当 $\Delta/\Delta_{1'40''} = (t_n - t_0)/t_{1'40''} - t_0 \leqslant 1.20$ 时，

$a = \Delta/\Delta_{1'40''} - 0.10$

当 $\Delta/\Delta_{1'40''} = (t_n - t_0)/t_{1'40''} - t_0 > 1.20$ 时，

$a = \Delta/\Delta_{1'40''} - 0.10$

式中 n——从点火到主期结束的时间，min；

Δ——主期结束时内筒温度和点火时内筒温度之差,℃；

v_n——末期内筒温度下降速度,℃/min；

v_0——初期内筒温度下降速度,℃/min；

t_0——点火时内筒温度,℃；

t_n——主期终点时内筒温度,℃。

(2) 瑞——方公式。

$$C = nv_0 + \frac{v_n - v_0}{\bar{t}_n - \bar{t}_0}\left[\frac{1}{2}(t_0 + t_n) + \sum_1^n(t) - nt_0\right]$$

$$\sum_1^{n-1}(t) = (t_1 + t_2 + \cdots + t_{n-1}) \qquad (5-6)$$

式中 $\bar{t}_0$——初期内筒平均温度,℃；

$\bar{t}_n$——末期内筒平均温度,℃；

t_1, t_2, t_{n-1}——点火后第 1、2、$n-1$ min 时的内筒温度,℃。

5-16 怎样求得 $C=(n-a)v_n+av_0$(GB/T213)公式中的 v_n 和 v_0 值?

$C=(n-a)v_n+av_0$ 冷却校正公式中的 v_0 和 v_n 值可通过下列方法之一求得。

(1) 查曲线图法。

1) 按下列测定流程进行试验，记下各观测值，试验可

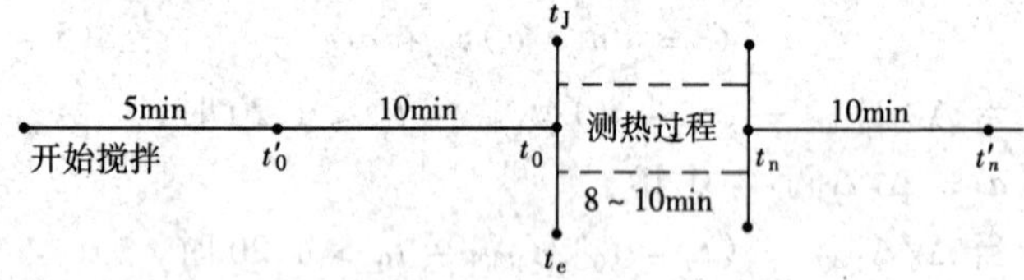

与标定热量计热容量时合并进行，共五次。上面示意图中：t'_0 为点火前 10min 的内筒温度,℃；t_0 为点火时内筒温度,℃；t_J 为外筒温度,℃；t_n 为主期终点温度,℃；t'_n 为主期终点温度后 10min 的内筒温度,℃；t_e 为露出液柱温度,℃。

2) 将五次试验得到的观测值按下列方式计算出内外筒温差 ($t-t_1$) 和相应内筒的下降温度速度 (v) 各 5 组共 10 个数据：

$t-t_1$	v
$\frac{t'_0+t_0}{2}-t_J$	$v=\frac{t'_0-t_0}{10}$
⋮	⋮
$\frac{t'_n+t_n}{2}-t_J$	$v_n\frac{t'_n+t_n}{10}-t_J$
⋮	⋮

3) 根据实验结果以 ($t-t_J$) 为横坐标，v 为纵坐标，

在直角坐标纸上绘制出（$t-t_J$）$-v$ 的关系曲线。

4）在以后的测热中只需比通常多读取 t'_0、t'_n 和 t_J 观测值，并计算出内外筒温差就可在曲线上查到与其相应的 v 值。

（2）公式计算法。

1）按照上述同样操作进行试验，所不同的是在标定热容量过程中只比通常多读取点火和终点的外筒温度，再求出平均外筒温度$\overline{t_J}$。

2）把实验中得到的观测值分别代入牛顿冷却法则建立起来的下列公式，计算出 v 值

$$v_0 = K(t_0 - \overline{t_J}) + A \tag{5-7}$$

$$v_n = K(t_n - \overline{t_J}) + A \tag{5-8}$$

这样按照式（5－7）和式（5－8）就可建立 5 组 10 个二元一次方程。

3）用消元法解出各组中的 K 和 A 两个常数项，而后取其平均值作为公式中的 K 值和 A 值。

4）在以后的测热中，只需比通常多读取两次外筒温度就可利用此公式计算出 v_0 值和 v_n 值。

必须注意：由于内筒温度是用贝克曼温度计测量的，而外筒温度通常是用普通棒式温度计测量的，因此在进行内外筒温度的加减时，必须先换算到同一温度基点才允许运算。

5－17 在测热中对不易完全燃烧和易飞溅的煤样应采取何种措施？

对不易完全燃烧的低热值煤和高变质的无烟煤可采取下列措施：

（1）采用浅金属燃烧皿，其底和壁要薄，皿的质量最好

不超过 6～7g。

(2) 在燃烧皿底部垫一层经 800℃灼烧过的石棉绒，并压实。

(3) 把试样磨细到粒度小于 0.1mm。

(4) 减少试样量，适当提高氧气压力到 3.2MPa。

(5) 用已知质量与热值的擦镜纸包裹好煤样，并用手压紧。

对易飞溅的变质程度浅的年轻煤可采用下列做法：

(1) 用已知质量和热值的擦镜纸包紧试样。

(2) 压成片后，切成 2～4mm 的小块使用。

(3) 氧弹中不加 10mL 蒸馏水，但计算热值时应将热容量减去 42J/℃。

注意：为安全起见，提高氧气压力绝不可超过 3.2Pa。

5-18 用恒温式热量计测定发热量时，为什么要规定内筒水温要比外筒水温适当低些？

对于恒温式热量计内筒水温的调节，要结合热量计的热容量大小和试样发热量的高低确定，其目的是：

(1) 使测热过程中吸热与散热相抵销后的值达到最小，即冷却校正值最小，以提高测定准确度。

(2) 使主期终点时的内筒温度比外筒高 1℃左右，以利于终点时的内筒温度出现明显下降趋势，易于判断终点温度，即内筒温度第一次下降判为主期结束（对低发热量的燃料，测定发热量时，可调节内筒温度稍低于外筒）。据统计，目前国内使用的热量计一般热容量为 14200～14600J/℃，可酌情参照下列被测试样发热量大小选用温差：

发热量（J/g）　　内外筒水的温差（℃）

25000	0.5～0.6
21000	0.4～0.5
17000	0.3～0.4

5－19 使用氧弹时要注意哪些安全事项？

使用氧弹时要注意下列安全事项：

(1) 氧弹的弹体和连接环每两年要进行一次不低于20MPa的水压试验并保持10min，压力下降应小于0.1Pa。

(2) 氧弹的弹体和连接环的螺纹松动度，径向不大于0.45mm,轴向不大于27mm。

(3) 氧弹在2.0±0.1g苯甲酸、充氧3.0MPa下燃烧弹体的半高处直径和弹体底部中心至弹体口边沿的高度变化均小于0.13mm，且气嘴无反向泄漏。

(4) 氧弹禁止涂抹油脂物质。

(5) 氧弹充氧气时要缓慢，保持低压表上的指针缓慢上升直到2.8～3.0MPa，一般要求充氧时间不少于15s，钢瓶压力降到5.0MPa以下时，充氧时间应酌量延长些，如果充氧压力超过3.3MPa，则停止试验。

(6) 氧弹漏气时，应停止使用。

(7) 氧弹盖螺纹发现滑扣时，严禁使用。

(8) 试样点燃时，禁止试验人员身体的任何部分与热量计接触。

5－20 怎样检查热量计氧弹漏气？如何消除漏气故障？

氧弹漏气是发热量测定中的常见故障，若不及时消除，则会导致试样燃烧不完全，使测定结果偏低，或发生点火失败。

氧弹充氧后浸没在水中，如发现弹盖与弹体结合处漏气，可能是垫圈干涩或存有物屑，应用水润湿或剔除。氧弹进出口阀漏气，多数是因该阀垫圈不合适或老化造成的，应更换合适的垫圈。针形阀漏气，通常是由于针形阀座受含硫气体的腐蚀、磨损造成的，应更换新针形阀。氧弹要很好地维护，以延长使用寿命，保证安全，每次测定发热量后，务必将氧弹各部件仔细用水冲洗并擦净。

5-21　为什么规定氧弹需进行不低于20.0MPa的水压试验？

根据规定氧弹每二年须进行一次不小于20.0MPa的水压试验，其理由有二：

（1）燃料试样在充氧压力的氧弹内会剧烈燃烧，并迅速产生热量。实验证明，点火初期的瞬间温度（接近试样表面）可达到1600℃，并迅速扩散到氧弹整体，使温度增高，导致弹体内的压力急剧升高。试验证明，对1g苯甲酸在最初燃烧的数秒内，压力可增高到充氧时压力的两倍，甚至更高些。试样量愈多，则压力增加愈高。

（2）对于长期经常使用的氧弹，其弹体和连接环的螺纹，往往因腐蚀或磨损而大大增加了松动度，从而降低了抗耐压性能。

对新氧弹或更换部件（弹体、弹盖或连接环）的氧弹应经20.0MPa的水压试验，证明合格后方可使用。

5-22　发热量测定中常用的点火丝材料有哪几种？它们的燃烧热各是多少？

发热量测定中常用的点火丝有铁丝、镍铬丝、铜丝、铜镍锰丝和镍铜丝等几种，此外还有棉线。

铁丝的燃烧热为6700J/g，镍铬丝为6000J/g，铜丝为2500J/g，铜镍锰丝为3240J/g，镍铜丝为3136J/g。金属丝的直径一般为0.1mm左右，过粗不易熔断，延长通电时间，增加点火引入的热量，在电压选定的情况下，金属丝过细，则来不及产生足够高的温度来引燃试样就被熔断，导致点火失败。棉线应选用粗细均匀，不涂腊的白棉线，其燃烧热为17500J/g,此外，还有铂丝，其燃烧热为418J/g，但价格昂贵，一般只在精密测量中采用。

5-23　测热常用的感温元件有哪几种？它们各有什么特点？

发热量测定误差主要来源于热量计内筒温度的测定，因此，正确选择和使用合适的感温元件测量温度具有特别重要的意义。常用的感温元件有三种：

（1）水银感温元件。属于这种的有固定测温量程的精密温度计和可变测温量程的贝克曼温度计。后者较常用，它上部有水银贮存囊和一个副标尺。下部有一个感温水银囊和主标尺，感温囊中水银量通过贮存囊可得以调节，水银量多少与检测温度的高低有关。它适用于测量-20～+155℃的温度范围内的任何0～5℃或0～6℃的温度差，而不能测量温度的绝对值，它的最小分度值为0.01℃，用放大镜可估计到0.001℃。

（2）电阻感温元件。铂电阻温度计是常用的一种，它是以不同温度下铂丝相对电阻率的变化（$\Delta R/R$）为依据来测定温度的。电阻率（$\Delta R/R$）变化的电信号很微弱。25Ω铂电阻温度计对0.001℃的信号输出是0.1μV（源电流为1mA）。故能满足发热量测定的要求，同时非线性误差要小。

（3）热释电测温元件。它是由掺杂钛酸铅和锆钛酸铅铁的电陶瓷制成的。经人工极化后对温度的变化十分敏感，可测得 10^{-6}℃的微温变化，0.001℃的温度变化就能产生 10μV 的电压信号，这比铂温度计大两个数量级，而且这一信号是无源和无热效应的。它稳定性良好，2h 零漂不超过 ±0.001℃。

5-24 贝克曼温度计要符合哪些技术要求？

贝克曼温度计的质量直接影响发热量测定结果的准确性，因此，贝克曼温度计应符合下列要求：

(1) 观察外观是否完好无损。

(2) 轻晃温度计不应有“异声”，若有，则说明刻度标尺与毛细管连接已松动。

(3) 要求主标尺上的分度距离要大，毛细管要细，间距就大，一般每示度约 40~50mm。

(4) 毛细管与贮存囊连接处的弯曲部分要圆滑，不要过细，以免造成感温囊和贮存囊之间水银量调节的困难。

(5) 主标尺零示度以下的毛细管要细而短些，以提高露出柱水银温度修正值的准确性。

(6) 毛细管内的水银要纯净，在放大镜下观察时不应有气泡和“亮晶现象”发生。

(7) 温度计证书上的检定结果应是：平均分度值——相邻的两个基点温度的平均分度值之差不大于 0.004℃，以便选用同类玻璃相应的平均分度值；孔径（刻度）修正值——相邻的两个刻度修正值之差不得超过 0.015℃，以确保毛细管的均匀性。

5-25 什么是贝克曼温度计的基准温度和基点温度？它们

有什么不同？

贝克曼温度计主标尺进行分度时的起始温度称为基准温度。而基点温度是指贝克曼温度计主标尺上零示度（0度）时所代表的真实温度。两者是不相同的，基准温度是唯一的，基点温度不是唯一的，从理论上讲是无数个的。基点温度低，则感温囊中的水银量就多，相反，则感温囊中的水银量就少，因此，基点温度的高低直接反映感温囊中水银量的多少。当基点温度等于基准温度时，其平均分度值恰好为1.000，当基点温度高于基准温度时，感温囊中的水银量相对减少，温度变化1.000℃时的水银体积变化反映在水银柱上就小于1个示度，因此，其平均分度值应大于1.000，反之，当基点温度低于基准温度时，感温囊中水银量相对增多，温度变化1.000℃时的水银体积变化就大于1个示度，因此，其平均分度值应小于1.000。由此可见，用贝克曼温度计测得的温度差除经毛细管孔径和露出液柱温度修正外，还须进行平均分度值的修正，才是真正的温度差。

5-26　为什么要对贝克曼温度计进行刻度校正？

贝克曼温度计是测定温差的一种精密温度计，它的构造和普通温度计有所不同，在使用时需进行校正，才能获得真正的温度值；毛细管孔径校正就是其中的一种。毛细管孔径校正也称刻度校正；温度计的毛细管孔径不可能十分均匀，导致每一单位刻度的毛细管容积不相同，因而容纳的水银量也就不同，所示温度的变化也就有所差异。为避免由此而引起的误差须进行毛细管孔径校正。校正方法是：预先以检定证书上给出的孔径修正值为纵坐标，以温度刻度为横坐标作出如图5-1所示的曲线。使用时，可根据贝克曼温度计刻

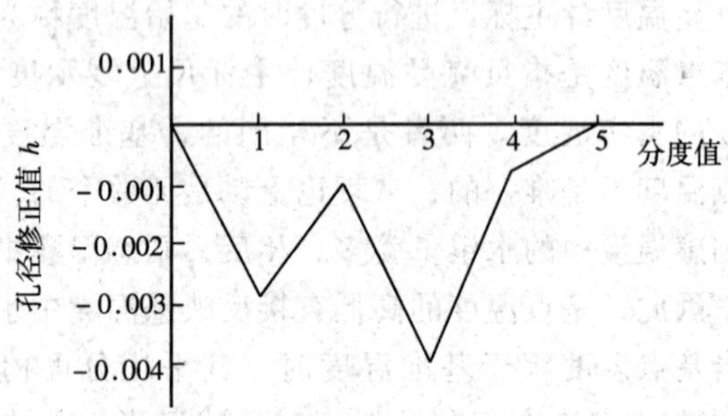

图 5-1　修正值与分度值的关系曲线

度读数查出相应的孔径修正值，而后对使用的温度计刻度读数进行校正，例如，在发热量测定中，点火时的温度读数为 1.800（示度），孔径修正值为 -0.0014（示度），终点的温度读数为4.130（示度），其孔径修正值为 0.0009（示度），经孔径修正后的点火和终点温度分别应为 1.800 +（-0.0014）= 1.799 示度和 4.130 + 0.0009 = 4.131 示度，故总温升为 4.131 - 1.799 = 2.332示度。

5-27　怎样修正露出液柱温度对平均分度值的影响？

露出液柱温度一般接近于测定时的室温，故常以温度计附近室温作为露出液柱温度。水银液柱所示温度，并不纯是水温。而是水温和露出液柱温度的综合效应。计量部门在检定温度计的平均分度值时，对每一个检定的基点温度都规定了相应的标准露出液柱温度，但在实际试验中的露出液柱温度常与标准露出液柱温度不同，并经常是变化的，因此，对于每一次试验，都应根据实际的露出柱温度对平均分度值进行修正。当实际试验中的露出液柱温度（$t_{实际}$）和标准露出

液柱温度（$t_{标准}$）相差小于3℃时可不予修正，但相差3℃以上时，平均分度值按下式进行修正

$$H = H^{\circ} + 0.00016(t_{标准} - t_{实际}) \qquad (5-9)$$

式中 H ——对应于实际测定时露出液柱温度下的平均分度值；

H°——相应于温度计基点温度和标准露出液柱温度下的平均分度值（根据检定证书上的值用内插法求得）；

$t_{标准}$ ——相当于基点温度的标准露出液柱温度（根据检定证书上的值用内插法求得）；

$t_{实际}$ ——实际测定时露出液柱温度（接近室温）；

0.00016 ——水银和玻璃的体膨胀系数之差。

5-28 对热量计的搅拌器有何技术要求？

（1）一般要求搅拌器的转速为400～600r/min为宜，并保持稳定，且噪声小。

（2）搅拌器效率要高，由燃料试样点火到主期终点的时间不应超过8～9min。

（3）不应产生过多的搅拌热，要求在内、外筒温度和室温一致的场合下，连续搅拌10min所产生的热量不应超过120J。

（4）内筒的支架应隔以绝热材质，搅拌器与电动机之间的连接应串一段绝热材质，以防传热。

（5）搅拌器的螺旋浆片要有一定的强度，长期使用不应变形，以免降低搅拌效率。

（6）搅拌器装卸容易，最好固定在热量计盖上，不要每

次试验都需要装卸。

5-29 怎样测定热量计搅拌器产生的搅拌热？

搅拌器是热量计的必不可少的组件之一，搅拌热是表征搅拌器工作的一种重要特性，因为它直接涉及内筒温度，从而影响了主期的终点时间。因此，GB/T213 标准中对搅拌器的搅拌热作了规定：在内外筒温度和室温一致的情况下，搅拌器工作 10min 后所产生的搅拌热不得超过 120J。测定搅拌器的搅拌热的步骤大致如下：

（1）与日常测热一样，准备好内筒水和氧弹，但氧弹内不放试样和不充氧气，并放置过夜，使之达到内、外筒温度和室温三者基本一致。

（2）按日常操作启动搅拌器转动，搅拌 5min 后，开始观测温度，此后每隔 2min 观测一次，若连续两次观测值不超过 0.001℃，则认为内、外筒温度已达到平衡，可开始搅拌热试验（观测温度值，对电脑热量计从显示器上读取，非电脑热量计从贝克曼温度计上直接读取）。

（3）试验开始时，观测一次内筒温度记作 t_0，经 10min 后，观测一次内筒温度记作 t_{10}。

（4）搅拌热按式（5-10）计算

$$q_s = (t_{10} - t_0) \cdot E \tag{5-10}$$

式中 q_s——搅拌热，J；

t_0——试验开始时内筒温度，℃；

t_{10}——试验结束时内筒温度，℃；

E——热量计的热容量，J/℃。

若 $q_s \leqslant 120$J，则认为搅拌器工作性能符合要求。

5-30　怎样用氢氧化钠滴定法测定弹筒硫？

发热量测定后，取出氧弹排气，用蒸馏水洗涤弹体内壁及弹盖，而后连同洗涤液和吸收液转移到200mL烧杯中煮沸1~2min（时间不宜太长，以免硝酸损失），取下稍冷后，以甲基红（或甲基橙、甲基红-亚甲基蓝混合）为指示剂，用0.1 mol/L的氢氧化钠标准溶液滴定，以求出洗涤液中的总酸量，按下式计算$S_{b,ad}$（%）

$$S_{b,ad}\left(\frac{C \cdot V}{m}-\frac{\alpha \cdot Q_{b,ad}}{59.8}\right)\times 1.6 \qquad (5-11)$$

式中　C——氢氧化钠标准溶液的浓度，0.1mol/L；

V——滴定用氢氧化钠标准溶液的体积，mL；

m——试样质量，g；

α——硝酸生成热的校正系数，与煤的热值大小有关；

$Q_{b,ad}$——空干基弹筒发热量，kJ/g；

59.8——相当于1mmol硝酸的生成热，J；

1.6——0.1mol硫酸$\left(\frac{1}{2}H_2SO_4\right)$换算成硫的系数。

注：$\frac{cv}{m}$相当于1g试样中含硫酸与硝酸的总量。$\frac{\alpha \cdot Q_{b,ad}}{59.8}$相当于硝酸量，两者相减所得差值即为弹筒洗涤液中的硫酸量。滴定时氢氧化钠标准溶液浓度为0.1mol/L，所以换算成硫的系数为$\frac{1}{2}\times 32\times 0.1=1.6$。

5-31　怎样用氢氧化钡滴定法测定弹筒硫？

用氢氧化钡滴定法测定弹筒洗液硫的操作步骤如下：

（1）测热试验结束后，取出氧弹，打开排气阀，缓慢地放出燃烧废气；

（2）用蒸馏水冲洗氧弹内的所有部分包括氧弹内支架和燃烧皿等，并将洗液收集于烧杯中，煮沸3～4min，以驱逐二氧化碳；

（3）稍冷却，滴加酚酞指示剂（10g/L），趁热用氢氧化钡标准溶液 $c\ [1/2Ba\ (OH)_2] = 0.1mol/L$ 滴定洗液至红色，记下耗去的氢氧化钡标准液的 V_1（mL）；

（4）用移液管准确加入20mL碳酸钠标准溶液 $c\ [1/2Na_2CO_3] = 0.1mol/L$，摇匀后静置片刻，过滤，洗涤烧杯和沉淀（$BaCO_3$），滤液收集于三角瓶中；

（5）加入数滴甲基橙－溴甲酚绿指示剂，用盐酸溶液 $c\ [HCl] = 0.1mol/L$ 滴定滤液由绿色变为浅紫红色，记下所用的盐酸标准液的体积 V_2（mL）；

（6）按下式计算弹筒洗液中硫含量（$S_{b,ad}$）

$$S_{b,ad} = \frac{V_1 \cdot C_1 + V_2 \cdot C_2 - 20.0 \times C_3}{m} \times 1.6 \quad (5-12)$$

式中 $S_{b,ad}$——试样弹筒硫的含量，%；

V_1 ——滴定所用的氢氧化钡标准液的体积，mL；

C_1 ——滴定所用的氢氧化钡标准液浓度，mol/L；

V_2 ——滴定所用的盐酸标准液的体积，mL；

C_2 ——滴定所用的盐酸标准液的浓度，mol/L；

C_3 ——碳酸钠标准液的浓度，mol/L；

m ——试样质量，g；

1.6 ——每摩尔硫酸（$1/2H_2SO_4$）换算为硫的化学因子。

5－32　怎样用氯化钡滴定法测定弹筒硫？

当全硫小于2%的试样或需精确测定弹筒硫的情况下，可采用氯化钡滴定法测定弹筒硫。

测定发热量之后，取出氧弹排气，将氧弹内的吸收液连同洗涤液转移到200mL烧杯中，总体积不超过80mL。煮沸、冷却后转移到100mL容量瓶中（如溶液中有溅出的灰，则应过滤），稀释至刻度，摇匀。将部分溶液移到阳离子交换柱中，以每秒2~3滴的流速流出至50mL锥形瓶中。依据煤中含硫量的大小准确接收吸收液1.00~5.00mL，往锥形瓶中加入30mL乙醇和4滴偶氮胂指示剂，在不断搅拌下用0.005mol/L氯化钡标准溶液滴定，溶液颜色由玫瑰红色变为蓝紫色即为终点。

弹筒硫含量的计算采用如下公式

$$S_{b,ad}(\%) = \frac{C_{Ba} \cdot V_{Ba} \cdot 3.2}{m \cdot V_S} \times 100 \quad (5-13)$$

式中 $S_{b,ad}$——分析基弹筒硫含量，%；

C_{Ba}——氯化钡标准溶液的摩尔浓度，mol/L；

V_{Ba}——氯化钡标准溶液消耗的体积，mL；

m——试样的质量，g；

V_S——用于滴定吸收液的体积，mL。

5-33 在计算高位发热量时对硝酸生成热是怎样校正的？

硝酸生成量的多少与燃烧温度有关，而燃烧的温度又取决于燃料发热量的高低，所以硝酸校正系数（α）应根据弹筒发热量（Q_b）高低确定。校正系数 α 的物理意义是单位弹筒热值所产生的硝酸生成热。依据我国煤炭的大量试验结果和分析研究确定：当 $Q_{b,ad} \leqslant 16.70$kJ/g时，α 值取0.001；当16.70kJ/g $< Q_{b,ad} \leqslant 25.10$kJ/g时，$\alpha$ 值取0.0012；当 $Q_{b,ad} > 25.10$（kJ/g）时，α 值取0.0016。α 值大小与煤的类别关系不甚密切，例如同是贫煤，当贫煤为高灰分低热值时，其

$\alpha=0.0010$,而当贫煤为低灰分高热值时，α 却为 0.0018，两者相差近一倍，其他类别的煤也有类似情况。为了便于确定硝酸校正热并保证有一定准确度，将根据不同燃料热值范围取不同的。校正系数值。在热容量标定中的硝酸校正热(q_n)，也是根据同一原理按下式求得：

$$q_n\ \text{苯甲酸热值}\ Q_{ba}\times\text{苯甲酸质量}\ m_{ba}\times 0.0015\text{J}$$

5-34 在什么情况下可以用全硫代替氧弹硫计算高位发热量($Q_{gr,ad}$)?

氧弹中硫酸的形成量，除与煤试样含量多少有关外，还取决于氮的存在和总释热量的高低，因为它们影响了二氧化硫转变为三氧化硫的程度。实践证明，对于 $Q_{b,ad}>14.60$ MJ/kg的煤不论含硫量多少，一般都能完全转化为 SO_3 而生成硫酸，对于含硫量大于 4.00%的煤，无论发热量高低，一般都不能完全转化为 SO_3，其中总有少部分 SO_3 存在。因此不是在任何条件下都可用全硫代替弹筒硫。基于此，GB/T 213标准中规定当煤中发热量大于 14.60MJ/kg 或全硫含量低于4.00%时可以用全硫 $S_{t,ad}$代替弹筒硫 $S_{b,ad}$。

5-35 测热氧弹内硫酸是如何形成的?

测热氧弹内生成硫酸是按照下列步骤进行：

(1) $S_{(煤)}+O_2 \rightleftharpoons SO_2$

(2) $N_2+O_2 \rightleftharpoons 2NO$

(3) $2NO+O_2 \rightleftharpoons 2NO_2$

(4) $SO_2+NO_2 \rightleftharpoons SO_3+NO$

(5) $SO_3+H_2O = H_2SO_4$

一氧化氮催化剂的存在是促进二氧化硫定量转变为三氧

化硫的重要因素，而氮和氧在通常条件下是不可能生成一氧化氮的，只有当温度大于 1200℃时，才开始形成一氧化氮，并是可逆的。氧弹内煤样释出热量过低时，瞬间的最高温度偏低，不能产生足够的一氧化氮来催化较大量二氧化硫使之转变为三氧化硫，而只当总释热量超过某一限度时，氧弹内才能形成足够量的一氧化氮，促使硫酸的生成量增多。如果燃烧皿采用铂材质，则对二氧化硫向三氧化硫转化更有利。

5－36 计算高位发热量公式中硫的系数是怎样确定的？

任何有机燃料或多或少都含有硫。这些硫在充有氧气的压力氧弹内燃烧和在工业锅炉中的常压燃烧所产生的化学反应不同，故其最终产物也不尽相同。

在压力氧弹内燃烧

$$S_{煤} + O_2 \longrightarrow SO_2 + 292712J/mol$$

生成的 SO_2 又进一步氧化

$$SO_2 + \frac{1}{2}O_2 + H_2O = H_2SO_4 + 227479J/mol$$

$$H_2SO_4 + nH_2O = H_2SO_4 \cdot nH_2O + 74642J/mol$$

在工业锅炉内燃烧，除硫酸盐外，其余形态的硫主要按本题的第一个反应式反应进行并生成二氧化硫，而后随着烟气排入大气。

显然，压力氧弹内燃烧的反应热要比工业锅炉内多，所多部分恰等于本题的第二、三反应式的反应热之和，即

$$SO_2 + \frac{1}{2} + （n+1）H_2O = H_2SO_4 \cdot nH_2O + 302121J$$

可见每摩尔二氧化硫氧化形成三氧化硫，并进一步溶于水产生硫酸的总热量为 302121J。若按 1g 硫计算，则所产生

的热量应为302121J/32.06g = 9423J/g，对含硫分为1%的1g试样应为94.23J，经修约为94.2，但在GB/T213标准中高位发热量计算公式中硫的系数为94.1，两者虽相差甚少，但在计算中还是执行国家标准为好。

5-37 为什么测热时要进行碳酸盐二氧化碳校正？怎样校正？

煤中碳酸盐在氧弹测热的条件下热解生成相应金属氧化物和二氧化碳。如以煤中碳酸盐的主要形态碳酸钙为例，则其热化学反应式如下

$$CaCO_3 \xlongequal{} CaO + CO_2 - 185245J$$

此反应式表明，碳酸钙分解时要吸收热量，碳酸钙每分解出1%（0.01g）的二氧化碳要消耗热量42J（约10cal）。在测热的条件下，影响碳酸盐分解完全程度的因素有燃煤的热值，充氧压力和碳酸盐含量大小，其中影响最大的要算煤的热值和碳酸盐含量，因为热值决定温度水平，碳酸盐含量决定反应物浓度。实验证明，碳酸盐二氧化碳含量在4%以下时，当煤热值 $Q_{b,ad} > 11100J/g$，煤中碳酸盐分解率接近100%，而当热值 $Q_{b,ad} \leqslant 5500J/g$，其分解率随着碳酸盐含量的增高而降低。因为碳酸盐分解不仅需要温度高，而且还需时间长；前者决定于氧弹中的燃烧火焰温度，火焰温度越高，越有利于碳酸盐的分解；碳酸盐含量高，则所需分解时间长，但在氧弹中燃烧煤样时间很短，一般小于40s，因而导致了低热值煤中的碳酸盐分解不完全。根据实验和综合这些因素的分析研究，碳酸盐对热值的影响可按下式进行校正：

$$Q_{gr,ad} = Q_{b,ad} - (94.1S_{b,ad} + \alpha Q_{b,ad}) + 42\beta (CO_2)_{car,ad} \tag{5-14}$$

式中　$(CO_2)_{ad}$——煤中碳酸盐二氧化碳含量，%；

β　——碳酸盐的热分解率，%。

当煤热值 $Q_{b,ad}>11000J/g$，且碳酸盐二氧化碳含量不大于4%时，则 β 值取1.0。

当煤热值 $Q_{b,ad}\leqslant 5500J/g$，碳酸盐二氧化碳含量小于2%时，则 β 值取0.88。

当煤热值 $Q_{b,ad}<5500J/g$，而碳酸盐二氧化碳含量在2%～4%之间时，则 β 值取0.80。

5-38　绝热式热量计外筒水温是怎样自动跟踪内筒水温的？

绝热式热量计的量热体系与恒温式热量计的量热体系不同，它全部被循环水包围。在发热量的测定中，外筒水温跟踪内筒水温变化，主要是借助于装在外筒中的加热电极和冷却蛇形管，以及配套用的自动控温装置来完成的。氧弹中的试样点燃后，内筒温度升高，一旦内筒温度超过外筒温度时，控温装置动作，通过加热电极加热而使外筒水温跟踪内筒温度，当外筒水温高于内筒温度时，则控温装置又立即使加热电极停止工作，同时，借助于冷却水把多余的热量带走，以使内、外筒温度处于同一温度水平上，外筒水温跟踪内筒水温变化的接近程度取决于自动控制装置的灵敏度，一般对它的要求是能使点火前和终点后的内筒温度保持稳定（5min内筒温度平均变化不大于0.0005℃/min），又能在一次试验的升温过程中，内外筒之间的热交换不超过22J。

5-39　如何检验绝热式热量计的绝热性能？

绝热性能是绝热式热量计的重要工作参数之一，它决定了测热的精密度和准确度。绝热性能检查步骤如下：

（1）按通常测热要求调节好内、外筒温度，当内、外筒温度达到平衡后，即 10min 内内筒温度平均变化不大于 0.001℃时，读取内筒温度并记作 t_1，经 3min 后又读取内筒温度记为 t_2，此两者的平均值记为 t_0。

（2）在读温度 t_2 的同时，读取外筒温度，算出其温差 Δt_0 并立即点火，以后每隔 20s 同时读取内、外筒温度一次，并算出其温差，共读 18 次。

（3）从点火后 6min 开始，每隔 1min 读取一次内、外筒温度，第 28 次的内筒温度记作 t_3，再经 3min 读取内筒温度记为 t_4，两者的平均值记为 t_n，其内、外筒温度差为 Δt_n，此时试验就告结束。

（4）按下列公式计算热量计的绝热性能 q_1

$$q_1 = E \cdot k\left[\left(\sum_{0}^{17}\Delta t - 18 \cdot \frac{\Delta t_0 + \Delta t_n}{2}\right) \times \frac{20}{60} + \left(\sum_{13}^{17}\Delta t - 10 \cdot \frac{\Delta t_0 + \Delta t_n}{2}\right)\right] \tag{5-15}$$

式中 E——热容量，J/℃；

k——热量计冷却常数，$\min^{-1}$；

Δt_0——初期平衡时内、外筒的温度差，℃；

Δt_n——终期平衡时内、外筒的温度差，℃；

Δt——除初期和终期外的其他内、外筒温度差，℃。

（5）判断：当 $q_1 \leqslant 20$J 时；确认该热量计绝热性能符合 JJG 673—1990《绝热型氧弹热量计》的规定要求。

5-40 什么叫做热容量？热容量与水当量有什么区别？

热容量是指量热系统升高 1℃所需要的热量，单位为 J/℃。水当量 K 是指量热系统内除水量以外的其他物质的温度升高1℃所需的相当于若干克水升高1℃所需的热量。因此，热容量和水当量是两个不相同的概念。热容量包含水当量，而水当量是热容量中的一个组成部分。恒温式热量计和绝热式热量计有所不同，它们分别用下列公式表示。

对恒温式热量计有

$$E = (Q_{ba} \cdot m_{ba} + q + q_n)/H[(t_n + h_n) - (t_0 + h_0) + C] \quad (5-16)$$

$$K = \{(Q_{ba} \cdot m_{ba} + q + q_n)/H[(t_n + h_n) - (t_0 + h_0) + C]\} - m_W \cdot c \quad (5-17)$$

对绝热式热量计有

$$E = (Q_{ba} \cdot m_{ba} + q + q_n)/H[(t_n + h_n) - (t_0 + h_0)] \quad (5-18)$$

$$K = \{(Q_{ba} \cdot m_{ba} + q + q_n)/H[(t_n + h_n) - (t_0 + h_0)]\} - m_W \cdot c \quad (5-19)$$

上式中 Q_{ba}——标准物质苯甲酸热值，J/g；

m_{ba}——标准物质苯甲酸质量，g；

q——金属点火丝燃烧热，J；

q_n——硝酸生成热，J；

H——平均分度值；

t_n——主期终点时的内筒温度，℃；

t_0——主期起点时（点火时）的内筒温度，℃；

h_n、h_0——t_0、t_n 时温度计的刻度校正，℃；

C——冷却校正值，℃，

m_W——含内筒水量和放入氧弹内的水量，g；

c——水的比热，J/（g·℃）。

5-41 试述标定热容量的基本原理是什么?

测定燃料的发热量，必须事先确定好热量计量热体系的热容量。量热体系是指发热量测定过程中试样燃烧热能够波及的所有部件包括浸没氧弹的水、氧弹、搅拌器和在水中的那部分温度计以及盛水用的内筒等。量热体系的热容量指的是量热体系温度升高1K所吸收的热量。它是由量热体系各部分的热容量组成。即:

$$c_{H_2O} \cdot m_{H_2O} + c_1 \cdot m_1 + c_1 \cdot m_2 + \cdots + c_i \cdot m_i \tag{5-20}$$

式中 c_{H_2O}——水的比热，J/(g·K);

m_{H_2O}——筒内水的质量，g;

m_1、$m_2 \cdots m_i$——量热体系各部件的质量，g;

c_1、$c_2 \cdots c_i$——量热体系各部件的比热，J/(g，K)。

在一定的温度下，各种物质的比热有一定的确定值，因此，在量热体系各组成部分的质量不变的条件下，热容量E是一个常数，当温度变化时，E亦随之变化。

量热体系的热容量，一般是用国际公认的苯甲酸量热标准物质标定的，取一定量苯甲酸按与测定燃料发热量操作一样的步骤，使苯甲酸在氧弹内燃烧，根据量热体系温升值，按下式原理计算热量计的热容量

$$E = (Q_{ba} \cdot m_{ba})/(t_n - t_0) \tag{5-21}$$

式中 Q_{ba}——苯甲酸的发热量，J/g，一般在26460J/g左右;

m_{ba}——苯甲酸试样的质量，g;

t_0、t_n——代表符号意义同前。

5-42 标定热量计热容量为什么要选用苯甲酸作为量热标准物质?

苯甲酸是目前被国际公认为最好的量热标准物质，因为它有如下优点：

（1）提纯方法简单，易获得稳定的晶体结构，纯度高，性能稳定。一等量热标准苯甲酸的纯度为99.999%，其热值精密度优于±0.01%，二等量热标准苯甲酸的纯度为99.99%，其热值精密度优于±0.1%。

（2）吸湿性能低，在室温为23℃，相对湿度为90%下，暴露42天未发现有增重现象。

（3）常温下挥发性能低，在室温为29~32℃，历时21天，平均每天减量只有0.01%。

（4）苯甲酸完全燃烧时，其热值接近被测燃料的热值。苯甲酸的唯一缺点是，粉状燃烧性能较差，易燃烧不完全，因此，试验时须压成片状。

我国二等量热标准苯甲酸系根据我国计量部门规定的工艺由指定工厂专门生产的，其燃烧热为26475.45J/g（每批略有变化）。

5-43 苯甲酸使用前怎样进行干燥?

标定热量计用的苯甲酸须标有经计量权威部门确认的发热量值，使用前应先研细、干燥。干燥方法有：

（1）在浓 H_2SO_4 的干燥器中放置3天。

（2）在60~70℃的干燥箱中干燥3~4h。

（3）在干燥箱或酒精灯上加热熔融使之成块状，冷却。

上述几种方法中以第三种处理较好，但操作麻烦，一般不常用。干燥过的标准苯甲酸，在使用时要压成片剂，否则，不易燃烧完全。

5-44 什么是热量计的量热体系？它与环境间的热交换是由哪些因素引起的？

热量计的量热体系一般是指在测热过程中吸收试样放热的所有各部件，包括浸没氧弹的水、氧弹、内筒、搅拌器和测温计的浸水部分等。它是热量计的核心，理想的量热体系应是一个完全绝热封闭的热反应系统，与外界（环境）间不产生任何热交换，然而在当前的技术水平上是不可能的。热量计在测热的过程中量热体系与环境间始终存在着温差，有温差就有热交换，对一般恒温式热量计，量热体系与环境间的热交换是通过下列途径来进行的。

（1）内、外筒间的直接接触部分的传导作用。

（2）内、外筒间夹层空气的对流和传导作用。

（3）内、外筒表面间的辐射作用。

（4）内筒水在试样点火瞬间产生的蒸发作用。

（5）搅拌器转动时与水产生的摩擦作用。

量热体系与环境间的热交换量大小与热量计的冷却常数有关，一般冷却常数为0.002～0.003min^{-1}左右，其值越小越好。

5-45 怎样标定传统的恒温式热量计的热容量？

热容量是一切热量计的重要技术参数，所谓热容量是指量热体系温度每升高1℃所需要的热量，单位为J/℃。热容量是准确测定燃料发热量的基础，因此，要精确标定热容量。标定热容量的步骤如下：

（1）在不加衬垫的燃烧皿中称取1.0～1.2g经干燥过的标准苯甲酸，然后置于氧弹中。

（2）按发热量测定的相应步骤准备好氧弹和内外筒，然后点火测量温升。具体操作步骤参见题5－14。

（3）按下列公式计算热容量

$$E = (Q_{ba} \cdot m_{ba} + q + q_n) / \{H[(t_n + h_n) - (t_0 + h_0)] + c\}$$

$$q_n = Q_{ba} \cdot m_{ba} \cdot 0.0015$$

式中　E——热量计的热容量，J/℃；

m_{ba}——量热标准苯甲酸的质量，g；

Q_{ba}——标准苯甲酸的发热量，J/g；

q_n——硝酸生成热，J。

其余符号代表意义同前。

标定电脑热量计热容量的原理与上述原理是相同的，其操作要按照随仪器所附的说明书的规定进行。

5－46　怎样确定新型热量计的热容量的有效工作范围？

新型热量计在使用前应确定其热容量的有效工作范围，以确定被测燃料的发热量范围。所谓热容量（E）有效工作范围是指在某一温度下标定的热容量能适应多大范围的温升（Δt）。在热容量均有效工作范围内，其热容量值不与温升发生明显变化，可近视为一个常数。确定热容量的有效工作范围方法如下：

（1）依据被测样品可能涉及的热值范围，选定苯甲酸片剂质量，一般为0.7～1.3g，并至少分成5个挡，各挡间相差0.12g左右。

（2）按通常标定热容量操作进行试验，除首尾两个点重复两次试验外，其余三个点均进行一次试验。

（3）试验结果整理。以Δt即（t_n － t_0）为横坐标，以

其苯甲酸质量相应的热容量为纵坐标，绘制 Δt 与 E 的关系曲线图。

如果从图中观察到的热容量值在整个范围内无明显的系统变化，则该热量计的热容量可视为一个常数，如果从图中观察到的热容量值与温升有明显的相关性，除绘制出 E 和相关图外，还可用一元线性回归的方法求得 E 与 Δt 的关系式

$$E = a + b\Delta t \tag{5-22}$$

并计算用此关系方程式推算热容量（E）的标准方差 S_r^2。

5-47 怎样使苯甲酸在氧弹内完全燃烧?

要使苯甲酸完全燃烧应注意：

(1) 要适当重压成片剂，疏松的和有裂纹的样片容易导致苯甲酸燃烧不完全。

(2) 要使用壁薄而轻的镍铬坩埚，壁厚而质量大的镍铬坩埚不易燃烧完全。

(3) 坩埚底部与挡火帽的距离保持长些，否则，也容易燃烧不完全。

(4) 尽管苯甲酸有很轻微的吸湿性和挥发性，但压片前还需在 60~70℃的烘箱中干燥 3~4h，或放在盛有浓硫酸的干燥器中干燥 3 天。

注意：标定热容量时，苯甲酸要在不加衬垫的燃烧皿中燃烧。

5-48 对热容量标定值的使用有什么规定?

热容量是准确测量发热量的前提，在 GB/T213 标准中对热容量标定值的使用有下列规定：

热容量标定值有效期为 3 个月，超过此期限应复查，但

遇到下列情况之一者须重测。

(1) 更换量热温度计。

(2) 更换热量计大部件，如氧弹盖、连接环等，但不包括相同规格的小部件。

(3) 标定热容量和测定发热量时的内筒温度相差超过5K。

(4) 热量计经过较大的搬动之后。

此外，如果热量计量热体系没有显著改变，重新标定的热容量值与前一次的热容量值相差不应大于0.15%。否则，应检查试验程序，解决问题后，再重新进行标定。

5-49 自动热量计性能的最基本要求是什么？

自动热量计一般是指配置有PC机的热量计，它除了人工称样、充氧外其他操作均由预设在PC机的程序控制操作。市售的自动热量计类型颇多，但只要其性能符合下列基本要求都可使用。

(1) 精密度。用具有准确量值的标准苯甲酸进行5次或5次以上的热容量标定，其热容量相对标准差不大于0.20%。热容量标定最好定排在2~3天进行。

(2) 准确度。用具有准确量值的不同发热量GBW煤样进行发热量测定，每一煤样重复测定三次，其测定值与GBW煤样的标准发热量值之差都在不确定范围以内；或将标准苯甲酸作为样品进行5次或5次以上的发热量的测定，其平均值与标准值之差不超过50J。

凡能达到上述性能要求的自动热量计均可使用，但对一些特殊的自动热量计，还需视情况缩短热容量标定周期。

5-50 煤在氧弹中燃烧与在锅炉内燃烧的产物有什么区别?

煤在氧弹中燃烧与在锅炉内燃烧条件不完全相同，其燃烧产物也不一样，因此，最终释放出的发热量也有所差别。造成这种差别的因素有:

(1) 煤在锅炉内燃烧时，其中氮基本以游离状态随着烟气排到大气中，而煤在氧弹中燃烧时，则氮形成一定量的硝酸，从而增加了相应的硝酸形成热。

(2) 煤在锅炉内燃烧时，可燃硫（黄铁矿硫和有机硫）氧化成二氧化硫随烟气扩散到大气中；而在氧弹中燃烧时，则几乎全部氧化成三氧化硫，并与水反应形成硫酸并放热，从而增加这部分热量（相当于硫酸和二氧化硫两者生成热之差）。

(3) 煤在锅炉内燃烧时，其中水分（含氢燃烧生成的水分）以气体状态随烟气排入大气中，而在氧弹中燃烧时这些气态水都凝结成液态水，从而释放出相应的热量（水的凝结热。）

由上述可知，煤在氧弹内燃烧产生的热量比在锅炉内燃烧所得的热量多。因此，弹筒发热量需对上述几项额外热量进行校正，才能得到净发热量，即低位发热量。这样才符合锅炉运行的实际情况。

5-51 GB/T213 标准要求恒温式自动热量计在试验中应提供哪些规定的参数?

对恒温式自动热量计在每次试验中，除了提供测定过程的若干参数及计算热值外，还要求提供下列这些参数:

(1) 热量计的冷却常数;

(2) 热量计的有效热容量;

（3）试验时样品质量；

（4）点火线和其他附加热。

这些参数的给出便于人工加以计算比较，以确认自动热量计试验过程和软件的编制以及计算中所选用的相关数据的正确性。

5－52　什么是新型恒温式自动热量计？

新型恒温式自动热量计是相对于20世纪80年代研发的微机恒温式自动热量计而言，由于它彻底改变了微机恒温式自动热量计的人工称水量和调节水温的繁琐操作，而采用了由定容容器直接向内筒供水（内筒与外筒是相通的），按其向内筒供水的定容容器布置的不同有内置式和外置式两类新型恒温式自动热量计。这两类恒温式自动热量计都拥有免除内筒水称量与调节温度的优点，自动化程度高，操作简便，且缩短了测热周期，节省了时间。但其不足之处是每次测热后外筒水温有0.15～0.25℃的升高。当热量计连续运行时间长，尽管内、外筒温差小，然而其内筒水温却不断升高，这就会影响热容量的准确性，致使测热结果误差大。多数火电厂反映下午测热超差次数比上午增多，这很可能就是这个原因造成的。

5－53　什么是无水热量计？

所谓无水热量计时指此种热量计完全不需水，故在测热过程中不再与水产生热交换。它的氧弹结构很独特，是由不同材料的内外两层加工而成。氧弹内层是不锈钢，外层是特殊合金钢，它相当于热量计的内筒，多组测热元件直接嵌于氧弹中。当试样燃烧时，其产生的热量使氧弹升高10℃以上。由于金属的导热系数比水高得多，致使传热非常快，温度的变化与测热元件的响应几乎是同步的。完成一次试验的时间只需 3min。这种热量计同样需用标准苯甲酸来标定其热容量。在相同的条件下，测出被测试样燃烧的氧弹温度，即可计算出该试样的发热量。此种热量计的热容量很小，约等于普通热量计的 1/5 ~ 1/7。但其缺点是，对仪器的严密性和环境条件的要求都十分严格，否则，严重影响测热准确度。由于每次测热后的氧弹温度升得较高，为了减少冷却时间需放入一个特制的金属模块内使其温度迅速达到室温，这一冷却过程所需时间往往比测热周期多出数倍。因此测热周期时间也不是想像的那么短。

第六章 硫的分析

6-1 煤中硫是以哪种形态存在的？各种形态硫有何相互关系？

煤中硫的存在形态分为两大类：一是以与有机物结合而存在的硫称有机硫，另一类是以与无机物结合而存在的硫称无机硫。此外，有些煤中还有少量以单质状态存在的硫叫单质硫，它也属于无机硫。

有机硫的组成相当复杂，就所含官能团而言，有硫醇类、硫醚类、硫醌类及塞吩类等。

无机硫分为硫化物硫和硫酸盐硫。硫化物硫中绝大部分是黄铁矿，也有少量是白铁矿，它们的化学组成都是硫化铁（FeS_2），此外，还有少量其他硫化物，如硫化锌、硫化铅等。硫酸盐硫主要的存在形态是石膏 $CaSO_4 \cdot 2H_2O$（硫酸钙），有些受氧化的煤有时还含有硫酸亚铁（$FeSO_4 \cdot 7H_2O$）等。

根据煤中不同形态的硫能否在空气中燃烧，可以分为可燃硫和不燃硫。有机硫、黄铁矿硫和单质硫都能在空气中燃烧，故均属可燃硫。煤炭在燃烧过程中除原不燃硫留在煤灰中外，还有部分可燃硫固定于灰中，所以又叫固定硫。固定硫以硫酸盐硫（主要是硫酸钙）的形态存在。

煤中各种形态硫的总和叫做全硫（S_t），也就是说全硫

为硫酸盐硫（S_s）、黄铁矿硫（S_p）和有机硫（S_o）的总和，即

$$S_t = S_s + S_p + S_o$$

6-2 我国煤炭中各种形态硫的分布情况是怎样的?

我国煤炭中各种形态硫以无机硫为主，有机硫次之，硫酸盐硫最少。全硫在1%以下时，一般以有机硫为主。全硫大于2%时绝大部分以黄铁矿硫存在，其中大约有60%～70%为黄铁矿硫，30%～40%属有机硫。只有极少数特殊高硫煤中的硫以有机硫为主。煤中硫酸盐的含量一般不超过0.1%～0.2%。

我国高硫矿区商品煤中各种形态硫分布情况见表6-1。

表6-1　我国高硫矿区商品煤中各种形态硫分布情况

地　　区	$S_{t,d}$（%）	$S_{p,d}$（%）	$S_{s,d}$（%）	$S_{o,d}$（%）
全国	2.76	1.47	0.09	1.20
华东	2.65	1.21	0.09	1.35
中南	3.42	1.53	0.07	1.82
西南	3.48	2.63	0.08	1.19
华北	2.30	1.03	0.08	1.19
西北	2.36	1.04	0.07	1.25
东北	2.66	1.67	0.30	0.69
动力煤	2.76	1.69	0.13	0.94

注　表中数据为相应地区的平均值。

从表中看出全硫含量中，黄铁矿硫（S_p）占58%，有机硫（S_o）占38%。硫酸盐硫（S_s）占4%，西南矿区高硫煤中黄铁矿硫高达75%。由此可见，我国煤炭中有90%以上

的硫是可燃硫，10%以下的硫是不可燃硫。

我国煤炭中全硫含量范围在0.1%～12%之间，其中以0.5%～3%占绝大部分，东北地区全硫含量多在0.5%左右，华北地区多在0.5%～1.5%，西北地区以陕西矿区含硫量较高平均达2.84%，含硫量最高的矿常见于贵州和广西，高达8%左右。

不同类别的煤炭，硫含量情况各不相同，从全国情况看，煤中硫分布情况是低煤化程度的煤硫含量低。十大煤种中，长焰煤平均硫含量最低，只有0.74%，肥煤平均硫含量最高，高达2.33%。除长焰煤、气煤和不粘煤外，我国多数煤种的平均硫含量在1%以上。

6-3 煤中硫对电力生产有什么影响?

就电力用煤而言，煤中硫可分为可燃硫和不燃硫，两者之和称为全硫。硫分是一种极其有害的杂质，对煤的贮存、燃烧和环境保护都会带来极不利的影响。锅炉燃用高硫煤对电力生产主要产生下列不良后果：

(1) 引起锅炉高、低温受热面的腐蚀，特别是高、低温段空气预热器，往往运行不到一年，就发现有腐蚀穿孔且伴随堵灰的现象。

(2) 加速磨煤机部件及输煤管道的磨损，尤其含黄铁矿多的煤，更为严重。因为黄铁矿的莫氏硬度仅次于石英，为6～6.5。对钢球磨煤机，磨制灰分大的煤比灰分小的煤，其吨煤钢球消耗量约大4倍。

(3) 促进煤氧化自燃。对变质程度较浅的煤在煤场组堆或煤粉贮存时，若含有较多的黄铁矿，就会由于黄铁矿受氧化放热而加剧煤的氧化自燃。

（4）增加大气污染。煤中硫燃烧后绝大多数形成 SO_2 随烟气逸出烟囱，增加了对周围环境的污染。煤中硫每增加 1%，则燃用 1t 煤就多排放约 20kg 的 SO_2 气体。

6-4 煤中硫对锅炉低温受热面的腐蚀及锅炉效率有哪些影响？

煤中硫燃烧后，生成二氧化硫及三氧化硫，它们与烟气中的水蒸气化合成亚硫酸和硫酸，当遇到低于露点温度的金属壁表面时，亚硫酸（H_2SO_3）和硫酸（H_2SO_4），特别是硫酸蒸汽就会凝结在上面，对金属起腐蚀作用。开始发生凝结的温度称为露点，烟气中的三氧化硫增多，酸露点提高，从而导致排烟热损失增加，热效率下降，发电成本增加。

对煤粉炉来说，煤的折算硫分小于 0.25% 时，锅炉尾部受热面不会产生明显堵灰腐蚀。当折算硫分大于 0.5% 时，就会产生严重腐蚀，造成空气预热器堵灰、腐蚀，大量漏风，严重影响锅炉安全经济运行。

6-5 含硫量高的煤为什么会增加制粉系统的磨损？

煤中硫含量高，表明煤中黄铁矿硫较多，煤中黄铁矿、石英等硬度很高，它们是产生金属磨损的主要原因（黄铁矿的莫氏硬度为 6~6.5，石英为 7）。

磨损指数 AI 与煤中可燃硫，灰中氧化铁含量成正相关性。

$$AI = 10.15S_{c,ad} + 31.5 \quad (r = 0.50)$$

$$AI = 3.71Fe_2O_3 + 41.0 \quad (r = 0.47)$$

因此煤中硫的存在对金属材料的磨损起到相当大的作用，含硫量越高，测得金属材料磨损指数 AI 就越大，煤中黄铁矿及石英含量增加，煤的磨损性就增加，煤的灰分增多，磨损性也增加。

6-6 硫对锅炉结渣的影响是什么?

煤中含硫量增加，导致灰熔融性温度降低，锅炉结渣。

$$锅炉结渣指数\ R_s = \frac{碱性氧化物}{酸性氧化物} \times S_{t,d}$$

式中：碱性氧化物为灰中的 $Fe_2O_3 + CaO + MgO + K_2O + Na_2O$，(%)；酸性氧化物为灰中的 $Al_2O_3 + SiO_2 + TiO_2$，(%)；

R_s	<0.6	0.6~2.0	2.0~2.6	>2.6
结渣分类	低	中	高	严重

当煤的灰成分一定时，结渣指数 R_s 取决于煤中含硫量的高低。

6-7 煤中含硫量与存煤自燃的关系是什么?

煤中含硫量高，一般是煤中黄铁矿硫较多，在贮存过程中易发生自燃，因为煤中硫被氧化成硫的氧化物，遇水生成稀硫酸，并伴随着放热反应，致使煤堆温度升高，从而加速了煤堆的氧化自燃，特别是挥发分高的煤，氧化自燃就更为严重。

另外，煤中含硫量增高，煤粉的阴燃倾向增大，给电厂的安全生产带来隐患。

6-8 煤中硫的燃烧产物对大气环境产生哪些污染?

煤中硫在锅炉内燃烧后，产生二氧化硫（SO_2）及三氧硫（SO_3），通常情况下 SO_3 占 SO_2 的0.5%~2%左右，相当煤中硫分的1%～2%以SO_3的形式排放出来。煤中每含1%的硫，烟气中SO_2的浓度约为0.05%（500μl/L），如发电厂日燃用1%含硫量的煤为10000t，则其含硫量为100t，如80%为可燃硫，则排放SO_2量为160t（其中有0.5%～2%为SO_3）。另外烟气中水分与SO_3反应生成硫酸气体，硫酸气体在温度降低时会变成硫酸酸雾（pH在5～6之间），酸雾遇见粉尘或雨水会变成酸尘或酸雨，造成大气污染，还影响氮氧化物的形成。因此国家环境部门对SO_2排放量都有严格控制。

6-9　测定煤中全硫常用哪几种方法？

目前，国家标准中规定测定煤中全硫的方法有三种：

（1）艾氏卡重量法。它是公认的最准确的测硫方法。使用仪器无特殊要求，但操作繁琐，耗时长，通常用于精确测定和仲裁试验。

（2）库仑滴定法。它是依据法拉第电解定律设计的。需专用仪器，测定耗时少，但只能进行单样试样。由于燃烧过程中所生成的硫氧化物之间存在着平衡关系，因此，测定结果往往偏低。对硫含量大的煤更为明显，对硫含量低于0.5%的煤也有类似情况。此法只适用于一般煤质试验。

（3）高温燃烧中和法。与库仑滴定法一样也需专用仪器，不过仪器较简单，测定耗时短，测定结果也有偏低现象。此法也只适用于一般煤质试验。

6-10　艾氏法测定煤中全硫的原理是什么？其化学反应过程有哪些？

煤样与艾氏卡试剂（1份碳酸钠和2份氧化镁的混合

物）混合，在充分流通的空气下加热到800～850℃，煤中的各种形态硫转化为能溶于水的硫酸盐，然后加入氯化钡沉淀剂使之生成硫酸钡。根据硫酸钡的质量计算出煤中全硫含量。

测定过程中主要化学反应式如下：

（1）煤的氧化。

$$煤 \xrightarrow[空气]{加热} CO_2 + H_2O（蒸汽）+ N_2 + SO_2 + SO_3 + Cl_2 + \cdots$$

（2）硫氧化物的固定作用。

$$2Na_2CO_3 + 2SO_2 + O_2（空气）\xlongequal{加热} 2Na_2SO_4 + 2CO_2$$

$$Na_2CO_3 + SO_3 \xlongequal{加热} Na_2SO_4 + CO_2$$

$$MgO + SO_3 \xlongequal{加热} MgSO_4$$

$$2MgO + 2SO_2 + O_2 \xrightarrow{加热} 2MgSO_4$$

（3）硫酸盐的置换。

$$CaSO_4 + Na_2CO_3 \xlongequal{加热} CaCO_3 + Na_2SO_4$$

（4）硫酸盐的沉淀。

$$MgSO_4 + Na_2SO_4 + 2BaCl_2 \xlongequal{} 2BaSO_4 + 2NaCl + MgCl_2$$

6－11　为什么用艾氏法测定全硫最准确可靠？

艾氏法测定全硫是目前公认的最准确可靠的方法。其原因是艾氏卡试剂为碱性物质，在高温下易与燃料在燃烧时形成的酸性氧化物完全反应而生成易溶于水的可溶性硫酸盐，难以加热分解的硫酸钙等也能与艾氏卡试剂发生置换反应，转化为可溶性硫酸盐。可见，艾氏卡试剂能有效地将煤中各种形态的硫全部转化为极易浸出的可溶性硫酸盐。用硫酸钡重量法测定可溶性硫酸盐又是定量分析中极为可靠的经典方法。因此，只要试验条件控制得当，用艾氏法测定全硫的数据无疑是最准确可靠的。

6－12 艾氏法测定全硫煤样与艾氏剂灼烧时应注意哪些事项？

煤样与艾氏卡试剂灼烧时应注意下列事项：

（1）煤样要与足够的艾氏卡试剂混合，1g 煤样与 3g 艾氏卡试剂混合（当全硫含量超过 8％时，称取 0.5g 煤样）。在混合之前最好在坩埚底部先垫 0.5g 艾氏卡试剂，再用 1.5g 与煤样混合，最后用 1g 艾氏卡试剂盖在混合试样表面。

（2）装有煤样的坩埚要移入通风良好的带烟囱的高温炉中，要保持一定的升温速度，在 1～2h 内，炉温从室温升到 800～850℃，并在此温度下加热 1～2h，使煤样完全氧化。

（3）在灼烧时，高温炉中不能放置其他灼烧物。

（4）同时灼烧多个不同含硫的试样时，要将含量高的煤样放在炉膛后靠近烟囱进口处。

（5）要仔细检查煤样与艾氏卡试剂是否完全反应。检查方法是：从高温炉中取出坩埚（内有试样与艾氏卡试剂），用金属丝挑开灼烧物；若有未燃尽的黑色颗粒，则说明煤样与艾氏卡试剂反应不完全，应继续在 800～850℃高温炉中灼烧0.5h,直到灼烧物中黑色颗粒消失为止。

6－13 为什么进行硫酸钡沉淀时要在微酸性热溶液中并不断搅拌的条件下进行？

在热的微酸性溶液中沉淀硫酸钡的理由是：在热的微酸

性溶液中进行沉淀可以获得较大的晶体，易于过滤，又能减少沉淀时杂质的吸附量，有利于得到纯净的沉淀。因此，沉淀硫酸钡要求在过量的钡离子存在的热稀盐酸溶液中进行。一般控制酸度 0.05 ~ 0.1mol/L 的范围内，酸度过高会增加硫酸钡的溶解度，使测定值偏低。同时，在进行硫酸钡沉淀时，还要在不断搅拌下，慢慢地向溶液中滴加氯化钡溶液，以防止局部溶液中钡离子过多，造成钡离子和硫酸根离子的乘积大大超过溶度积，使沉淀过快地析出，形成众多小的晶粒，而且易吸附或包裹杂质。所以，要边搅拌边慢慢滴加氯化钡溶液，以使钡离子扩散速度增加，减少局部过浓的现象，使形成的晶粒较大，易于过滤。同时，还要保持溶液总体积在 200mL 左右，以减小其溶解度。

6－14　灼烧硫酸钡沉淀时应注意哪些事项？

灼烧硫酸钡沉淀时，应将裹着沉淀的滤纸放入已灼烧至质量恒定的坩埚中，先在空气流通的低温电炉上碳化，待滤纸全部碳化后，再移至 800 ~ 850℃的高温炉中灼烧，炉内保持空气流通，炉门应留有空隙。纯净的硫酸钡在空气中加热到 1400℃也难以分解，但若有碳存在，且空气又不流通时，则硫酸钡被碳还原而形成硫化钡，反应式如下

$$BaSO_4 + 2C = BaS + 2CO_2$$

在这种情况下，可滴加数滴浓硝酸，继续在高温炉中灼烧，这时硫化钡按下式被氧化为硫酸钡白色沉淀。

$$3BaS + 8HNO_3 = 3BaSO_4 + 4H_2O + 8NO$$

6－15　为什么艾氏法测定全硫时要进行空白试验？

艾氏法试剂是由碳酸钠加氧化镁、以 1 + 2 的比例混合

配制而成的。它们都含有少量硫酸盐杂质，而且试验中用量多，同时，其他试剂如沉淀剂等也含有硫酸盐杂质。为消除这些试剂中杂质对分析结果的影响，在测定试样全硫的同时还要进行空白试验。空白试验除不加煤样外，其他步骤与艾氏法测硫相同。每更换一批艾氏卡试剂都要进行不少于三次的空白试验。取其中最高和最低值相差不超过 0.0010g（以硫酸钡计）的三次算术平均值为空白值。

6－16　高温燃烧中和法测定全硫的原理是什么？试用化学反应式表示主要试验过程？

煤样在催化剂作用下，于氧气流中燃烧，煤中硫生成硫的氧化物，并捕集在过氧化氢溶液中形成硫酸，用标准氢氧化钠溶液滴定，根据氢氧化钠消耗量计算煤中含硫量。

高温燃烧中和法的主要试验过程包括煤样燃烧、硫氧化物吸收和中和滴定三个过程。

（1）高温燃烧。

在氧气流、高温以及催化剂存在的条件下，煤样中各种形态硫都能转化为二氧化硫和极少量的三氧化硫。

$$\text{煤} + O_2 \xrightarrow[1200℃]{\text{催化剂}} CO_2 + SO_4 + SO_3\text{（少量）} + Cl_2 + H_2O + N_2 + NO_x + \cdots$$

（2）硫氧化物的吸收。

把燃烧生成的硫氧化物通入双氧水溶液使之全部生成硫酸。

$$SO_3 + H_2O = H_2SO_4$$

$$SO_2 + H_2O = H_2SO_3$$

亚硫酸被双氧水氧化

$$H_2O_2 + H_2SO_3 = H_2SO_4 + H_2O$$

（3）中和滴定。

以氢氧化钠标准溶液滴定生成的硫酸

$$2NaOH + H_2SO_4 = Na_2SO_4 + 2H_2O$$

6－17　高温燃烧中和法需哪些仪器设备？

（1）管式高温炉。能加热到 1250℃，并有 80～100mm 的高温恒温带（1200±5℃），附有铂铑－铂测温热电偶和控温装置。

（2）异径燃烧管。耐温 1300℃以上，总长约 750mm，一端外径约 22mm，内径约 19mm，长约 690mm，另一端外径约 10mm，内径约 7mm，长约 60mm。

（3）氧气流量计，0～600mL/min。

（4）吸收瓶、干燥塔、气体过滤器等。

（5）T 形玻璃管，通氧气用。

6－18　为什么用高温燃烧中和法测定全硫时要对氯进行修正？

一般煤中氯含量极少，可不予考虑。但对含氯量高于 0.02%的煤或用氯化锌减灰的浮煤，应予以校正。因为煤在燃烧过程中，氯将转变为气态氯而与过氧化氢反应生成盐酸，滴定时，会多消耗氢氧化钠标准溶液，使测定结果偏高。

$$Cl_2 + H_2O_2 = 2HCl + O_2$$

$$HCl + NaOH = NaCl + H_2O$$

为消除这一误差，可在氢氧化钠标准溶液滴定到终点的溶液中加入 10ml 羟基氰化汞溶液，氯离子与羟基氰化汞中的羟基产生置换反应：

$$Hg(OH)CN + NaCl = Hg(Cl)CN + NaOH$$

因此用氢氧化钠标准溶液滴定燃烧后的总酸量以后，再加入一定量的羟基氰化汞溶液，然后再用硫酸标准溶液反滴定所生成的氢氧化钠量。

$$2NaOH + H_2SO_4 = Na_2SO_4 + 2H_2O$$

然后以氢氧化钠标准溶液滴定消耗的毫升数减去硫酸标准溶液所消耗的相当的氢氧化钠标准溶液的毫升数，这样计算得出的结果是经过修理正氯后的全硫含量。

6－19　写出高温燃烧中和法测定煤中全硫含量的计算式？

用高温燃烧中和法测定煤中全硫含量的计算式如下

$$S_{t,ad}(\%) = \frac{(V - V_0) \times C \times 0.0016 \times f}{m} \times 100 \tag{6-1}$$

式中　V——煤样测定时，氢氧化钠标准溶液用量，ml；

V_0——空白测定时，氢氧化钠标准溶液用量，ml；

C——氢氧化钠标准溶液浓度，mmol/ml；

0.016——硫的毫摩尔质量，g/mmol；

f——校正系数，当 $S_{t,ad} < 1\%$ 时，$f = 0.95$；$S_{t,ad}$ 为 1～4%时，$f = 1.00$；$S_{t,ad} > 4\%$ 时，$f = 1.05$。

m——煤样质量，g。

用氢氧化钠标准溶液滴定度计算

$$S_{t,ad}(\%) = \frac{(V_1 - V_0) \times T}{m} \times 100 \tag{6-2}$$

式中　V_1——煤样测定时，氢氧化钠标准溶液用量，ml；

V_0——空白测定时，氢氧化钠标准溶液用量，ml；

T ——氢氧化钠标准溶液的滴定度，g/ml；

m ——煤样质量，g。

6-20 高温燃烧中和法测定全硫中对氯的影响如何修正？

氯含量高于0.02%或用氯化锌减灰的精煤按发下方法校正氯。

在氢氧化标准溶液滴定到终点的试液中加入10mL羟基氰化汞溶液，用C（$1/2H_2SO_4$） =0.03mol/L硫酸标准溶液滴定，按下式计算全硫含量

$$S_{t,ad}=S_{t,ad}^{n}-\frac{C\times V_2\times 0.016}{m}\times 100 \qquad (6-3)$$

式中 $S_{t,ad}^{n}$——按式(6-1)或式(6-2)计算的全硫含量,%；

C——硫酸标准溶液的浓度，mmol/mL；

V_2——硫酸标准溶液的用量，mL；

0.016——硫的毫摩尔质量，g/mmol；

m——煤样质量，g。

6-21 高温燃烧中和法测定全硫注意事项是什么？

（1）必须把盛有煤样的燃烧舟推至高温管式炉中500℃温度区进行预热5min，一是可以使可燃硫尽可能都在这个温度转化为SO_2，温度高则$MeCO_3$分解形成MeO会吸收SO_2，二是可使高挥发分年轻煤不易爆燃。

（2）氧气流量应控制在350ml/min，流量过高会使SO_2来不及吸收就被带走。

（3）整个系统不漏气，否则会影响结果。

（4）H_2O_2溶液应是中性，如呈酸性，应予以中和。

（5）每次试验前应进行空白测定，空白测定只在瓷舟内

放一层三氧化钨，不加煤样。

6-22 库仑滴定法测定全硫的原理是什么？

库仑滴定法测定煤中全硫的原理是：煤样在1150℃高温和催化剂存在的条件下，在净化过的空气流中燃烧，煤中各种形态硫将被氧化成二氧化硫和极少量的三氧化硫。

$$\text{煤} + O_2\text{（空气）} \xrightarrow[1150℃]{WO_3} SO_2 + SO_3\text{（少量）} + H_2O + CO_2 + Cl_2 + NO_x + \cdots$$

生成的二氧化硫和少量的三氧化硫被空气带到电解池内与水化合生成亚硫酸和少量硫酸，电解池内装有碘化钾和溴化钾混合溶液，并布有两对铂电极。一对是指示电极，一对是电解电极，在硫氧化物进入电解池前，指示电极对上存在着以下动态平衡：

$$2I^- - 2e \rightleftharpoons I_2$$

$$2Br^- - 2e \rightleftharpoons Br_2$$

二氧化硫进入溶液后，将与其中的碘和溴发生如下反应：

$$I_2 + SO_2 + 2H_2O = 2I^- + SO_4^{2-} + 4H^+$$

$$Br_2 + SO_2 + 2H_2O = 2Br^- + SO_4^{2-} + 4H^+$$

此时，上述动态平衡被破坏，指示电极对的电位改变，从而引起电解电流增加，不断地电解出碘和溴，直至溶液内不再有二氧化硫进入，电极电位又恢复到滴定前的水平，电解碘和溴也就停止。此时，根据电解生成碘和溴时所消耗的电量（由库仑积分仪积分而得），按照法拉第电解定律（电极上产生1mol的任何物质需消耗96500C电量），可计算出煤中全硫的含量。

由于少量 SO_3 的存在，该方法将会产生一些微小负误差，但该误差可通过在仪器内设置一固定校正系数或通过用标准煤样标定仪器进行校正，给出准确度高的结果。

6-23 库仑定硫仪由哪些部件构成？

(1) 管式高温炉。能加热到 1200℃以上并有 90mm 以上长的高温带（1150±5℃），附有铂铑-铂热电偶测温及控温装置，炉内装有耐温 1300℃以上的异径燃烧管。

(2) 电解池和电磁搅拌器。电解池高 120~180mm，容量不少于 400ml，内有面积约 $150mm^2$ 的铂电解电极对和面积约 $15mm^2$ 的铂指示电极对。指示电极响应时间小于 1s。电磁搅拌器转速约 500r/min 且连续可调。

(3) 库仑积分仪。电解电流 0~350mA 范围内积分线性误差应小于±0.1%。配有 4~6 位数字显示器和打印机。

(4) 送样程序控制器。可按指定的程序前进、后退。

(5) 空气供应及净化装置。由电磁泵和净化管组成。供气量约 1500ml/min，抽气量约 1000ml/min，净化管内装氢氧化钠（固体）及变色硅胶。

6-24 库仑滴定法中电解液各个组分的作用是什么？

库仑滴定法的电解液是由碘化钾、溴化钾和冰乙酸溶于蒸馏水中制备而成的。

电解液中的 OH^-、I^-、Br^-、SO_{2-} 和 H_2O 等都有在阳极上失去电子的倾向，它们各自的电极电位决定了它们在阳极上产生氧化反应（放电反应）的先后次序，它们的次序为：

(1) $O_2 + H_2O + 4e \rightleftharpoons 4OH^-$

（2）$I_2 + 2e \rightleftharpoons 2I^-$

（3）$O_2 + 2H^+ + 2e \rightleftharpoons H_2O$

（4）$S_2O_8^{2-} + 2e \rightleftharpoons 2SO_4^{2-}$

在库仑测硫法中，我们希望 I^- 在阳极放电析出 I_2，但按电极电位判断应是 OH^- 首先在阳极上放电，为改变这种状况，用不参加电极反应的冰乙酸调节电解液的 pH 值为 1～2，使电解液的浓度降低，电极电位升高，使阳极上先进行 I^- 的放电反应。若将电解电压控制在一定范围，则可做到只有 I^- 放电，使电解时所耗用的电量全部用于碘的产生。只有这样才能确立电量与硫的定量关系，从而根据消耗的电量来确定碘所滴定的硫量。但电解电流经常超出所控制的范围。所以，仍有 H_2O 在阳极上放电的可能，它额外消耗了部分电解电流，使硫的测定值偏高。为此，在电解液中加入 KBr，由于 $Br + 2e \rightleftharpoons 2Br^-$ 它的电极电位低于 $O_2 + 2H^+ + 2e \rightleftharpoons H_2O$ 的电位，所以 Br^- 先于 H_2O 在阳极上放电，而且放电生成的 Br_2 和 H_2SO_3 的反应与 I_2 和 H_2SO_3 的反应定量相同。

$$H_2SO_3 + Br_2 + H_2O = H_2SO_4 + 2Br^- + 2H^+$$

它不会破坏电量与硫定量的关系，从而保证了测定值的准确度。

6－25 库仑滴定法测定煤中全硫存在误差的原因是什么？怎样消除这些误差？

库仑法测定煤中全硫与艾氏法相比结果有偏低现象，其原因主要为：

（1）可燃硫的燃烧产物中存在少量的 SO_3；

（2）硫酸盐中的 SO_4^{2-} 不可能被完全分解成 SO_2；

（3）电解过程中电流效率不可能是100%，以及电位指示电极和电解电极的极化等。

如果直接根据库仑积分仪测得的电量计算含硫量，所得结果就会偏低。为了克服由于上述原因给结果带来的误差，试验之前应采用标准煤样进行校正。校正的方法为：一种方法是每次测定样品前测定一个标准煤样，连续测定三次，将平均值结果与标准值比较，确定一个校正系数。另一种方法为绘制一个校正曲线。选用5~7个不同硫含量的标准煤样，每个煤样测定2~3次，取不超过本方法精密度要求的测定值的平均值作为测定结果，以测定值为横坐标，以标准值为纵坐标，绘制工作曲线，或根据曲线的形状进行一元线性或多元线性回归处理，求出测定值（自变量）与真实值（因变量）的回归关系式；或计算出每个煤样的校正系数，对智能型库仑仪应以回归系数进行校正，不应固定一个校正系数（例如1.06或1）。对非智能型库仑仪可采用试验前每次校正或利用工作曲线根据含硫量大小，分段校正。

6-26 库仑滴定法所测得硫的结果为什么要乘上一个1.06的系数？

煤样在高温下燃烧生成的 SO_2 和 SO_3 间存在一个可逆平衡，SO_3 的生成率由燃烧分解温度和氧气量决定，在1150℃和利用空气燃烧煤样时，SO_3 的生成率为3%左右。而 SO_3 与 I^- 不起氧化还原反应，所以它不能被库仑法测定。此外，高温燃烧时，煤中氢燃烧生成的水和煤中水及电解池中烧结玻璃熔板处渗入的少量水（电解液）能与 SO_2、SO_3 反应，生成亚硫酸或硫酸，吸附在进入电解池前的玻璃管道中也会造成测定结果偏低，结合这些因素，并经过统计检验证明库仑法的结果比艾氏法结果相对偏低6%左右，所以库仑法结果必须乘以1.06的系数。这个系数已存储在库仑测硫仪中，实际测定中，仪器显示数已是经过校正后的硫量（mg）。

6-27 库仑滴定法测硫仪积分器上显示的数字为什么是硫的毫克数？

库仑法测硫仪积分器上显示的数字代表所测样品中硫的毫克数，如显示为2.000，则表示被测样品中有2mg硫，其原因如下：

假设库仑测硫仪测定某煤样时，消耗了 Q 库仑电量，则样品中含硫量为：

$$[(16\times1000\times1.06)/96500]\times Q\ (\mathrm{mg})$$

式中的96500为每电解产生1moL的物质，消耗法拉第（F）的电量，单位为库仑。

每滴定1mg硫所消耗的电量为

$$\frac{96500}{16000\times1.06}=5.690\ (\mathrm{C/mg})$$

样品中有 Gmg硫，则消耗的电量为

$$5.690\times G\ (\mathrm{C})$$

令库仑定硫仪每消耗5.690C电量后积分器显示1个数字，设煤样测定后，积分器上显示的数字为 x，则消耗的电量为：

$$5.690\times x\ (\mathrm{C})$$

两式相等，即

$$5.690x=5.690G$$

所以 $x=G$，库仑法测硫仪积分器上显示数等于硫的毫克数。

6－28　使用库仑定硫仪应注意哪些事项？

库仑定硫仪具有自动进样、分析速度快等优点，但与艾氏法相比，分析结果偏低。在试验中要注意以下几个问题：

（1）电解液要处理。新配制的电解液呈无色或浅黄色，当电解液中因有较多的碘而出现深黄色时，则燃烧几个含硫量大的煤样（不称量）使电解液中的碘还原为碘离子，这时，溶液重新转变为白色或浅黄色才可使用。

（2）电解液要定期更换。多次测定样品后，电解液中有较多的硫酸生成，使电解液的 pH 值小于 1，这样可使非电解的碘生成，反应如下：

$$4I^- + O_2 + 4H^+ = 2I_2 + 2H_2O$$

$$4Br^- + O_2 + 4H^+ = 2Br_2 + 2H_2O$$

这时也会使测定结果偏低。因此，当电解液的 pH 值小于 1 或呈深黄色时就要更换。

（3）燃烧管内的硅铝酸棉要定期更换，以防粘附在上面的三氧化钨或未燃尽的煤粒阻碍空气流通。

（4）保持电解池内铂电极的清洁，用沾有乙醇或丙酮的小棉球清洗铂电极。

（5）保持电解池的完全密封及玻璃熔板的清洁。

（6）在试验中防止电解池漏气和电源中断，以免因电解液回吸到燃烧管中而使燃烧管发生爆裂。

（7）定期检定铂铑—铂热电偶及控温装置。

（8）定期用标准煤样校核库仑定硫仪。

（9）电解池搅拌速度不能太低，保持 500r/min，否则，电解生成的 I_2（Br_2）得不到迅速扩散和反应，影响终点，导致判断失误。

6－29 氧弹法测定硫有何特点？为什么此法测得的结果偏低？

氧弹法测定硫的特点是，煤样在充有一定压力氧气的氧弹中迅速燃烧分解，试验时间短，并可与热值测定同时进行；但测定结果偏低，特别是对含硫量大的煤。因此，该法测出的硫只用作计算高位发热量用，不能代替全硫。这是因为煤样在氧弹中瞬间燃烧，不能使各种形态硫全部转化成三氧化硫，同时，煤中部分碳酸盐矿物质受热分解为氧化物，它极易吸收硫的氧化物而使硫固定下来，从而也使硫的测定结果偏低。氧弹法测定硫时吸收液与灰渣中硫的分配情况参见表6－2。

表6－2 氧弹法中吸收液和灰渣中硫的分配

煤 样	灰分（%）	全硫（%）	残渣中硫含量（%）（按煤计）	残渣中硫占全硫的量（%）
海川矿末煤	39.74	1.01	0.1	9.90
柏崖底煤矿	14.49	2.03	0.04	1.97
陶阳洗煤	48.86	5.02	0.25	4.98
丰城煤	42.71	4.15	0.46	11.08

表中结果表明了灰渣中的残硫随着煤中含硫量的增多而增高的趋势。

6－30 红外吸收法测定煤中全硫的原理是什么？

称取一定量样品，在氧气及高温下燃烧，煤中各种形态硫被氧化或分解成硫的氧化物，经除水剂除去其中水分，随载气（氧气）按一定流量进入IR检测池检测二氧化硫气体浓度，因为 SO_2 对红外线具有吸收作用，而有些气体分子如 O_2、N_2 等对红外线没有吸收作用，气体对红外线吸收遵循比尔定律。经过计算机软件处理，得出样品中硫的含量。

6-31　红外测硫仪由哪几个部分组成？该仪器有何特点？

红外测硫仪（SC-432）主要由净气系统、燃烧系统、可移动装样架、电子天平和微机数据的采集及控制系统，此外还有提供载气的氧气钢瓶。

该仪器的特点为：

（1）采用了强制燃烧系统，燃烧时间短，一般为 60~120s。

（2）采用触摸式面板，操作简便。

（3）不同物料测定时间可自选，可储存。

（4）测定范围 0.001%~4%（硫）准确度为硫含量 4%。

（5）试样量大，一般为 0.3000g。

（6）可存储多个分析数据。

6-32　煤中硫酸盐硫的测定原理及其主要化学反应过程是什么？

煤中硫酸盐硫存在的形态是以石膏（$CaSO_4 \cdot 2H_2O$）为主，也还有少量的硫酸亚铁（$FeSO_4 \cdot 7H_2O$）。测定硫酸盐硫的方法是基于这些硫酸盐能溶于稀盐酸，而硫铁矿硫及有机硫不与稀盐酸作用。因此，可用稀盐酸煮沸煤样，浸出煤样中所含的硫酸盐硫，然后加入氯化钡沉淀剂，使之生成硫酸钡沉淀。根据硫酸钡的质量，计算煤中硫酸盐硫含量。测定中的主要化学反应式为：

$$MeSO_4 + 2HCl = MeCl_2 + H_2SO_4$$

$$H_2SO_4 + BaCl_2 = BaSO_4 + 2HCl$$

反应式中的 Me 表示二价金属。

6－33　硫铁矿硫的测定原理及其化学反应式是什么？

硫铁矿硫的测定方法有两种。

（1）氧化法：将用稀盐酸浸出煤中的非硫铁矿硫后的煤样用稀硝酸溶解，以重铬酸钾滴定法测定硝酸浸出液中与硫化铁结合的铁含量，再以铁的含量计算煤中硫化铁硫的含量。

测定过程中的主要化学反应式如下：

1）硝酸溶解试样。

$$FeS_2 + 4H^+ + 5NO_3^- = 2SO_4^{2-} + Fe^{3+} + 5NO + 2H_2O$$

2）氢氧化铵沉淀溶液中铁。

$$Fe^{3+} + 3OH^- = Fe(OH)_3$$

3）用盐酸溶解氢氧化铁沉淀。

$$Fe(OH)_3 + 3H^+ = Fe^{3+} + 3H_2O$$

4）加氯化亚锡将 Fe^{3+} 还原成 Fe^{2+}。

$$2Fe^{3+} + SnCl_2 + 4C1^- = 2Fe^{2+} + SnCl_6^{2-}$$

5）过量的 $SnCl_2$ 用饱和的氯化汞沉淀。

$$SnCl_2 + 2HgCl_2 + 2C1^{2-} = Hg_2Cl_2\downarrow + SnCl_6^{2-}$$

6）在硫酸－磷酸混合酸溶液中，以二苯胺磺酸钠为指示剂，用重铬酸钾标准溶液滴定亚铁，直至溶液呈稳定的紫色即为终点。

$$6F^{2+} + CrO_7^{2-} + 14H^+ = 6Fe^{3+} + 2Cr^{3+} + 7H_2O$$

（2）原子吸收法：将用盐酸浸出非硫铁矿铁后的煤样用

稀硝酸浸取，以原子吸收分光光度法测定硝酸浸出硫化铁的铁，再以铁的质量计算煤中硫化铁硫的含量。

6－34　怎样计算煤中有机硫的含量？

根据煤中全硫等于其中各种形态硫的总和的平衡原则，就可间接求出有机硫含量（S_o）。因而。煤中有机硫可按下式计算

$$S_{o,ad}=S_{t,ad}-(S_{s,ad}+S_{p,ad}) \tag{6-4}$$

式中　$S_{o,ad}$——空气干燥基煤样中有机硫质量百分数，%；

$S_{t,ad}$——空气干燥煤样中全硫质量百分数，%；

$S_{s,ad}$——空气干燥煤样中硫酸盐硫质量百分数，%；

$S_{p,ad}$——空气干燥煤样中硫化铁硫质量百分数，%。

用这种差减法计算的有机硫准确度是不高的，因它累加了全硫、硫酸盐硫和硫铁矿硫的测定误差。

第七章 元素分析

7-1 煤的元素分析包括哪些项目？各类别煤的元素组成的大致范围是多少？

煤的元素分析包括碳、氢、氮、硫、氧五种元素，任何固体或液体燃料都含有这些元素。

煤的元素组成中以碳、氢、氧三种元素为主，氮和硫较少，碳元素含量范围一般为60%～98%，氢为0.8%～6.6%，氧为1%～30%，氮为0.3%～3%，全硫含量范围为0.1%～10%，大多数情况下为0.5%～3%。随着煤的变质程度加深，碳含量增加，而氢、氧含量减少。

我国现行煤炭分类中各主要类别煤的元素组成大致范围列于表7-1中。

表7-1 各类别煤的元素组成

类别	C_{daf}（%）	H_{daf}（%）	N_{daf}（%）	O_{daf}（%）
褐煤	60～76.5	4.5～6.6	1～2.5	>15～20
长焰煤	77～81	4.5～6.0	0.7～2.2	10～15
气煤	79～85	5.4～6.8	1～2.2	8～12
肥煤	82～89	4.8～6.0	1～2.0	4～9
焦煤	86.5～91	4.5～5.5	1～2.0	3.5～6.3
瘦煤	88～92.5	4.3～5.0	0.9～2.0	3～5
贫煤	88～92.7	4.0～4.7	0.7～1.8	2～5

续表

类　别	C_{daf}（%）	H_{daf}（%）	N_{daf}（%）	O_{daf}（%）
无烟煤	89~98	0.8~4.0	0.3~1.5	1~4
石　煤①	93~97	0.5~3.0	0.5~1.0	1~4
泥　煤①	55~62	5.3~6.5	1~3.5	27~34

① 非我国现行煤炭分类中的类别。

7-2　煤中的元素组成对火电厂生产运行有什么意义？

燃料中的碳和氢，是产生热量的主要来源。它们含量的多少决定了发热量的高低。因此对燃烧来说，碳、氢含量的测定有着十分重要的意义，碳在空气充足的条件下完全燃烧时生成二氧化碳，1g 碳完全燃烧产生 34040J 的热量，而在空气不足的条件下燃烧，则生成一氧化碳，1g 碳仅能生成 9910J 的热量，而当一氧化碳进一步燃烧生成二氧化碳时，放出的热量为24130J。

氢是仅次于碳的主要热源之一。煤中的氢有两种存在形态，一种是构成矿物质及水中的氢，它不能参与燃烧，另一种与碳元素构成有机成分，在燃烧时，释放出很高的热量，每克氢放出的 143000J 热量，约相当于碳放出热量的四倍，如无烟煤含碳量虽比烟煤高，但含氢比烟煤低，故通常无烟煤的发热量要低于烟煤。

氧在煤中呈化合态存在。不同煤种其含量差别很大，如泥炭中含氧量可高达 40%，而无烟煤中只有 1%～2%，氧本身不燃烧，但加热时，易使有机组分分解成挥发性物质，烟煤及褐煤含氧量较高，所以能生成较多的挥发物。煤中含氧量增高，碳、氢含量相对减少，因而发热量降低，不利于燃烧。

氮在锅炉中燃烧时，大部分呈游离状态随烟气逸出，故从燃烧的角度来看，氮是煤中的无用成分，其中约有 20%～40%在燃烧中能变成 NO_x，随着烟气排出，增加了环境污染。

硫按燃烧特性划分，可分为可燃硫及不燃硫，其中可燃硫参与燃烧，并释放出少量热量。硫的燃烧产物主要是二氧化硫及少量三氧化硫，含有二氧化硫、三氧化硫及水蒸气的烟气进入锅炉尾部时形成硫酸等腐蚀性蒸汽，凝结在低温受热面上，对设备会发生强烈的腐蚀作用。同时，随烟气排出的含有二氧化硫的气体会造成对大气的严重污染。煤中黄铁矿硫增高还会造成灰熔融性降低，促使锅炉结渣情况的发生。因此，硫是煤中极其有害的一种元素，要求含量越少越好。此外，元素组成还为燃烧理论烟气量、过量空气系数、热平衡的计算等提供煤质基础资料。因此，元素分析数据在锅炉的设计和运行中都有十分重要的意义。

7-3 煤的工业分析与元素分析之间有什么关系？

工业分析包括水分、灰分、挥发分和固定碳四项。元素分析包括碳、氢、氮、硫、氧五项。如果它们都以质量的百分含量计算，则可写成下式

$$M_{ad} + A_{ad} + V_{ad} + FC_{ad} = 100\%$$

$$M_{ad} + A_{ad} + C_{ad} + H_{ad} + O_{ad} + N_{ad} + S_{ad} = 100\%$$

经简单整理后，可以得出

$$V_{ad} + FC_{ad} = C_{ad} + H_{ad} + N_{ad} + O_{ad} + S_{ad}$$

此式表明：

（1）工业分析中的可燃成分恰好等于碳、氢、氮、氧和硫五个元素含量的总和。

(2) 从简单的工业分析中的 V_{ad} 和 FC_{ad}，大致可以看出构成煤中有机质的主要成分的含量大小，因而，可估计煤炭的质量好坏。

(3) 从元素的平衡来看，全碳 C_t 应等于固定碳 FC_{ad} 和挥发分中碳 C_v 之和，即 $C_t = FC_{ad} + C_v$。

7－4　煤中碳、氢元素主要以什么形态结合?

煤中碳和氢的结合以及和其他一些元素的结合是十分复杂的。目前，一般认为煤是由带脂肪的侧链大芳环和杂环的核所构成的，碳是构成这些环的骨架，氢则和其他一些元素结合分布在侧链和桥键上。此外，煤中碳、氢也存在于煤的矿物质中，如碳酸盐（$CaCO_3$、$MgCO_3$ 等）中的碳、矿物质结晶水（$Al_2O_32SiO_2 \cdot 2H_2O$、$CaSO_4 \cdot 2H_2O$）中的氢，但这一部分碳、氢与前者不同，它们是不会燃烧的，其含量增多，反而使煤的发热量降低。

7－5　三节炉法测定煤中碳、氢元素的原理是什么? 其化学反应过程有哪些?

煤中碳、氢的测定原理是：将一定量的煤样置于氧气流中，在 850 ℃温度下使之完全燃烧，碳转化为二氧化碳，氢转化为水，燃烧产物中的硫化合物和氯分别被铬酸铅和银吸收，氮氧化物被二氧化锰吸收。净化后的二氧化碳和水分由相应的吸收剂吸收。根据吸收剂增量计算出煤中碳、氢含量。

测定碳、氢元素中的主要化学反应如下：

(1) 燃烧过程。

$$煤 + O_2 \xrightarrow[WO_3]{850℃} CO_2 + H_2O + SO_2 + SO_3 + CO$$

$$+ Cl_2 + NO_2 + N_2 + \cdots$$

$$CO + 2CuO = Cu_2O + CO_2$$

$$H_2 + 2CuO = H_2O + Cu_2O$$

$$2Cu_2O + O_2 = 4CuO$$

$$S_{煤} + O_2 \longrightarrow SO_2$$

$$2SO_2 + O_2 = 2SO_3$$

$$2N_{煤} + O_2 \longrightarrow 2NO$$

$$N_{煤} + O_2 \longrightarrow NO_2$$

（2）去除干扰物质过程。

$$4SO_2 + 4PbCrO_4 \xlongequal{600℃} 4PbSO_4 + 2Cr_2O_3 + O_2$$

$$4PbCrO_4 + 4SO_3 \xlongequal{600℃} 4PbSO_4 + 2Cr_2O_3 + 3O_2$$

$$2Ag + Cl_2 \xlongequal{180℃} 2AgCl$$

$$MnO_2 + 2NO_2 = Mn(NO_3)_2$$

$$MnO_2 + H_2O = MnO(OH)_2$$

$$MnO(OH)_2 + 2NO_2 = Mn(NO_3)_2 + H_2O$$

（3）吸收过程。

$$CaCl_2 + 2H_2O = CaCl_2 \cdot 2H_2O$$

$$CaCl_2 \cdot 2H_2O + 4H_2O = CaCl_2 \cdot 6H_2O$$

或 $$Mg(ClO_4)_2 + 6H_2O = Mg(ClO_4)_2 \cdot 6H_2O$$

$$2NaOH + CO_2 = Na_2CO_3 + H_2O$$

7-6 用二节炉法测定煤中碳、氢元素时，高锰酸银的作用是什么？

二节炉法测定碳、氢元素时，第二节炉内装有高锰酸银热解产物，它既是催化氧化剂，又是去除燃烧产物中干扰物质硫和氯的吸收剂，这和它的物质结构有着密切关系。当高锰酸银被加热时，按下列化学反应进行分解：

$$AgMnO_4 \xlongequal{\text{加热}} Ag\cdot MnO_2 + O_2\uparrow \text{（热解产物）}$$

这些热解产物具有极强的催化氧化作用，能将燃烧产物中的碳、氢化合物定量氧化生成二氧化碳和水，同时它还具有表面活性很强的银分子，强烈地吸收硫氧化物和氯，其反应过程如下：

$$C_{\text{煤}} + O_2 \longrightarrow CO_2$$

$$2H_{2\text{煤}} + O_2 \longrightarrow 2H_2O$$

$$2Ag\cdot MnO_2 + SO_2 + O_2 \xlongequal{500℃} Ag_2SO_4\cdot MnO_2$$

$$4Ag\cdot MnO_2 + 2SO_3 + O_2 \xlongequal{500℃} 2Ag_2SO_4\cdot MnO_2$$

$$2Ag\cdot MnO_2 + Cl_2 \xlongequal{500℃} 2AgCl_2\cdot MnO_2$$

7-7　三节炉法碳、氢测定中对炉温怎样校正？

将工作热电偶插入三节炉（或二节炉）的热电偶孔内，使热端插入炉膛并与高温计连接。将炉温升至规定温度，保温 1h。然后沿燃烧管轴向将标准热电偶依次插到空燃烧管中对应于第一、第二、第三节炉（或第一、第二节炉）的中心处。根据标准热电偶指标，将管式电炉调节到规定温度并恒温5min。记下相应工作热电偶的读数，以后即以此为准控制炉温。

7-8　为什么测定碳、氢元素时要净化氧气？净化系统所用的净化剂有哪些？

实验室用的钢瓶氧气、通常是从空气中用降温加压分馏法制取的，其中含有极少数酸性物质、二氧化碳和水分等杂质，这些杂质须通过合适的吸收剂给予净化。通常用的净化剂有：1～2mm 粒状碱石棉或碱石灰（0.5～2mm），以去除氧气中的二氧化碳；无水氯化钙（2～5mm）或无水高氯酸镁(0.5～2mm),以去除其中的水分。净化剂的排列顺序按氧气流向，先经过二氧化碳吸收剂，再进入水的吸收剂，通过这样净化就可获得纯净的氧气。

7－9　怎样制取粒状二氧化锰和高锰酸银热解产物?

（1）粒状二氧化锰。称取 25g 硫酸锰溶于 500mL 蒸馏水中，另称取 16.4g 高锰酸钾溶于 300mL 蒸馏水中，两溶液分别加热到 50～60℃，然后将高锰酸钾溶液慢慢注入硫酸锰溶液中，剧烈搅拌之后，加入 1＋1 硫酸 10mL，将溶液加热到70～80℃，继续搅拌 5min。停止加热，静置约 2～3h 后过滤，用热蒸馏水以倾泻法洗至中性，将沉淀移至滤纸上过滤，除去水分，然后放入烘箱中，在 150℃下干燥 2～3h，得到褐色疏松状的二氧化锰，小心地破碎和过筛，取粒度 0.5～2mm 备用。

（2）高锰酸银热解产物。称取 100g 高锰酸钾（化学纯)，溶于 2L 煮沸蒸馏水中，另取 107.5g 硝酸银（化学纯)，先溶于约 50mL 蒸馏水中，在不断搅拌下，倾入沸腾的高锰酸钾溶液中，搅拌均匀后逐渐冷却并静置过夜，则生成具有光泽的深紫色晶体。用蒸馏水洗涤数次，在 60～80℃下干燥 1h，然后将晶体一小部分一小部分地放在瓷皿中，在电炉上缓慢加热至骤然分解成银灰色疏松状产物，收集在磨口瓶中备用。未分解的高锰酸银易受热分解，不宜大量贮存。

7－10　碳、氢元素的测定中，哪些药品处理后可重新使用？

在碳、氢元素的测定中，充填燃烧管中的一些填充剂可经处理后重复使用。

（1）氧化铜。先用热蒸馏水洗涤数次，烘干，再用孔径1mm的铜网筛筛去粉末，取筛上的氧化铜留用。

（2）铬酸铅。可用热的稀碱液（约5％的氢氧化钠溶液）浸泡后用蒸馏水洗涤，直到酚酞指示剂不变色为止，烘干后再在500～600℃温度下灼烧半小时以上就可使用。用NaOH溶液洗涤使用过的铬酸铅的化学反应如下

$$PbSO_4 + 2NaOH = Na_2SO_4 + Pb(OH)_2$$

反应生成的 Na_2SO_4 溶于水而被去除，而 $Pb(OH)_2$ 灼烧后转变成 PbO_2。

（3）银丝卷。用浓氨水浸泡5min，使之变成银氨络合物，然后放在热蒸馏水中煮沸5min，再用热蒸馏水洗涤，直到酚酞指示剂不变色为止。处理中的化学反应式如下

$$AgCl + 2NH_3 \cdot H_2O = [Ag(NH_3)_2]Cl + 2H_2O$$

而 Ag_2SO_4 能溶于热水，通过这样的处理，银丝卷表面上的AgCl和 Ag_2SO_4 可被分别除去。

7－11　怎样检验碳、氢测定试验装置的可靠性？

为了检查碳、氢测定装置是否可靠，可用标准煤样，按规定的试验步骤进行测定，如实测的碳、氢值与标准煤样碳、氢标准值的差值在标准煤样规定的不确定度范围内，表明测定装置可靠。否则，须查明原因后才能进行正式测定。

7-12 为什么碳、氢元素测定中不用硅胶做吸收剂？

硅胶又名氧化硅胶或硅酸凝胶，是一种透明的或乳白色的球形或不规则颗粒，其分子式为 $m\mathrm{SiO_2}\cdot n\mathrm{H_2O}$，一般商品硅胶约含水分 3%～7%，吸湿量可达到 40%左右，是一种很好的吸水剂。但在碳、氢测定中却不能用硅胶做吸水剂，这是因为硅胶不仅能吸收水，而且还因能吸收氮的氧化物而使氢测定值偏高；同时，它对二氧化碳有“滞留”作用，使之吸收速度减慢，延长测定周期，在快速测定中还会使二氧化碳吸收管质量波动、测值不稳。故通常只采用氯化钙、过氯酸镁、浓硫酸作吸水剂而不采用硅胶。

7-13 为什么测定碳、氢元素的吸收系统中要加除氮管？

煤燃烧时，其中的部分氮变成氮氧化物，特别是试样在 850 ℃下燃烧并覆盖着催化剂的条件下，产生的氮氧化物就会更多。根据试验结果推算，煤中氮约有 20%～60%转变成氮氧化物，氮氧化物对氢的测定影响很小，可以忽略，但对碳的测定结果影响大。这是因为氮氧化物会与碱石棉作用而固定下来，致使碳测定值偏高 0.1%～0.8%。因此，在水分吸收瓶和二氧化碳吸收瓶之间要加除氮 U 形管（内装粒状二氧化锰），以消除氮氧化物的影响。

7-14 三节炉测碳、氢时，使用的试剂和填充物在什么情况下需更换？

（1）燃烧管内填充物使用 70～100 次后更换。

（2）二氧化锰吸收剂使用 50 次后更换。

（3）净化系统净化剂经 70～100 次后更换。

（4）水分吸收 U 形管（内装无水氯化钙或无水高氯酸

镁）。开始溶化或阻碍气体流通后更换，二氧化碳 U 形管（2/3内装碱石棉，1/3 装无水高氯酸镁或无水氯化钙），当第二个 U 形管增加质量为 50mg 时更换第一个 U 形管中吸收剂。

7－15　为什么测定碳、氢元素时要进行空白试验？

在碳、氢测定中，影响测定的因素很多，如装置漏气、氧气不纯、燃烧管引入“脏物”、管端橡皮受热分解、催化剂带入水分、净化系统失效或干燥塔受热等。这些异常影响都可通过空白试验来发现并加以克服或校正，使测定结果准确可靠。要使空白试验值稳定，在空白试验时应注意以下几点：

（1）调整好燃烧管位置，使燃烧管出口端的温度尽可能高，使水蒸气不在出口端凝结，又不致橡皮塞受热分解。

（2）每次从吸收系统中取下吸收瓶后，要放在天平旁冷却到室温后称量，其放置时间要尽量相同（约 10min）。

（3）空白试验每天开始试验前必须进行，更换净化系统试剂后也必须进行空白试验。

7－16　怎样进行碳、氢元素测定的空白试验？

按标准规定要求将仪器各部分连接好，开始升温，接通氧气（120mL/min）并检查气密性，在升温过程中将第一节炉往返移动几次，通氧气 20min 后，取下吸收系统，称量。

当第一节炉升至 850±10℃，第二节炉升至 800±10℃，第三节炉升至 600±10℃，接上吸收系统开始空白试验，将盛有三氧化钨的瓷舟放入第一节炉的入口处，通氧（120mL/min），移动第一节炉。使瓷舟位于燃烧管中心，通氧 23min，将第一节炉移回原处。取下吸收系统称量。

连续两次，吸水 U 形管增加质量不超过 0.0010g，除氮管和二氧化碳吸收 U 形管不超过 0.0005g，取其平均值做为当天的空白值。在做空白试验前，应先确定燃烧管的位置，使出口端温度尽可能高又不会使橡皮塞受热分解，如空白试验值不易达到稳定，可适当调节燃烧管的位置。

7-17 为什么用三节炉法测定碳、氢时要控制第三节炉（内装粒状铬酸铅）温不超过 600℃？

在用三节炉法测定碳、氢时，第三节炉装有铬酸铅，它的作用是去除燃烧过程中产生的硫氧化物（SO_2、SO_3）。纯的铬酸铅熔点为 840℃，粉状呈淡黄色，一旦加热立刻变为橘红色。但在使用中要求温度远比熔点温度低，即在测定过程中要严格控制炉温不超过 600℃。其理由是：一旦温度超过 600℃，其颗粒表面就有可能因发生半熔融状态而粘结成块状物，表面积减少，降低去除硫氧化物的能力，严重时，还会因发生熔融而堵塞燃烧管，增加通气阻力，甚至使燃烧管断裂而导致试验中断，所以要防止装有铬酸铅的第三节炉温度过高。

7-18 用三节炉测定碳、氢时应注意哪些事项？

（1）仔细连结各部件，并检查整个系统的气密性，待系统不漏气或者无堵塞时，方能开始试验。

（2）空白试验可消除系统误差，待水分、二氧化碳吸收管达到质量恒定的要求后，方可开始试验。

（3）通氧气流量的速度必须保持 120mL/min。

（4）燃烧管的位置要适当，露出第三节炉管段不易太长，太长会使水分凝结。也不能太短，太短会造成橡皮塞受热分解。

(5) 吸水U形管和吸收二氧化碳U形管放置在天平旁的时间要与空白试验一致（大约10min）。

(6) 控制好三节炉的炉温，并定期校正。

(7) 按要求的试验次数定期更换各部分试剂。

7-19 计算碳、氢测定结果时要注意哪些问题?

煤在氧气中燃烧除了其中有机物质发生变化外，碳酸盐也分解生成二氧化碳，煤中水分和矿物质的结晶水也要释放出来，从而使碳、氢测定结果偏高，因而，在计算时要予以校正。煤中矿物质结晶水的测定比较难，一般测定中不考虑，如若需准确测定煤中有机氢，可采用计算法求出矿物质结晶水，美国采用$0.08A_{ad}$计算煤中矿物质结晶水。

空气干燥煤样的碳（C_{ad}）、氢（H_{ad}）的质量百分数（%）按下式计算

$$C_{ad}(\%) = \frac{0.2729m_1}{m} \times 100 \qquad (7-1)$$

$$H_{ad}(\%) = \frac{0.1119(m_2 - m_3)}{m} \times 100 - 0.1119M_{ad} \qquad (7-2)$$

式中　m——分析煤样质量，g；

m_1——吸收二氧化碳U形管的增量，g；

m_2——吸收水分U形管的增量，g；

m_3——空白值，g；

M_{ad}——空气干燥煤样水分，%；

0.2729——将二氧化碳折算成碳的因数；

0.1119 ——将水折算成氢的因数。

当需要测定有机碳（$C_{O,ad}$）时，按下式计算有机碳质量百分数（%）：

$$C_{O,ad}（\%） = \frac{0.2729m_1}{m} \times 100 - 0.2729（CO_2）_{ad} \quad (7-3)$$

式中　$(CO_2)_{ad}$——空气干燥煤样中碳酸盐二氧化碳质量百分数，%。

若考虑煤中空气干燥基水分和矿物质结晶水时，可按下式计算和校正氢的质量百分数

$$H_{ad}（\%） = \frac{0.1119(m_2 - m_3)}{m} \times 100 - 0.1119（M_{ad} + 0.08A_{ad}） \quad (7-4)$$

式中　A_{ad}——空气干燥煤样灰分，%。

7-20　电量-重量法测定煤中碳和氢的原理是什么？

煤样在氧气流中燃烧，生成的水与五氧化二磷反应生成偏磷酸后，经电解生成氢、氧和五氧化二磷。根据电解所消耗的电量，计算煤中氢的含量。生成的二氧化碳用吸收剂吸收，由吸收剂质量的增加计算碳的含量，煤中的硫氧化物和氯用高锰酸银热解产物吸收，氮氧化物用粒状二氧化锰吸收，以消除它们对碳测定的干扰，反应式如下：

检测氢的反应式

（1）H_2O 被 P_2O_5 吸收生成偏磷酸 HPO_3。

$$H_2O + P_2O_5 = 2HPO_3$$

（2）HPO_3 发生电解作用。

阳极　$2PO_3^- - 2e = P_2O_5 + 1/2O_2\uparrow$

阴极　　$2H^+ + 2e = H_2 \uparrow$

检测碳的反应式

$$2NaOH\text{（碱石棉）} + CO_2 = Na_2CO_3 + H_2O$$

为去除硫和氯对碳的测定的干扰，可用高锰酸银热解产物吸收硫的氧化物和氯

$$2Ag \cdot MnO_2 + SO_2 + O_2 \xlongequal{300℃} Ag_2SO_4 \cdot MnO_2$$

$$2Ag \cdot MnO_2 + SO_3 + 1/2O_2 \xlongequal{300℃} Ag_2SO_4 \cdot MnO_2$$

$$2Ag \cdot MnO_2 + Cl_2 \xlongequal{300℃} 2AgCl \cdot MnO_2$$

为去除氮氧化物对碳的干扰，可用粒状 MnO_2 吸收氮氧化物

$$MnO_2 + H_2O = MnO(OH)_2$$

$$MnO(OH)_2 + 2NO_2 = Mn(NO_3)_2 + H_2O$$

7－21　电量－重量法测定煤中碳和氢的装置由哪几部分构成？

仪器装置由下列几部分构成。

（1）净化系统：包括净化炉（内装线状氧化铜）、气体干燥管 3 个（依次装变色硅胶、碱石棉和无水高氯酸镁）。

（2）燃烧装置：包括燃烧炉和催化炉，催化炉控温 300 ± 10℃，燃烧炉控温 850 ± 10℃，测温装置等。

（3）电解池部分：由冷却水套、池体和电极接头组成。

（4）电量积分器：电解电流 50 ~ 700A 范围内积分线性误差不超过 ± 0.1%，配有四位数字显示器，数字显示精确到0.001mg氢。

（5）吸收系统：包括一个除氮 U 形管，内装粒状二氧化锰；一个吸水 U 形管，内装无水高氯酸镁或无水氯化钙；

二氧化碳吸收U形管两个，内装碱石棉。

7-22 怎样检查电量-重量法测定煤中碳和氢仪器的可靠性?

为了检查测定仪是否可靠，可称取0.070~0.075g标准煤样（称准至0.0002g)，进行碳、氢测定。如果实测的碳、氢值与标准煤样标准值的差值不超过标准煤样的不确定度，并且无明显系统偏差，表明测定仪可用，否则需查明原因并纠正后才能进行正式测定。

7-23 电量-重量法测定煤中碳和氢如何进行空白值测定?

（1）碳的空白值测定：

选定电解电源极性，通入氧气并将流量调节为80mL/min，接通冷却水，通电升温。升温同时接上二氧化碳U形管和气泡计，使氧气流量保持80mL/min，按下电解键至终点。然后每隔2~3min按一次电解键，10min后取下二氧化碳U形管，关闭磨口塞，在天平旁放置10min左右，称量。然后重新与吸收系统相连，重复上述试验，直到两个吸收二氧化碳U形管质量变化不超过0.0005 g止。

（2）氢空白值测定：

在燃烧炉、催化炉和净化炉达到指定温度后，保持氧气流量约为80mL/min，启动电解到终点。在一个预先灼烧过的燃烧舟中加入三氧化钨（数量与煤样分析时相当)，放入燃烧管端部，将氢积分值和时间计数清零。然后将舟推入高温带，按空白键或9min后按下电解键，到达电解终点后，记录电量积分器显示的氢质量（mg)。重复上述操作，直到相邻两次空白值相差不超过0.050mg，取这两次测定的平均值作为当天氢的空白值。

7-24 电量-重量法测定煤中碳和氢所用试剂何时更换?

(1) 某次试验后,第二个吸收二氧化碳U形管的质量增加50mg以上时,应更换第一个U形管;

(2) 二氧化锰、无水高氯酸镁或无水氯化钙一般使用100次应更换;

(3) 电解池使用100次左右或发现电解池有拖尾现象时,应清洗电解池,重新涂膜。

7-25 使用电量-重量法测定煤中碳和氢时,应注意哪些事项?

使用电量-重量法测定碳和氢时,要注意下列事项:

(1) 注意试样的代表性:按测定碳、氢的要求,所用煤样粒度应小于0.2mm,而且要混合均匀,由于试样量较少(0.070~0.075g),样品的均匀性和粒度显得尤为重要。

(2) 氧气的净化:由于氧气中存在可燃性气体杂质,必须使氧气净化,在净化系统中应注意经常更换失效的吸收剂,否则,可能导致空白测定值偏高或长时间达不到电解终点,使氢测定时间过长。

(3) 电解池的清洗和五氧化二磷涂膜:电解池要先用洗涤剂清洗内壁,再用自来水、蒸馏水清洗,最后用丙酮或无水乙醇清洗并吹干。五氧化二磷涂膜要按照要求涂三次,并通氧气及加电解电压直到涂膜完成。

(4) 碳的测定:由于碳的测定使用的是重量法测定,测定用试样量减少,任何微小的质量变化都会反映到碳的测定中来,因此必须规范操作,才能得到好的结果,如关闭U

形管旋塞；操作中规定取下U形管再关闭其旋塞，这样可使U形管内部压力与大气压力达到平衡，不影响测定精密度。

除氮管后面是吸水剂管，由于测定中氢燃烧生成的水被五氧化二磷吸收后又电解成氢和氧，而初生态氢、氧有少部分又复合为水，这部分水若不被除掉，就会导致碳测定值偏高。所以，除氮管后面一定要加一个吸水U形管。

(5) 检查整个系统的气密性、可靠性。

(6) 按要求更换试验中所使用试剂。

7－26 高温燃烧红外热导法测定煤中碳、氢、氮三元素的原理是什么？

称取一定量的样品，在高纯氧气及高温下燃烧，燃烧产物中的 SO_2 和 Cl_2 被炉内CaO填充剂于高温下除去，H_2O(气)、CO_2 及 NO_2 进入贮气筒中混合均匀，定量抽取一份混合后的气体送入红外测定室分别测定 CO_2 和 H_2O 含量，从而计算出碳、氢元素的含量。再定量抽取一份混合气体由高纯氦做载气，经赤热铜丝将 NO_2 还原为氮气，经碱石棉和高氯酸镁分别除去 CO_2 和 H_2O 后，进入热导池分析 N_2 含量，从而计算出N的含量。

检测过程中化学反应如下：

煤样 $+ O_2 \xrightarrow{900℃} SO_2 + SO_3 + CO_2 + H_2O + NO_2 + Cl_2 + \cdots$

炉内填充剂CaO除去 SO_x 和 Cl_2。

$$2SO_2 + O_2 = 2SO_3$$

$$SO_3 + CaO \xlongequal{加热} CaSO_4$$

$$2Cl_2 + 2H_2O + C \xlongequal{加热} 4HCl + CO_2$$

$$2HCl + CaO \xlongequal{加热} CaCl_2 + H_2O$$

碱石棉和高氯酸镁除去 CO_2 和 H_2O。

$$2NaOH + CO_2 \xlongequal{} Na_2CO_3 + H_2O$$

$$Mg(ClO_4)_2 + 6H_2O \xlongequal{} Mg(ClO_4)_2 \cdot 6H_2O$$

赤热铜丝还原 NO_x。

$$2Cu(赤热) + 2NO \xlongequal{} 2CuO + N_2$$

$$4Cu(赤热) + 2NO_2 \xlongequal{} 4CuO + N_2$$

$$2Cu + O_2 \xlongequal{} 2CuO$$

7－27 高温燃烧红外热导法测定煤中碳、氢、氮元素的仪器主要由哪几部分组成？

高温燃烧红外热导法测煤中碳、氢、氮元素分析仪由下列几部分组成：

（1）燃烧炉。由两级燃烧炉、温控系统组成，温度为950～1100℃，燃烧炉除使样品燃烧完全外，石英管中还装有填充物 CaO，以除去燃烧产物中的硫氧化物和卤化物，燃烧温度和时间由控制系统自动控制。

（2）过滤系统。除上述燃烧管中的填充剂除去硫化物和卤化物外，在测定氮之前，还需除去碳氧化物、水蒸气、残留氧化剂，为此，还须有装有碱石棉过滤管及装有铜丝的加热管。装有铜丝加热管的温度为 750℃，以便将氮的氧化物还原为氮气。

（3）测量系统。仪器由进样开始直到测量完成全部是自动控制。炉温、红外和热导检测及分析程序选择、结果计算均由微机执行参数选控。

（4）电子天平。与主机相连，精密度为 0.0002g，量程可为20g或80g，称量数据可直接输人主机。

（5）载气供给系统。有高纯氧钢瓶、高纯氮钢瓶和高纯氦钢瓶各一个，供测定做载气或动力气用。如需用气标标定碳含量时，还需二氧化碳瓶一个。钢瓶上配有减压阀，以供给额定压力的气体。

7－28 高温燃烧红外热导法测定碳、氢、氮元素试验前应做哪些准备工作？

（1）安装该仪器的试验室，应有合格的电源和良好的单独接地装置，仪器配有相应容量的稳压电源，接地线不得和其他仪器合用。

（2）要经常开机，即使没有试验任务，也必须经常开机，每个月至少开机两次。

（3）测定样品前，提前开机预热，使仪器有足够的稳定时间，一般稳定时间需2～3h。

（4）按照仪器参数要求和规定，待各参数达到规定值并稳定后，方可开始试验，否则试验精密度很难达到规定要求。

（5）样品测试前，需进行空白值测定。

7－29 高温燃烧红外热导法测定碳、氢、氮元素时应注意的试验条件是什么？

高温燃烧红外热导法测量碳氢氮的仪器自动化程度高，测量速度快，目前，在电力系统中应用得较多，在使用中应注意以下试验条件。

（1）气体的纯度和气路系统的严密性。

所用气体为高纯氧气，高纯氮气、高纯氦气以及二氧化碳气，其纯度应为99.995%。且必须保持整个气路的高度密封性。

（2）炉温控制。根据所测试样的不同或仪器类型选择炉温，但所选择的温度必须保证使样品燃烧完全。

（3）试样量和试样粒度。对含碳量高的样品可适当降低试样量，如无烟煤和燃油等，对一般样品不可称量过少。若称量过少，则会增加测量误差。

样品粒度要研磨到0.1mm以下，特别是难燃烧的煤样。样品越细也越均匀，代表性好，易于燃烧。

（4）氧气流量和通氧时间。对不同的煤种，燃烧特性也不相同，应及时调整氧气流量时间表，选择合适的通道进行测定，易燃的煤种，在燃烧初期需供大流量的氧气，难燃的煤种，则相反。必须有选择的进行试验。

（5）仪器的标定。每次开机后试验前，必须用标准物质对仪器进行标定，标准物质有纯有机物，例如，蔗糖标定C和H，EDTA标定N。也可选用经国家批准的标准煤样，选择含量范围接近被测物质含量范围进行标定，标定符合相关标准要求后，方可使用。

7-30　库仑法测定煤中碳、氢的原理是什么？

库仑法测定煤中碳氢的原理是：煤样在800℃，有催化剂存在条件下，于氧气流中燃烧，样品中氢燃烧生成的水由$Pt-P_2O_5$电解池吸收并电解；样品中的碳燃烧生成的二氧化碳与氢氧化锂反应生成的水，由$Pt-P_2O_5$电解池吸收并电解，根据电解水所消耗的电量，分别计算样品中氢和碳的含量。样品中的氯和硫对碳测定的干扰，在燃烧管中由高锰酸银热分解产物除去；氮氧化物对碳测定的干扰，由粒状二氧化锰除去。

库仑测碳仪采用控制电流库仑法，反应生成的水进入 $Pt-P_2O_5$电解池与五氧化二磷反应生成偏磷酸。电解偏磷酸，当电解电流降至终点电流时，电解结束。电解过程中，电流的大小和电解过程所耗用的时间被记录下来，并被转换为数字信号。单片微计算机对电解过程所消耗的电量进行积分，并适时将该电量积分值换算为氢和碳的毫克数显示出来，并显示出氢和碳的百分含量或将结果以空干基和干基形式打印出来。有关化学反应式如下：

（1）燃烧反应

$$煤 + O_2 \xrightarrow{800℃} H_2O + CO_2 + SO_3 + SO_2 + NO_2 + Cl_2 + N_2 + \cdots$$

（2）二氧化碳转化为水及水转化为偏磷酸

$$2LiOH + CO_2 \overset{190℃}{=\!=\!=} Li_2CO_3 + H_2O$$

$$P_2O_5 + H_2O =\!=\!= 2HPO_3$$

（3）电极反应

阳极 $2PO_3^- - 2e =\!=\!= P_2O_5 + 1/2O_2$

阴极 $2H^+ + 2e =\!=\!= H_2$

（4）脱除硫、氯、氮氧化物对碳测定的干扰

$$2Ag \cdot MnO_2 + SO_2 + O_2 \overset{300℃}{=\!=\!=} Ag_2SO_4 \cdot MnO_2$$

$$2Ag \cdot MnO_2 + SO_3 + 1/2O_2 \overset{300℃}{=\!=\!=} Ag_2SO_4 \cdot MnO_2$$

$$MnO_2 + H_2O =\!=\!= MnO(OH)_2$$

$$MnO(OH)_2 + 2NO_2 =\!=\!= Mn(NO_3)_2 + H_2O$$

7-31 煤中氮元素以什么形态存在？动力用煤测定氮有何意义？

煤中氮绝大部分以有机形态存在，这些有机氮化物被认为是比较稳定和复杂的非环形结构的化合物，其原生物可能是植物或动物脂胶。植物中的植物碱、叶绿素的环状结构中都含有氮，而且相当稳定，在煤化过程中不发生变化，成为煤中保留的氮化物。以蛋白质形态存在的氮仅在泥炭和褐煤中发现，在烟煤中很少，几乎没有。

氮在煤中含量很少，变化范围不大，从褐煤到无烟煤变化范围为3.0%～0.5%，而且随着煤的变质程度的增高而降低。

动力用煤测定氮的意义，主要是用于锅炉设计和热力计算燃烧所需的空气量以及燃烧产物的体积，同时也为差减法计算氧提供数据。

7－32　半微量开氏法测定煤中氮的原理及其化学反应过程是什么？

此法原理是称取一定量的空气干燥煤样，加入混合催化剂和硫酸，加热消化，氮转化为硫酸氢氨。加入过量的氢氧化钠溶液。把氨蒸出并吸收在硼酸溶液中，用硫酸标准溶液滴定。根据硫酸标准溶液用量，计算煤中氮的含量。

化学反应过程如下：

（1）消化过程

$$\text{煤}\xrightarrow[\text{催化剂}]{\text{浓 } H_2SO_4} CO_2 + H_2O + SO_2 + SO_3 + CO + Cl_2 + (NH_4)HSO_4 + H_3PO_4 + N_2\text{（极少）} + \cdots$$

（2）蒸馏过程

$$NaOH + H_2SO_4 = Na_2SO_4 + 2H_2O\text{（中和）}$$

$$(NH_4)HSO_4 + 2NaOH\text{（过量）} = NH_3\uparrow + Na_2SO_4 + 2H_2O$$

(3) 吸收过程

$$H_3BO_3 + xNH_3 \longrightarrow H_3BO_3 \cdot xNH_3$$

(4) 滴定过程

$$2H_3BO_3 \cdot xNH_3 + xH_2SO_4 \longrightarrow x(NH_4)HSO_4 + 2H_3BO_3$$

7-33 半微量开氏法氮的测定中，消化和蒸馏时各加入什么药品？它们的作用是什么？

消化时除加入浓硫酸外，还需加入混合催化剂。混合催化剂是由分析纯无水硫酸钠分析纯硫酸汞和硒粉研细，混合均匀组成。加入硫酸钠能提高硫酸的沸点，使消化温度升高，硒能溶于浓硫酸中生成亚硒酸（H_2SeO_3），在有汞盐存在的条件下，亚硒酸能被氧化成硒酸，它能加速有机物分解，缩短消化时间。

蒸馏时加入的药品是氢氧化钠组成的混合碱溶液。由于在消化时加入了硫酸汞。汞盐能与氨生成稳定的络合物硫酸汞氨 $Hg(NH_3)_2SO_4$，阻碍氨的析出。因此，在蒸馏前必须加入混合碱溶液，加入硫化钠的目的是使汞生成硫化汞沉淀，破坏上述生成的络合物，使氨析出；再者由于溶液中含有大量的硫酸，当加入硫化钠后会生成硫化氢，而硫化氢会抑制氨析出。所以，蒸馏时必须加入过量的氢氧化钠将消化液中剩余的硫酸中和掉。

7-34 半微量开氏法测定氮时怎样处理难消化的煤样？

煤样消化完全的标志是消化后的溶液呈透明状且无黑色颗粒，这要与高灰分煤消化完全后呈浅灰黑色的颗粒加以区分，不要混淆。对于难以消化的煤样，如灰分高的煤、焦炭，虽已加入混合催化剂和浓硫酸，但有时仍分解不完全，有飘浮的黑色颗粒，这时可加入高锰酸钾或铬酸酐（Cr_2O_3）0.2~0.5g,再消化，一般黑色颗粒可以消失。如果仍消化不完全，可将煤样研细到0.1mm以下，再按上述操作进行试验。对于变质程度高的煤，为防止测定结果偏低，可加入固体水杨酸（分析纯）0.2g左右再进行消化。

7-35 半微量开氏法测定氮时应注意哪些事项？

测定氮时，在操作中应注意以下事项：

（1）煤样颗粒要研细，最好制成0.1mm以下，便于消化完全。

（2）消化时注意控制加热温度，开始时温度低些，待溶液消化到由黑色转变为棕色时，可提高温度到350℃。保持此温度，直到黑色颗粒完全消化溶液清澈透明为止。

（3）消化时间不易过长，过长使结果偏低。

（4）每日试验前，冷凝管要用水蒸气进行冲洗，待蒸馏出的液体体积达100~200mL后再开始测定煤样，以消除蒸馏系统杂质带来的影响。

（5）每批试剂使用前要做空白试验，空白试验用0.2g化学纯蔗糖代替煤样，测定步骤与煤样分析相同。

7-36 半微量蒸汽法测定煤和焦炭中氮有何特点？它与半微量开氏法有何不同？

半微量开氏法测定煤中氮所用仪器简单，应用较广，但遇有煤样难消化时，特别是高变质程度的无烟煤和焦炭，不能在短时间内消化完全，致使消化时间过长或使测定结果偏低。为此制订了煤和焦炭中氮的测定方法半微量蒸汽法。此法与半微量开氏法的不同点是采用了蒸汽分解煤与焦炭试样，使氮及氮的化合物全部还原成氨，而后被硼酸吸收，用标准硫酸溶液滴定。

半微量蒸汽法测定煤和焦炭中氮的方法不适用于褐煤中氮的测定。

7-37 半微量蒸汽法测定煤和焦炭中氮的原理是什么？

一定量的煤或焦炭试样，在有氧化铝作为催化剂和疏松剂条件下，于1050℃下通入水蒸气，试样中的氮及其化合物全部还原成氨。生成的氨经过氢氧化钠溶液蒸馏，用饱和硼酸吸收后，由标准硫酸溶液滴定，根据标准硫酸溶液的消耗量来计算氮含量。

7-38 半微量蒸汽法测定氮需要哪些试验装置？

（1）高温炉：能加热到1200℃以上，有80~100mm的恒温区，配有自动控制装置。

（2）水解管：刚玉制，异径，能耐温1200℃以上。全长670mm，细径部分长40mm。粗径22mm，细径7mm。

（3）冷凝管：蛇形。

（4）蒸馏瓶：500mL。

（5）水蒸气发生装置：由1000mL平底烧瓶和调压电炉构成。使蒸汽发生量控制在30min内馏出100~120mL冷凝水。

（6）吸收瓶、气体干燥塔、氮气流量计等。

（7）套式加热器：控制温度125℃，使温度保持在125℃±5℃约30min时间。

水解炉温度能达到1050℃并保温10min，记下恒温区位置。450~500℃，750~800℃恒温区位置也预先测定好。

7－39　半微量蒸汽法测定氮应注意的事项有哪些？

（1）每天在煤样分析之前，须对蒸馏装置用蒸汽进行清洗（空蒸）30min 或待锥形瓶内馏出物体体积达到100～150mL后再进行正式试验。

（2）更换试剂或仪器设备后，应进行空白试验。

用石墨代替煤或焦炭试样，按煤样操作步骤进行空白试验。

（3）水蒸气发生装置产生的蒸汽不应携有任何水滴，否则，会引起刚玉制的水解管爆裂。

7－40　怎样计算煤中氧的含量？

由于测定煤中氧的方法很复杂和工业上对氧的要求不严格，因此，多采用差减法获得氧含量。计算公式如下

$$O_{ad} = 100 - C_{ad} - H_{ad} - N_{ad} - S_{t,ad} - M_{ad} - A_{ad} - (CO_2)_{ad} \tag{7-5}$$

式中　$S_{t,ad}$——空气干燥煤样全硫质量百分数，%；

M_{ad}——空气干燥煤样水分质量百分数，%；

A_{ad}——空气干燥煤样灰分质量百分数，%；

$(CO_2)_{ad}$——空气干燥煤样碳酸盐二氧化碳的质量百分数，%。

7－41　为什么要测定煤中碳酸盐二氧化碳的含量？它测定的原理是什么？

煤中常含有一些碳酸盐物质，如碳酸钙、碳酸镁、碳酸亚铁等。这些矿物质含量的多少与成煤环境条件有关。我国多数煤中碳酸盐二氧化碳含量低于1%，但也少数高达10%以上。当煤被加热到850℃时，它会全部分解，并放出二氧

化碳，致使元素分析中的碳和工业分析中的挥发分测定值偏高。同时，碳酸盐分解呈吸热反应，对煤的发热量测定也有影响。此外，还影响锅炉灰量平衡的计算，因此，需要测定煤中碳酸盐二氧化碳含量，对上述各项给予相应的修正。

测定碳酸盐二氧化碳的原理是：用盐酸处理定量煤样，使煤中碳酸盐分解出二氧化碳并由净化过的空气把 CO_2 带出，经碱石棉吸收，根据碱石棉的增量计算出煤中碳酸盐二氧化碳含量。测定过程的化学反应式如下

分解反应 $MeCO_3 + 2HCl = MeCl_2 + CO_2 + H_2O$

吸收反应 $\underset{\text{(碱石棉)}}{2NaOH} + CO_2 = Na_2CO_3 + H_2O$

在分解样品的过程中产生的 H_2S 可利用浸吸过硫酸铜饱和溶液而又在 110℃下烘干后的浮石吸收。若无浮石就可用“结焦”煤灰渣代用。其做法是：选取出若干块多孔而又疏松的灰渣，经破碎制备成 2～4mm 大小的颗粒，再用 1＋1 盐酸溶液浸泡并加热至少 1h，然后用蒸馏水冲洗干净（用石蕊试纸检验不变红色)，然后浸吸硫酸铜饱和溶液，沥出余液，并在 110℃下烘干后即可使用。

第八章 物理特性

8-1 什么是煤粉细度？测定煤粉细度有什么意义？

煤粉细度表征煤粉中各种粒度的分布占总体质量的百分率，能很好地反映煤粉的均匀特性。它是监督制粉系统运行工况的主要煤质指标，在电厂常用 90μm 孔径的筛上煤粉质量（R_{90}）和 200μm 孔径的筛上煤粉质量（R_{200}）来控制煤粉细度。影响煤粉细度的因素有：煤的类别、挥发分、磨煤机类型及有无分离器等。通过实测制粉系统的煤粉获得的最佳的经济煤粉细度，对改善锅炉燃烧性能，减少机械未完全燃烧热损失，以及节约磨煤机能耗都有积极的作用。

8-2 什么叫经济煤粉细度？

悬浮燃烧的煤粉锅炉都须配备与之相适应的制粉系统，以源源不断地供给煤粉。对制粉系统制备的煤粉要求不能过细或过粗，过细固然可以因减少机械不完全燃烧热损失而降低燃料消耗，但却增加了制粉系统运行的耗能、磨煤机金属的磨损等，过粗则会出现相反的情况。因此，要求每台锅炉机组都要通过试验确定一个最适合的煤粉细度，在这种煤粉细度下运行，制粉系统的能耗和锅炉燃烧的热损失之和达到最小值，使整个锅炉机组运行的经济性最佳。这个最适合的煤粉细度就是经济煤粉细度。

8-3 测定煤粉细度时应注意哪些事项?

(1) 测定煤粉细度的样品必须达到空气干燥状态（只有在空气中连续干燥 1h，其质量变化不大于 0.1%，才认为达到了空气干燥状态）。

(2) 称样前要充分混匀，并按九点法取样或用二分器法缩分取样。

(3) 要选用经计量检定部门检定合格的试验筛，否则，不应使用。

(4) 筛子使用前应先检查筛底有无损伤，筛网是否松弛变形，内侧底、壁之间有无过大缝隙。若存在这些缺陷，则不能使用。

(5) 要按照规定操作要求，振筛一定时间后轻刷筛底一次，以防煤粉梗堵筛网、导致测定结果偏高。

(6) 筛分必须完全。检查方法是，当煤粉细度测定已达到规定的筛分时间后再筛分 2min，若筛下的煤粉质量不超过0.1g,则认为筛分完全。

(7) 要选用具有垂直振击和水平运动的机械振筛机，单纯水平往复式振筛机效率差，不宜采用。

(8) 刷筛底时，要用软毛刷轻刷筛底，不要损伤筛网、也不要损失煤粉。

8-4 煤粉水分对制粉系统运行有何影响?

煤粉水分是指制粉系统中煤粉的最终水分（M_{pc}），最终水分的多少取决于煤的类别。对于煤化程度高的煤如无烟煤，可以允许低些乃至不受限制。对于煤化程度低的煤如褐煤、长焰煤，则允许水分高些。对各类别煤磨制的煤粉的最终水分一般要求如下：

无烟煤、瘦煤　　　　M_{pc}不受限制

烟煤　　　　$M_{pc} \geqslant 50\% M_{ad}$

褐煤、页岩　　　　$M_{pc} > 50\% M_{ad}$

煤粉的最终水分对制粉系统的安全经济运行关系密切，它不能过高或过低。因为煤炭是具有弹性—脆性性质的。若水分过多，则完全丧失脆性，使磨煤机出力大大降低，同时，还可能在温度较低的给粉管道上结块并堵塞管道，煤粉着火缓慢而引起燃烧不完全；过低则会引起煤粉自燃，甚至产生爆炸。因此，在制粉系统运行时，还须对其磨制煤粉的水分进行监控。

8－5　什么是煤的可磨性？测定可磨性指数有何意义？

煤是一种脆性物料，当受到外界机械力作用时，就会被磨碎成许多大小不同的颗粒，可磨性就是反映煤在机械力作用下被磨碎成小颗粒的难易程度的一种物理性质，也是衡量制粉电耗的一个尺度。它与煤的变质程度、显微组成、矿物质种类及其含量多少等有关。在工程上通常用哈氏仪或 VTI 仪测定煤的可磨性，并用哈氏指数（HGI）或原苏联热工研究院可磨指数（VTI）表示。其值愈大，则煤愈易磨碎，反之，则难以磨碎。据统计，我国动力用煤可磨性（用哈氏指数表示）的变化范围为 45～127HGI，其中绝大多数为 55～85HGI。煤的可磨性可用于设计制粉系统时选择磨煤机类型、计算磨煤机出力，也可用于运行中更换煤种时估算磨煤机的单位制粉量等。

8－6　煤的可磨性测定方法有哪几种？

煤的可磨性测定方法根据采用的实验研磨机的研磨方式

的不同可分为：

（1）以滚球磨为研磨机的哈德果洛夫法（简称哈氏法）。

（2）以滚筒磨为研磨机的原苏联热工研究院法（简称VTI法）、原苏联中央锅炉汽轮机研究所法和美国矿物局方法。

（3）以锤击磨为研磨机的捷克锅炉研究所方法和原苏联热工研究院的锤击磨方法。

目前，常用的方法只有两种：一种是哈德果洛夫法，此法的优点是设备较简单，操作方便，重现性较好，因而被许多国家广泛采用，但它只适用于硬煤（相当于我国煤炭中的无烟煤及大部分变质程度高的烟煤）；另一种是原苏联热工研究院方法，该法经1984年修订以后，缩小了研磨机的体积，减少了试样量，简化了某些操作，提高了测量精密度，能适用于各种类别煤及可燃页岩。实践证明：哈氏法测定的结果较适用于中速磨制粉系统的设计，而VTI法测定的结果较适用于钢球磨制粉系统的设计。实践证明，对于褐煤和可燃页岩，不论用哪种方法测定，其可磨性结果均不能用于设计制粉系统的依据，因为将使制粉系统的实际产量比通常磨制相同可磨性的其他煤种增大了50%左右，这是由于它们在磨煤机内受热过程中产生了爆烈而形成许多小粉粒的缘故。

测定可磨性方法虽然各不相同，但对于确定的一组煤样的测定结果，其大小排列次序则是相同的，并且它们之间存在着一定的关系。VTI和HGI两可磨指数之间关系可用下式表达：

$$\mathrm{VTI} = 0.0034\ (\mathrm{HGI})^{1.25} + 0.61 \qquad (8-1)$$

3-7 哈氏法测定煤的可磨性指数的基本原理是什么?

哈德果洛夫法（简称哈氏法）是根据里廷格磨碎定律，即磨碎所消耗的能量与被磨碎颗粒增加的表面积成正比。可用下式表达

$$E_e = \frac{k}{G_H} \cdot \Delta S \tag{8-2}$$

式中 E_e——磨碎消耗的有效能量，增加表面积所消耗的能量是磨碎的有效能，它只占消耗总能量中的一小部分；

k——仪器常数；

G_H——哈氏可磨指数；

ΔS——被磨颗粒磨碎后增加的表面积。

ΔS 不易直接测量，但可以依据单位质量不同粒度的表面积和粒度的关系以及哈氏法规定的条件推导出下式

$$G_H = \frac{k}{E} \cdot [14.2(50 - m) + 27] \cdot S_1 \tag{8-3}$$

式中 S_1——粒度（直径）为1.19mm的颗粒总表面积。

同样直接测量 E_e 和 k 也是很困难的，故采用了反推法，即选用了美国宾夕尼亚州某矿的低挥发分的烟煤为基准煤，规定其哈氏指数为100，在标准仪器及操作条件下测得其$\Delta S = 205S_1$，代入式（8-2）中可获得

$$\frac{k \cdot S_1}{E_e} = 0.488$$

将上式代入式（8-3）可获得计算哈氏可磨性指数的公式

$$G_H = 13 + 6.93(50 - m) \tag{8-4}$$

式中 m——0.074mm筛上的粉煤量，g。

尽管在 ISO、ASTM 和 GB 标准废除了计算公式法而采用了校正图表法，但其测定可磨性的性基本原理却没有改变。

8－8　制备哈氏可磨性样品时应注意些什么事项？

煤可磨性测定规范性强，对试样粒度范围和制样的产率都有严格的要求，为了制备出合乎规定的煤试样，必须注意以下事项：

(1) 制备煤样要按照制样要求逐级破碎，当破碎到粒度为 6mm 时，用二分器缩分出 1kg 放在空气中干燥到与空气湿度达到平衡后，再进行下一步制样。制样时，要采取筛分—破碎—筛分重复的步骤，逐渐减小粒度，即先从样品中筛出大于 1.25mm 的煤样，调节好破碎机的研磨面间隙，使其仅能破碎最大的颗粒煤，破碎后进行筛分，再调小研磨面间隙，进行破碎，如此反复地进行，直至煤样全部通过孔径为 1.25mm 的筛，最后用 0.63mm 孔径的筛筛去细粉，留取 0.63～1.25mm 粒级的煤样，经混匀后供测定用。

(2) 在破碎过筛过程中，要充分筛净。但时间不能过长，防止“合格粒度”被振碎。

(3) 对任何煤样，其制样率不得低于 45%，否则，要重新取样制备。所谓制样率是指制备好的粒级煤样占总制备煤样量的百分数。

(4) 在制样中，从始至终要用二分器进行缩分，以确保煤样制备质量。

8－9　哈氏法测定可磨性指数会受到哪些因素的影响？

在哈氏法测定煤的可磨性中可能会受到下列因素的影响：

（1）0.071mm 试验的孔径大小。一般测定的可磨性结果都是以通过或遗留在某一规定试验筛的粉量多少作为依据的。因此，试验筛的孔径标准与否会直接影响其筛下（或筛上）粉煤量，实践证明，它是影响测定结果的主要因素。

（2）研磨件的几何形状。由于哈氏磨中研磨件的几何形状较为复杂，不易准确加工，影响试样在碾磨碗中的被研磨程度，致使其成粉煤量有所差异。对可磨性指数大的煤影响就更大，例如 HGI 为 93 的煤不同磨相互间的平均相差可达到 9 个 HGI 单位。

（3）振筛机的筛分效率。不同类型的振筛机由于筛分效能不同，在相同的筛分时间内会得到不同的筛分试样量，造成测定结果的差异。实践证明，用振击回转式振筛机测得结果最高，回转式次之，往复式最低，它们之间的平均相差超过 2 个 HGI 单位。

（4）破碎的受力方式。不同类型的破碎设备不仅对其所制备的试样的粒度不尽相同，而且对其破碎试样所产生的内应力各不相同，这就导致在相同研磨的条件下，其成粉量不同，所以影响测定结果。例如：用对辊磨制备的试样测的可磨性指数均比用咖啡磨制备的偏低。且随着 HGI 的增高，其偏低幅度也有所增加。对 HGI 为 42 的煤平均降低约 2 个 HGI 单位，而对 HGI 为 97 的煤则平均降低约 3 个 HGI 单位。

（5）水分的含量对可磨性测定也有影响，对各类别煤的影响各不相同，无规律可循，但对同一品种煤有一定规律性。因此，在测定异于空气干燥基水分的煤样可磨性时，应测定粒级煤样的水分，并加以注明。

（6）筛分操作的正确与否也是影响测定结果的重要因素，

因此，务必按规定的筛分时间和扫刷筛网底部次数进行操作。

8-10 测定哈氏可磨性时为什么要用校正图表法代替公式计算法?

可磨性测定是规范性很强的煤质试验项目，这是因对测定中的许多条件都十分敏感。该法中早先采用的是依据里廷格磨碎定律基本原理推导的公式计算法，实践证明，对于同一煤样，不同实验室测定的结果可比性极差。因此，在ISO、ASTM和GB诸标准中都采用校正图表法确定煤的可磨性指数。其理由是：

(1) 在依据里廷格磨碎定律推导的计算公式过程中，有许多与实际测定不符的假设。例如，被磨碎的颗粒均为球体，在每一个粒级内，其球体均是相同的，且被磨碎的颗粒的直径（以质量计）与被磨碎颗粒新增加的表面积成反比例等，因而公式计算法不能获得准确的测定结果。

(2) 所用的设备仪器的性能受到制造条件的限制，不可能完全一致，况且在使用中这些设备仪器还受不同程度的磨损、变形等影响，其性能参数也会逐渐改变，从而影响公式计算的准确度。

由此可以看出，从煤样制备到测定的全过程，都会带来测定结果的误差。采用了4个一组的标准煤样（HGI从40~110）进行标定，由同一操作人员按规定操作要求和步骤每个标准煤样测定4次，计算出0.071mm筛下煤样的质量并取其算术平均值绘制成HGI值和0.071mm筛下粉的关系。使用时，只要按照与标定相同条件下煤样经研磨后的0.071mm筛下粉的质量，在图中查出相应的HGI值，就可获得该煤样的可磨性指数。这样就可大大地减少从煤样制备到测定的整个过程的系统误差。

8－11　哈氏可磨性测定仪校准方法中包括哪些主要内容？

计量（煤检）哈氏可磨性测定仪校准方法中主要包括下列内容：

（1）适用范围——新购置、使用中和修理后的哈氏可磨仪均可适用。

（2）校准项目：

1）外观检查包括仪器的型号、制造厂、制造日期、设备编号及制造器具许可证等。

2）有无存在影响仪器正常工作的机械损伤和锈蚀等。

3）仪器的各紧固件和电缆接触件应符合安全要求，各功能键要灵活完好，工作正常。

（3）测定性能检验：

1）校验哈氏磨转速，用秒表测定磨转动 60 圈所需的时间，重复测定 3 次，其平均值应符合 20 ± 1r/min 要求。

2）标定仪器，用一组四个标准煤样按 GB/T2565—1998《煤的可磨性指数测定方法》操作进行试验，其试验结果可绘制校准图或采用最小二乘法进行一元回归后得出：$HGI = a + bm$ [m 为通过 0.071mm 筛下的煤粉量（mg）]。

（4）校准结论和复校时间：

校准合格后出具校准证书及复校时间间隔（一年）。

注：计量（煤样）1005－2002《国家电力公司发电用煤质量监督检验中心计量仪器校准方法》。

8－12　试简述 VTI 可磨性指数的测定方法？

VTI 可磨性测定方法的基本原理与哈德果洛夫相同，都是依据里廷格磨碎定律的，但由于采用研磨方式（研磨机）的不同，所以其测法也有异于哈氏法。VTI 测定可磨性方法的操作简述如下：

（1）制备煤样：将粒度不超过 10mm 的煤样 3kg 置于方形浅盘中，放在空气中干燥直到恒重（每小时变化小于 0.1%），然后全部破碎到粒度小于 6mm，并用二分器缩分出 1kg 后，又经破碎，用 3.2mm 和 1.25mm 试验筛制备粒级煤样。

（2）试样测定：称取粒级煤样 50 ± 0.01g 倒入预先装有 4 ± 0.35kg 钢球的研磨滚筒内，盖好盖后，把滚筒装在 VTI 测定仪的工作位置上。

（3）按下开关，滚筒开始转动，当滚筒转数达到 540 ± 1r 时自动停止。

（4）取下滚筒，开盖，将滚筒内试样及钢球一起倒入摞在 0.090mm 试验筛上的保护筛内，刷净保护筛及钢球上粘附的煤粉。

（5）将装有研磨过试样的 0.090mm 孔径试验筛，放在机械振筛机上，按规定时间和操作进行筛分。

（6）计算：依据 0.090mm 试验筛上的粉煤量，按下式计算可磨指数（K_{VTI}）：

$$K_{VTI} = 2.32\left(\ln\frac{100}{R_{90}}\right)^{0.83} \tag{8-5}$$

式中 R_{90}——0.090mm 筛上煤粉的百分率，%。

8－13 怎样计算混煤的可磨性指数？

可磨性是表征煤成粉的一种物理性质。它决定于煤的岩相成分及其含量。通常煤中含有微晶成分，如镜煤、亮煤、暗煤、丝炭和夹杂物等，它们属于有机矿物质，同时还含有少量矿物质，如页岩、石英、黄铁矿、方解石等；这些属于无机矿物质，每种成分都有它自己的矿物特性，因而也就有各自相应的研磨性。煤的可磨性就是这些成分研磨性的综合反映。因此，一般说来，它具有加成性。依据这一特性，就可计算出混煤的可磨性。对于两种组成的混煤的可磨性可按下式计算

$$G_{I,m} = G_{I,H} + (G_{I,S} - G_{I,H}) \cdot b_s \tag{8-6}$$

若需精确计算，则可采用下式

$$G_{I,m} = 1.02(G_{I,S} \cdot b_s + G_{I,H} \cdot b_H) \tag{8-7}$$

式中 $G_{I,m}$——混煤的可磨性；

$G_{I,S}$——可磨性较大的煤的可磨性；

$G_{I,H}$——可磨性较小的煤的可磨性；

b_s, b_H——可磨性较大的和较小的煤占混煤中的质量百分比，%。

式（9－6）计算结果和实测值相比，其相对误差绝大多数不超过2%～5%。

8－14 什么是煤的磨损性？它对制粉系统有何作用？

磨损性是煤的物理性质之一。它表征煤对其他物质如金属的磨损程度大小的性质，用磨损指数 A_I（mg/kg）表示，其值愈大，则煤愈易磨损金属。它与煤中硅的含量及其存在形态、黄铁矿及灰分等因素有关，一般认为这些物质含量愈多，特别是石英和黄铁矿愈多，其磨损指数愈高，则对磨煤机的寿命的影响也愈大。所谓磨损指数是指在规定的条件下，取一定煤量磨碎时，以每公斤煤对金属磨损的毫克数表

示。磨损指数是用专用仪器测定的，我国多数煤 A_I 为 20～40，只有少数煤的 A_I 大于 70。磨损指数主要用来计算工业磨煤机在磨制各种煤时对其部件的磨损速度，以更好地选择磨煤机类型和估计磨煤机研磨件的使用寿命等。有些资料报导，$A_d > 30\%$ 的煤不推荐采用中速磨，黄铁矿含量大于 5% 的煤推荐采用钢球磨等。

8－15　测定煤的磨损指数方法的原理是什么？

现在许多国家包括我国都应用旋转式磨损试验装置测量煤的磨损指数 A_I。该装置主要有 4 个旋转叶片，相互间隔 90°，叶片尺寸为 38mm × 38mm × 11mm，且是后弯曲叶片（曲率半径 11 ± 0.1mm），用含铁 99% 以上纯铁材质切削而成，叶片和盛煤容器周围及底部的间隔均为 6.4 ± 0.1mm，钢制容器用高强度钢管制成，其直径为 203.2mm，深 228.6mm，转轴由电动机驱动，转速为 1420 ± 20r/min。试验前用分析天平精确称量好四个叶片的质量，在空气干燥的煤样（2 ± 0.01）kg、粒度不大于 9.5mm（通过圆孔筛）中受摩擦，当转速到达 12000 ± 20r/min 时计数器使转轴自动停止转动，而后取出叶片擦净称量。根据叶片的磨损质量按下式计算煤的磨损指数。

$$A_I = (m_1 - m_2) \times 10^3 \qquad (8-8)$$

式中　A_I——磨损指数，mg/kg；

m_1——4 个旋转叶片测定前的总质量，g；

m_2——4 个旋转叶片测定后的总质量，g；

m——煤样质量，kg。

8－16　测定煤的磨损指数受到哪些主要因素的影响？

磨损性测定方法规范性很强，因为影响磨损的因素很复杂，其中每个因素的变化都会使磨损量改变，从而导致测定结果不准确。这些影响因素主要有：

（1）叶片与磨罐之间的间隙。间隙不能过大或过小，它决定于煤样的粒度。如果间隙太小，有些大颗粒煤进不到间隙里，间隙太大又使中小颗粒在叶片与壳体之间滑过。这些都会影响磨损量，国标中规定间隙为6.4±0.1mm。

（2）叶片的材质和形状。实践证明叶片的材质和形状不同，都会影响磨损量的大小。国标规定了叶片的材质为15号钢，并且还严格规定了叶片的形状和尺寸。

（3）试验的时间。在相同条件下，试验初期磨损量随着时间的增加而成比例地增加，到一定时间后，磨损量就增加很少了。国标是以控制每个试验转数达到12000±20r就自动停止。因为时间与转数是成比例的。

（4）叶片旋转的速度。实践证明旋转速度从600～1500r/min，叶片的磨损量几乎与转速成正比，国标规定恒定转速为1450±30r/min。

（5）煤样粒度。由于叶片的磨损是粗颗粒造成的，因此，煤样中细颗粒较多，会造成磨损量的减少，从而使测定的磨损指数偏低。对于磨损指数大的煤，偏低也较大。国标规定煤样为小于9.5mm。

（6）煤样量。随着煤样量的增加，试样对叶片运动阻力也增加，导致叶片的磨损量增加。国标规定煤样量为2±0.01kg。

8－17　什么叫煤的冲刷磨损指数 K_e？

煤的冲刷磨损指数（K_e）是指在专门设计的试验条件

中（DL465—1992）所制备的煤样在冲刷试验过程中，从初始状态被研磨至规定的最终细度 $R_{90}=25\%$ 时，纯铁试片在单位时间的相对累计磨损量。煤的冲刷磨损指数可写为

$$K_e = \frac{E}{A \cdot T} \tag{8-9}$$

式中 E——纯铁试片的累计磨损量，mg；

T——累计冲刷时间，min；

A——相当于标准煤在单位时间内对纯铁试片的磨损量，一般规定 $A=10\text{mg/min}$。

8-18 煤的冲刷磨损指数的测定原理是什么？

冲刷磨损指数的测定原理是基于：称取一定粒度（≤5mm）的煤样（3kg）置于专用的密闭容器内，依靠一定压力（0.2±0.01MPa）的空气流的带动，将密闭容器底部煤样（粒）和气流一起进入喷射管，由喷射管喷出的含煤-气混合气流不停地冲刷磨损试片（已知质量的纯铁片），煤样也不断被磨细，测出煤样细度 $R_{90}=25\%$ 时的试片磨损指数（K_e）。因此煤的冲刷磨指数也可理解为在试验的冲刷时间内纯铁试片的质量的减少量除以试验的冲刷时间与假定的标准煤单位时间磨损量之比。

8-19 怎样依据煤的冲刷磨损指数 K_e 来估计煤对磨煤机金属表面的磨损程度？

煤的冲刷磨损指数 K_e 值是用来估计煤在被金属磨件破碎时，煤对金属磨损件表面的磨损程度。K_e 值愈大，则表示煤对金属磨件磨损性愈强。

冲刷磨损指数 K_e 的评价指标如下

冲刷磨损指数 K_e	磨损性
<1.0	轻微
1.0~1.9	不强
2.0~3.5	较强
3.6~5	很强
>5	极强

8-20 哪些煤质因素会增加煤的磨损性？

煤中除了由碳、氢、氧等组成的有机物质外，尚有多种矿物质，这些矿物质是以粘土、方解石、石英和硫铁矿等四类形式存在为主，它们的硬度及在煤中的分布状态对增加煤的磨损性起着决定性作用。

磨粒磨损的基本原理是当磨粒的硬度高于金属的硬度时，就会产生磨损，相反就不会发生磨损或磨损甚小。根据这一原理，煤中那些硬度较大的矿物质如黄铁矿、白铁矿和石英等，它们的硬度（莫氏）均大于6，因此，对金属表面会产生磨损作用。实践也证明了这一点，当煤中黄铁矿（或白铁矿）和石英的总含量增加时，煤的磨损性就增高。此外，菱铁矿的含量及煤中灰分的多少也都对煤的磨损性有相当的影响。

8-21 测定煤的真相对密度和视相对密度的原理是什么？

煤的真相对密度测定的原理是，以十二烷基硫酸钠溶液为浸润剂，使称取的一定煤样（粒度为0.2mm）在比重瓶中润湿沉降并排除吸附的气体，根据煤样同排出的同体积的水的质量计算出煤的真相对密度。

真相对密度按下式计算

$$\mathrm{TRD}_{20}^{20}=\frac{m_{\mathrm{d}}}{m_2+m_{\mathrm{d}}-m_1} \tag{8-10}$$

式中 TRD_{20}^{20}——干燥煤的真相对密度；

m_1——密度瓶加煤样及浸润剂和水的质量，g；

m_{d}——干燥煤样质量，g；

m_2——密度瓶加浸润剂和水的质量，g。

煤的视相对密度测定原理是，称取一定粒级的煤样（10～13mm粒级），表面用蜡涂封后（防止水渗入煤孔隙内）放入比重瓶内，以十二烷基硫酸钠溶液为浸润剂，测出涂蜡煤粒所排开同体积水溶液的质量，从而计算出涂蜡煤粒的体积，减去石蜡的体积后计算出煤的视相对密度。

视相对密度按下式计算

$$\mathrm{ARD}_{20}^{20}=\frac{G_1}{\left[\left(\dfrac{G_2+G_4-G_3}{D_r}\right)-\left(\dfrac{G_2-G_1}{D_{\mathrm{s}}}\right)\times D_{\mathrm{W}}^{20}\right]} \tag{8-11}$$

式中 ARD_{20}^{20}——煤在20℃时的视相对密度；

G_1——煤样的质量，g；

G_2——涂蜡煤粒的质量，g；

G_3——密度瓶、涂蜡煤粒及水溶液的质量，g；

G_4——密度瓶加水溶液的质量，g；

D_{s}——石蜡的密度，g/cm^3；

D_{r}——在 t ℃时的十二烷基硫酸钠溶液的密度，g/cm^3；

D_{W}^{20}——水在20℃时的密度，可近似取为1.000.

g/cm³。

8-22　煤的密度与哪些因素有关？

煤的密度决定于煤的变质程度、煤岩组成和煤矿物质的特性及其含量。煤的变质程度不同，纯煤密度有相当大的差异，如褐煤密度多数小于1.3g/cm³，烟煤多为1.25~1.35g/cm³，无烟煤一般是1.4~1.85g/cm³，即煤的变质程度越高，纯煤的密度越大。不同煤岩组分的密度各不相同，丝炭的密度最大，镜煤密度较小，角质化物质密度最小。煤中矿物质的密度一般比煤中有机物密度大得多，高岭土为2.6g/cm³，黄铁矿为3.9g/cm³等，因此，煤的密度随煤中矿物质含量（灰分）的增高而增加。

8-23　什么是煤的堆密度？它与哪些因素有关？

在规定的条件下，单位体积煤的质量称为煤的堆密度（BD）（也叫散密度）单位为t/m³。它的测定原理是：将含全水分煤样以一定的装样方式（如落煤高度、速度和位置等）使煤样落到一个已知体积的容器中，而后称其质量，依据质量和容器体积计算煤的堆密度。影响堆密度的因素有煤的煤化程度、水分含量和粒度大小以及测定时装煤样方式等有关。研究结果表明，当煤水分为6%到10%之间时，煤有一个最小的堆密度，这是由于煤中水分增加到一定水平时，湿煤粒表面间因增大了结合力而彼此凝聚起来，这时其粒度间存在着较大的间隙，于是煤的堆密度就减小了。堆密度（BD）可用下式表示

$$BD = \frac{100 - P}{100} \cdot ARD \qquad (8-12)$$

式中　ARD——煤的视密度，t/m^3；

P——粒间自由空间，%。

不同品种煤的堆密度各不相同，它与煤的变质程度有关，一般随着煤的变质程度的加深，堆积密度也随之增大，如无烟煤为0.9~1.0t/m^3、烟煤为0.85~0.95t/m^3、褐煤为0.65~0.85t/m^3、泥炭为0.3~0.6t/m^3等。

8-24　怎样测定用于贮煤场煤的堆（积）密度？

在贮煤场盘点煤量中往往需测定煤的堆密度，以作为计算库存煤量的依据。通常测定堆密度的方法有下列几种：

(1) 模拟法。选用0.5m×0.5m×0.5m的金属容器（该容器壁厚5~10mm）。分别按不同种煤或煤堆采样，并把采到的煤样装满容器，而后按实际组堆时的工艺进行不加压、稍加压或重加压试验，然后把煤样表面刮平，称量并计算出堆密度。

(2) 沉筒法。其测定原理及方法与模拟法基本类似，即先制作一个30cm× 50cm的圆柱形无底钢筒，筒壁厚为5~10mm。测量时，在煤堆上挖一个深为0.5m的小坑，将钢筒放入坑内，然后用推土机将钢筒压入煤堆内，取出钢筒，沿着钢筒口将煤表面刮平后称重，求出堆积密度。用这种方法测定堆密度时，煤堆长度至少应分三个相等区域，然后在每个区域内分布相同的测点。把各测点的测定结果的平均值作为这个煤堆的平均堆密度。

选用测定堆密度方法时，一定要依据贮煤场组堆煤的实际情况。测定堆密度的堆煤的条件愈接近于实际组堆煤时，则测定的结果愈有实用价值，即盘煤量的准确度就愈高。

8-25　什么是煤的自然堆积角?

煤以某一定方式堆积成锥体，在给定的条件下，只能增长到一定高度，若继续从锥顶缓慢加入煤时，煤粒便从上面滑下来，锥体的高度基本不再增加，此时，所形成的角锥表面与锥体底面的夹角具有一定的数值，这一夹角称为自然堆积角或自然休止角或落下角。如果要增加锥体高度（意味着堆积煤量增多），自然地会扩大锥体底圆面积（增大直径）。这时，锥体仍具有原锥体的堆积角。堆积角的大小与煤的块度，筛分组成和水分等规定条件密切相关。煤的自然堆积角随着粒度的增加而减小，一般为20°~30°，对于粒度很小的煤可达60°。在同样条件下，水分增加了，其堆积角也会增加，在水分为10%左右时有一个最大值。自然堆积角的大小能决定原煤仓或煤斗中煤的充满程度和煤在煤堆中的位置等。

8-26　如何测定煤炭自然堆积角?

依据GB/T18702—2002标准，测定煤炭自然堆积角的步骤如下:

（1）准备好堆积煤用小工具和测量堆积角用的量角仪，参见图8-1。

（2）选择一块水平地面，将煤试样掺和均匀;

（3）保持尽可能小的落距，慢慢地分层堆积直至锥体的高度不再升高为止;

（4）待锥体坡面稳定后，选择四个均分坡面;

（5）用直尺（长×宽×厚1000mm×50mm×10mm用于粒度上限≥50mm煤或长×宽×厚100mm×30mm×5mm用于粒度上限<50mm煤）贴紧其中一个坡面，量角仪的A边贴

紧直尺，让量角仪的指针自由下垂，待指针稳定后，读取所测角度值，即堆积角；

(6) 同上述同样方法测量其他三个坡面堆积角；

(7) 将四个堆积角测量值平均取其算术平均值并取整数；

(8) 将煤样重新分层堆积一次，测量四个坡面的堆积角，取其平均值；

(9) 取四个坡面堆积角的极差和两次测量的堆积角允许差不超过 2 度作为测定结果，否则，试验无效。

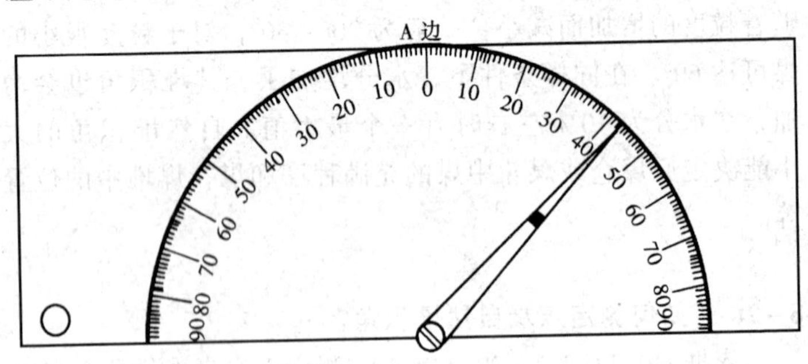

图 8-1 量角仪

8-27 什么是煤的着火温度？测定煤着火温度有何意义？

着火温度是指当煤在规定条件下加热到开始燃烧时的温度。尽管目前测定的方法很多，但它们的基本原理是相近似的：取一定细度的煤粉在有氧化剂（固体或气体）存在的情况下，按一定速度加热，由于达到着火温度时，会伴随明显的爆燃、试样温度的急剧上升或试样质量的迅速减少等，所有这些都可用来判明煤的着火温度。目前，国内常用的测定方法除了固体氧化剂法外，还有热重分析方法。热重分析法是电力工程上最常用的一种，它需特殊仪器及规范操作，才能获得良好的重复结果。影响着火温度的因素主要有氧化剂种类、加热速度及煤试样的粒度、挥发分、受氧化程度等。因此，它是规范性很强的一种测定项目，不同测定方法测得结果的数值是不相等的，但对已确定的一组煤样测得着火温度大小排列顺序是相同的。所以可用来比较各种煤间相对着火难易程度和自燃倾向。

各类别煤的着火温度（固体氧化剂法测得）大致是，无烟煤（$V_{daf}\approx 7\%$）为 390℃，弱粘结煤（$V_{daf}\approx 17\%$）为 380℃，焦煤（$V_{daf}\approx 20\%$）为 360℃，长焰煤（$V_{daf}\approx 43\%$）为 350℃，等等。着火温度可反映煤着火的相对难易程度，着火温度高的煤，不易在燃烧室内迅速着火而达到燃烧稳定。喷燃器的设计与锅炉运行的安全性在很大的程度上也依赖于着火温度。同时，着火温度也可作为安全贮存煤的参考依据。

8－28 如何采用固体氧化剂法测定煤的着火温度？

煤炭着火温度的测定方法很多，一般是在煤中加入固体氧化剂或通入氧气，并按一定升温速度进行加热，使煤发生明显的瞬时爆燃或有明显的温度升高，然后求出煤爆燃或急剧升温的临界温度点作为煤的着火温度。

亚硝酸钠是测定煤着火温度最常用的固体氧化剂，用亚硝酸钠方法测定煤的着火温度是将在空气中干燥恒重的煤样与亚硝酸钠按一定比例混合，注入着火点测定装置的煤样管中，然后加热并控制电炉升温速度，待煤样爆燃时与煤样管相连接的倒置滴定管中的水柱突然下降时，读取温度计上指示温度即着火点温度，也可借助于爆燃时煤试样温度突变来确定煤的着火温度。

8-29 怎样利用固体氧化剂法测得的着火温度判别煤的氧化程度和自燃倾向?

煤氧化后，其着火温度会明显降低。根据这一特点，可以判断煤氧化的程度，即分别测定用联苯胺处理过的煤样（还原样）、用过氧化氢处理过的煤样（氧化样）和未经处理的煤样（原煤样）的着火温度，然后依据下式计算原煤样的氧化程度:

$$氧化程度(\%)=\frac{还原样着火点(℃)-原煤样着火点(℃)}{还原样着火点(℃)-氧化样着火点(℃)}\times 100 \quad (8-13)$$

还可利用原煤的着火温度和氧化煤着火点降低的数据推测煤的自燃倾向。一般着火温度低的煤和氧化后着火温度降低数值大的煤容易自燃，还原煤样和氧化煤样的着火温度之差 $\Delta T_0>40℃$，一般是易自燃的煤；$\Delta T_0<20℃$ 的煤（除褐煤和长焰煤外）一般都是不易自然的煤。

8-30 用固体氧化剂法测定煤着火温度时应注意的事项是什么?

用固体亚硝酸钠法测定煤的着火温度应注意下列事项:

（1）亚硝酸钠容易受潮，必须预先研磨细，在 102～105℃下烘干，然后贮存于严密的称量瓶中，继而转移到干燥器内以防受潮。

（2）试样须在室温下自然干燥并达到恒重，也可在充氮的低温（40℃左右）干燥箱中干燥到恒重。

（3）煤样与固体氯化剂必须保持干燥和充分混合均匀，

这是得到明显爆燃点的重要条件。如遇有个别煤样爆燃点不明显，就应注意观察量水管水位的下降情况，下降稍快阶段的温度即为着火温度。

(4) 测定褐煤和烟煤的着火温度时，应分别选用 350℃和 400℃的温度计，测无烟煤时选用 500℃的温度计。测定着火温度的温度计必须定期经过计量部门校验。

8-31 什么是燃煤的燃烧分布曲线？

燃烧分布曲线是指用热重天平在程序控制和缓慢升温下测得煤试样质量的变化曲线的微商。它描述了煤粉试样在加热过程中水分蒸发、挥发分析出、着火燃烧及燃尽的整个过程中的质量变化速率，它可预测煤的燃烧性能。如图 8-2 所示，曲线在 100℃左右出现了水分析出峰，随着温度的逐渐升高，依次出现易燃峰和难燃峰。燃烧峰的位置反映了燃烧过程的开始发生及终止所需的温度条件的高低，而燃烧峰下包围的面积分别表示煤粉试样中易燃部分或难燃部分的可燃质的多少。

8-32 什么是燃煤的燃尽特性？

煤粉的燃尽特性是反映煤粉在锅炉内燃烧的难易程度，参见图 8-2 和图 8-3 曲线。难燃峰表示焦炭中的难燃部分，它决定了煤粉燃尽的特性。综合在 700℃下及通氧条件下烧掉 98%焦炭所需的时间 τ_{98}和难燃峰下烧掉的燃煤试样量（G_2）以及最大反应速度（$W_{2,\max}$）相应的温度 $T_{2,\max}$等各特性指标，再按等效离散度相等的原理确定各特性指标的权数，就可以计算出煤粉的燃尽指数 R_J，它可预测燃烧室内煤粉悬浮燃烧的燃尽程度。燃尽程度一般可分为极难

(<2.5)、难 (2.5~3.0)、中等 (3.0~4.4)、易 (4.4~5.7) 和极易(>5.7)等五个等级。

8-33 什么是燃煤的着火稳定性?

着火稳定性可从失重分析方法中得到的易燃峰(见图 8-2),该易燃峰为煤粉试样中的挥发分和焦炭中易燃部分的燃烧峰,综合着火温度(易燃峰曲线的起始点)、易燃峰的反应速度($W_{1,max}$)及其相应温度($T_{1,max}$)等特性指标,按等效离散度相等原理确定各特性指标的权数,就可得到着火稳定性指数 R_W。它可预测煤粉悬浮燃烧的稳定性。着火稳定性可分为极难(<4.0)、难(4.0~4.65)、中等(4.65~5.0)、易(5.0~5.7)和极易(5.7)等五个等级。

8-34 什么是飞灰比电阻?它的测定原理是什么?

飞灰比电阻表示在规定的条件下飞灰的导电能力,单位为 Ω·cm。它是选择除尘器类型或选择静电除尘器的合理结构及运行方式的依据。飞灰比电阻太高或太低均影响静电除尘器的运行效率。

飞灰比电阻的测定原理是:将一定飞灰试样装入特殊设计的盘状固定电极和活动电极组成的测量装置内,而后在活动极和盘极间施加直流高压,并缓慢升高电压,直到电流急剧上升为止,一般取平均击穿电压的90%电压下的相应电流值来计算飞灰比电阻 ρ

$$\rho = \frac{UA}{IH} \tag{8-14}$$

式中 I——相应于电压 U 下的电流值,A;

H——两电极间的飞灰样厚度,cm;

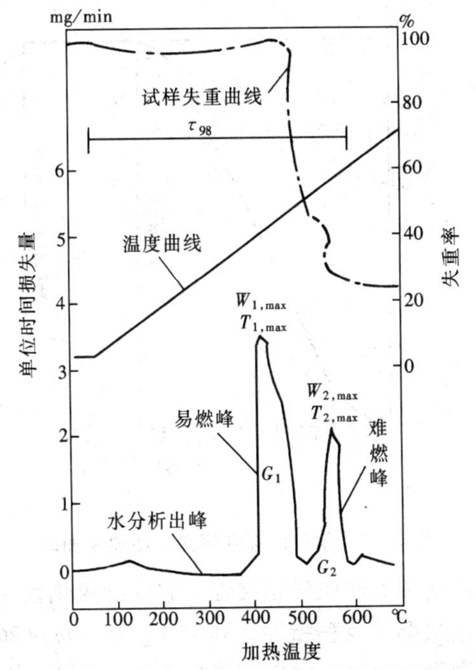

图 8－2　某矿区综合煤粉燃烧分布曲线

U——施加在两个电板上的电压，V；

A——活动电极横截面积，cm^2。

这种测量飞灰比电阻方法，显然测定结果与飞灰成分、湿分、温度以及电极结构等有关，如在温度为 120～180℃下飞灰比电阻为 $4.22\times10^{11}\sim4.19\times10^{13}\Omega\cdot cm$。

8－35　什么是煤的粘结性？它对锅炉设备运行有何影响？

烟煤在加热过程中首先软化，接着因挥发分释放而膨胀，同时产生胶质体，使其本身粘结起来而形成各种不同程

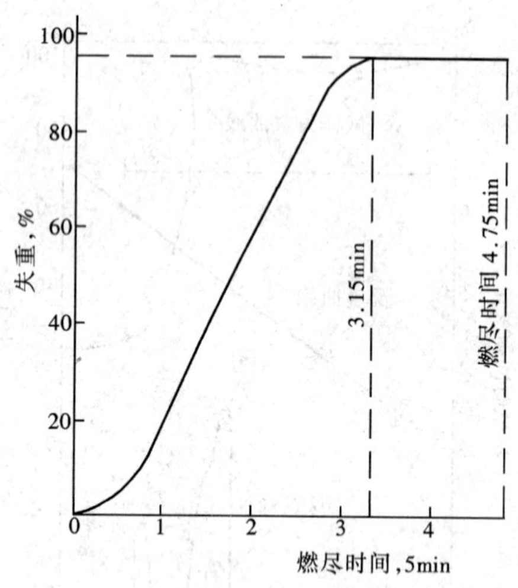

图 8－3　某矿区综合煤焦燃尽速率曲线

度的焦块，这种性质叫做粘结性。它受到煤化程度的强烈影响，多数烟煤都具有粘结性，其中 V_{daf}为 18%～26%的烟煤的粘结性最强。$V_{daf}>42\%\sim45\%$或 $V_{daf}<15\%$的则无粘结性。煤的粘结性强弱会直接影响其燃烧性能，对悬浮燃烧的煤粉锅炉，强粘结性的煤粉在炉膛内受热易聚集成多孔的轻质颗粒，这些颗粒未经完全燃烧就被烟气携带出炉膛外，增加了机械未完全燃烧损失；对层式燃烧锅炉，强粘结性煤受热后在炉排上易结成大块状物，阻止空气通入煤层，影响燃烧，降低锅炉效率。因此，对煤粉炉和链条炉都不宜燃用强粘结性的煤。

测定粘结性可用坩埚膨胀序数法或罗加指数法，前者用胶质层最大厚度表示其粘结能力，后者用规定的膨胀序数来表示其粘结能力。

第九章　煤灰的化学成分及其高温特性

9-1　煤灰的化学组成是什么？

煤在空气中完全燃烧时，煤中的无机矿物质及某些含有金属的有机物便形成了残渣，这些残渣就是煤的灰分。煤的灰分不是煤中的固有成分，而是在规定条件下完全燃烧后的残留物。煤灰的组成是极为复杂的，它是煤中矿物质在一定条件下经过一系列分解、化合等复杂反应而形成的，是煤中矿物质的衍生物。它主要由硅、铝、铁、钛、钙、镁、锰、钒、钾、钠、硫和磷等元素的氧化物组成，如二氧化硅（SiO_2）、三氧化二铝（Al_2O_3）、三氧化二铁（Fe_2O_3）、二氧化钛（TiO_2）、氧化钙（CaO）、氧化镁（MgO）、三氧化硫（SO_3）、氧化钾（K_2O）、氧化钠（Na_2O）、五氧化二磷（P_2O_5）等。此外，煤灰中还常含有一些其他的伴生元素和稀散元素，它们也多以氧化物的形式存在，但含量极少。

9-2　煤灰成分分析包括哪些项目？动力用煤测定煤灰成分的意义是什么？

煤灰成分是以组成煤灰各主要元素氧化物的质量百分数表示，其主要成分是 SiO_2、Al_2O_3、Fe_2O_3、CaO、MgO、SO_3、TiO_2、Na_2O、K_2O、V_2O_5、P_2O_5、MnO_2 等。其中三种成分

SiO_2、Al_2O_3 和 Fe_2O_3 占煤灰的 90%，特别是 SiO_2 占煤灰的 40%～60%，也有少数煤灰 CaO 占 20%甚至 50%以上。

煤灰成分的测定，主要是指煤灰中的 SiO_2、Al_2O_3、Fe_2O_3、CaO、MgO、SO_3、TiO_2、Na_2O、K_2O 的测定。一般它们之和可占 95%以上。煤灰中的 K_2O 和 Na_2O 含量不高，大多数情况下占 2%以下。

煤灰中的 SiO_2、Al_2O_3、TiO_2 为酸性氧化物，Fe_2O_3、CaO、MgO、K_2O、Na_2O 则为碱性氧化物。

煤灰成分分析与电力生产关系密切，通过煤灰成分分析可了解灰中酸性氧化物与碱性氧化物的比值，该比值对预测冲灰管道结垢和腐蚀有重要作用。通过灰成分分析还有助于判断和防止灰渣对锅炉设备的侵蚀，以及锅炉结渣和积灰。

煤灰中的 K_2O 和 Na_2O 虽含量不多，但它们对锅炉受热面危害较大，对除尘器的设计也有所影响。因此灰成分分析中应测定 Na_2O 和 K_2O 含量。

测定煤灰成分还给煤灰的综合利用提供参考数据。为防止环境污染有时还需测定煤灰中的一些有害金属和非金属成分，如铬、镉、铅、硒、磷等。

9-3 怎样制备煤灰成分分析的灰试样？

为了获得准确的煤灰成分分析结果，必须采用正确合理的方法将煤样灰化，以制备供灰成分分析的样品。

灰样的制备可按国标中缓慢灰化法测定灰分的程序进行。称取一定量的空气干燥煤样于灰皿中铺平，使其每平方厘米不超过 0.15g，将灰皿放入不超过 100℃的高温炉中，在自然通风和炉门留有 15mm 缝隙条件下，缓慢升温至 500℃后恒温 30min，借助于高温炉烟囱保证所产生的二氧化硫排出炉外，最后将炉温升至815±10℃，在此温度下灼烧2h，取出冷却后用玛瑙研钵研细至粒度小于0.1mm，然后，再置于灰皿中在815±10℃下再灼烧30min，直到其质量变化不超过灰样质量的千分之一为止。取出放入干燥器中冷却备用。称样前应在815±10℃下再灼烧30min。

9-4 煤样灰化时，为什么规定其厚度不得超过$0.15g/cm^2$？

灰化煤样是煤灰成分分析的基础，它直接关系到分析结果的准确可靠性。煤样厚度的不同，影响灰化过程中碳酸盐热解产生的氧化钙对二氧化硫和三氧化硫的固定程度，从而影响三氧化硫的测定值。试验证明：当氧化钙含量低时影响不大，但当氧化钙含量高达20%以上时其影响就很大了。因此，国内外规定煤样灰化时其厚度不得超过$0.15g/cm^2$。此外，对不同硫分的煤样不应在同一炉内灰化，否则，会改变原来煤灰的成分组成。

9-5 煤灰成分分析中怎样熔样？

称取灰样于银坩埚中，为防止灰样在氢氧化钠未溶之前随热气流飞逸损失，可在加氢氧化钠之前滴几滴乙醇润湿。然后加氢氧化钠，盖上盖，将银坩埚放入马弗炉中，必须在1~1.5h将炉温从室温缓慢升至650~700℃。熔融15~20min。用氢氧化钠熔融温度不能太高，时间不宜过长，否则，会有银被熔下来进入熔体中。熔融温度过低会使熔融不完全，使灰成分测定结果偏低。

9-6 煤灰样熔融后，怎样将煤灰熔融物完全浸出？

实践证明，为尽快将煤灰熔融物完全浸出，将坩埚从高温炉中取出时，立即放入装有冷蒸镏水的瓷盘中激冷，待坩埚冷却后，取出坩埚，擦净坩埚外壁，竖放于250mL烧杯中，在坩埚中加入1mL乙醇和适量刚煮沸的热蒸馏水，使熔融物浸出，若熔融物不能完全浸出，此时，只能用少量稀盐酸和热蒸馏水交替冲洗坩埚和坩埚盖，直到坩埚内表面透亮为止，但所用酸量和冲洗次数不宜过多，否则，银坩埚侵蚀严重。

9-7　动物胶凝聚质量法测定煤灰中二氧化硅的原理是什么？

动物胶凝聚质量法测定二氧化硅的原理是将灰样和氢氧化钠在650~700℃下熔融。使所有二氧化硅、硅酸盐、硅铝酸盐都转化为可溶于水的偏硅酸钠。

熔融时反应方程式如下

$$4NaOH + 2SiO_2 = 2Na_2SiO_3 + 2H_2O$$

$$SiO_2 \cdot Al_2O_3 \cdot 2H_2O + 4NaOH = 2NaAlO_2 + Na_2SiO_3 + 4H_2O$$

$$2NaOH + MeSiO_3 = Na_2SiO_3 + Me(OH)_2$$

（Me为二价金属离子）

熔融后先以沸水浸取熔块，再用盐酸酸化，使之全部溶解。这时硅酸钠转变为不易解离的偏硅酸和金属氯化物。化学反应式如下

$$Na_2SiO_3 + 2HCl = 2NaCl + H_2SiO_3$$

$$NaAlO_2 + 4HCl = NaCl + AlCl_3 + 2H_2O$$

$$Me(OH)_2 + 2HCl = MeCl_2 + 2H_2O$$

偏硅酸形成稳定的胶体溶液（溶胶），其胶粒带负电荷。动物胶溶于水成为胶体，它能吸附氢离子（H^+），在有盐酸存在时，动物胶吸附氢离子构成带正电荷的胶体，它就能中

和硅酸溶胶中的负电荷而凝聚沉淀。使用动物胶要具有足够的酸度，酸度愈大，则偏硅酸愈容易聚合成多分子的结构。盐酸的浓度应在 8mol/L 以上，温度控制为 70 ~ 80℃为宜，如温度过高，超过 80℃。就会破坏胶体。加入的动物胶也不宜过多，过多时使硅酸不易析出。

9-8 为什么用动物胶凝聚质量法测定二氧化硅要控制好酸度?

动物胶是一种富含氨基酸的蛋白质，其分子式为：$C_{55}H_{15}N_{17}O_{22}$，在水中能形成胶体溶液，属亲水性胶体，其结构表示为 $R\begin{cases} NH_2 \\ COOH \end{cases}$，其中羧基［- COOH］能电离释放出 H^+，从而形成带负电荷的 $R\begin{cases} NH_2 \\ COO^- \end{cases}$，它的胺基［$-NH_2$］也能与氢离子结合生成 $-NH_3^+$，从而形成带正电荷的 $R\begin{cases} NH_3^+ \\ COOH \end{cases}$，因此，动物胶是两性物质。当 pH = 4.7 时，动物胶粒子的总电荷为零，即体系处于等电状态。当 pH < 4.7 时，胶粒吸附溶液中的氢离子而带正电荷：

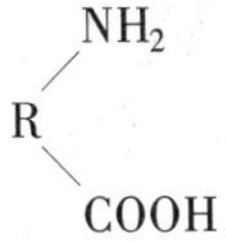

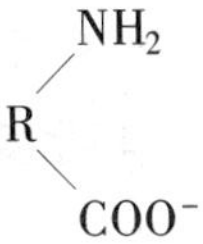

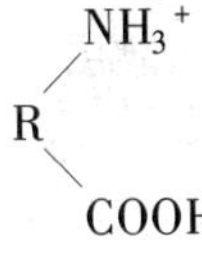

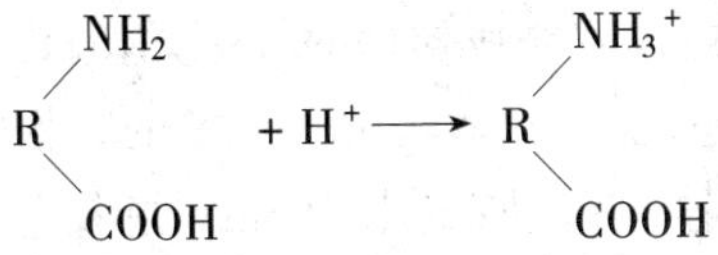

$$R\begin{cases} NH_2 \\ COOH \end{cases} + H^+ \longrightarrow R\begin{cases} NH_3^+ \\ COOH \end{cases}$$

当 pH > 4.7 时，胶粒羧基电离出氢离子而带负电荷：

$$R(NH_2)COOH + OH^- \longrightarrow R(NH_2)COO^- + H_2O$$

因此，在试验中严格控制溶液 pH 值是十分必要的。只有在盐酸存在时，动物胶吸附氢离子 H^+。构成带正电荷胶体，它就能中和硅酸溶液胶中的负电荷而凝聚沉淀。

9-9 硅酸胶团的基本结构是什么？

胶核是硅酸胶粒的中心部分，它是硅酸溶液中 SiO_2 的聚集体，具有很强的吸附性。胶核 $(SiO_2)_m$ 表面的 SiO_2 分子与水分子作用生成 H_2SiO_3，部分 H_2SiO_3 分子离解为 SiO_3^{2-}，而这些 SiO_3^{2-} 又吸附在胶粒的表面，使形成的胶粒带有负电荷，设离解的 H_2SiO_3 为 n 个分子，则将产生 n 个 SiO_3^{2-} 和 $2n$ 个 H^+，$2n$ 个 H^+ 中有 2（$n-x$）个处于吸附层内与胶核构成胶体粒子，其余 $2x$ 个则分布在扩散层中，其结构示意图如下：

$$\{[\underbrace{(SiO_2)_m}_{\text{胶核}} \cdot \underbrace{H_2SO_3 \cdot nSiO_3^{2-} \cdot 2(n-x)H^+}_{\text{吸附层}}]^{2x-}\ \underbrace{2xH^+}_{\text{扩散层}}\}_{\text{胶团}}$$

9-10 动物胶凝聚质量法测定二氧化硅时，怎样蒸干和过滤？

灰样熔融浸出后，将烧杯放在电热板上，缓慢蒸干成带黄色盐粒，这时硅胶变成偏硅酸（SiO_2H_2O），然后加入盐酸 20mL，并加热至 80℃，加入 70～80℃的动物胶，搅拌 1min，保温 10min，稍冷后，加热水 50mL，搅拌，使盐类完全溶解，用定量滤纸过滤于 250mL 容量瓶中，将沉淀用稀盐酸洗 4～5 次，再用热水洗 10 次左右，然后放入 1000±20℃的高温炉灼烧 1h 后，冷却，称量。

容量瓶中的滤液作测定其他项目之用。

9－11 动物胶凝聚质量法测定煤灰中二氧化硅时应注意些什么事项？

用动物胶凝聚法测定煤灰中二氧化硅时要注意下列事项：

（1）熔融煤灰样时间不宜过长，以免银坩埚的银过多地进入熔块中。

（2）煤灰中含有氟离子时，可加适量的 H_3PO_4，以防止因 SiO_3^{2-} 变成四氟化硅（SiF_4）而损失。

（3）加盐酸蒸干脱水（此时形成黄色盐粒）要彻底，以减少二氧化硅的溶解，但温度不宜过高，防止烧杯中溶液溅出。

（4）须在酸性介质中加入动物胶才能起到凝聚硅酸的作用。这是因为动物胶质点吸附氢离子（H^+）形成带正电荷的胶体，而偏硅酸（H_2SiO_3）质点是带负电荷的胶体，这两种胶体相遇时，正负电荷互相吸引而彼此中和电性，使硅酸凝聚而析出。

所以要控制好加动物胶溶液的酸度（8mol/L）和温度（70～80℃）及其动物胶的用量。

（5）用热水洗涤硅酸胶体时，其次数不宜过多，否则，会使测定结果偏低。但也要洗至无氯离子。灼烧后的 SiO_2 应为纯白色，若灼烧后夹杂黄色，可能是由于洗涤不充分有少量氧化铁存在之故。

9-12 用硅钼蓝分光光度法测定煤灰中二氧化硅的原理是什么？

硅钼蓝分光光度法的测定原理是在乙醇存在下，于0.1mol/L盐酸的介质中，正硅酸与钼酸生成稳定的硅钼黄，然后提高酸度至2.0mol/L以上，以抗坏血酸还原硅钼黄为硅钼蓝，采用示差分光光度法测定二氧化硅含量。

在弱酸性介质中，正硅酸能和钼酸铵形成黄色的硅钼杂多酸。

$$H_4SiO_4 + 12H_2MoO_4 = H_8[Si(Mo_2O_7)_6] + 10H_2O$$

硅钼杂多酸 $[Si(Mo_2O_7)_6]^{8-}$ 遇到还原剂，正六价钼部分被还原为正五价，生成蓝色硅钼杂多酸。

$$\underset{（黄色）}{[Si(Mo_2O_7)_6]^{8-}} + 2e \xlongequal{4H^+} \underset{（蓝色）}{[Si(Mo_2O_5)(Mo_2O_7)_5]^{6-}} + 2H_2O$$

蓝色硅钼杂多酸的色度与硅的含量成正比，所以可用1cm厚的比色皿，选择适当的标准系列溶液为参比，在620nm波长处测定其吸光度。

9-13 硅钼蓝分光光度法测定煤灰中二氧化硅时要注意些什么？

用硅钼蓝分光光度法测定煤灰中二氧化硅时，要注意下列问题：

（1）注意砷和磷对测定结果的影响。在测定的条件下，砷和磷能分别生成蓝色的砷钼蓝杂多酸和磷钼蓝杂多酸，以致使硅的测定值偏高。但煤灰中砷和磷的含量很小，可在形成硅钼黄以后适当控制还原时溶液的酸度，使其在4mol/L左右，便可以破坏砷钼蓝杂多酸和磷钼蓝杂多酸的生成

(2) 在形成硅钼黄时，酸度不宜太大，保持在 0.1mol/L 较好，酸度过大或过小都能使正硅酸凝聚沉淀，以致无法使用比色法测定煤灰中二氧化硅含量。

(3) 采用硅钼蓝分光光度法测定煤灰中三氧化硅含量时，二氧化硅含量应低于 30%。如果二氧化硅含量很高，就可以稀释试液或选择合适的溶液作参比。

9-14 什么是络合物和络合滴定法？络合滴定法应具备哪些条件？

络合物就是含有配位键并具有一定稳定性，在水溶液中不易离解的复杂离子（或分子）。络合滴定法就是以络合剂对试液中的被测离子进行络合来测定其含量的一种容量分析方法。由于络合滴定法快速、精确以及仪器简单等，所以在煤灰成分分析中被广泛采用。

应用最广泛的络合剂是乙二胺四乙酸，英语名称缩写为 EDTA，它是一个对金属离子有很强络合能力的络合剂。在实际使用中，不用 EDTA，而常用 EDTA 的二钠盐。因为 EDTA在水中的溶解度太小，在 22℃时，其溶解度为 0.02g/100gH_2O。其二钠盐易溶于水，在室温时约为 11g/100gH_2O。由于习惯和使用上的方便，实际仍用 EDTA 来表示其二钠盐。

EDTA 络合滴定法系采用掩蔽、解蔽、析出、差减等方法，控制不同的酸度，采用不同的指示剂来消除多元素间的相互干扰，因此，可以在不分离的情况下分别测定铝、铁、镁、锰等 40 余种阳离子和硫酸根等若干阴离子。

应用络合滴定法必须具备以下条件：

(1) 必须按一定的反应式定量地进行；

(2) 反应生成的络合物应具有相当大的稳定性；

(3) 反应必须迅速。

9-15 用EDTA容量法测定煤灰中三氧化二铁的原理是什么？测定中应注意些什么？

用EDTA容量法测定煤灰中三氧化二铁的原理是基于在pH=1.8~2.0的条件下，以磺基水杨酸［$SO_3HC_6H_3(OH)\cdot COOH$］为指示剂，用EDTA标准溶液滴定，使溶液中的铁离子Fe^{3+}同EDTA生成络合物，滴定到终点时颜色由紫红色变成为浅黄色，若在测定中用硫氰酸铵为指示剂时，则其终点颜色由红色变为黄色。根据消耗的EDTA标准溶液计算出煤灰中三氧化二铁含量。其反应方程式为：

现以HI_n^-代表磺基水杨酸根离子，H_2Y^{2-}代表EDTA离子，络合滴定Fe^{3+}的反应为

$$\underset{}{Fe^{3+}} + \underset{(无色)}{HI_n^-} \rightleftharpoons \underset{(紫红色)}{FeI_n^+} + H^+$$

滴定反应：$Fe^{3+} + H_2Y^{2-} \rightleftharpoons FeY^- + 2H^+$

终点时指示剂的变色反应：

$$H_2Y^{2-} + \underset{(紫红色)}{FeI_n^+} \longrightarrow \underset{(亮黄色)}{FeY^-} + \underset{(无色)}{HI_n^-} + H^+$$

在测定中应注意事项：

(1) pH值要控制在要求的范围（1.8~2.0）内，否则会影响测定结果，因为本法是不加任何掩蔽剂的，而是利用酸效应来排除其他离子干扰的。

(2) 在滴定中要使加热温度达到60~70℃，以加速络合作用，温度低则络合慢，会导致终点不明显。要求在滴定终点时，温度不低于60℃。

(3) 溶液中 Fe^{3+} 含量低时，滴定终点接近于无色而并非黄色。

9-16 EDTA 络合滴定铁时，为什么 pH 值要控制在 1.8~2.0 的范围内？pH 值过大或过小有何影响？

EDTA 的酸效应很强，溶液的酸度大小对 EDTA 离解出来的离子形态有很大的影响。因此，用 EDTA 滴定铁的关键问题，就在于正确控制溶液的 pH 值和温度。试验证明：滴定时酸度应控制 pH 在 1.8~2.0 范围内。当 pH<1 时，磺基水杨酸的络合能力降低，而且 EDTA 与 Fe^{3+} 不能定量络合；pH 在 1~1.5 时，滴定终点变色缓慢；pH 过大时，磺基水杨酸（H_2Sal）与 Fe^{3+} 形成稳定的 $[Fe(Sal)_2]^-$ 或 $[Fe(Sal)_3]^{3-}$ 络阴离子，使 Sal^{2-} 不易被 EDTA 取代，测定结果偏高，而且还会对滴定有干扰的元素将会增多，铁、铝也易水解，如 Fe^{3+} 水解形成 $Fe(OH)^{2+}$、$Fe(OH)_2^+$，络合能力减弱，甚至生成没有络合能力的 $Fe(OH)_3$ 沉淀，溶液混浊，使滴定无法进行。

9-17 EDTA 络合滴定铁时，滴定温度为什么要控制在 60~70℃？

当用 EDTA 络合滴定铁时，因为 EDTA 与磺基水杨酸的置换反应较慢，如果温度太低，则由于 EDTA 与 $[Fe(Sal)_2]^+$ 中的 Fe^{3+} 的络合速度缓慢，往往容易滴定过量，使测定结果偏高；如果温度过高，则铝也能与 EDTA 络合而使铁的测定结果偏高。试验证明，在 60~70℃ 的温度下，既可加快 EDTA 置换与磺基水杨酸结合的铁的反应，又可避免铝的干扰，所以滴定时温度应控制在 60~70℃。

9－18 用氟盐取代 EDTA 容量法测定煤灰中三氧化二铝的原理是什么？测定中应注意哪些事项？

用氟盐取代 EDTA 容量法测定煤灰中三氧化二铝的原理是基于下列两点：

（1）在弱酸性溶液中加入过量 EDTA 溶液，调节 pH 为 5.9，加入缓冲液，煮沸使铁、铝、钛等离子与 EDTA 进行完全络合，用二甲酚橙作指示剂，以乙酸锌标准溶液回滴剩余的 EDTA。

（2）加入氟化钾，煮沸 2～3min，使生成更稳定的 AlF_6^{3-} 络离子（该络合物的稳定常数 $\log K_{稳}=19.84$），置换出与 Al^{3+} 络合的 EDTA，然后用锌盐（乙酸锌标准溶液）滴定置换出的 EDTA，根据扣除消耗与钛络合的那部分锌盐标准溶液后的锌盐标准溶液计算出煤灰中三氧化二铝的含量。

测定中应注意的事项：

（1）加入 EDTA 溶液并调节 pH＝5.9 后，须加热至微沸数分钟，使溶液中的绝大部分离子与 EDTA 络合。

（2）加入氟盐后溶液须煮沸 2～3min，使 F^- 置换出与铝、钛络合的全部 EDTA。

（3）煤灰中的锆、锡、钍等的 EDTA 络合物也能与 F^- 起反应而影响测定结果，但因它们在煤灰中的含量甚小，故其影响可忽略不计，唯有钛的影响需要校正。

9－19 用 EDTA 容量法测定煤灰中氧化钙的原理是什么？测定中应注意哪些事项？

用 EDTA 容量法测定煤灰中氧化钙的原理是：在除去二氧化硅后的溶液中加入三乙醇胺掩蔽铝、钛、锰等离子，在 pH≥12.5 条件下以钙黄绿素——百里酚酞为指示剂，以

EDTA标准溶液滴定。因 pH≥12 时，镁已生成 $Mg(OH)_2$ 沉淀，仅有钙和 EDTA 发生反应，从而避免了 Mg^{2+} 对 Ca^{2+} 的干扰。其化学反应式为

$$Ca^{2+} + H_2Y^{2-} = CaY^{2-} + 2H^+$$

根据所消耗的 EDTA 标准溶液计算出煤灰中氧化钙的含量。

在测定中应注意的事项：

（1）若煤灰中 TiO_2 含量大于 2%时，在加入掩蔽剂后，还要加入苦杏仁酸。

（2）因为三乙醇胺是在碱性溶液中掩蔽 Fe^{3+}、Al^{3+}、Ti^{4+} 和少量 Mn^{2+}，所以必须按顺序加入试剂，即先加三乙醇胺，再加氢氧化钾。

（3）在加入氢氧化钾溶液后应立即滴定，否则，随着放置时间的延长，钙将被氢氧化镁沉淀吸收，造成结果偏低。

（4）不能在直接照射的阳光下进行滴定，滴定时应将烧杯底部放在黑色衬底的底板上，从溶液的上面向下观察颜色的变化，当溶液的绿色荧光刚刚消失时，即为终点，这样易于判断终点。

9-20 用 EDTA 容量法测定煤灰中氧化镁的原理是什么？在测定中应注意哪些事项？

用 EDTA 容量法测定煤灰中氧化镁的原理是依据在除去 SiO_2 后的溶液中加入三乙醇胺、铜试剂（二乙基胺二硫代甲酸钠）为掩蔽剂，以掩蔽铁、铝、钛及微量的铅、锰等离子，用氢氧化钠和 pH = 10 的氨性缓冲溶调节溶液，使溶液 pH≥10，若 pH 值小，则络合不完全；若 pH 值过大，则 Mg^{2+} 会生成 $Mg(OH)_2$，使测定值偏低。以酸性铬蓝 K－萘

酚绿 B 为指示剂，以 EDTA 标准溶液滴定钙、镁合量，根据扣除滴定钙时所消耗的那部分 EDTA 后的 EDTA 标准溶液的量，就可计算出煤灰中氧化镁的含量。

其化学反应式为

$$\begin{matrix} Ca^{2+} \\ Mg^{2+} \end{matrix} + 2H_2Y^{2-} = \begin{matrix} CaY^{2-} \\ Mg^{2-} \end{matrix} + 4H^+$$

测定中应注意的事项为：

（1）当二氧化钛含量大时，在加掩蔽剂前要加入酒石酸钾钠数毫升。

（2）加入铜试剂即能与铅、铜等离子生成沉淀而不被EDTA络合，又能消除锰、钴、镍等离子对指示剂的氧化或封闭作用，而使终点突变清晰，但铜试剂也不宜多，否则，会出现混浊，反而不利于判断终点。

（3）在指示剂加入前，滴加稍少于滴定钙时所耗量的EDTA标准溶液，以利于终点的清晰判断。

（4）每加入一种试剂后均要搅匀。

9－21　用二安替吡啉甲烷分光光度法测定煤灰中二氧化钛的原理是什么？测定中应注意哪些事项？

用二安替吡啉甲烷（DAPM）

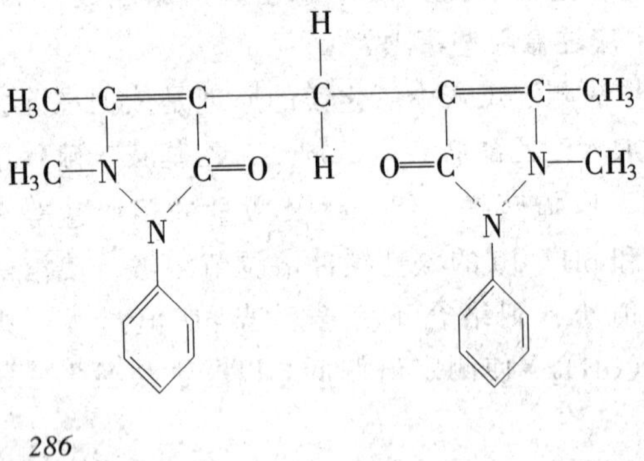

H

$H_3C—C═C——C——C═C—CH_3$ 比色法测定煤

$H_3C—N\quad C═O\quad H\quad O═C\quad N—CH_3$

N　　　　N

灰中二氧化钛的原理是：煤灰样经氢氧化钠熔融后，制成0.5~1.0mol/L的盐酸溶液，并向其中加入抗坏血酸，以消除铁离子的干扰，而后加入二安替吡啉甲烷显示剂，使其与四价钛离子生成黄色络合物，用2cm厚的比色皿，以空白溶液为参比，在450mm波长下测定吸光度。根据其消光值计算出煤灰中二氧化钛的含量。其化学反应为

$$TiO^{2+} + 3DAPM + 2H^{+} \rightleftharpoons [Ti(DAPM)_3]^{4+} + H_2O$$

测定中应注意的事项：

（1）加入抗坏血酸和显色剂后的时间要加以强制，一般需要25~30min。

（2）要控制溶液酸度在0.5~1.0mol/L范围内，才能使显色剂与钛离子生成稳定的黄色可溶络合物。

（3）当煤灰中钛的含量高时，可适量多加抗坏血酸，以消除铁的影响。

9-22 用过氧化氢分光光度法测定煤灰中二氧化钛的原理是什么？测定中应注意的事项是什么？

用过氧化氢分光光度法测定煤灰中二氧化钛的原理：在去除二氧化硅后的煤灰溶液中，在硫酸介质中以磷酸掩蔽铁离子，四价钛与过氧化氢形成钛酸黄色络合物。此黄色络合物只有在强酸性溶液中才是稳定的。而后用3cm厚比色皿，以标准空白溶液为参比，在430nm波长下进行比色。其化学反应式为

$$TiO^{2+} + H_2O_2 = [TiO(H_2O_2)]^{2+}$$

测定中应注意的事项：

（1）加入混合酸（$H_2SO_4 + H_3PO_4$）后，若出现混浊，须在水浴上加热使之澄清。

(2) 要控制磷酸（H_3PO_4）的加入量，磷酸过多会使消光值降低，过少会增加盐酸和氧化铁对测定的干扰。

(3) 用过氧化氢比色法不如用二安替吡啉甲烷比色法灵敏度大，因为二安替吡啉甲烷与四价钛离子生成黄色络合物，其最大光吸收的摩尔吸光系数，要比过氧化氢与钛所形成的黄色铬合物的大25倍。

9-23 用磷钼蓝分光光度法测定煤灰中五氧化二磷的原理是什么？在测定中要注意些什么？

用磷钼蓝法测定煤灰中磷含量的原理是：在去除二氧化硅后的溶液中驱除盐酸，调节溶液至微酸性，加入酸性钼酸铵显色剂使生成磷钼黄，以抗坏血酸还原磷钼黄为磷钼蓝，用2cm厚的比色皿，以标准空白溶液为参比，在波长650nm下进行比色，根据预先绘制好的标准曲线获得煤灰中五氧化二磷的含量，其化学反应式为

$$PO_4^{3-} + 12MoO_4^{2-} + 27H^+ \longrightarrow H_3[P(Mo_3O_{10})_4] + 12H_2O$$

$$\underset{\text{(磷钼黄)}}{H_3[P(Mo_3O_{10})_4]} + \underset{\text{抗坏血酸}}{4C_6H_8O_6} \longrightarrow \underset{\text{磷钼酸络合物(蓝色)}}{(2MoO_2 \cdot 4MoO_3)_2} \cdot H_3PO_4 + 4C_6H_6O_6 + 4H_2O$$

在测定中应注意事项：

(1) 溶液中盐酸要驱除干净，否则，会影响测定结果。

(2) 加入钼酸铵显色剂后要混匀，并放置5min。

(3) 加入抗坏血酸还原磷钼黄为磷钼蓝后，要保持溶液温度不低于95℃。

(4) 还原为磷钼蓝后的溶液放置时间不宜过长，以免影响消光值。

(5) 要严格控制五氧化二磷显色时的酸度在1.8～2mol/L

范围内。

9-24 测定煤灰中三氧化硫的方法有哪几种？并简述它们的测定原理和计算公式？

测定煤灰中三氧化硫的方法有硫酸钡质量法、燃烧中和法和库仑滴定法三种。

（1）硫酸钡质量法：称取 0.2~0.5g 灰样，用盐酸萃取其中的硫，将溶液过滤，滤液用氢氧化铵中和并沉淀铁。过滤后的溶液，加入氯化钡，生成硫酸钡沉淀后用质量法测定硫酸钡质量。按式（9-1）计算出煤灰中三氧化硫的含量（%）：

$$SO_3 = \frac{0.343 \times (m_1 - m_2)}{m} \times 100 \qquad (9-1)$$

式中 m_1——硫酸钡的质量，g；

m_2——空白试验时硫酸钡的质量，g；

m——分析煤灰样的质量，g；

0.343——$BaSO_4$ 换算为 SO_3 的化学因子。

（2）燃烧中和法：称取煤灰样 0.1g 加入活性碳添加剂，于 1300℃空气中分解，用过氧化氢溶液吸收，以甲基红-溴甲酚绿为指示剂，用氢氧化钠标准溶液滴定，其煤灰中三氧化硫含量（%）按下式计算：

$$SO_3 = \frac{T_{SO_3} \cdot V_2}{10m} \qquad (9-2)$$

式中 T_{SO_3}——氢氧化钠标准溶液对三氧化硫的滴定度，mg/mL；

V_2——试液所耗氢氧化钠标准溶液，mL；

m——分析煤灰样的质量，g。

（3）库仑滴定法：称取煤灰样 0.05g 于瓷舟中，其上覆盖一薄层三氧化钨，然后在 1150℃高温和空气中燃烧，含有二氧化硫和少量三氧硫的气体被空气携到电解池内并与电解液的水化合生成亚硫酸和硫酸，同时立即以自动电解碘化钾溶液生成的碘来氧化滴定亚硫酸，依据电解产生碘所耗用的电量换算为相应的硫含量。煤灰中三氧化硫含量（%）按下式计算：

$$SO_3 = \frac{S}{10m} \times 2.5 \tag{9-3}$$

式中 S ——依据电解耗用的电量所换算的相应的硫量，mg；

m ——分析煤灰样的质量，g；

2.5 ——由硫换算转化为三氧化硫的化学因子。

9－25 测定煤灰熔融性的意义是什么？

煤灰熔融性就是表征在规定条件下随温度提高而使煤灰发生变形、软化、半球和流动的特征物理状态。由于煤灰是一种由硅、铝、铁、钙和镁等多种元素的氧化物及其他一些化合物所构成的复杂混合物，它没有固定的熔点，而是随着加热温度的升高逐渐熔化，使煤灰产生变形、软化、半球和流动等四个特征温度。

煤灰熔融性是动力用煤的重要指标，它反映煤中矿物质在锅炉中的动态变化。测定煤灰熔融性温度在工业上特别是火电厂中具有重要意义。

（1）可提供锅炉设计选择炉膛出口烟温和锅炉安全运行的依据。在设计锅炉时，炉膛出口烟温一般要求比煤灰的软化温度低 50～100℃，在运行中也要控制在此温度范围内，否则，会引起锅炉出口过热器管束间灰渣的“搭桥”，严重时甚至发生堵塞，从而导致锅炉出口左右侧过热蒸汽温度不正常。

（2）预测燃煤的结渣。因为煤灰熔融性温度与炉膛结渣有密切关系，根据煤粉锅炉的运行经验，煤灰的软化温度小于1350℃就有可能造成炉膛结渣，妨碍锅炉的连续安全运行。

（3）为不同锅炉燃烧方式选择燃煤。不同燃烧方式和排渣方式对煤灰的熔融性温度有不同的要求。煤粉固态排渣锅炉要求煤灰熔融性温度高些，以防炉膛结渣；相反，对液态排渣锅炉，则要求煤灰熔融性温度低些，以避免排渣困难，一般要求锅炉排渣口的温度要高于煤灰流动温度 FT，因为煤灰熔融性温度低的煤在相同温度下有较低的粘度，易于流动；对链条式锅炉，则要求煤灰熔融性温度适当，不宜太高，因为炉篦上需要保留适当的灰渣以达到保护炉栅的作用。

（4）判断煤灰的渣型。根据软化区间温度、DT - ST 的大小，可粗略判断煤灰是属于长渣或短渣。一般认为软化区温度大于 200℃的为长渣，小于 100℃的为短渣。通常锅炉燃用长渣煤时运行较安全。

9 - 26　煤灰熔融性的测定方法有哪几种？

目前，我国测定煤灰熔融性的方法有：

（1）角锥目测法。此法设备简单、操作方便，一次可同时进行多个样品的测定，使用较普遍。

（2）热显微照像法。选用了先进的 CCD 摄像技术，将高温下的图像实时传送到计算机内供显示和处理，可同时测定多个样品，与角锥目测法相比，大大地提高了测定精度，减轻了操作人员的工作量和高温下强光对眼睛的损伤。此外，美国推出一种与此类似的仪器，不过它可依据预先储存在计算机内的数学模型自动判别熔融性特征温度，但准确度一般。

9-27 煤灰熔融性几个特征温度的定义是什么？

变形温度（DT）为灰锥尖端开始变圆或弯曲时的温度。

软化温度（ST）为灰锥弯曲至锥尖触及托板或灰锥变成球形时的温度。

半球温度（HT）为灰锥变形至近似半球形即高度等于底长的一半时的温度。

流动温度（FT）为灰锥熔化展开成高度在1.5mm以下的薄层时的温度。

注：如灰锥尖保持原形，则锥体收缩和倾斜不算变形温度。

9-28 怎样用角锥目测法测定煤灰熔融性温度？

角锥目测法是将煤灰制成高20mm，底边长7mm的正三角形锥体，置于专用的硅碳管炉中，在一定的气体介质中并以规定的升温速度加热，在加热过程中观察试样形态的变化，记录其变形温度（DT）、软化温度（ST）、半球温度（HT）和流动温度（FT）四个特征温度。

9-29 热显微照像法是怎样测定煤灰熔融性温度的？

目前国内已有多家生产厂生产带有摄像技术的煤灰熔融温度测定仪，将人工目测观察灰锥外形状态变化改为图像监测，减少了人为误差，并将升温速度改为计算机程序控制，提高了测定精密度。

该方法所用仪器设备与目测法基本相同，只是另配备温度采样转换、摄像机、图象采集板，以及计算机处理系统等。将采集到的灰锥图象显示在计算机屏幕上，并自行进行测量判断，测定出 DT、ST、HT、FT 四个变形温度。

9-30　测定煤灰熔融性的设备有何技术要求？

测定煤灰熔融性用的设备的技术要求是：

（1）高温炉。满足下列条件的高温炉均可使用：

1）能加热到 1500℃；

2）有足够长的高温带，其各部温差小于 5℃；

3）能按照规定的升温程序加热到 1500℃；

4）炉内气氛能方便控制为弱还原性或氧化性；

5）能在试验过程中随时观察灰锥试样的变化形态。

（2）铂铑-铂热电偶及高温计。测温范围为 0～1500℃，最小分度为 5K，经校正后（半年校正一次）使用，热电偶要用气密性刚玉套管保护，防止热端材质变异。

（3）灰锥模子。由对称的两半块构成的黄铜或不锈钢制品。

9-31　影响煤灰熔融性温度的因素有哪些？

煤灰是由多种氧化物及其他一些化合物构成的复杂混合物。在加热过程中，无明显的熔点，而只有一个熔融温度范围，通常规定用四个特征温度来表示煤灰的熔融性质。下列诸因素对测定煤灰熔融性温度有影响：

（1）粒度大小，煤灰粒度小，比表面积大，颗粒之间接触的机率也高，同时，还具有较高的表面活化能，因此，同一种煤灰，粒度小的比粒度大的熔融性温度低。例如某种煤的煤灰的软化温度在粒度小于 600μm 时为 1175℃，粒度小于 250μm 时为 1165℃；粒度小于 75μm 时为 1140℃。

（2）升温速度：若在软化温度前 200℃左右急剧升温比缓慢升温所测出的软化温度高。例如：对某种标准煤灰样分别在升温速度 15℃/min 和 5℃/min 下各进行 6 次试验，两者的平均值相差竟达 20℃左右，这可能是由于在软化温度前煤灰中主要是进行无机成分间的固相反应（其中只有极少部分呈液相反应），而固相间反应一般比液—液相间反应需要的时间长。当升温速度缓慢时，煤灰中化学成分间相对有时间进行固相反应，因此，软化温度点相对在较低温度出现。

（3）气氛性质：煤灰的熔融性温度受气氛性质的影响最为显著，特别是含铁量大的煤灰更为明显。这主要是由于煤灰中铁在不同性质气氛中有不同形态，并进一步产生低熔融性的共熔体所致。例如：用国家一级（GBW11114）煤灰熔融性标准样在弱还原性气氛下测定，软化温度 ST 为 1210℃，而在氧化性气氛中测定，软化温度 ST 为 1370℃，两者相差 160℃。

（4）角锥托板的材质：耐火材料有酸性和碱性之分，它们在高温下，同一般酸碱溶液一样也会发生化学反应，因此，在测定煤灰熔融性温度时，要注意托板的选择，否则，会使测定结果偏低。多数煤灰中酸性物（Al_2O_3 + SiO_2 + TiO_2）大于碱性物（Fe_2O_3 + MgO + CaO + K_2O + Na_2O），可采用刚玉（Al_2O_3）或氧化铝与高岭土混合制成的托板。相反，碱性煤灰则要选用灼烧过的菱苦土（MgO）制成的托板。

（5）主观因素：由于煤灰成分是由多种氧化物（含常量元素氧化物及稀散元素氧化物）混合而成的一种复杂的物质，从固态转化为液态无一固定熔点，而只有一个熔融温度范围，在这一熔融过程中煤灰锥的形态变化是多种多样的，很难给予准确的描述，再加上作为判断四个特征温度形态的规定都是非量化的，这就容易造成由于个人的理解和实际经验的不同而使判断有所差异，特别是变形温度（DT）的差别更为突出。然而，这种情况在热显微照像法中有较大的改善。

9-32 测定煤灰熔融性温度为什么要严格控制炉内气氛？

测定煤灰熔融性温度，试验气氛不同直接影响测定结果，因为受气氛影响，使灰成分（主要是铁的存在形态）有不同变化，从而造成灰熔融性温度改变。

煤灰中的铁在不同的气体介质中将以不同的价态出现，而不同价态的铁的熔点则不同。

三价铁（Fe_2O_3）：1560℃；

二价铁（FeO）：1143℃；

单质铁（Fe）：1535℃。

在氧化气氛中铁以三价铁形式存在，其熔点最高；在弱还原性气氛中以二价铁形态存在，FeO 与 SiO_2 及 CaO 等化合成低熔点的共晶体系统 $CaO \cdot FeO \cdot SiO_2$，其熔点最低，约为1100℃；在强还原气氛中则为单质铁，其熔点居中。一般在强还原性和氧化性气氛中的 ST 和 FT 比弱还原性气氛时高100～300℃。因此测定煤灰熔融温度时一定要严格控制试验气氛，否则将会给结果带来误差。

9-33 测定煤灰熔融性温度的气氛有哪几种？最常用的气氛是哪一种？

煤灰熔融性温度测定时要求的气氛有两种—弱还原性气

氛和氧化性气氛。

弱还原性气氛的控制方法是：

（1）通气法。向煤灰熔融性温度测定炉内通入（50 ± 10）% V/V 的 H_2 和（50 ± 10）% V/V 的 CO_2 混合气体，也可通入（40 ± 5）% V/V 的 CO 和（60 ± 5）% V/V 的 CO_2 混合气体。

（2）封碳法。一般在煤灰熔融性温度测定炉内的刚玉舟中央放置石墨粉 15 ~ 20g，两端放置无烟煤 30 ~ 40g（炉膛用的刚玉管是气疏的），而对于气密刚玉管炉膛，则在刚玉舟中央放置石墨粉 5 ~ 6g。

除石墨粉和无烟煤外，还可用木炭、焦炭或石油焦，但它们的粒度、数量和放置部位要视炉膛的大小、刚玉管的气密程度和含碳物质的性质等情况适当调整。

注：作为封碳用的物质要求灰分小于 15%，粒度小于 1mm。

氧化性气氛：煤灰熔融性温度测定炉内不放置任何含碳物质，并使空气在炉内自由的流通。

煤灰熔融性温度测定常用的气氛是弱还原性气氛。这是因为在工业燃烧锅炉或气化室中，一般都形成由 CO、H_2、CH_4、CO_2 和 O_2 为主要成分的弱还原性气氛，所以煤灰熔融性温度测定一般也在与之相似的弱还原性气氛中进行，才有实际使用价值。

9 – 34　如何检查测定煤灰熔融性温度时炉内的气氛性质？

煤灰熔融性温度测定的主要影响因素是炉内气氛性质。因此，只有定期检查炉内气氛的性质，才能确保测定结果的可靠性。通常检查炉内气氛性质的方法有下列两种：

（1）参比灰锥法。此法简单易行、效果较好，被广为采用。先选取其有氧化性和弱还原性两种气氛下的煤灰熔融性温度的标准煤灰，制成灰角锥。而后置于炉中，按正常操作测定其四个特征温度，即变形温度（DT）、软化温度（ST）、半球温度（HT）、流动温度（FT）。当实测的软化温度（ST）、半球温度（HT）和流动温度（FT）与其弱还原性气氛下的标准值相差不超过50℃时，则认为炉内气氛为弱还原性。如果超过50℃，则要根据实测值与氧化气氛或弱还原性气氛下的相应标准值的接近程度及刚玉舟内的封碳物质的氧化情况判断炉内气氛性质。

（2）气体分析法。用一根内径为3～5mm气密的刚玉管直接插入炉内高温带，分别在1000～1300℃和1100℃下抽取炉内气体，抽样速度以不大于6～7mL/min抽出气体。若用气体全分析仪分析气体成分时，可直接用该仪器的平衡瓶（内装水）抽取气体较为方便；若采用气体相色谱分析仪时，则可用100mL注射器抽取气体样品，取样结束后立即送实验室分析。当在1000～1300℃范围内还原气体（CO、H_2、CH_4）体积百分量为10%～70%，同时，在1100℃以下它们的总体积和二氧化碳的体积比不大于1∶1，O_2的体积百分比<0.5%，则炉内气氛是弱还原性。

9－35 对异常形态变化的灰锥，怎样判别其特征温度？

目前，煤灰熔融性四个特征温度主要是根据目测灰锥试样在高温下的熔融形态变化来判断的。一般不易正确判断，特别是变形温度。另外，煤灰是各种氧化物的混合物，不同的煤灰的组成是不相同的，因此，受热灰锥的形态变化是各式各样的，除规定的形态特征外，还产生一些特殊形态形状，如起泡、膨胀等，给煤灰的熔融性温度判断增加了困难。测定过程中出现一些非正常变形，其大致情况可分为以下几种：

(1) 对变形温度 DT 的判断：

1) 如灰锥尖保持原形，则锥体收缩变弯和倾斜不算变形温度。

2) 灰锥受热时，锥尖开始弯曲，但后来又垂直，以后再弯曲。第一次弯曲可能是由于制作灰锥操作或煤灰本身性质所致，不能判断为变形温度，应以第二次弯曲时的温度为变形温度。另外，只倾斜不弯曲也不能判断为变形温度。

(2) 对软化温度 ST 的判断。

ST 的温度的判断是灰锥弯曲触及托盘或成球形时的温度，但有时没有变成球形，还有棱角，虽然灰锥高度降低，灰锥向前倾斜或向后倾斜，不能算 ST，应重新测定。

(3) 对流动温度 FT 的判断。

当灰锥的温度超过软化温度以后，灰锥出现下列情况之一者应判断为流动温度：

1) 灰样熔融后展开高度在 1.5mm 以上，但表面起落不定，说明灰样已熔化。

2) 灰锥表面突然跌落或突然“消失”。

在判断流动温度时，应以灰锥熔融体展开成薄层为主要依据，某些含钙较高的灰，会出现灰锥逐渐缩小到接近“消失”，但未展开成薄层，此时不应判断为流动温度。

9-36 测定煤灰熔融性温度应注意的事项是什么？

(1) 控制升温速度。在 900℃以前为 15 ~ 20℃/min，900℃以后为 5 ± 1℃/min，若升温太快，会造成结果偏高，升温太慢，使测定时间延长。

（2）注意观察四个特征温度，当炉温升至 700～800℃时，应预先观察一下灰锥的形状，以便与变形时的状态相比较。

（3）对异常形态变化的灰锥，要注意观察温度并作好记录。根据当时的异常变形情况判断。遇有在升温过程中烧结成块，膨胀增大，鼓泡或沸腾鼓泡等，应仔细观察，并作记录。

（4）试验结束后，应逐渐降低电压使炉温降低，这样可以延长硅碳管寿命。

9－37　煤灰中二氧化硅含量对煤灰熔融性温度有什么影响？

煤灰中二氧化硅（SiO_2）含量较多，一般约占 30%～70%，它在煤灰中起熔剂的作用，能和其他氧化物发生共熔。

根据国内近 300 个煤灰样的煤灰熔融性温度和 SiO_2 的含量关系表明：'二氧化硅（SiO_2）含量在 40%以下的普遍高出 100℃左右。二氧化硅（SiO_2）含量在 45%～60%范围内的煤灰，随二氧化硅（SiO_2）含量的增加，煤灰熔融性温度将降低。二氧化硅（SiO_2）含量超过 60%时，二氧化硅（SiO_2）含量的增加对煤灰熔融性温度的影响无一定规律，但煤灰灰渣熔化时容易起泡，形成多孔性残渣。而当二氧化硅（SiO_2）含量超过 70%时，其煤灰熔融牲温度均比较高。

9－38　煤灰中三氧化二铝对煤灰熔融性温度有什么影响？

煤灰中三氧化二铝（Al_2O_3）的含量一般均较二氧化硅（SiO_2）含量少。三氧化二铝（Al_2O_3）能显著增加煤灰的熔融性温度，煤灰中三氧化二铝（Al_2O_3）含量自 15%开始，煤灰熔融性温度随着三氧化二铝（Al_2O_3）含量的增加而有规律地增加；当煤灰中三氧化二铝（Al_2O_3）含量高于25%时，煤灰熔融性的软化温度和流动温度间的温差，随煤灰中三氧化二铝（Al_2O_3）含量的增加而愈来愈小。在煤灰熔融时，煤灰中的三氧化二铝起“骨架”的作用，故煤灰中三氧化二铝（Al_2O_3）含量愈多，煤灰熔融性温度愈高。当煤灰中三氧化二铝（Al_2O_3）含量超过40%时，不管其他煤灰成分含量变化如何，其煤灰的熔融性流动温度一般都超过1500℃。

9-39 煤灰中氧化钙（CaO）的含量对煤灰的熔融性温度有什么影响？

煤灰中氧化钙（CaO）的含量变化很大，对某些褐煤，煤灰中氧化钙（CaO）含量可高达30%以上。由于氧化钙（CaO）是碱金属氧化物，很容易和二氧化硅（SiO_2）作用形成熔融性较低的硅酸盐，故煤灰中的氧化钙一般均起降低煤灰熔融性温度的作用。但另一方面，纯氧化钙的熔点很高，达2590℃，故当煤灰中氧化钙含量增加到一定量时（如达到40%~50%以上时），由于纯氧化钙（CaO）的熔点高，这时煤灰中的氧化钙不仅不起降低煤灰熔融性温度的作用，反而能使煤灰熔融性温度显著增加。试验证明：煤灰中二氧化硅含量与三氧化二铝含量之比（SiO_2/Al_2O_3）小于3.0，煤灰中氧化钙含量在30%~35%时，煤灰熔融性温度低；当煤灰中二氧化硅含量大于50%，同时，煤灰中二氧化硅含量与三氧化二铝含量之比（SiO_2/Al_2O_3）在3.0以上，煤灰中氧化钙（CaO）含量在20%~25%时煤灰熔融性温度最低。在煤灰中的硫酸钙也起降低煤灰熔融性温度的作用，但不如煤灰中的氧化钙显著。

9－40 煤灰中三氧化二铁（Fe_2O_3）、氧化镁（MgO）及氧化钠（Na_2O）和氧化钾（K_2O）对煤灰熔融性温度有什么影响？

煤灰中三氧化二铁（Fe_2O_3）的含量变化范围广，一般煤灰中三氧化二铁（Fe_2O_3）含量在5%～15%的居多，个别煤灰高达50%以上。测定煤灰熔融性温度无论在氧化气氛或者弱还原气氛中，煤灰中的三氧化二铁含量均起降低煤灰熔融性温度的作用。在弱还原性气氛中，若煤灰中三氧化二铁含量在20%～35%的范围内，则煤灰中三氧化二铁含量每增加1%，平均降低煤灰熔融性软化温度18℃，流动温度约13℃。煤灰熔融性的流动温度和软化温度的温差，随煤灰中三氧化二铁含量的增加而增大。在煤灰中氧化镁（MgO）含量较少，一般很少超过4%。在煤灰中氧化镁一般起降低煤灰熔融温度的作用。试验证明，煤灰中氧化镁含量在13%～17%时煤灰熔融性温度最低，小于或大于这个含量，煤灰熔融性度均将有所增高。

煤灰中的氧化钠和氧化钾一般来说，它们均能显著降低煤灰熔融性温度；在高温时易使煤灰挥发。煤灰中氧化钠含量每增加1%，煤灰熔融性软化温度降低约18℃，流动温度降低约16℃。

9－41 试写出利用煤灰成分计算灰熔融性温度的公式？

煤灰熔融性温度的高低，主要取决于煤灰中各无机氧化物的含量。一般来说，酸性氧化物如二氧化硅和三氧化二铝含量高，其灰熔融性温度就高，相反，碱性氧化物如氧化钙、氧化镁、氧化铁和氧化钾、氧化钠含量多，则其灰熔融性温度就低。因此，可以利用煤灰成分分析结果通过下列近似公式计算出煤灰的熔融性温度。

第一式：

$$FT = 200 + 21Al_2O_3 + 10SiO_2 + 5（Fe_2O_3 + CaO + MgO + K_2O + Na_2O） \quad ℃ \qquad (9-4)$$

此式适于计算（$Fe_2O_3 + CaO + MgO + K_2O + Na_2O$）< 30% 的煤灰熔融性温度，从多数煤的灰分组成来看，上式内诸成分的总和已接近 100%，故上式可简化为

$$FT = 700 + 16Al_2O_3 + 5SiO_2 \quad ℃$$

第二式：同样适于计算（$Fe_2O_3 + CaO + MgO + K_2O + Na_2O$）< 30% 的煤灰熔融性温度。

$$24Al_2O_3 + 11（SiO_2 + TiO_2） + 7（CaO + MgO） + 8（Fe_2O_3 + K_2O + Na_2O） \quad ℃ \qquad (9-5)$$

以上二式用于计算高熔融性温度的煤灰要比低熔融性温度的煤灰误差小。

9-42　测定煤灰粘度的意义是什么？

煤灰粘度是动力用煤高温特性的重要测定项目之一，煤灰粘度要求在更高的温度下进行测定。它表征了灰渣在熔化状态时的流动状态，即提供了在不同高温下的粘温特性，是确定熔渣的出口温度必不可少的依据。液态排渣炉一般要求煤灰在炉内完全熔化并具有很好的流动性，以保证液态化熔渣能很流畅地从排渣口流出。根据实践经验，当煤灰在 1450℃以下，粘度小于 5 ~ 10Pa·s 时，锅炉能连续安全运行，但当粘度超过 25Pa·s 时就会使排渣口堵塞，造成炉内

积渣的严重事故，因此，测定灰渣粘度对液态排渣炉的设计和运行均具有重要的意义。

9－43 煤灰粘度的定义是什么？

煤灰粘度是煤灰渣在熔化时流动状态的重要指标，它对确定液态排渣锅炉的出口温度有着重要的作用。

所谓粘度即液体内摩擦系数，它表示单位面积上的内摩擦力与垂直于层面的速度梯度之比。粘度单位为帕（斯卡）秒（Pa·s）。

粘度（内摩擦系数）可用下式表示

$$粘度（内摩擦系数）=\frac{内摩擦力}{液层面积\times 速度梯度} \qquad (9-6)$$

9－44 煤灰粘度测定方法的要点是什么？

在特殊高温炉中放一个耐高温的刚玉坩埚，将煤灰试样放入坩埚内并加热使其熔融，而后在熔融试样中插入一根耐高温和耐腐蚀的钼金属圆柱形搅拌浆，以恒速电动机带动悬吊的搅拌浆作匀速运动。由于沉没在粘滞煤灰中的搅拌浆受到煤灰粘滞力的作用，悬吊搅拌浆的弹性金属丝产生一个扭转角，在金属丝的弹性范围内和转速恒定的条件下，扭转角大小正比于煤灰的粘滞力，亦即正比于液体的粘度。即

$$\eta = K\varphi \qquad (9-7)$$

式中 η—— 煤灰试样的粘度；

φ—— 金属丝的扭转角度，它与内摩擦力 f 和成正比关系；

K—— 仪器常数。

在煤灰粘度测定前，一般先用一种或一组已知粘度的标

准物质分别测定金属丝在其中的扭转角，然后作出 $\eta-\varphi$ 曲线；在实际测定煤灰粘度时，只要测出 φ 后，就可从曲线 $\eta-\varphi$ 上查出相应的粘度 η 的值。

常用的标准物质有硼酐、硅油或单糖浆等。

9-45 如何利用煤灰的化学成分预测煤灰渣的流动性?

灰渣在高温下的流动性与煤灰的化学成分关系密切。因此，可以利用煤灰的化学成分预测其流动性，比较熟悉和广泛应用的方法有：当量二氧化硅百分率法和碱-酸（性）比法，它们的基本点是在真液状态下，当量二氧化硅百分率或碱-酸比相同的灰渣，具有相同的流动性。

当量二氧化硅百分率法适用于硅铝比 $SiO_2/Al_2O_3=1\sim4$ 的煤灰渣在液相区内的粘度特性，即煤灰渣温度超过临界粘度温度 t_0 的范围内才较准确。根据煤灰的化学成分计算，当量二氧化硅百分率 G

$$G=10SiO_2/[SiO_2+CaO+MgO+\text{当量}Fe_2O_3]\times100\% \tag{9-8}$$

$$\text{当量}Fe_2O_3=Fe_2O_3+1.11FeO\ (\%) \tag{9-9}$$

根据煤灰渣的实验数据分析发现，当煤灰渣的氧化铁百分比 $10Fe_2O_3/(Fe_2O_3+1.11FeO)\approx20\%$ 时（多数液态排渣锅炉的熔渣波动在此值上下），其临界粘度温度与煤灰渣的软化温度 ST 有下列关系

$$t_0=0.75ST+480℃ \tag{9-10}$$

我国煤灰在给定粘度（5、10、25Pa·s）下的温度—当量二氧化硅百分率关系（曲线）表明：在当量二氧化硅 40%~90%范围内时，给定粘度下的温度随着当量二氧化硅的增加而升高，据此，可对液态排渣锅炉用煤进行选择。当

量二氧化硅小于70%～75%的煤灰渣在1600℃下有较好的流动性（粘度小于25Pa·s）；当量二氧化硅大于75%时，欲得到较好的流动性，就必须把温度升到1600℃以上。因此，煤灰渣当量二氧化硅小于70%～75%的煤，可选作液态排渣锅炉的燃料。

煤灰灰渣的碱—酸比法，即煤灰中的碱性物成分与酸性物成分之比。

$$碱—酸比=(Fe_2O_3+CaO+MgO+KNa_2O)/(SiO_2+Al_2O_3+TiO_2) \quad (9-11)$$

当SiO_2、Al_2O_3，量增多时，碱—酸比值将减小，达到某个粘度值所需要的加热温度就愈会有所增加。碱—酸比同样可以用来预测煤灰灰渣的粘度变化。我国煤灰灰渣在5、10、25Pa·s粘度时的温度—碱—酸比关系是：当碱—酸比由小变大时，给定粘度下的温度逐渐降低，开始降低较快，当碱—酸比接近1时，降低较慢。

上述当量二氧化硅百分率，碱—酸比及当量Fe_2O_3，三公式中各化学式代表该成分在煤灰中的质量百分含量。

9-46 如何利用煤灰成分估算锅炉结渣和积灰的程度？

锅炉受热面上的附着物大致可分为两大类：一类是在锅炉内的水冷壁、过热器等高温部位生成并堆积起来的熔渣；另一类是在省煤器、空气预热器等部位生成的积灰。

一般来讲，煤灰熔融性温度可以作为预测锅炉炉膛结渣倾向的一个粗略指标。具有高煤灰熔融性温度的煤种常能保持锅炉炉膛的清洁，炉壁不会粘附多少沉积物。但对于煤灰熔融性温度低的多数煤种，单从煤灰熔融性温度数值对比常难以预测出其结渣倾向。

无论是结渣或是积灰都与煤灰化学成分密切相关。因此在实际工作中也可利用煤灰的化学成分来判断其结渣和积灰的程度。见9－1。

表9－1　　锅炉结渣指数和积灰指数的分类

结渣指数，R_s	结渣程度	积灰指效，R_f	积灰程度
<0.6	低	<0.2	低
0.6～2.0	中	0.2～0.5	中
2.0～2.6	高	0.5～1.0	高
>2.6	严　重	>1.0	严　重

$$\text{结渣指数 } R_s = \frac{\text{碱性氧化物}}{\text{酸性氧化物}} \times S_{t,ad} \qquad (9-12)$$

式中　$S_{t,ad}$——煤中干燥基全硫含量，%。

$$\text{积灰指数 } R_f = \frac{\text{碱性氧化物}}{\text{酸性氧化物}} \times Na_2O \qquad (9-13)$$

式中　碱性氧化物——煤灰中 Fe_2O、CaO、MgO、KNaO 的含量之和，%；

酸性氧化物——煤灰中 SiO_2、Al_2O_3、TiO_2 的含量之和，%；

Na_2O——煤灰中氧化钠的含量，%。

9－47　判别动力用煤的结渣特性有哪些方法？它们判别的界限是什么？

煤灰的结渣是火力发电厂锅炉设计和运行中颇为棘手的问题之一。国内外对煤灰结渣特性的判别采用了下列这些方法：

(1) 硅铝比：二氧化硅（SiO_2）/三氧化二铝（Al_2O_3），

一般来讲，二氧化硅（SiO_2）和三氧化二铝（Al_2O_3）之和含量愈高，煤灰熔融性温度愈高。大多数煤灰中硅铝比在1~4范围内，因为二氧化硅（SiO_2）是弱酸性物质，故大多煤灰是酸性的，碱性物质的存在会降低煤灰熔融性温度。

（2）当量二氧化硅百分率（简称硅比）：

$$G = 100SiO_2 / (SiO_2 + CaO + MgO + \text{当量}\ Fe_2O_3)\%$$

$$\text{当量}\ Fe_2O_3 = Fe_2O_3 + 1.11FeO\%$$

（3）碱—酸比：

$$B/A = (Fe_2O_3 + CaO + MgO + KNaO) / (SiO_2 + Al_2O_3 + TiO_2)$$

（4）结渣指数：$R_s = B/A \times S_{t,d}$。

（5）积灰指数：$R_f = B/A \times Na_2O$。

（6）综合指数：

$$R = 5.415 - 0.002ST + 1.237B/A - 0.019G + 0.282SiO_2/Al_2O_3 \quad (9-14)$$

（7）煤灰中的铁钙比和煤灰熔融性软化温度ST均能判断动力用煤的结渣倾向。

表9-2　各种方法判别指数的具体界限

各种判别指数	轻微结渣	中等结渣	严重结渣
煤灰熔融性软化温度ST	>1390℃	1390~1260℃	<1260℃
硅铝比：SiO_2/Al_2O_3	<1.87	1.87~2.65	>2.65
铁钙比：Fe_2O_3/CaO	<0.3或>3.0	0.3~3.0	接近1.0时
硅比：G	>78.8	78.8~66.1	<66.1
碱—酸比：B/A	<0.206	0.206~0.4	>0.4
结渣指数 R_s	<0.6	0.6~2.6	>2.6
积灰指数 R_f	<0.2	0.2~1.0	>1.0

续表

各种判别指数	轻微结渣	中等结渣	严重结渣
综合指数 R	≤1.5	$1.50 < R_s < 1.75$ 为中偏轻 $1.75 < R < 2.25$ 为中等 $2.25 < R < 2.50$ 为中偏重	≥2.50

9-48 锅炉的结渣一般由哪些原因引起的?

锅炉结渣是一个相当复杂性的物理、化学过程，它不仅与煤的灰熔融温度有关，还与煤的发热量和灰分大小有关。发热量低的煤，炉内温度水平低，即使煤的软化温度较低也不易结渣。因此，煤灰熔融温度不是一个独立的参数。

有时，同一种煤、同样的煤灰熔融温度在同样参数的锅炉内燃烧有的结渣，有的不结渣，有的锅炉燃用的灰熔温度高的煤也同样结渣，因此炉内结渣除与煤的特性有关外，还有以下原因：

(1) 燃烧过程中空气量不足，或一、二次风量不足。

(2) 煤粉与空气散布不均造成火焰偏斜。

(3) 炉膛负荷过大，炉温升高，灰渣来不及冷却。

(4) 锅炉设计不正确炉膛容积过小。

(5) 吹灰清渣不及时，检修质量不好等。

因此为防止结渣，首先要合理调配煤种。再就是在锅炉运行操作、检修等方面也要采取相应措施，各方面共同消除结渣。

第十章 燃油和燃气的采样及分析

10－1 火电厂燃油系统是由哪些设备组成的？对油质需化验的项目包括哪些？

我国燃油火电厂较少，其燃油系统主要是由卸油泵、油库、入炉油泵及加热器等组成的。图 10－1 是某火电厂燃油系统的示意图。

S1 入厂油采样的部位：化验项目有粘度 E_{100}、闪点、水分，密度 ρ_4^{20}、硫等。

S2 入炉油采样的部位：化验项目，对常用油有粘度 E_{100}、

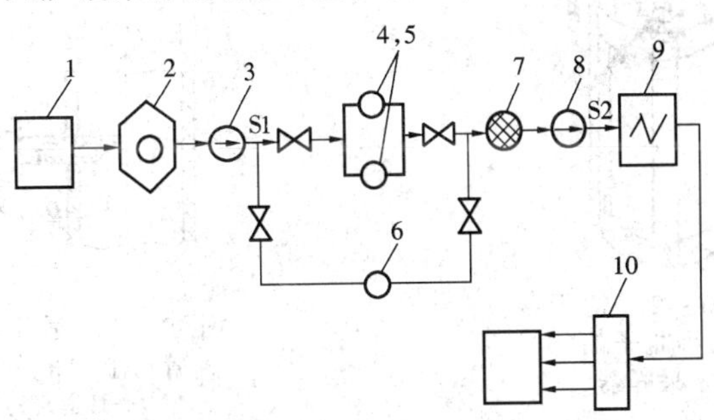

图 10－1 某火电厂燃油系统示意图

1—油船；2—驳船；3—卸油泵；4,5—地面油库；6—地下油库；7—滤网；8—输油泵；9—入炉油加热器；10—锅炉燃油总管

密度 ρ_4^{20}、发热量、硫；对新油除了上述项目外，还要测定灰分、机械杂质、凝点、燃点、元素分析和水分析等。

10-2　在贮油容器和输油管道中采取油样时要用什么工具？

在贮油容器包括固定油罐（含立式的和卧式的）、油罐车和油船中采样，可采用底部加重的铜质制成的采样器（如图 10-2 所示）采样，它是由金属笼子、存样瓶和金属链子等组成。采样时，把存样瓶的瓶塞塞紧，将瓶沉降到油液面下要采样的深度，然后通过链子将瓶塞拔开，装满油后，提出液面，然后倒入干净无水的容器中，备测。

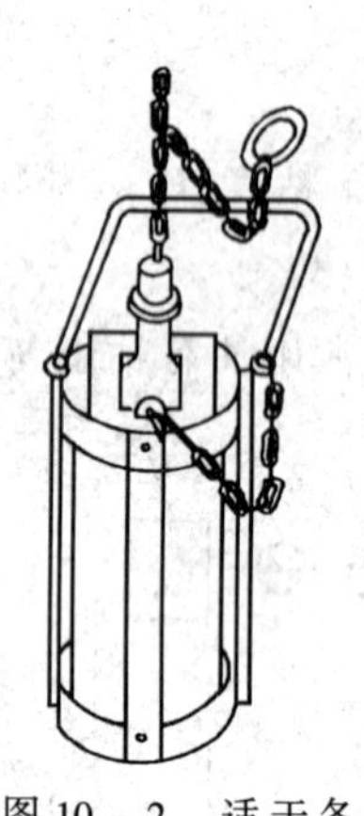

图 10-2　适于各种大小瓶子的笼式采样器

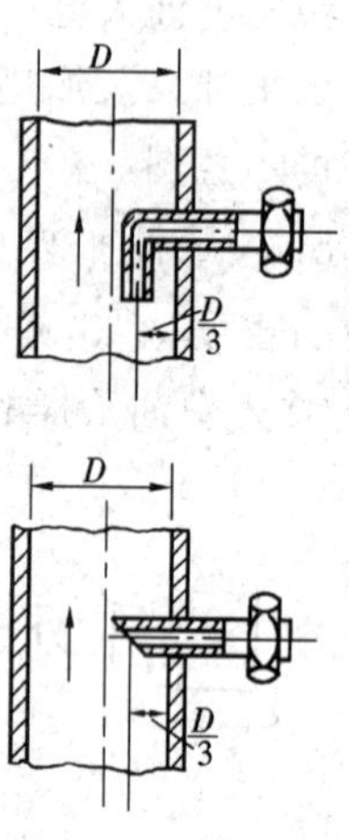

图 10-3　适于输油管道上的采样管
D—管道直径

管道输油采样可直接在输油管道的合适位置，安装一个带有斜口的或弯头的采样管，如图 10-3 所示，通过采样管使油流到专用的盛样容器中。

10－3　怎样采取输油管道中的油样？

靠近火电厂的炼油厂，有时通过管道直接输送到火电厂供给燃烧。管道输油的采样通常有下列两种方法：

（1）按输油数量进行采样。不足 $1000m^3$，则输油始末各采一次；$1000 \sim 10000m^3$，则输油开始采一次，以后每 $1000m^3$ 采一次；超过 $10000m^3$，则输油开始采一次，以后每隔 $2000m^3$ 采一次。

（2）按输油时间采样。不足 1h，则在输油始末各采一次；1～2h，则在输油始末及中间各采一次；2～24h，则在输油开始采一次，以后每隔1h采一次；超过 24h，则输油开始采一次，以后每隔 24h 采一次。

10－4　怎样采取油罐车和油船中的油样？

对于整列有相同油品的油罐车可用专门的采样器，降到罐内油液面下的深度 1/2 处采样，把采到的油样按等体积混合成该列油罐车的综合试样。对于装相同油品的油船，在每舱上部、中部和下部各采一个样，并以等体积混合成该舱的综合油样。

应采的油罐车（包括首车）数或应采的油船舱数均按表 10－1 确定。

表 10－1　应采的罐车和船舱数

	油罐车或油船舱总数（个）	应采的罐车或船舱数（个）
石油产品	1～8	全　部
	4～64	4
	65～125	5
	126～216	6
	217～343	7
	⋮　⋮	⋮

续表

	油罐车或油船舱总数（个）	应采的罐车或船舱数（个）
原　油	1～2	全　部
	3～6	2
	7以上	3

10－5　怎样采取固定油罐中的油样？

固定油罐因设计不同有立式油罐和卧式油罐之分。

（1）立式油罐。当采用单个油罐的试样检测油品质量时，可在油罐的上部、中部和底部出口处采样；若采样用来计算油数量时，则在罐内油液面下的1/6深处、1/2深处和5/6深处采样，将采到的油样按等体积比例混合成为综合油样。

（2）卧式油罐。油罐容积不大于$60m^3$，或大于$60m^3$而油深度不超过2m时，则在油液面下的1/2深度处采样，当油罐容积大于$60m^3$，且深度超过2m时，应在油品体积的1/6、5/6液面处各采一个样，把采到的油样按等体积比例混合成为综合油样。

无论对立式油罐或卧式油罐采样时，都要用特殊材质如铜等制成的专门的采样器进行采样，绝不可采用铁质材料制作的采样器。

10－6　燃油采样时应注意哪些事项？

燃油采样时应注意下列有关事项：

（1）取足够数量的供化验和留样用的油样。

（2）用于制造采样器的材料，应不与燃油发生化学作用，以免影响燃油的质量。此外，采样器要干净，防止污染油样。

(3) 采样前要依据燃油的种类、运输方式等不同情况而选择相应的采样方式。

(4) 所采的油样应贴有标签，注明油样名称、采样地点、时间及采样人员。

(5) 油样瓶装油样时，应装至容积的3/4处。

(6) 严禁用铁制采样器采取油样，避免金属互相碰击引起火花，造成着火爆炸事故。

(7) 采取易挥发的轻质油样时，应站在上风处，并带防护面罩，以防止因吸入油蒸汽而中毒。

(8) 采取温度较高的重油油样时，应带手套，如从容器旁的采样口采样时，打开采样阀后要特别小心，以防止原凝结的油品熔化后突然流出来，造成飞溅烫伤。

(9) 某些轻质油罐底部装有水垫，借以防止油从罐底漏掉，遇到这种情况，开始采样前，需要知道水层的高度，以便于确定上、中、下的油层位置。

10－7　燃油是由哪些元素组成的?

燃（料）油的元素组成比较复杂，主要是碳、氢、氧、氮、硫等元素，此外，还有水分和灰分。碳和氢是燃油的主要可燃元素，硫在燃（料）油中主要是以有机化合物（如硫醇、硫醚等）的形式存在，还有少量的硫化氢和单质硫等。含硫量低于0.5%的燃油为低硫油，含硫量为0.5%～1.0%的燃油为中硫油，含硫量大于1.0%的燃油为高硫油。油中的氧大部分存在于胶状物质中，胶质愈多，含氧量就愈高。油中的氮化物大部分属于碱性有机物。油中灰分的来源有两种：一种是悬浮在油中的机械杂质，另一种是溶解在油中的金属盐类。燃（料）油的灰分一般小于0.1%，它主要是钠、镁、钙、钒、镍、铁、硅等的氧化物。

10－8　燃油中的水分是怎样来的？它的存在状态有哪几种？

燃油中的水分来源于运输和储存过程中。水分在燃油中存在的状态主要有下列三种：

（1）悬浮状。水分以水滴的形态悬浮于油中，多发生于粘度大的重油。

（2）乳化状。水分以极细小的水滴状均匀分散于油中，这种分散很细的乳浊液，由于水滴微粒极小，比悬浮状水分更难从燃油中分出。

（3）溶解状。水分以溶解于油中的状态存在，其能溶解在油中的量，决定于燃油的化学成分和温度。通常烷烃、环烷烃及烯烃溶解水的能力较弱，芳香烃能溶解较多的水分。温度越高，水能溶解于油中的数量越多。一般汽油、煤油、柴油和某些轻润滑油溶解水的量很小，无法测出，可忽略不计。

10－9　测定燃油水分对电力生产有何意义？

测定燃油水分对加强燃料管理和提高锅炉运行的安全性都直接相关，并通过它可做到防患于未然，具体表现在：

（1）供计量燃油数量。检尺后减去水量，可得知整个容器中油的实际数量。

（2）测出燃油水分，根据其含量多少，确定脱水方法，防止造成如下危害。

1）燃油中水分蒸发时要吸收热量，会使发热量降低；

2）燃油的水分会使燃烧过程恶化，并能将溶解的盐带入炉膛，引起高温受热面上结渣腐蚀和低温受热面积炭，增大不安全因素和排烟温度；

3）在低温情况下，燃油中的水会结冰，以致于堵塞燃油管道；

4）燃油中有水时，会加速油的氧化和胶化，使燃油喷嘴工作状态恶化。

10－10　测定燃油水分过程中加入溶剂的作用是什么？

燃油水分测定法中加溶剂的作用有下列两点：

（1）降低油样的粘度，避免含水油在沸腾时所引起的冲击和起泡现象，便于将水分蒸发出。

（2）溶剂蒸馏后不断冷凝回流到烧瓶内，可使水、溶剂、油混合物的沸点不升高，防止过热现象，便于将水全部携带出来。

10－11　测定燃油水分时应注意哪些事项？

测定燃油水分时应注意下列几点：

（1）油样必须有代表性，因此，测定前要混合均匀。

（2）溶剂必须脱水，仪器必须干燥。

（3）蒸馏前应往烧瓶中投入几块无釉瓷片，以便在瓶中液体被加热至沸腾时能形成许多细小的空气泡，保证液体均匀沸腾，不至于发生暴沸。

（4）对于含水量多的油，蒸馏时不能加热太快，否则，可能产生强烈的沸腾现象，造成喷油，引起火灾。

（5）防止加热过快或塞子漏气，使部分水蒸气不经冷凝而逸出，导致测定结果偏低。

（6）当油样水分含量较少时，要注意油样量不要太少，以免影响测定结果的准确性。

10-12 什么叫做燃油的灰分？它的组成是什么？

燃油在规定的温度下完全燃烧后遗留下来的残余物质称为灰分。灰分是由燃油中的矿物质在高温作用下形成的。

燃油灰分的主要化学成分与煤灰分相类似，它是由硅、铝、钙、镁、钠、铁、锰等的氧化物组成，此外，它还含有钒、磷、铜、镍等的氧化物。在重油中环烷酸盐的钙、镁、钠约占灰分总量的20%～30%。灰分的颜色随着灰分的组成不同而有较大的差异，有时是白色或赤红色，但多数灰分呈白色。通常燃油中的矿物质很少，因而形成的灰分也是极少的，一般含量占燃油的万分之几或十万分之几。

10-13 测定燃油灰分应注意哪些事项？

测定燃油灰分应注意的事项有：

（1）应充分摇动油样均匀后才允许称取油样。

（2）必须掌握燃烧速度，维持火焰高度在10cm左右，以防试油飞溅以及火焰过高带走灰分微粒。

（3）油样低温燃烧后放入高温炉灼烧时，要防止突然燃起的火焰将坩埚中灰分微粒带走。

（4）滤纸折成圆锥体，放入坩埚中要求能紧贴坩埚内壁，并让油浸透滤纸，以防止试油未烧完而滤纸早已燃尽，起不到“灯芯”的作用。

（5）灼烧、冷却、称量应严格按规定的温度和时间进行。

10-14 对难灰化的燃油残渣滴入硝酸铵溶液起何作用？

遇有残渣难以灰化时，滴入几滴硝酸铵溶液起助燃的作用。因为硝酸铵加热分解可逸出新生态氧，它可促进难燃物质的氧化，分解反应式如下：

$$NH_4NO_3 \longrightarrow N_2O + 2H_2O$$
$$N_2O \longrightarrow N_2\uparrow + [O] \qquad (10-1)$$

同时产生的气体起疏松残渣的作用，使焦炭易于燃烧完全。

10－15　测定燃油发热量与燃煤发热量有哪些不同之处？

电厂燃油通常分为重质油和轻质油两大类。重质燃料油有渣油、蜡油、重油等，轻质燃料油有重柴油和轻柴油等。重质油不易挥发，测定其发热量和测定煤样发热量时一样，可直接放在已知质量的燃烧皿中称重。对轻质油，因其易于挥发，为确保试验的安全和准确，避免在充氧时试样与氧直接接触，引起着火爆炸，必须用已知热值的物质覆盖或密封试样。无论重质油或轻质油，称样量一般为 0.5～0.7g 为宜，对于重质油，应先将油样在 40～50℃下预热，充分混合后称取试样；对于轻质油，则需将油样用胶囊或聚乙烯管制成的安瓶密封起来。

10－16　怎样计算燃油的发热量？

燃油发热量的计算，一般用来分析的重质油试样不脱水，则空气干燥基和收到基是相同的。而轻质油，含水量甚微，故可忽略不计，因此空气干燥基、收到基、十燥基二者是相同的。因为油中含有一定量的硫，所以有高位发热量和低位发热量的区别。

（1）高位发热量的计算。

$$Q_{gr,ad}=Q_{b,ad}-(94.1S_{b,ad}+N) \tag{10-2}$$

式中 $Q_{gr,ad}$——空气干燥基高位发热量，J/g；

$Q_{b,ad}$——空气干燥基弹筒发热量，J/g；

$S_{b,ad}$——空气干燥基弹筒硫含量，%；

N——硝酸形成与溶解于水的热量，J/g；

氧弹中形成的硝酸一般不作测定。取经验数据：重质油，N取42J/g；轻质油，N选取50J/g。

（2）低位发热量。

重质油的低位发热量按下式计算：

$$Q_{net,ad}=Q_{gr,ad}-226H_{ad} \tag{10-3}$$

轻质油的低位发热量按下式计算：

$$Q_{net,ad}=Q_{gr,ad}-225.8H_{ad} \tag{10-4}$$

对氢值（H_{ad}）估算的经验公式：

$$\text{对重质油：}H_{ad}=1.124\times10^{-3}Q_{b,d}-37.6 \tag{10-5}$$

$$\text{对轻质油：}H_{ad}=1.196\times10^{-3}Q_{b,d}-41.4 \tag{10-6}$$

式中 H_{ad}——空气干燥基油中氢的含量，%；

$Q_{b,d}$——干燥基油的弹筒发热量，J/g。

10-17 测定易挥发燃油发热量所用的密封油样容器是怎样制备的?

在测定易挥发的轻质燃油发热量时，通常采用的密封油样容器有下列几种：

（1）醋酸纤维胶囊。将胶液倒入干净的挥发分坩埚或玻璃管中，转动坩埚或玻璃管，使胶液均匀分布于器壁以形成一层胶膜，然后将容器倒置，以防胶膜太厚，等待10min左右，即可成薄膜胶囊，置于干燥器中备用。

（2）聚乙烯塑料安瓶。取壁厚约为0.5mm，内径为3～4mm的乙烯塑料管一段，在酒精灯上把两端拉成毛细管状，而后一端密封，另一端敞开为注射油样用（借助注射器）。制好的聚乙烯塑料安瓶长约2cm，置于干燥器中备用。

（3）其他如医药用胶囊、胶带等。

制作密封用的小容器，材质成分的均匀性是很关键的。因为不均匀的材质很难获得稳定的发热量，从而影响测定油样发热量的准确性。

10－18 在测热过程中如何使用密封油样胶囊和聚乙烯塑料管？

可按下列要求使用胶囊和聚乙烯塑料管：采用胶囊密封燃油试样时，先将胶囊置于天平上称出质量，用注射器将试样注入胶囊中，拧紧胶囊上口，使试样完全密封，称重、计算出油样质量。用点火线扎住胶囊口，放入燃烧皿内，并将点火线缠在两个电极上厂其他操作与测定煤的发热量相同。

采用聚乙烯塑料安瓶密封试样，先称出聚乙烯塑料安瓶的质量，然后将油样用注射器注入安瓶中，立刻将毛细管端口在酒精灯或煤油灯火烙上加热熔融封口，冷却后再称重，计算出油样的质量。将安瓶置于燃烧皿中，拴上点火线，然后将点火线缠在氧弹的电极上。

10－19 什么是燃油的密度？

单位体积内燃油的质量称为燃油密度，用 ρ 表示

$$\rho = \frac{m}{V}\ \mathrm{g/cm^3} \tag{10-7}$$

式中　m——燃油的质量，g；

V——燃油的体积，cm^3。

燃油在温度为 t℃时的质量与4℃时同体积纯水的质量之比，称为燃（料）油在 t℃时的相对密度，用符号 ρ_4^t 表示。4℃时纯水的密度为1.000g/cm^3。

石油工业中规定，以20℃时的密度作为油的标准密度，用符号 ρ_4^{20} 表示。当温度不是20℃时，其密度 ρ_4^{20} 按下式换算

$$\rho_4^{20} = \rho_4^t + \alpha(t - 20) \tag{10-8}$$

式中　α——平均温度修正系数，见表10-2，$℃^{-1}$。

表10-2　**油的平均温度修正系数**

密度 ρ_4^{20}（g/cm^3）	α（$℃^{-1}$）	密度 ρ_4^{20}（g/cm^3）	α（$℃^{-1}$）
0.9300~0.9399	0.000594	0.9800~0.9899	0.000528
0.9400~0.9499	0.000581	0.9900~0.9999	0.000515
0.9500~0.9599	0.000567	1.0000~1.0099	0.000502
0.9600~0.9699	0.000554	1.0100~1.0199	0.000489
0.9700~0.9799	0.000541	1.0200~1.0299	0.000476

可选用密度计测定密度，燃油的密度一般在0.8~0.98之间。

10-20　测定燃油密度的原理是什么？

测定石油产品密度的方法有密度计法和密度瓶法两种。

密度计法是以阿基米德原理为基础的。当密度计沉入液体时，排开一部分液体，并受到自下向上的，等于其所排开液体的体积乘以该液体密度的浮力的作用。当浮力等于密度计本身的重力时，则密度计处于平衡状态，即漂浮于液体石

油产品中。液体石油产品的密度愈大，则漂浮于其中的密度计直立得愈高，相反，密度计就直立得愈低。密度计法就是依据密度计在被测油品中沉没的深度来测定密度的。

密度瓶法是基于下列公式：$\rho=\dfrac{m}{V}$。显然，要测出密度，就要先测定密度瓶的容积（V），再在相同温度下测量充满此容积内燃油的质量（m），而后依据测量结果进行计算。

10－21　测定燃油密度的方法有哪几种？

测定燃油密度的方法有下列两种：

（1）密度计法。把要测定的燃（料）油，沿筒壁仔细注入直径大小符合要求的量筒中，把选好的与该燃（料）油密度相适应的密度计放入燃油中，使它漂浮在油中间，不要与量筒内壁相接触。待密度计平稳后按油的弯月面顶端读取密度计上的刻度，取出密度计并迅速测量油温，此即为该温度下的燃油密度 ρ_4^t。如果当燃油温度超过50℃时，粘度仍大于200mm²/s，则可用与油样等体积的已知密度 ρ_2 的煤油稀释，按上述操作测出混合油的密度 ρ_2，然后依下式计算出被测燃油的密度 ρ_4^t

$$\rho_4^t = 2\rho_1 - \rho_2 \qquad (10-9)$$

要换为标准密度 ρ_4^{20}，则按下式计算

$$\rho_4^{20} - \rho_4^t + \alpha(t-20) \quad \text{g/cm}^3 \qquad (10-10)$$

（2）密度瓶法。密度瓶法试验要在规定温度20℃下进行。先称量空密度瓶，然后称量被水充满至规定标线的密度瓶，这样就可以求出密度瓶内水的质量“水值”，用水的质量（水值）除水在20℃时的密度，即得出密度瓶的容积。

测定时将被试验的燃油充满至该密度瓶的同一标线，再进行称量，即可求出燃油的质量，而燃油的体积为已知，当然就可计算出燃油的密度了。

10－22 什么是恩氏粘度?

恩氏粘度是目前国际上广泛采用的一种条件粘度，在一定温度下，一定试油量从恩格勒粘度计底部小孔流出 200mL 时所需的时间（T_t）和在 20℃流出同体积纯水所需的时间（K_{20}，水值）之比值称为恩氏粘度，用符号 E_t 表示

$$E_t = \frac{T_t}{K_{20}} \qquad (10-11)$$

恩氏粘度可按下式换算成符合法定计量要求的运动粘度 ν，当恩氏粘度小于 120cst（厘斯）时

$$\nu_t = 7.31E_t - \frac{6.31}{E_t} \quad \text{cst} \qquad (10-12)$$

当恩氏粘度大于 120cst 时

$$\nu_t = 7.41E_t \quad \text{cst} \qquad (10-13)$$

10－23 测定恩氏粘度时应注意哪些事项?

(1) 恩氏粘发度的技术规范要符合要求，流出管是恩氏粘度计的主要部件，管内表面经过仔细磨光和镀金，使用时注意不要弄脏和磨损。

(2) 粘度计的“水值”应定期检查，更换新的流出管时，应重新校正“水值”。

(3) 在测定时，所流出的燃油均应为连续的线状，不允许“断线”。

(4) 在测定恩氏粘度时油样应恒温，油样温度波动不超过±0.1℃。

（5）油样必须预先脱除水分和机械杂质,且不存有气泡。

（6）粘度计要调节水平，使其内容器中三个尖钉的尖端同时露出油面，使油样量准确。

10－24 为什么测定粘度的油样必须脱水和除去机械杂质？

当用来测定粘度的油样含有水分或机械杂质时，在试验前必须经过脱水处理，并用滤纸过滤除去油样中机械杂质。因为有杂质存在时会影响燃油在粘度计中正常流动，杂质粘附于毛细管内壁会使流动时间增长，测定结果偏高，同时还会使测定结果重复性差。有水分时，在较高测定温度下水分会汽化，低温时则凝结，均影响液体石油产品在粘度计中的正常流动，使测出的结果不是偏低，就是偏高。

10－25 为什么用于测定粘度的油样不应有气泡，且在测定中要保持恒温？

试油中存有气泡会影响装油体积，而且气泡进入毛细管后可能形成气塞，增大了油样流动阻力，延长了流动时间，使测定结果偏高。因此，在试验前要将油样中的气泡驱逐干净，通常可采用适当提高温度以加快气泡逸出的方法。

测定粘度时油样要保持恒温，这是因为燃油的粘度对温度反应十分敏感，它随温度的升高而减小，随温度的下降而增大，故在测定时必须严格按规定保持恒温，否则，即使是极微小的温度波动（超过±0.1℃），也会使粘度测定结果产生较大的误差。

10－26 什么是燃油的自燃点？

在一定温度下，燃油表面蒸发的油气与空气的混合物，在没有外界火焰的情况下产生自燃时的温度，称为自燃点。轻质油燃点低，但自燃点反比重质油高，自燃点随油所处的条件（压力、油气浓度）不同而发生改变。闪点、自燃点和化学组成有关，通常密度越小，闪点越低，自燃点越高。自燃点随压力升高而降低。

10－27　什么是燃油的燃点？

燃油温度达到闪点时，遇到明火可闪燃，但要使油样连续燃烧下去，油样温度必须更高一些。油面上的油气与空气的混合物遇明火能着火连续燃烧（持续时间不少于5s）的最低温度，称为该油的燃点。显然，燃点高于闪点，一般高20～30℃。例如，原油的闪点为39℃，其燃点为54℃，重油的闪点为222℃，其燃点为282℃。

10－28　什么叫做燃油的闪点？

在规定条件下，将油加热，随油温的升高，油液面上蒸汽的浓度也随之增加，当升到某一温度时，油蒸气和空气组成的混合物用明火接触时出现蓝色火焰，产生这种现象的最低温度称为燃油的闪点。

闪点测定器分为闭口和开口两种形式，用闭口闪点测定器测得的闪点，称为闭口闪点；用开口闪点测定器测得的闪点，称为开口闪点。

在闪点的温度下，只能使油蒸气与空气所组成的混合物燃烧，而不能使液体油燃烧，这是由于在闪点温度下油蒸发速度慢的缘故。闪火时蒸气混合物很快燃完而油又来不及蒸发供连续燃烧所需的蒸气，于是燃烧也就停止。

10－29 怎样根据燃油的品种选择闪点测定方法？

燃油的闪点与其组成有密切关系，燃油中只要含有少量低分子量的其他成分，就会使其闪点显著降低。燃油的沸点越低，其闪点也越低，压力升高，其闪点也升高。

测定闪点的方法有开口杯法和闭口杯法两种。开口杯法是将油样放在敞口的容器中加热进行测定的，一般用于测定闪点较高的油，如重油、润滑油等。闭口杯法是将油样放在有盖的容器中加热测定，一般用于测定闪点较低的油，如汽油等。同一种燃油，测定闪点的方法不同，其闪点值也不同，开口杯法测定的闪点要比闭口杯法高，差值多半在15～25℃之间。闪点是防止油发生火灾的一项重要指标，敞口容器中油温接近或超过闪点，就会增加着火的危险性，在敞口容器中加热油，加热温度应至少低于闪点10℃，而在压力容器中则无此限制。

10－30 燃油中的水分对测定闪点有什么影响？

燃油中的水分对测定闪点有影响，这是由于加热燃油时，分散在油中的水会汽化形成水蒸气。有时水分形成气泡覆盖于液面上，影响油的正常汽化，推迟了闪火时间，使测定结果偏高；对水分较多的重油，用开口闪点测定器测定闪点时，加热至一定温度，燃油易溢出杯外，使试验无法进行。因此，闭口闪点测定法规定水分大于0.05%、开口闪点法规定水分大于0.1%时，必须脱水。

10－31 什么是燃油的爆炸浓度极限和带电性？

燃油通常在爆炸下限时闪火，所以闪点实际上是加热燃油，使空气中的油蒸气浓度达到爆炸下限时的温度。继续加热，则空气中的油浓度增加到一定时，遇到明火时就会发生爆炸，这时的浓度称为爆炸的浓度极限。爆炸浓度极限越宽，引起爆炸的危险性也就越大。

燃油的带电性是指燃油在管道内流动、倾倒与过滤的过程中，由于燃油和四壁摩擦能产生高达 200V 以上的静电。一旦燃油带了电，就可能造成燃油燃烧和爆炸。

10－32　什么叫燃油的机械杂质？测定机械杂质应注意哪些事项？

燃油的机械杂质是指存在于油中所有不溶于溶剂（汽油、苯）的沉淀状或悬浮状的物质，这些杂质多由砂子、粘土、铁屑粒子和一些不溶于溶剂的有机成分，如碳氢化合物和碳化物等组成，它主要是由于运输、储存时落入粉尘或由罐、桶等容器清洗不净、腐蚀等引起的。

测定机械杂质应注意下列事项：

（1）称取试样前必须先摇匀。

（2）所有溶剂在使用前应过滤。

（3）所选用滤纸的疏密、厚薄以及溶剂的种类、数量最好是相同的。

（4）空滤纸不要和带沉淀的滤纸在同一烘箱里一起干燥，以免空滤纸吸附溶剂及油类的蒸气，影响恒重。

（5）干燥过的滤纸冷却到规定时间以后，应立即称量，以免滤纸的吸湿作用影响恒重。

（6）过滤的操作应严格遵守质量分析中的有关规定。

（7）所有的溶剂应根据油样的具体情况及技术标准的有关规定选用，不得乱用；否则，所测得的结果无法比较。

10－33　如何测定燃油的凝点?

物质由液态变为固态的现象，叫凝固。发生凝固时的温度叫做凝点。燃油是由各种烃的复杂混合物组成的，它不像纯净的单一物质那样具有一定的凝点。它从液体变为固体的过程是逐渐进行的，当温度逐渐降低时，它并不立即凝固，而是变得越来越粘，直到完全丧失流动性为止。

按燃油测定方法中的规定：将油样放在一定的试管中冷却，并将它倾斜45°角，如试管中的油面经过1min保持不变，则这时温度即是该油的凝点。凝点的高低与油本身的化学组成关系较大。一般油中腊含量高，则凝点就高。此外，胶状与沥青状物质含量多也会使油的凝点增高。凝点是贮存与运输油作业中的一项重要技术指标，尤其在寒冷地区，具有实际应用的价值。

10－34　怎样采取输气管道中大于常压的天然煤气?

在输送管道上采取大于常压的天然煤气可选用吹扫—空气排空法进行。

（1）采样装置：吹扫—空气排空法的采样系统如图10－4所示。

（2）采样操作：

1）断开采样接头，然后打开气源采样口阀门1，充分吹扫采样口，除去死气及污物后，关闭阀门1。

注意：清洗采样口排空气体时要注意安全，防止爆炸或燃烧。

2）样品容器保持直立位置，连接采样接头、导管和阀门。

3）打开气源（管道中煤气）采样口阀门5，全开阀门2、阀门3和阀门4，用阀门1调节流量，缓慢吹扫采样导管

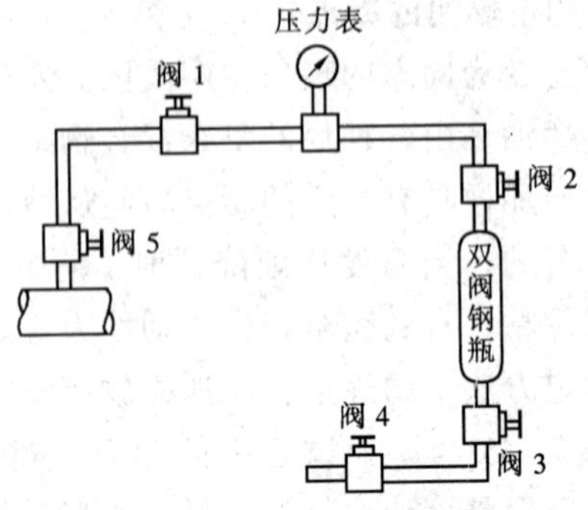

图 10－4　吹扫—充气排空法的采样系统

和样品容器。

4）关闭阀门 4，使样品容器内压力升高到所需的吹扫压力，迅速关闭阀门 2，再由阀门 4 缓慢将样品容器放空至常压，再充气，如此重复操作 4～10 次。

5）全开阀门 2 和阀门 3，用阀门 1 和阀门 4 调节流量，关闭阀门 4 充气到所需的压力，迅速关闭阀门 1，记录压力，然后关闭阀门 2 和阀门 3，卸下样品容器。

6）检查样品容器是否漏气，贴上标签。

（3）气源压力等于或低于常压时，可采用如图 10－5 所示的抽真空容器法取样系统：

1）样品容器（单阀钢瓶）事先经过抽真空检查，证实能维持真空度时，再抽真空至 130Pa 以下备用。

2）打开气源取样口阀门 5，充分吹扫取样口，排除死气及污染物后，关闭阀门 5。

3）将样品容器保持直立，按图 10－5 连接好。

4）打开气源取样口阀门 5，全开阀门 2。用阀门 1 调节流量，充分吹扫取样导管后，关闭阀门 2。因气源压力等于

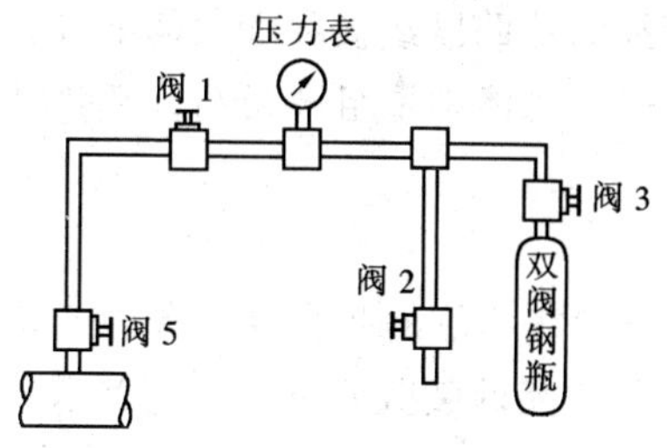

图 10－5　抽真空容器法的采样系统

或低于常压，故在阀门 2 处用真空抽气清洗。

5）全开阀 1，缓慢打开阀 3，使样品内压力升高至气源压力。关闭阀 3 和阀 1，打开阀 2。

6）卸下样品容器、检漏，贴上标签。

10－35　天然气采样要遵循哪些基本原则?

为了要获得有代表性的气体试样，须符合下列采样基本原则:

(1) 要依据气体试样的分析项目和选用试验方法、气源类型、采样方式、装置或工具、用量和安全条件编制采样大纲（方案)。

(2) 采样时可选用定点、定时和瞬时三种方式中的一种。一系列连续定时采样获得的试样可视为平均试样，也可按一定时间内收集连续的试样作为平均试样。

(3) 最小的采样量取决于分析项目和试验方法的要求，但必须满足吹扫试验装置和至少供两次正常试验所需的用量。

(4) 采取管道中气样时，应取管内流动的气体，为此，采样探头的取样口应伸入管内径的 1/6 ~ 1/3 处，取样口不得设在气源管线的低凹段或横卧管段的下方。

（5）为了避免气体中重组分凝结，必要时采样导管应保温或加热。

10－36　采取天然气样品的装置要符合哪些要求？

采取天然气样品的装置要符合下列要求：

（1）采样装置应包括采样接头、采样导管和样品容器等。

（2）对试验前接触试样的所有装置和材料应满足对气体试样不渗透、不吸收、无化学活性的要求；对可能污染试样的设备如湿式流量计应安装在样品容器和试验装置之后。

（3）采样接头是用来将采样导管与带取样探头的取样口相连接的部件，应具有足够的强度和密封性能。

（4）采样导管可选用不锈钢、碳钢管、钢管、金属软管、玻璃管或聚四氟乙烯管等。对气源压力大于 7MPa 或含硫天然气，宜选用不锈钢管，且采样导管应尽可能短，管内径一般为 2～4mm。

（5）样品容器可选用 0.1～40L 的双阀或单阀型碳钢瓶、不锈钢瓶、铝合金瓶和玻璃瓶等。

（6）采样前必须对样品容器进行清洗、干燥处理和气密性检查，专瓶专用。

（7）耐压样品容器还必须定期作耐压强度和气密性试验。

10－37　气体燃料的发热量是如何定义的？

气体燃料包括天然气、人造煤气和压力煤气化装置的煤气等。气体燃料的发热量是指在温度为 0℃、压力为 101.325kPa 下，标准状态下 $1m^3$ 体积的干燥可燃气体完全燃烧时所释放出的热量，单位为 kJ/m^3 或 MJ/m^3。天然气是用于生产蒸汽和制造化工产品的主要气源，通常天然气可分为：

酸性天然气——硫化氢和其他硫化物的含量高于 500mg/m^3；甜性天然气——含甲烷较高，但不含任何硫化物；干天然气——碳氢化合物含量主要是甲烷，其含量高达 80%~99%；湿天然气——主要成分是液化气（丙烷和丁烷），只含有少量甲烷。碳氢化合物含量较高。

10-38 什么叫气体燃料的低位发热量？

规定量的气体在空气中完全燃烧时所释放出的热量。在燃烧反应发生时，压力 p_1 保持恒定，所有燃烧产物的温度降至与指定的反应温度 t_1 相同的温度，且所有的燃烧产物均为气态包括水，这时释放出的热量称为气体燃料的低位发热量。当气体燃料的试样量由摩尔、质量和体积给出时，则其发热量分别称为摩尔低位发热量［$Q_{\mathrm{net},\mathrm{M}(t_1,p_1)}$］、质量低位发热量［$Q_{\mathrm{net},m(t_1,p_1)}$］和体积低位发热量［$Q_{\mathrm{net},v(t_1,p_1),v(t_2,p_2)}$］。

10-39 什么叫气体燃料的高位发热量？

规定量的气体燃料在空气中完全燃烧时所释放出的热量。在燃烧反应发生时，压力 p_1 保持恒定，所有燃烧产物的温度均降至与规定的反应物温度 t_1 相同的温度，除燃烧中生成的水在温度 t_1 全部冷凝为液态外，其余所有燃烧产物均为气态，这时释放出的热量叫气体燃料的高位发热量。气体燃料的试样量由摩尔给出时，则其发热量称为摩尔高位

发热量 [$Q_{gr,M(t_1,p_1)}$]；试样量由质量给出时，则其发热量称为质量高位发热量 [$Q_{gr,m(t_1,p_1)}$]；试样量由体积给出时，则其发热量称为体积高位发热量 [$Q_{gr,v(t_1,p_1),v(t_2,p_2)}$]。

注：t_2 和 p_2 为气体体积计量的参比条件，我国目前规定使用的计量参比条件与燃烧参比条件相同，均为101.325kPa，20℃。

10－40　获得气体燃料的发热量通常有哪几种方法?

气体燃料发热量的获得一般有下列两种方法：

(1) 间接计算法。

气体燃料的发热量决定于其中所含的化学组分（组成），因此，可依据气体燃料的百分组成和各组分的燃烧热，就可计算出该气体燃料的发热量。

$$Q_{net,v(t_1,p_1)} = \sum \frac{C_i}{100} Q_{net}^i - 20.16 M_g \quad (10-14)$$

式中　$Q_{net,v(t_1,p_1)}$——气体燃料的低位发热量，kJ/m^3；

Q_{net}^i——第 i 个化学组分的低位发热量，kJ/m^3；

C_i——第 i 个化学组分的体积百分浓度；

M_g——气体燃料中水蒸气的体积的百分比。

上式中的20.16为水的汽化热，单位为 kJ/m^3。

(2) 直接测定法。

直接测定气体燃料的发热量，一般可用专门的水流型量热计，如国外的Junkers式和国内的SR—1型的气体热量计就属于这种类型。该种热量计的测定原理是：将被测的气体燃料连续不断进入喷灯完全燃烧，燃烧释放的热量被逆流而过的连续水流吸收。根据燃烧了的气体体积和在气体燃烧时间内通过相应的水量以及进、出流水的温度差，就可计算此

气体燃料的发热量。计算公式如下

$$Q_{gr,v(t_1,p_1)} = \frac{CM(t_n - t_0)}{V} \qquad (10-15)$$

式中 $Q_{gr,v(t_1,p_1)}$——热量计实测的发热量，kJ/m^3；

C——水的比热，J/（g·℃）；

M——试验中流过热量计的水量，g；

t_0、t_n——进、出口水的温度，℃；

V——经修正后燃烧的气体燃料的体积，m^3。

10－41 试简述气相色谱法测定气体样品组分的基本原理。

当用含有各种组分的混合气体物质的注射器注入色谱仪上进样口时，立刻被具有一定压力的流动相（载气）携带进入色谱柱，在柱内与固定相（对混合气体呈惰性或无吸附性）作相对运动。由于分子运动，混合物中的各组分在流动相与固定相之间不断发生吸附和解吸的作用，即组分的浓度在两相间进行不断地分配，按组分浓度的分配系数先后被分离出来，分离出来的组分按顺序进入检测器中，其浓度将按比例被转变为电压或电流信号并被记录器记录下来，同时与在同样的操作下的标气组成的浓度相比较计算出相应的组成。计算时可用峰高、峰面积均可。

10－42 气相色谱法测定天然气组分有哪些主要技术要求？

气相色谱法测定天然气组分中的主要技术要求如下：

（1）载气。纯度不低于99.99%，在使用中能保持恒定，其变化小于1%。

（2）标气。内含的所有组分必须是均匀的。除甲烷外的其他组分的浓度不低于被测气体浓度的50%，但也不宜高于10%（摩尔百分数）。

（3）仪器设备：

1）热导检测器，要保持恒温，其变化小于0.3℃，对正丁烷摩尔百分数1%的气体，进样0.25mL至少可产生0.5mV信号。

2）记录器满标量程为1～5mV，最大响应时间不超过2s。

3）衰减器各档之间误差不超过1%。

（4）进样系统：

1）带进样阀的定量管为不锈钢制品，其定量管体积为0.25～2mL,内径为2mm，对小于2mm应带有加热器。

2）色谱柱，柱温可保持恒定其变化小于0.3℃，色谱柱材质对气样中的组分应呈惰性或无吸收性，柱内的填充物应能对被检测的组分进行完全的分离。

示例：

①对需检测氧、氮和甲烷时，采用的色谱条件为

色谱柱：13x分子筛，60～80目；

柱长：2m；

载气：氦气30mL/min；

进料量：0.25mL。

②对需检测甲烷和空气、乙烷、二氧化碳、丙烷、异丁烷、正丁烷、异戊烷和正戊烷时，采用的色谱条件为

色谱柱：3m DIDP+6mDMS；

载气：氦气，75mL/min；

进料量：0.50mL。

注：气相色谱法测定技术，请参考有关专著书籍。

10－43 什么叫气体密度和相对气体密度？

在规定温度和压力下，气体的质量除以它的体积就称为该气体的密度。在相同的规定压力和温度条件下，气体的密度除以具有标准组成的干空气的密度（空气的密度规定为1)，就称为相对气体密度。测定燃气密度可用来计算沃泊指数和质量发热量。

10－44 燃料油的发热量、密度和硫分之间有什么关系？

一般燃料油的发热量、密度和硫之间存在着统计上的相关性。同一品种燃油发热量（Q_{net}）随着密度的增加而减小，燃油密度每变化0.01g/cm^{3}则发热量平均减小约0.015 MJ/kg,而在同样密度下燃油的发热量又随着硫含量的减少而增加，硫分每减少1%，则发热量增加约0.60MJ/kg。

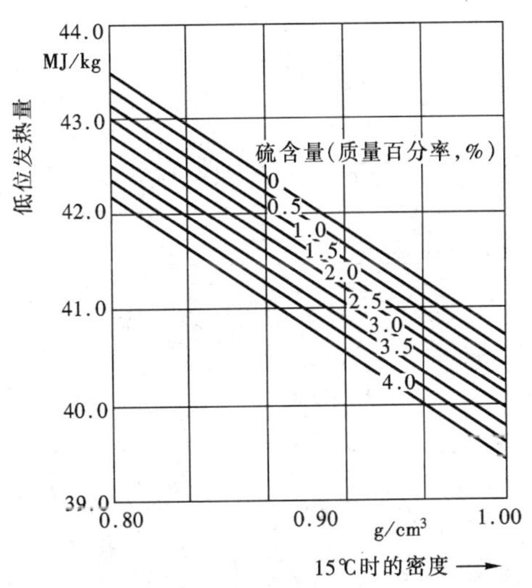

图10－6 燃油的发热量与密度和硫分的相互关系

因此，如果知道某种燃料油的密度和含硫量，就可推算出该燃油的发热量（Q_{net}），相反，也可通过已知的发热量和含硫量推算出燃油的密度。燃油的发热量、密度和含硫的相互关系如图 10－6 所示。

第十一章　煤质在线分析仪及其检测

11－1　试述大中型火电厂实现在线分析仪监测煤质的必要性？

火电厂燃煤质量实现在线监测是现代锅炉机组发展的必然趋势，无论是从提高锅炉机组经济性和安全性，还是控制有害气体排放量减少环境污染来看，都是必要的。

随着电力的发展，一百万千瓦级乃至二百万千瓦级以上的装机容量日益增多，相应其日耗用天然煤量也在增加，一座装机容量为一百万千瓦的火电厂日燃用天然煤量可达万吨。如此庞大的耗煤量，要沿用传统的燃煤质量监督运作方式——采样、制样和实验室化验是不能适应电力生产需要的。因为传统的燃煤质量监督方式需时长（至少 4h 以上），这意味着对入厂煤和入炉煤都无法及时提供煤质特性参数，并依此迅速作出防范措施，这将给电力生产带来许多潜在的不安全或不经济因素。

11－2　什么是煤质在线分析仪？

煤质在线分析仪是指在煤炭加工、处理和运输过程中能连续测量一个或多个煤质指标，并能快速自动测出数据的仪器。这些分析仪可广泛应用于煤炭系统采煤分级控制、原煤出矿质量控制、洗煤质量监控和火电厂配煤、煤场管理以及入厂煤、入炉煤质量监控等各领域。从国内外有关资料报导，煤质在线分析仪的发展，有越演越烈的趋势。

11-3 实现煤质主（副）煤流在线监测对燃煤管理能起到哪些作用？

火电厂实现煤质在线监测对燃煤管理能起到下列作用：

（1）提高入厂煤验收质量。通过主（副）煤流在线分析仪监测煤质能在第一时间内发现入厂批煤的质量是否符合合同上的约定值，或甚至有无掺假现象，如果有，则可及时作出拒收或另地存放，备后处理，同时做好各种相关记录，以便向供煤方提出索赔，挽回经济损失。

（2）增加锅炉运行的安全感。通过主（副）煤流在线分析仪监测煤质，就有可能在燃烧前提供将要入炉的煤质变化情况，使运行人员能依煤质变化及时调整运行工况或作出必要的防范措施。

（3）提高贮煤场向锅炉供煤的质量。由于采用了主（副）煤流在线分析仪监测煤质，贮煤场可对入厂煤实行按影响本厂锅炉运行的最主要煤质参数进行分堆存放。准确混配，确保供应锅炉的煤质在允许范围内变化，提高了供煤质量，也提高了锅炉燃烧的经济性和安全性。

11-4 什么叫做主煤流和副煤流在线分析？

在线分析仪因提供被测试验煤样的方式不同，有主煤流和副煤流结构之分。主煤流结构的在线分析仪是安装在主煤流皮带上，可直接测量皮带上的全部煤（一般是局部的）并给出被测煤质指标的数值。它的优点不需另配置采样或采制样系统，对生产用煤质响应速度快，整体结构简单，成本低，但由于被测煤流中煤的物理状态和试验条件不易控制，与副（旁）煤流在线分析仪相比，测量精密度相对较低。副煤流结构的在线分析仪是从皮带煤流中用符合采样要求的采样系统分取出一部分煤经制备成一定粒度后，送到分析仪测量，并给出被测煤的煤质指标数据。因被测的试验煤样预先要经过破碎到一定粒度并整形，所以测量精密度比主煤流在线分析仪高。但整体结构较复杂，增加了成本。主、副煤流在线分析仪，统称为在线分析仪。

11－5　煤质在线分析仪的安装结构有哪几种方式?

由于被测煤的物理状态（如粒度、均匀性）和检测时试验煤样的供给方式的不同，分析仪的安装结构，就火电厂而言可有以下两种方式:

（1）分析仪在主煤流上的安装结构（*in－line*）方式。在线分析仪被安装在带式输送机上的除“三块”和破碎机后的主煤流皮带上方，使得所有要检测的煤都逐一通过分析仪，并给出检测值，这种安装结构方式运行操作简单，维护量小，但其不足之处是适应煤种变化能力差，其检测精密度往往不能达到预期效果。

（2）分析仪在副煤流上的安装结构（*on－line*)。这种安装结构方式与上述方式不同，分析仪系安装在由采样系统从主煤流中分取出部分有代表性的试验煤样的旁煤流上，受测的试验煤样先经过采样制样系统中的设备制备成 定粒度后再经整形。与上述方式相比，有较高的精密度，有较好的适应煤种变化能力。但需配置一套运行可靠的机械采制样系统。

11－6　煤质在线分析仪最基本的性能要求是什么？

火电厂煤质在线分析仪的最基本性能要求是：

（1）稳定性能好——重现性好，基线漂移量小。

（2）能长期运行可靠——低故障率、高投入率。

（3）抗干扰性能强——防电磁、振动、噪声、粉尘等能力要强。

（4）对被测量指标响应值（示值）要高。

11－7　表示在线分析仪性能有哪些主要项目？

表示在线分析仪性能主要有下列几项：

（1）稳定性。仪器的稳定性是指在线分析仪本身的响应值（示值），在要求的一段时间内是否能保持稳定的一种特性，它是分析仪的最重要的条件。稳定性差的仪器，不能获得准确的测量结果。

（2）标定有效性。标定有效性是指仪器通过参比样品标定试验建立的“示值与参比值”的关系曲线是否仍适用于当前的测定要求，即标定曲线的有效性，它直接会影响仪器测量结果的准确性。

（3）操作测量性能。操作测量性能是指仪器在动态操作或现场场合下，其仪器示值和参比样品的参比值相符合的程度。一般可用动态精密度或比对动态精密度表示。在无系统偏差情况下，它就是准确度，一个操作测量性能良好的仪器在现场实际应用中具有更好的效果。

11－8　什么是分析仪的稳定性？它取决于哪些因素？

分析仪的稳定性是一切仪器准确测量的首要条件，它表在相同条件下，仪器测量示值随着时间变化的一种性能。稳定性的好坏取决于用于设计该仪器的基本原理和仪器的工艺结构以及分析所处的环境条件等。引入的误差大小既有随机误差，也有系统误差。衡量仪器稳定性一般选用重复性的标准差来表示。若重复性标准差占总测量精密度的比例过大时，则仪器的稳定性不好，不能给出准确的测量结果。

11－9 如何进行在线分析仪的稳定性能试验？

仪器稳定性可以在实验室内通过以下步骤进行试验：

（1）先将分析仪调试到处于备试状态。

（2）依据分析仪的测定煤质特性，选择与其相应的两个参比样品，（均匀性好，参比值准确）记为A样和B样。

（3）选定静态重复测量周期，可以是2min或5min。

（4）对比此两个参比样品，分别按选定的周期用分析仪各重复测定10次，共10个周期。指定此次测定的时间为0，同时分别记下在此时间内分析仪的示值，对A参比样品记为$A_{0,i}$，对B参比样品记为$B_{0,i}$。

（5）隔一天或几天、一周，按同样操作分别再对此两个参比样品各重复测定10次，指定此次测定时间为q，同时分别记下在此时间内分析仪的示值，对A参比样品记为$A_{q,i}$，对B参比样品记为$B_{q,i}$。

（6）分别计算测定时间0和测定时间q的分析仪的10次重复测定示值的平均值（$\bar{A}_0$和$\bar{B}_0$，$\bar{A}_q$和$\bar{B}_q$）以及方差（$V_{A,0}$和$V_{B,0}$，$V_{A,q}$和$V_{B,q}$）并进行数据分析。

11－10 如何对分析仪稳定性的试验结果进行分析？

要进行稳定性试验数据的分析和判断，首先需对试验数据作下列统计量的计算：

（1）计算静态重复性方差和分析仪平均示值

$$V_{A0}=\frac{\sum A_{0,i}^{2}-\frac{1}{n_0}(\sum A_{0,i})^{2}}{n_0-1} \tag{11-1}$$

$$V_{B0}=\frac{\sum B_{0,i}^{2}-\frac{1}{n_0}(\sum B_{0,i})^{2}}{n_0-1} \tag{11-2}$$

$$V_{Aq}=\frac{\sum A_{q,i}^{2}-\frac{1}{n}(\sum A_{q,i})^{2}}{n-1} \tag{11-3}$$

$$V_{Bq}=\frac{\sum B_{q,i}^{2}-\frac{1}{n_q}(\sum B_{q,i})^{2}}{n_q-1} \tag{11-4}$$

$$\overline{A}_0=\frac{1}{n_0}\sum A_{0,i} \tag{11-5}$$

$$\overline{A}_q=\frac{1}{n_q}\sum A_{q,i} \tag{11-6}$$

$$\overline{A}_0=\frac{1}{n_q}\sum B_{0,i} \tag{11-7}$$

$$\overline{A}_q=\frac{1}{n_q}\sum B_{q,i} \tag{11-8}$$

式中 V_{A0}——时间为0时分析仪对 A 参比样品的静态重复性方差；

V_{B0}——试验时间为0时分析仪对 B 参比样品的静态重复性方差；

V_{Aq}——试验时间为 q 时分析仪对 A 参比样品的静态重复性方差；

V_{Bq}——试验时间为 q 时分析仪对 B 参比样品的静态重复性方差；

$\bar{A}_0$——试验时间为 0 时分析仪对 A 参比样品的平均示值；

$\bar{B}_0$——试验时间为 0 时分析仪对 B 参比样品的平均示值；

$\bar{A}q$——试验时间为 q 时分析仪对 A 参比样品的平均示值；

$\bar{B}q$——试验时间为 q 时分析仪对 B 参比样品的平均示值。

（2）方差显著性检验

$$F_A = \frac{V_{A0}}{V_{Aq}} \text{或} F_A = \frac{V_{Aq}}{V_{A0}} \tag{11-9}$$

$$F_B = \frac{V_{B0}}{V_{Bq}} \text{或} F_B = \frac{V_{Bq}}{V_{B0}} \tag{11-10}$$

查 F 分布表得出临界值 $F_{0.05}$、f_A、f_B [95%概率，第一（分子项）自由度 f_A，第二（分母项）自由度 f_2]。

若 $F_A \leqslant F_{0.05}$ 的临界值，则分析仪对 A 参比样品的测量精密度没有显著性差异，否则，有显著性变化。

若 $F_B \leqslant F_{0.05}$ 的临界值，则分析仪对 B 参比样品的测量精密度没有显著性变化，否则，有显著性变化。

（3）示值变化显著性检验

$$S_{A(0+q)} = \sqrt{\frac{V_{A_0} \times (n_0 - 1) + V_{Aq} \times (n_q - 1)}{n_0 + n_q - 2}} \tag{11-11}$$

$$S_{B(0+q)} = \sqrt{\frac{V_{B_0} \times (n_0 - 1) + V_{Bq} \times (n_q - 1)}{n_0 + n_q - 2}} \tag{11-12}$$

式中 $S_{A(0+q)}$——分析仪在试验时间 0 和 q 时对 A 参比样品的重复测定结合标准差。

$S_{B(0+q)}$——分析仪在试验时间 0 和 q 时对 B 参比样

品的重复测定结合标准差。

按下式分别计算统计量 t_A 和 t_B

$$t_A = \frac{|\bar{A}0 - \bar{A}q|}{S_{A(0+q)} \cdot \sqrt{\frac{1}{n_0} + \frac{1}{n_q}}} \tag{11 - 13}$$

$$t_B = \frac{|\bar{B}0 - \bar{B}q|}{S_{B(0+q)} \cdot \sqrt{\frac{1}{n_0} + \frac{1}{n_q}}} \tag{11 - 14}$$

查 t 分布表得到临界值 $t_{0.05,(n_0+n_q-2)}$（95% 概率下，自由度 $n_0 + n_q$）。

分别比较 T_A 和 $t_{0.05,n_0+n_q-2}$，当 $t_A \leqslant t_{0.05,n_0+n_q-Z}$ 时，则分析仪对 A 参比样品的测量值无显著性变化，否则有显著性变化；同样当 $t_B \leqslant t_{0.05,n_0+n_q-Z}$ 时，则分析仪对 B 参比样品的测量值无显著性变化；否则，有显著性变化。

（4）分析仪的基本测量精密度

按下式计算分析仪静态重复性标准差和 95% 概率下的精密度

$$S_{A0} = \sqrt{V_{A0}} \qquad P_{A0} = t_{0.05,n_0-1} \times S_{A0} \tag{11 - 15}$$

$$S_{B0} = \sqrt{V_{B0}} \qquad P_{B0} = t_{0.05,n_0-1} \times S_{A0} \tag{11 - 16}$$

$$S_{Aq} = \sqrt{V_{Aq}} \qquad P_{Aq} = t_{0.05,n_0-1} \times S_{Aq} \tag{11 - 17}$$

$$S_{Bq} = \sqrt{V_{Bq}} \qquad P_{Bq} = t_{0.05,n_0-1} \times S_{Bq} \tag{11 - 18}$$

11 - 11　主、副煤流在线分析仪标定时要坚持什么原则？

仪器标定也叫仪器刻度。任何煤质在分析线仪（包括实验室用仪器）的测定值都是借助准确可靠的参比方法的参比值进行比较而获得的，因此，要选用一组参比标准煤样进行标定，以确定仪器指示值与参比值之间的关系，并得到相应的标定曲线，仪器标定要坚持一个基本原则：标定条件和应用条件要完全或基本相同，即拟在什么条件下应用，就在什么条件下标定，反之亦然。由于仪器应用的场合不同，仪器标定有实验室静态标定和在现场主、副煤流动态标定两种，前者标定受客观影响相对少些，故其标定结果的准确度一般高于后者。但它标定的结果须经静态/动态响应因子修正后才可应用于现场。

11－12　怎样进行副煤流在线分析仪的动态标定试验？

副煤流分析仪的动态标定试验可按下列步骤进行：

（1）将分析仪安装在副煤流皮带上，调试好整机工作性能。

（2）准备 15 个同一煤源的煤样，其被测量值应涵盖分析仪可能测量的全部范围。

（3）依据所需的精密度选择一个合适的比对周期，其周期时间应满足连续采取 6～10 个子样，一般为 3～5min。

（4）测量时使每个煤样由专门设计的料口注入到副煤流皮带上，并使之连续地通过分析仪的探测区进行测量，其探测时间与比对周期的时间相同。

（5）在每个比对周期内按 GB/457 相关规定要求连续从皮带上系取 6～10 个子样，依次交替放入两个容器中，形成一对双份样品作为参比样，并编号，同时记下比对周期内的分析仪示值 A_i。

（6）将每对双份样品按 GB/474 相关规定操作制成 0.2mm 分析试样并化验其所需的测量值 $D_{1,i}$和 $D_{2,i}$取其平均值为 $\overline{D}_i$ 作为参比值。

（7）15 个煤样经过 15 个比对周期的测量，可获得 15 个参比样的参比值 $\bar{D}_i$，和相应的分析仪示值 A_i。

（8）将参比值 $\bar{D}_i$ 和相应的分析仪示值 A_i 在直角坐标纸上绘制标定曲线以供应用。

11－13　如何确定静态标定试验中分析仪的静/动态的响应比值（因子）？

当需要用静态标定试验来估计动态标定状况时，首先要进行在静态条件下和在动态条件下分析仪的响应值的比对试验，求得两者的比值。其比对试验步骤如下：

（1）调试好分析仪整机性能，并处于可工作状态；

（2）准备好 6～8 个煤样，其被测量值要涵盖分析仪的全部测量范围；

（3）选定合适的比对周期（最好与动态试验相同）一般为 3～5min；

（4）每个煤样都要连续通过分析仪探测区进行测量；

（5）在每比对周期内按 GB/475 采样原则连续采取 6～8 个子样，依次交替放入两个容器中，形成一对双份样品（参比样），同时记下分析仪的示值 $A_{Dy,i}$；

（6）对 6～8 个煤样可得到 6～8 对双份样品和相应的 6～8个分析仪示值 $A_{Dy,i}$；

（7）按 GB/474 原则将每对双份样品（参比样）分别制备成粒度＜1mm 或 3min 的静态标定样品，其质量约 5kg；

（8）将制备好的静态标定样品放入合适的容器内并置于分析仪探测区进行测量，记下每个样品的仪器示值 $A_{st,i}$；

（9）将每个静态标定样品按相关标准制备成分析试样并进行煤质参数的测定。得出参比值 D_1 和 D_2；

（10）按下式计算静/动态的响应比值 SDR：

$$\mathrm{SDR} = \frac{1}{n}\sum_{i=1}^{n}(A_{\mathrm{Dy},i} - A_{\mathrm{st},i}) \tag{11-19}$$

式中 $A_{\mathrm{st},i}$——分析仪对第 i 周期的静态标定样品的响应值（示值），$i=1$，2，…n；

$A_{\mathrm{Dy},i}$——分析仪对第 i 周期内煤样的动态响应值（示值），$i=1$，2，…n；

n——静态/动态数据对数目。

11－14 如何将分析仪静态条件下的示值换算为动态条件下的示值？

要将分析仪的静态示值换算为动态示值可以按下列操作步骤进行：

（1）先要确定分析仪的静态/动态的响应比值；

（2）收集不少于 15 个为一组煤样，其被测量值要涵盖全部测量范围；

（3）、（4）、（5）同题 11－13 中的（3）、（4）、（5）；

（6）对 15 个煤样可得到 15 对双份样品参比样和相应的 15 个分析仪示值 $A_{\mathrm{Dy},i}$；

（7）、（8）、（9）同题 11－13 中的（7）、（8）、（9）；

（10）按下式分别将分析仪对该组（含 15 个）参比样品在静态下的示值换算为动态示值：

$$A_{\mathrm{Dy},i} = A_{\mathrm{st},i} + \mathrm{SDR} \tag{11-20}$$

11－15 在线分析仪在何种情况下需进行标定的有效性试验？

遇到下列情况之一者，就需进行分析仪的有效性试验：

（1）仪器使用一段时间以后，仪器本身性能可能会发生一些变化，特别是当发现有异常情况时；

（2）发现被测物料（如煤）的物化性能有较大的变异如粒度组成等；

（3）当更换煤品种时；

（4）当需要修改试验操作步骤时。

上述情况都有可能使以前的标定曲线失效而不能应用，若不及时发现并加以校正，势必产生由于标定曲线不正确而导致其测定结果不准确。须知一个不准确的数据比没有数据的危害性更大。

11－16 怎样确认在线分析仪标定（曲线）的有效性？

为确认以前分析仪的标定曲线是否可应用于当前，需按下列步骤进行标定试验加以判定：

（1）按照以前标定曲线的那样操作进行标定试验（参见题 11－13）。

（2）将试验得到的分析仪的动态示值 A_i 和参比样的参比值 D_i 进行一元线性回归分析。求得回归曲线的斜率 β 和曲线截距（斜率的方差 V_β）再进行检验其是否有显著性差异。

（3）检验 β 值与 1 是否有显著差异。先计算统计量 t_s：

$$t_s = \frac{\beta - 1}{\sqrt{V_\beta}} \qquad (11-21)$$

将 t_s 与 t 分布表中查得的临界值 $t_{0.05,n-2}$（95% 概率，自由度 $n-2$）比较：

若 $t_s \leqslant t_c$，刻度偏倚（系统误差）不显著；

若 $t_s > t_c$，刻度偏倚（系统误差）显著。

（4）检验分析仪示值和参比值之差值的平均值 $\bar{d}$ 是否与0有显著性差异，若无，则说明曲线无截距偏倚。先计算统计量 $\bar{d}$ 和标准差 S_d：

$$\bar{d} = \frac{1}{n}\sum d_i \tag{11-22}$$

$$S_d = \frac{\sum d_i^2 - \frac{1}{n}(\sum d_i)^2}{n-1} \tag{11-23}$$

再计算统计量 t_J：

$$t_J = \frac{|\bar{d} - 0|}{S_d} \times \sqrt{n} \tag{11-24}$$

将 t_J 与分布表中查得的临界值 $t_{0.05,n-1}$（95%概率，自由度 $n-1$）比较：

若 $t_J \leqslant t_{0.05,n-1}$，截距偏倚不显著；

若 $t_J > t_{0.05,n-1}$，截距偏倚显著。

对截距偏倚一般可通过仪器进行标定，对于刻度偏倚，若不是由于被测煤样物化性能有很大变化，则应找出原因，否则，应重新标定。

11-17　测定在线分析仪的动态精密度有哪几种方法？

测定在线分析仪的动态精密度有三因素和双因素两种方法。此两种方法都是在现场动态煤流下进行测定的，故其精密度称为动态精密度。三因素测定动态精密度是，在每个周期内，分别用两个独立的参比方法，采取两个独立的参比试验煤样并分别制样分析，得到两个独立的参比值，分别通过分析仪示值与两个参比值之间的差值的方差和两个参比值之间的差值的方差，估计出分析仪的动态精密度。双因素测定动态精密度与三因素测定动态精密度有些类似，不过它是在每一个周期内用同一个参比方法采取双份试验样品，然后计算分析仪示值与双份参比值平均值之差的方差，同时还计算双份参比值内的方差，由此估算出分析仪的动态精密度。三因素测量的动态精密度可消除参比试验方法误差的影响，得到的是纯属仪器本身的测量精密度，双因素测量的动态精密度得到的是包含仪器本身和参比试验方法的误差。

11－18　怎样用双因素试验法估计在线分析仪的动态精密度？

由于在线分析仪都是在移动煤流下工作的，故其测量精密度是以动态精密度表示的。双因素试验法估计动态精密度的步骤如下：

（1）安装在副煤流（旁线）上的在线分析仪，须经稳定性试验合格后，方可进行双因素估计精密度的试验。

（2）依现场实际情况，选择一个合适的周期时间，例如3、5min或其他时间等，以能满足采取至少12个子样为准（与粒度大小有关）。

（3）在每一周期内，用一个参比方法连续从移动副煤样中采取子样，并依次交替放入编号为A和B的两个容器内组成一个双份样品，即两个参比样品。

（4）每个双份参比样品分别按相关标准方法制样和化验其所需特性值，即为双份样品的参比值，DA 和 DB。

（5）同上操作共进行至少15周期。

（6）采取子样的同时要记录分析仪的示值 Ai。

（7）计算下列统计量

1）双份样品的参比值的平均值 $\overline{D_i}$

$$\overline{D_i} = \frac{1}{2}(DA_i + DB_i) \qquad (11-25)$$

式中 $\overline{D}_i$——第 i 周期的双份样品的参比值的平均值，$i=1, 2, \cdots 14, 15$；

DA_i——第 i 个周期的双份参比样中的 A 参比样品的参比值；

DB_i——第 i 个周期的双份参比样中的 B 参比样品的参比值。

对双份参比值间的差值 dup_i

$$dup_i = DA_i - DB_i \qquad (11-26)$$

2）分析示值 A_i 与双份参比样品的平均值 $\overline{D}_i$ 的差值 d_i

$$d_i = A_i - \overline{D}_i \qquad (11-27)$$

式中 d_i——第 i 个周期的分析仪示值与参比值之差，$i=1, 2, \cdots 14, 15$。

4）分析仪示值与双份样品参比值的平均值之差值的平均值 $\overline{d}$

$$\overline{d} = \frac{1}{n}\sum d_i$$

5）分析仪示值与双份样品的参比值的平均值之差值的标准差 S_d

$$S_d = \sqrt{\frac{\sum di^2 - \frac{1}{n}(\sum di)^2}{n-1}}$$

注：分析仪示值与参比值之差值的数据组中要做离群值检验后再进行运算。

(8) 分析仪的动态精密度计算

1）分析仪示值与双份样品参比值的平均的差值的方差

$$V_d = S_d^2 = \frac{\sum d_i^2 - \frac{1}{n}(\sum d_i)^2}{n-1} \qquad (11-28)$$

2）双份参比值之间的重复测定值方差 V_{dup}

$$V_{dup} = \frac{\sum dup_i^{\ 2}}{2n} \quad (11-29)$$

式中　n—数据对数。

3）分析仪的动态测量方差和标准差

$$V_A = V_d - V_{dup} \quad (11-30)$$

$$S_A = \sqrt{V_A}$$

式中　V_A——分析仪的动态测量方差；

S_A——分析仪的动态测量标准差。

4）分析仪的动态精密度 P_A

$$P_A = t_{0.05,n-1} \times S_A$$

式中　P_A——分析仪的动态精密度；

$t_{0.05,n-1}$——95% 概率，自由度 $n-1$ 下的 t 分布表中的临界值。

11－19　怎样测定在线分析仪的比对动态精密度？

分析仪测定精密度通常使用动态精密度，但更多的是使用比对动态精密度。这是由于它相对较简单，且更适合于日常监测使用。比对动态精密度测定步骤如下：

（1）选择一个合适的周期（3 或 5min）。

（2）按相关标准方法在每一周期内采取一个参比样品，该参比样品是由至少 6 个子样组成。安排 15 个周期，共获得了 15 个参比样品。

（3）将每个周期内采取的参比样品按相关标准方法制样并化验所需的煤质特性指标，暂记为 R_i。在每次采取子样的同时，记录在线分析仪示值一次，取其平均值作为该周期内相应的分析仪示值 A_i。

（4）计算每一周期分析仪示值与参比值的差值 d_i，即 $d_i = A_i - R_i$。

（5）通过离群值检验剔除差值中的异常值后，计算差值的平均值 $\overline{d}$ 和差值标准 S_d。

$$\overline{d} = \sum (A_i - R_i)/n$$

$$S_d = \frac{\sum d_i^2 - \frac{1}{n}(\sum d_i^2)^2}{n-1}$$

（6）计算比对动态精密度：

$$P = t_{0.05,n-1} \times S_d \qquad (11-31)$$

（7）分析：若 $\overline{d}$ 平均值较大，其原因可能是被测物料性质有较大的差异，操作人员可将平均差 $\overline{d}$ 值输入分析仪，则自动进行校正。

11-20 核技术检测燃煤灰分有哪几种方法？

利用核技术检测煤中灰分，常见的有以下几种方法：

（1）Pu 低能 γ 射线反散射法，适用于副（旁）煤流检测，要求被测煤样粒度≤0.20mm，煤样厚度不小于 20mm，检测时间约 10s，它可同时修正煤灰中铁对测定的影响。

（2）Am 和 Cs 双能源 γ 射线透射法：适用于传送带上在（旁）线检测，要求煤层厚度为 5~30cm，测量时间小于 10s。对于低灰分煤（<10%）的精密度为 0.3%~0.5%；对于高灰分煤（10%~30%）的精密度为 0.7%~1.5%。

（3）Am 源 60KeV 射线反射法：适用于传送带上或其他流动煤在（旁）线检测，要求煤层厚度大于 10cm 或 15cm，测定时间为 10s。对于低灰分煤（<10%）的精密度为 1%；对于高灰分煤（10%~30%）的精密度为 1%~2%。

（4）Co 源电子对法：适用于旁线检测，要求煤层厚度为 30cm（固定值），测定时间为 5min。对于低灰分煤（<10%）的精密度为 0.2%～0.35%；对于高灰分煤（10%～30%）的精密度为 0.3%～0.7%。

（5）天然 γ 射线辐射法：适用于传送带上在线检测，要求煤层厚度大于 5cm，测定时间为 1min。对于低灰分煤（<10%）的精密度为 0.4%～0.5%；对于高灰分煤（10%～30%）的精密度为 1.2%。

（6）同位素中子源法：适用于副煤流在线检测，可同时检测许多煤质特性指标，检测时间短，速度快，准确性高，不受煤种限制。

目前上述数种方法中较常用的有第一、二方法，特别是第二种方法应用最多。就防护要求来说，同位素中子源方法要求最高，其次是电子对法，而 Pu 低能 γ 射线反散射法要求防护最低。

11－21 低能 γ 射线反散射法测定煤中灰分的基本原理是什么？

当 Pu 低能同位素放射源产生一束 γ 射线照射煤样时产生光电效应，部分穿过煤样内部而又被反射出来的 γ 射线的能量发生了衰减，其衰减程度与被测煤样中所含成分的原子序数密切相关。煤炭可视为有机物质和无机矿物质的混合物，且同一煤源的煤的有机物质变化不显著。煤中有机物质的原子序数平均为 6，而无机矿物质的原子序数平均为 12，后者为前者的两倍。因此，可藉助反散射 γ 射线的衰减多少来测定煤中的无机矿物质的含量。因为矿物质 MM_d 和灰分 A_d 有一定的内在联系，即 $A_d = MM_d/(1+0.08)$。试验证明被反射出来的 γ 射线的辐射强度 I 与灰分 A_d 间成反比关系，

其关系式表示如下

$$A = a + b/I \tag{11-32}$$

式中，a 和 b 为被测煤的回归方程常数。

11－22　新型低能 γ 射线反散射测灰仪有什么特点？

利用同位素 γ 射线测定煤中灰分是目前较普遍应用的一种方法，它是利用煤中无机矿物质（与灰分有关）和有机物质的有效原子序数差别为基础的。此方法简单易行，但在很多场合下，受到了煤中铁的干扰很大。因为铁的原子序数为26。远比煤中无机矿物质的平均原子序数12高出一倍多。据有关资料报导。对20%灰分的煤，当 Fe_2O_3 变化1%引起灰分的误差为1.4%。煤灰中的 Fe_2O_3 含量一般为3%～8%。有的高达10%以上。若不进行修正必将影响灰分测定值很大。新型低能 γ 射线测灰仪采用了测量 γ 反散射辐射强度的同时，利用铁的特征X射线对灰分进行修正，提高了测定灰分的准确性（参见表11－1），也增加了对煤种的适应能力。

表11－1　　禹州电厂入厂煤实测灰分结果

矿　名	兴峪	兴峪	兴峪	新峰	新峰	教学三矿	教学三矿	建生	建生	方山 %
燃烧法值，%	26.42	30.25	30.05	28.62	28.60	28.86	28.50	26.35	29.02	30.82
仪器示值，%	26.60	31.44	28.67	26.77	27.41	30.27	28.78	28.15	28.15	28.12
偏差，%	0.18	1.19	－1.38	－1.85	－1.19	1.91	0.28	1.79	－0.87	－2.67

11－23　单能源 γ 射线透射法检测煤中灰分的基本原理是什么？

由同位素辐射出一束并被准直了的 γ 射线照射被测煤样层时，其中有一部分被反散射出来，一部分被吸收掉，还有一部分穿透过来。一般在确定的检测系统中包括几何结构尺寸、同位素放射源的强度、源~煤间距离和煤样层厚度等均可视为固定，因此，反散射出来的那部分γ射线也是固定的，所以，只要测量穿透过来的γ射线辐射强度就可知道入射γ射线被被测煤样层衰减（吸收）的程度。而衰减程度又取决于煤样层的质量厚度（$x\rho$）和质量衰减系数 μ_L 两个因素，并遵守下列指数方程衰减

$$I = I_0 \exp^{-\mu_L \cdot x\rho} \tag{11-33}$$

式中 I_0——γ射线未通过煤样层的辐射强度；

I——γ射线通过煤样层后的辐射强度；

μ_L——煤样层的质量衰减系数，cm^{-1}/g；

x——煤样层厚度，cm；

ρ——煤样层的堆密度，g/cm^3；

$x\rho$——煤样层的质量密度，g/cm^2。

煤炭可视为有机质和无机矿物质的二元混合物。有机质的主要元素是C、H、O、N，它们属于低原子序数，其平均原子序数约等于6；而无机矿物质的主要元素是Si、Al、Fe、Ca等，它们属于高原子序数的，其平均原子序数约等于12。用60kev的γ射线（Am—241）辐射煤样层时，则 μ_L 随着煤中的原子序数增高而增加，即当煤中无机矿物质（相当于灰分）增高时，则γ射线能量被衰减（吸收）也增大，而穿透过来的γ射线辐射强度也就随之减低，据此就可预先选用一组参比煤样进行标定，以后只测定透射过来的γ射线辐射强度，就可获得煤的灰分产率。

11-24 双能源同位素γ射线透射法检测煤中灰分的依据是什么？

双能源同位素透射法是在单能源同位素透射法的基础上

改良和发展起来的。其基本原理与单能源同位素透射法基本相同，但单能源同位素透射法应用于传送带上检测煤中灰分时，受到煤层的厚度和堆密度影响大，导致检测结果重复性差，为了克服这一缺点，增设了一个中能源同位数 Cs，其 γ 射线能量为 660kev，与 Am ~ 241 低能源同位素组成一个双能源。Am ~ 241 低能 γ 射线（60keV）的衰减程度随煤样中元素的原子序数的增大而增大，并与质量厚度有关（即煤样层的厚度和堆密度），而 Cs – 137 中能 γ 射线与煤中各元素的原子序数基本无关，即对各元素的质量衰减系数基本相同。因此，它与灰分无关，但它与被测煤样的单位面积质量（即质量厚度）有密切关系。基于低、中能 γ 射线对煤辐射作用具有不同的特性，可将与煤中灰分、单位面积质量有关的 Am – 241 辐射检测结果和仅与单位面积质量有关的 Cs 辐射检测结果结合起来，这样就可得到只与灰分成比例而与单位面积质量无关的检测结果，从而提高了检测精密度。双能源 γ 射线检测煤中灰分的原理就是依据这一关系建立起来的。

11 – 25　电子对法检测煤中灰分的基本原理是什么？

当高于电子对生成阈 1.022MeV 的 Co 同位素 γ 射线辐射被测煤样时，同时也产生康普顿效应。正电子湮没产生的 γ 射线既与体积密度相关，又与被测物质的原子序数 Z 有关，而康普顿效应反散射的 γ 射线强度只与被测煤样体密度相关。即一般认为康普顿反散射的几率近似正比于 $\sum Z_J/A_J$，而电子对产生的几率正比于 $\sum W_J Z_J^2/A_J$。因此，我们可以利用正电子湮没辐射的 γ 射线特征来检测煤中灰分，同时利用康普顿反散射的强度来修正检测中堆密度的影响。Z_J、W_J

和 A_J 分别表示煤中第 J 元素的原子质量数、质量含量（百分数）和原子量。

煤中灰分可通过下式计算

$$A = ak + by + c \quad (11-34)$$

式中 A——煤中灰分产率；

y——0.511MeV 质湮辐射峰的净计数；

k——康普顿效应为 170kev 以上的累计数；

a、b、c为常数，可通过参比煤样标定而获得。

利用产生电子对效应来检测煤中灰分，要比双源同位素法精密度高，且较适用于高灰分的混合煤的灰分的测定，但防辐射技术要求高。

11-26 同位素中子源法检测煤中灰分的原理是什么?

同位素中子源法检测煤中灰分的基本原理是：当热中子或超热中子照射被测煤样时，煤样中元素的原子核俘获中子，发生（n、γ）反应，在极短的时间内（约 10^{-14}s）放出能量约为（2~10）MeV 的 γ 射线，所以称为瞬发 γ 射线，经分辨率很高的 γ 能谱分析仪探测，根据获得的特征峰的位置和峰面积，进行定性和定量分析，在定量分析中测量元素特征的峰面积，用测量时间内的总计数 N 表示，在一个已确定的检测系统（或仪器）中，可以建立 γ 射线辐射强度和元素质量之间的关系式：

$$N = kc + b \quad (11-35)$$

式中 k、b——经验常数；

N——检测时间内的 γ 射线辐射总计数；

c——某元素的质量，以百分含量表示。

此式中的 k、b 为仪器常数，可用一组已知元素质量含量的参比标准煤样进行标定而获得。在以后的试验中只要测得 γ 射线的总计数，就可知道某元素的质量百分含量。

同位素中子源法可同时检测多项煤质指标。例如水分、灰分、硫分、热值、灰成分、有机元素成分等。但防护技术比电子对法要求还要高。

11－27 核技术检测灰分的影响因素是什么？

核技术检测煤中灰分属于物理测定方法，它会受到许多因素影响，既有与煤本身属性有关的因素，又有与测定环境条件有关的因素。现分述如下：

（1）煤中有机质的变化。煤中有机质成分的多少，对于同品种煤只简单地假设它与标定时煤中各有机质成分按比例增减，但实际上煤中有机成分是十分复杂的，其中 C、H、N、O 各元素的相对比不是固定值。若这个相对固定值在测定与标定时相差大，则对检测结果影响就大。

（2）煤层厚度的变化。带式输送机输送煤时，皮带上煤层厚度一般不是均匀的，同时，皮带本身单位面积的质量也不尽相同，这些都会影响测定结果。因此，在检测中尤其在副煤流（旁线）检测中须采用一参比煤样进行比较才能获得准确的数据。

（3）煤的堆密度。对同一品种煤且其煤层厚度也相同，堆密度大的要比堆密度小的衰减程度大，当然，其测定结果也就不相同。

（4）煤样辐射时间的长短。辐射时间短，则脉冲计数统计误差大，因此，每次检测的辐射时间必须累积有起码的脉冲计数统计误差，才能保持其最小误差。

（5）无机矿物质成分的变化。即使是同一品种的煤，其中的矿物质的成分也不是固定的。矿物质中铁的含量的变化对测定结果影响最为显著，因铁的原子序数为26，远大于一般灰分的平均原子序数12。

(6) 煤中水分含量的变化。同一品种煤的水分含量变化影响不大，水分每变化1.7%，就会使得灰分测定误差变化0.1%。

(7) 探测器和控制电气线路温度的变化也会对测定结果产生影响。

11－28　微波技术检测煤中水分的基本原理是什么？

煤炭是一种不良导体，其介电常数（ε），大致在2～3的范围内，随着煤的变质程度不同而有所差异。但是水的介电常数却高达80左右，因此，当煤中含有水分时，煤的介电常数就会发生很大变化。微波能检测到的煤中水分只有表面水分和内在水分，而与矿物质相结合的结晶水是无法检测的，因为它与冰一样受微波照射时，其中水分子不能按介电场结构发生旋转，因而也就不会产生微波能量的衰减作用。

微波对被测煤样进行照射时，就要产生（电磁）场能量的衰减（吸收），在煤炭含水分范围变化不太大的情况下，微波能量的衰减程度可按下式计算

$$L = kMpl \qquad (11-36)$$

式中　L——微波衰减值，dB；

ρ——被测煤样堆密度，g/cm^3；

M——煤中含水量，%；

L——被测煤样层厚度，cm；

k——煤炭结构的经验常数。

在确定的检测条件和指定的煤炭品种下，式中的 ρ、l

和 k 均为常数。它们可用相同品种煤不同含水分量的一组参比煤样进行标定求得。以后，只要测定微波衰减值就可知道煤中的水分含量了。

11－29　微波相移法检测煤中水分的原理是什么？

由微波频率源发出固定频率的微波，相继经隔离器和衰减器到双 T_1 后分成两路，一路被称为基准支路，它包括可变衰减器和精密相移器；另一路为检波支路，它包括传感器1（发射天线）和被测煤流皮带。当皮带上无煤时，调节基准支路的衰减器和移相器，使到达双 T_2 的两路信号合成为零。当皮带上有煤时，随着煤中水分的不同，检测支路中信号将产生不同的相移，在双 T_2 中与基准支路信号合成，遂产生随煤水分而变化的微波信号，经检波后送到计算机中进行数据处理，由终端输出检测结果。这种方法是在衰减法的基础上经改进发展起来的，其优点是对温度影响小，对煤水分中含盐量的浓度不敏感，与煤炭导电性和粒度大小基本无关。但它也有不足之处，它对微波振荡源的频率的稳定性要求很高，而且相位计的精密度也必须相应提高，这就增加了设计、制造的困难；检测过程中容易出现多相位性，若无正确的判断或相位变化范围的限制就会得出错误的结果。

注：双 T_1 和双 T_2 均为双 T 器。

11－30　微波检测水分时要注意哪些问题？

利用微波检测煤中水分时会受到许多因素的影响，因此，要注意下列问题，可以消除或减少检测误差。

（1）堆密度。对同一品种而含水分相同的煤，堆密度大的对微波的衰减要比堆密度小的大，因此，在检测中堆密度要保持一致。

（2）煤样容器材质。容器制造要采用非金属材质，如工程塑料、玻璃钢等，决不可采用金属材质。

（3）被测煤样容器在发射天线和接收天线之间位置要保持相对固定，且煤样表面层要尽量保持平整、规范。

（4）微波频率源。频率源产生的频率要稳定，它是影响检测结果的主要原因之一。

（5）微波仪的电源必须保持高度稳压。

（6）水分检测范围。对衰减法检测煤中水分存在一个有效水分范围，其上限约为 14%（*Mt*），下限约为 3%（*Mt*）。不同品种的煤的有效水分范围也有些差别。

第十二章 化学分析基础

12－1 实验室常用化学试剂分为哪几个等级？

实验室常用化学试剂按照纯度可分为三个等级。

一级试剂也叫保证试剂或优级试剂，一般用作分析中的基准物质，用于精密分析和特殊研究工作，代号为 *GR*，标签为绿色。

二级试剂通常称为分析试剂，它用于实验室一般分析及科研工作，代号为 *AR*，标签为红色。

三级试剂也称化学试剂，它用于工业分析及普通化学试验，代号为 *CP*，标签为蓝色，通常用于制备纯度高的化学试剂，一般实验室不常用，代号为 *LR*。

此外，还有特殊用途的高纯度试剂，如光谱纯、色谱纯和电子纯等。

12－2 怎样保管化学药品？

化学药品保管是化验室中的一项重要工作，必须予以重视。若保管不善，不仅会使药品变质，而且还会贻误工作，给生产带来危害。因此，化学药品须有专人保管。保管中要注意下列事项：

（1）化学药品应放在专门的储存柜或储存库中，药品柜（库）应远离办公室或实验室，更应远离锅炉房和水房。

（2）必须保持药品瓶标签完整无缺，对没有标签的药品，未经确切验证绝不可使用。

（3）所有药品要按类别进行登记并注明药品购进日期，同时还要定期检查药品是否变质。

（4）特殊药品要按照其化学性质要求加以保管：对遇光易发生变化的药品（如硝酸银、抗坏血酸等），要放在棕色玻璃瓶内并存放于暗处；对易吸湿的药品要放在严密的容器中；对易燃、易爆的药品（如苯、乙醚、过氯酸盐等）应放在无火种和温度变化小的铁箱中；对有剧毒的药品（如氰化钾、砒霜等）应放在特制的储存柜中，并有两人联合保管。

（5）要按照化学性质分开存放，氧化剂、还原剂、易燃物、易爆物、剧毒物等不可混放在一起。

12－3　煤化验室用的水分为哪几种？

试验室用水有自来水、蒸馏水、去离子水等。自来水仅供清洗器皿和作冷却介质使用。蒸馏水用于一般分析项目的试剂配制、发热量测定的交换热介质等。去离子水是将蒸馏水通过阳、阴离子交换树脂处理后得到的高纯度水，可作特殊项目分析用，例如灰成分分析中的一些项目。

蒸馏水的纯度可用电导法和化学法检验，其电导率应小于 10μS/cm，pH 值应为 6.5～7.5，可溶物质少于 1.0mg/L。高锰酸钾显色持续时间不少于 10min。

12－4　什么叫做基准物质？它应具备哪些条件？

在化学分析中，凡能直接配制成标准溶液的物质或已知准确含量的物质称为基准物质。基准物质应具有下列基本条件：

（1）纯度要高，其杂质含量一般要求不得超过 0.01% ~0.02%。

（2）稳定性要好，在空气中不易吸收水分或二氧化碳，在保存或干燥时其性质不会发生变化。

（3）摩尔质量要大，可减少称量误差。

（4）易溶于水或易溶于单一酸中，以便配制成溶液。

（5）基准物质的溶液应是无色透明的，以免影响对指示剂变色的观察。

12－5　什么是酸、碱和 pH 值？

根据酸碱质子理论，凡能给出质子（H^+）的物质就是酸；相反，凡能接受质子（H^+）的就是碱。酸、碱构成了酸碱共轭体系。例如 HB（酸）$\rightleftharpoons H^+ + B^-$（碱）。水溶液 pH 值是指该溶液所含的氢离子浓度的负对数，即

$$pH = -\lg[H^+] = \lg[H^+]^{-1} \qquad (12-1)$$

在酸性溶液中，pH 值 <7；在中性溶液中，pH 值 $=7$；在碱性溶液中，pH 值 >7。溶液的酸性越强，pH 值越小；相反，溶液的碱性越大，则 pH 值越大。

12－6　什么叫做指示剂？常用的酸碱指示剂有哪几种？

指示剂是容量分析法中用来显示该溶液同被测溶液中某些物质化学反应终点的试剂。酸碱指示剂应具备两种性质：指示剂自身是溶解度极小的弱酸或弱碱；指示剂自身的颜色和其离子状态的颜色有所不同。在燃料分析中常用的酸碱指示剂有甲基橙、甲基红、溴甲酚绿、中性红、酚酞、刚果红等指示剂和石蕊试纸。

12－7　试列表说明常用酸碱指示剂的变色范围和配制方法。

作为酸碱滴定用指示剂较多，但常用的指示剂如表12－1所示，同时，它们的简单配制方法也列于该表中。

表12－1　　酸碱指示剂及其配制方法

名称	变色范围（pH）	颜色变化	溶液配制方法
甲基橙	3.1～4.4	红—黄	0.1g溶于100g水中
甲基红	4.4～6.2	红—黄	0.1g溶于100ml20%乙醇中
溴甲酚绿	3.8～5.4	黄—蓝	0.1g溶于100ml20%乙醇中
溴甲酚紫	5.2～6.8	黄—紫	0.1g溶于100ml20%乙醇中
中性红	6.8～8.0	红—黄	0.1g溶于100ml60%乙醇中
酚酞	8.2～10	无色—紫	0.1g溶于100ml60%乙醇中
百里酚酞	9.4～10.6	无色—蓝	0.1g溶于100ml90%乙醇中
石蕊	4.5～8.3	红—蓝	0.2g溶于100ml蒸馏水中
刚果红	3.0～5.2	蓝—紫—红	0.1g溶于100ml90%的乙醇中

12－8　什么是溶液的浓度？溶液浓度的表示方法有哪几种？

一定量溶液或溶剂中所含有溶质的量称为浓度。燃料分析中常见的表示溶液浓度的方法有以下几种：

（1）质量百分浓度（m_B），即100g溶液中所含溶质B的质量。

$$m_B(\%)=(m_{sy}/m_{sl})\times 100 \qquad (12-2)$$

式中　m_{sy}——溶质的质量，g；

m_{sl}——溶液的质量，g。

示例：40%的NaOH溶液就是指100g溶液中含有40g氢氧化钠和60g水。

（2）体积百分浓度（V_B），即100ml溶液中所含溶质B的体积。

$$V_B(\%)=(V_{sy}/V_{sl})\times 100 \qquad (12-3)$$

式中　V_{sy}——溶质的体积，ml；

V_{sl}——溶液的体积，ml。

示例：40%的乙醇溶液就是指 100ml 溶液中含有 40ml 乙醇和 60ml 水。

(3) 物质的量浓度（C_B），即 1L 溶液中所含溶质 B 的量。单位为摩尔每升，符号为 mol/L。

$$C_B = n_B/V \tag{12-4}$$

式中 n_B——溶质 B 的量，mol；

V——溶液的体积，L。

(4) 体积比（$V_1 + V_2$），一液体试剂和另一液体试剂以体积比相混合。

示例：1+3 盐酸溶液就是指由一体积浓盐酸和三体积水相混合而成的溶液。

(5) 质量比（$m_1 + m_2$），一固体试剂和另一固体试剂以质量比相混合。

示例：(1+2)（$m_1 + m_2$）艾士卡试剂就是由一份质量的碳酸钠和两份质量的氧化镁相混合而成的。

(6) 滴定度（T），1ml 标准溶液相当于被测物质的质量。

示例：在煤灰成分分析中，用 *EDTA* 容量法测定氧化镁的滴定度 $T_{MgO} = 0.1mg/ml$。

12-9 什么是摩尔和摩尔质量？

摩尔是物质的量的国际单位制基本单位。它是一个系统的物质的量。该系统所含的基本单元数与 0.012kg 碳-12 的原子数目相等。在使用摩尔时，基本单元须指明，它可以是原子、分子、电子及其他粒子，或是这些粒子的特定组合。

物质的摩尔质量（M）是指以某种基本单元所组成的物

质质量（m）和该物质所具有的物质的量（n）之比，即

$$M = m/n$$

其单位为 kg/mol、g/mol 或 mg/mol。

示例：$C_{(NaOH)}$ = 1mol/L 系表示溶质的基本单元 NaOH 分子，其摩尔质量为 40.0g/mol，溶液浓度为 1mol/L 即每升溶液中含 40g 氢气化钠。

$C_{(1/2H_2SO_4)}$ = 3mol/L 系表溶质的基本单元是 $1/2H_2SO_4$ 分子，其摩尔质量为 49.0g/mol，溶液浓度为 3mol/L。即每升溶液中含有 3×49g 硫酸。

$C_{(H_2SO_4)}$ = 1.5mol/L 系表示溶质的基本单元是硫酸分子，其摩尔质量为 98g/mol，溶液的浓度为 1.5mol/L 即每升溶液中含有 1.5×98g 硫酸。

$C_{(\frac{1}{5}KMnO_4)}$ = 0.1mol/L，系表示溶质的基本单元是个高锰酸钾分子，其摩尔质量为 31.6g/L，溶液浓度为 0.1mol/L，即每升溶液中含有 0.1×31.6g 高锰酸钾。

$C_{(\frac{1}{2}Ca^{2+})}$ = 1mol/L，系表示溶质的基本单元是$\frac{1}{2}$钙阳离子，其摩尔质量为 20.14g/mol，溶液的浓度为 1mol/L，即每升溶液中含有 20.04g 钙阳离子。

12－10　怎样配制 1000ml $C_{(1/2H_2SO_4)}$ = 0.1mol/L 的硫酸溶液？

$C_{(1/2H_2SO_4)}$ = 0.1mol/L 的硫酸溶液系表示该溶液中溶质是 $1/2H_2SO_4$ 分子，其靡尔质量是 49.0g/mol。依据 $m = C_B \cdot M_B \cdot V$ 的关系式就可计算出需加硫酸的质量（m）。

现已知 M_B = 49.0g/mol，C_B = 0.1mol/L，V = 1L，代入上式即可求得

$m = 0.1mol/L \times 49.0g/mol \times 1L = 4.90g$（纯 H_2SO_4）

因市售的浓硫酸含量通常为 98%，其密度为 1.84g/ml，故应取浓硫酸的体积（V_0）可按下式计算

$$V_0 = 4.90g \div (1.84g/ml \times 98\%) = 2.71ml$$

取 2.71ml 浓硫酸溶于 1000ml 蒸馏水中摇匀即可。

12－11　如何配制与标定 $C_{(\frac{1}{2}H_2SO_4)} = 0.025mol/L$ 的硫酸标准溶液？

$C_{(\frac{1}{2}H_2SO_4)} = 0.025mol/L$ 的硫酸溶液表示该溶液中溶质是 $\frac{1}{2}H_2SO_4$分子，其摩尔质量是 49.0g/mol，溶液浓度是 0.025mol/L，每升溶液中含 $0.025 \times 49g$ 硫酸。分析纯浓硫酸一般含量为 98%，密度为 1.84g/ml，故取分析纯浓硫酸的体积为

$$0.025 \times 49g \div (1.84g/ml \times 98\%) = 0.68ml \approx 0.7ml$$

在 1000ml 容量瓶中加入 40ml 蒸馏水，用移液管吸取 0.7ml 分析纯浓硫酸缓缓加入容量瓶中，加水稀释至刻度，充分摇匀。

标定：于锥形瓶中称取纯的基准物质 0.05g 碳酸钠（称准至 0.0002g），加入 50～60ml 蒸馏水使之溶解，后加入 2～3 滴甲基橙，用硫酸标准溶液滴定至由黄色变为橙色，煮沸，赶出二氧化碳冷却后，继续滴至橙色。

硫酸浓度计算

$$C = \frac{m}{0.053V} \qquad (12-5)$$

式中　V——硫酸标准溶液用量，ml；

m——碳酸钠质量，g；

0.053——碳酸钠的毫摩尔质量，g/mmol。

12－12　如何配制与标定 $C_{(NaOH)}=0.03mol/L$ 的氢氧化钠标准液？

$C_{(NaOH)}=0.03mol/L$ 表示溶质的基本单元是 NaOH 分子，其摩尔质量为 40.0g/mol，溶液浓度为 0.03mol/L，即每升溶液中含有 $0.03\times40g$ 氢氧化钠（1.2g）。

今若配制此溶液 1000ml，称取优级纯氢氧化钠 1.2g，溶于 1000ml 经煮沸并冷却后的蒸馏水中，混合均匀。

标定：称取已干燥过的邻苯二甲酸氢钾 0.2～0.3g（称准至 0.0002g），于 250ml 锥形瓶中，用 20ml 蒸馏水溶解，以酚酞作指示剂，用氢氧化钠标准溶液滴定至红色。氢氧化钠的浓度为

$$C=\frac{m}{0.2042V}$$

式中　m——邻苯二甲酸氢钾的质量，g；

V——氢氧化钠标准溶液用量，ml；

0.2042——邻苯二甲酸氢钾的毫摩尔质量，g/mmol。

12－13　怎样计算氢氧化钠标准溶液的滴定度？

高温燃烧中和法测煤中全硫，称标准煤样 0.2500g，按规程操作后，最后用标准氢氧化钠滴定，用去氢氧化钠溶液 6.60ml。求 T_{NaOH} 为多少？（标煤样 $S_{t,ad}$ 为 3.00%）

$$T_{NaOH}=\frac{m\times S_{t,ad}}{100V}$$

$$=\frac{0.2500\times3.00}{100\times6.60}=0.0011g/ml$$

12－14　怎样配制（1＋3）500ml盐酸溶液？

量取500×［1÷（3＋1）］＝125ml的浓盐酸，量取500×［3÷（3＋1）］＝375ml的蒸馏水，即取125ml浓盐酸慢慢地加入375ml蒸馏水中，就可配制成1＋3盐酸溶液500ml。

12－15　滤纸分哪几种？在使用中应怎样选择？

滤纸可分为定性滤纸和定量滤纸两种。定性滤纸灰分较多，一般只用于定性分析。定性滤纸无色带标志。定量滤纸只用于定量分析，因为这种滤纸一般要经盐酸和氢氟酸溶液处理及蒸馏水洗涤，灰分很低，每张滤纸灰分一般小于0.0001g，故也称无灰滤纸。定量滤纸多为圆形，直径有11、9、7cm等。定量滤纸依其紧密程度有快速（白带标志）、中速（蓝带标志）、慢速（红带标志）之分。在分析中可根据沉淀物的性质选用。一般细晶形沉淀选用慢速滤纸，粗晶形沉淀选用中速滤纸，胶状沉淀选用快速滤纸。选用滤纸的大小要考虑到沉淀物的体积，一般沉淀物应装至滤纸高度的1/3～2/3处。同时，滤纸还要与漏斗匹配，即滤纸的上沿应低于漏斗上沿0.5～1cm。

12－16　重量分析中对沉淀有什么要求？

在重量分析中，对待测物质以适当的沉淀形式从溶液中沉淀出来后，经过烘干或灼烧，形成适当的称量形式进行称量。一般在沉淀重量法中对沉淀形式和称量形式都有一定要求的。

（1）对沉淀形式的要求：

1）沉淀溶解度必须很小，这样才能保证被测组分沉淀完全，通常要求沉淀溶解损失不超过0.1mg；

2）沉淀必须纯净，不应混进沉淀剂或其他杂质，并易于过滤和洗涤。因此，在进行沉淀时希望能得到粗大的晶体沉淀。

3）易转化为称量形式。

（2）对称量形式的要求：

1）称量形式必须有确定的化学组成，并与化学式完全符合，这样才能根据一定的化学式进行分析结果的计算。

2）称量形式必须很稳定，不应吸收空气中的水分、CO_2，也不应被空气中的氧所氧化。

3）称量形式应具有尽可能大的摩尔质量，摩尔质量越大，被测组分在沉淀中所占的比例越小，则沉淀的损失对被测组分的影响就小，称量误差就小，分析结果的准确度也就越高。

12－17　怎样使沉淀作用完全？

在重量分析中要使沉淀作用完全，须遵守下列操作条件：

（1）滴加沉淀剂时要顺烧杯壁流下，或将滴管尖头伸至靠近液面处滴加，同时，还要剧烈搅拌。

（2）沉淀剂要一次滴加完，加完后须检查沉淀作用是否完全。检查方法是，将溶液静置，待沉淀物下沉后，顺着烧杯壁向上层透明清液中加一滴沉淀剂，观察液面有无浑浊，若有，则表明溶液尚未沉淀完全，应继续滴加沉淀剂，直到沉淀完全，并适当过量为止。

（3）若需在热溶液中进行沉淀，加热溶液时要避免沸腾、溅失。

12－18　沉淀物过滤和洗涤时要注意些什么？

沉淀物过滤前要选择好滤纸和漏斗。漏斗锥体角为60°，颈长为15～20cm，颈粗（内径）为3～5mm。颈出口呈45°斜角。滤纸折叠成四层的扇形并张开，将其中第三、四层的外边撕下一角。滤纸上、下部要紧贴漏斗壁。加水至靠近滤纸上沿，使漏斗颈内充满水并形成水柱。若不能形成水柱，就可用手指堵住颈出口，稍掀起滤纸上边沿加水，直到漏斗颈和漏斗中充满水为止，而后将滤纸压紧，放松手指。用这种方法处理后，一般都可使之形成水柱。过滤时采用倾注法，即要将沉淀上层的清液顺对着三层滤纸的垂直玻璃棒流下，至充满滤纸的2/3为宜。洗涤沉淀时，最好先在烧杯内加水搅拌洗涤数次，然后将沉淀物转移到滤纸上继续洗涤，直到洗净为止。过滤后要检查滤液是否透明，如有浑浊，找出原因，重新过滤。注意：洗涤沉淀物时，每次宜用少量洗涤液，并尽可能待洗涤液漏完后，再继续加洗涤液，以提高洗涤效率。

12－19　烘干和灼烧沉淀时要注意些什么事项？

过滤完后，将滤纸连同沉淀物从漏斗中取出，并折叠成小包，使沉淀物包裹在滤纸中，然后放入已称量的坩埚内，放置时要使滤纸层数较多的部位朝上。若为胶状沉淀物，体积较大，不便于包裹时，就可将滤纸边缘挑起，向中间折叠，将沉淀物盖住。干燥时，将装有沉淀物的坩埚放置在电炉上低温烘干，待烘干后，升高温度使滤纸炭化。炭化过程中滤纸不应着火。炭化结束后可转移坩埚于高温炉中灼烧，灼烧温度和灼烧时间依据沉淀物要求进行。

12－20 天平的准确度级别是怎样划分的?

根据 JTG98—1990《非自动天平检定规程》的规定，天平按其检定检尺分度值 e 和检定标尺度数 n ，划分为四个准确度级别：

特种准确度级：高精密天平，符号为（Ⅰ）；

高准确度级：精密天平，符号为（Ⅱ）；

中准确度级：商用天平，符号为（Ⅲ）；

普通准确度级：普通天平，符号为（Ⅳ）。

各级天平的检定分度值 e 与检定标尺分度数 n 的相互关系见表 12－2。

表 12－2 天平准确度级别的划分

准确度级别	检定标尺分度值 e	检定标尺分度数 $n=M_{ax}/e$	
		最小	最大
特种（Ⅰ）	$e \leqslant 5\mu g$ $10\mu g \leqslant e$	1×10^3 5×10^4	不限
高（Ⅱ）	$e \leqslant 50mg$ $0.1g \leqslant e$	1×10^2 5×10^3	1×10^5 1×10^5
中（Ⅲ）	$0.1g \leqslant e \leqslant 2g$ $5g \leqslant e$	1×10^3 5×10^2	1×10^4 1×10^4
普通（Ⅳ）	$5g \leqslant e$	1×10^2	1×10^3

12－21 为什么天平的计量性能要进行定期检定？检定哪些项目?

天平是化学分析中不可缺少的计量器具，根据计量法规定，用于贸易结算及涉及商品定价质量的测量，安全防护方面，有害物质样品的测量，环境检测等方面用的天平、砝码，属于强制检定的计量器具。

又由于在使用过程中天平各部件易发生磨损或锈蚀，降低了称量灵敏度，特别是机械天平。因此化验室使用的各类天平和砝码要定期送到有关计量部门检定。天平计量性能的检定一般包括以下几项：

（1）天平的分度值。

（2）天平的不等臂性。

（3）天平的示值不变性。

（4）砝码的称量误差。

12-22 分析天平使用时应做哪些检查工作？

分析天平在使用时，应检查下面几项：

（1）天平的稳定性，天平指针摆动是否灵活有规律。

（2）天平的准确性，在天平两个盘中放两个相等重的砝码天平就平衡了，砝码相互调换后也应平衡。

（3）天平的灵敏性，在天平盘上放一个10mg砝码，天平指示应在0.9～10mg之内。

（4）天平的示值不变性，对同一个物体称量数次，其误差应在1个分度之内。

12-23 使用机械天平要注意哪些事项？

正确使用天平不仅能延长其使用寿命，而且还能保证称量准确。因此，在使用天平时应注意下列事项：

（1）天平室温度不能太低，应在18℃以上为宜。

（2）机械天平移动后，须重新校正。

（3）使用天平前应检查天平水准器，查看天平是否处于水平状态，各部位是否正常。

（4）每次称量时，应将天平关闭，待天平停止摆动并稳定后，再加减砝码或取放物体。

（5）天平开启和关闭时动作要轻缓，切不可用力过猛。

开启时先将制动器旋钮转动约30°，此时手不离开，稍停一下，而后旋到底。关闭天平时要一次完成。

（6）不要轻易开启天平前门。取放物品或砝码要尽量使用侧门，并用长镊子，避免因手伸入天平内而影响天平内的温度。

（7）不要将过冷或过热的物体放在天平旁边，更不允许称量过冷或过热的物体。

（8）称量物体时，必须使用容器。对有吸湿性、腐蚀性、挥发性的物体，称量时要放入密闭的容器内。天平内应放有干燥剂，干燥剂失效时要及时更换。禁止用腐蚀性物质作干燥剂。

（9）在天平开启时，严禁往秤盘上取放物体或砝码。被称物体或砝码应放在秤盘中央，其质量最好不超过最大称量范围的75%～85%。

12－24 怎样正确使用电子天平？

常用电子天平有DF系列天平和DFA系列天平两种，因其设计结构不同，所以在使用操作上也有所差异。

（1）DF系列天平使用操作方法：

1）检查天平的接地线是否良好。

2）检查并调整天平的水平。

3）将天平插头插入电源插座，拨动操作开关3至“ON”位置，天平进入称量状态，并显示0.0000g，然后预热30min以上。

4）校准天平。清盘（移去称盘上所有被称的物体），按去皮钮6，天平显示0.0000g，将操作方式开关置于“CAL”位置（应拨到底）显示“C”和占用符“O”。当天平显示

"CC" 时，则表示校准完毕。如果显示"CE"，则将操作方式开关返回置于"ON"位置，按去皮钮 6，待显于 0.0000g 后重新开始校准。

5）秤量。天平校准完成后，即可进行秤量，当出现稳定符号"g"时，表示显示值是可靠的，可记录称量值。如显示"O"说明微机正在工作不要记录。

6）如果秤量时需要去皮质量，则可按去皮钮 6，再进行称量。

（2）DFA 系列天平使用方法：

1）、2）同上。

3）开机。接通电源，按 ON/OFF 键，显示器则显示 ±8888888%g，然后扫描显示，CH_1、CH_2、…、CH_8、CH_9，稳定显示 0.0000g，此时天平开始预热 0.5h 以上。

4)校准。清除秤盘上的被称物体，按去皮键(T)，待天平稳定显示"0.0000g 后，按校准键(CAL)，天平显示"C"后，把内校准砝码推拉杆 10 向天平的后部方向推足，等待显示器显示"CC"并发出信号"嘟"声，即表示天平校准完毕，然后将推拉杆恢复到校准前位置。按去皮键，天平显示 0.0000g，则表示校准完毕可进行秤量。如果天平显示"CE"，就重按去皮键，待天平显示 0.0000g 后，重新开始校准。

5）称量。去皮操作称量时可按去皮键，将秤盘上的"皮重"清掉，此时显示器上显示 0.0000g，然后要称量的物体加到称盘上，当显示稳定符"g"后，则表示天平显示值已稳定，可读取称量数值。

12－25　使用电子天平要注意哪些事项？

电子天平在使用中除了遵守机械天平的注意事项外，还应注意下列事项：

（1）电源线必须有可靠的接地线。

（2）天平放置的位置必须远离用强电设备。

（3）电源电压要符合规定要求，且要稳定。

（4）当断开电天平与其他设备的连接时，应先断开电子天平的电源。

（5）初次使用天平时，应预热4h以上。

（6）天平长期不用时，应定期通电。

（7）为确保电子天平称量准确可靠，使用2～3h后应重新校正一次。

12－26　使用银坩埚时应注意些什么？

用碱性物质在高温下熔融固体试样常用银坩埚，在使用中要注意：

（1）银坩埚易与硫反应生成黑色的硫化物，因此，含有硫的试样与硫化物的熔剂均不许在银坩埚内熔融。

（2）在熔融状态下的铝、锡、铅等金属均会使坩埚变脆，汞盐、硼砂也不要在银坩埚内灼烧或熔融。

（3）银易溶于酸，故在浸取熔融物时不可用酸。

（4）银坩埚可用于熔融固体氢氧化钠或氢氧化钾，由于银容易氧化，因此，熔样温度一般不超过700℃，熔样时间也不宜过长。

（5）刚从火焰上或高温炉内取下的热银坩埚，不允许用水冷却，以免发生裂纹。

12－27　使用石英制品应注意哪些事项？

燃料分析中常用的石英制品有：石英燃料管、石英燃烧皿等，石英制品的化学成分是 SiO_2，其熔点高达 1700℃以上，在 1200℃使用不变形，其热膨胀系数小，除氢氟酸外不与其他酸作用，但对碱的低抗性差，常温下能与氢氧化钠、氢氧化钾及碳酸钠作用，在高温还原气氛中使用易遭损坏，且质地脆。

12－28　使用铂器皿时应注意哪些事项？

使用铂器皿时最高温度不应超过 1200℃。需加热或灼烧时应在高温炉内或煤气灯的氧化焰上进行，以免生成碳化铂，变脆龟裂；在高温加热时，铂器皿不可与任何金属接触，必须放在耐火材料制成的三角架或石棉板上，已达到红热的铂器皿，不要用水骤冷。

在铂器皿内不得加热或熔融碱金属氧化物，氢氧化物、碱金属的硝酸盐、亚硝酸盐、氯化物、氰化物等；对含有重金属铅、铋、砷、银、汞、铜等元素的化合物，不可在铂器皿中加热灼烧，以免生成合金变脆；在铂器皿内也不可处理含有卤素和能分解出卤素的物质，以及含磷及含大量硫的物质。成分不明的物质不要在铂器皿内加热处理。

在清洗铂器皿时，可在稀盐酸或稀硝酸溶液内煮沸处理，如不能洗净，可用焦硫酸钾在低温下熔融 5～10min，再用稀盐酸处理，再若无效可改用碳酸钠高温熔融处理。

12－29　使用塑料器皿时应注意哪些事项？

燃料实验室中常用的有聚乙烯和聚四氟乙烯塑料制品。一般聚乙烯熔点约为 108℃，因此，使用中温度不宜超过 70℃。因其柔性好，可用作洗瓶。高密度聚乙烯塑料熔点约 135℃，加热温度允许到 100℃，通常用来制成烧杯等制品。

聚乙烯塑料能耐强碱、氢氟酸，是盛放纯水、标准溶液和某些试剂的理想器皿。聚四氟乙烯使用温度更高，可达250℃，耐腐蚀性强，与浓酸、浓碱或强氧化剂都不会发生作用，也不受氧化和紫外线的影响。因此，可用于制造烧杯、搅拌棒、蒸发皿等。

12－30　使用玛瑙研钵时应注意什么事项？

玛瑙硬度较大，并和许多化学药品不起作用，因此主要用来制造各种研磨工具，例如研钵等。使用中要注意下列事项：

（1）不可在烘箱中加热烘干，更不允许与氢氟酸接触。

（2）尽管玛瑙研钵硬度较大，但遇到大块晶体研磨时，最好压碎后再研磨，以免损伤研钵表面。

（3）研钵使用后要用水清洗，必要时可用稀盐酸洗后，用水冲净，若仍不干净，可改用脱脂棉浸蘸无水乙醇擦净，或放入少许细食盐研磨干净。

12－31　使用干燥器要注意哪些事项？

使用干燥器要注意下列事项：

（1）干燥器内要放置足够的干燥剂。干燥剂种类可以根据放置物质的性质选用，失效后要及时更换。

（2）干燥器的磨口面应涂抹凡士林，以增加严密性。

（3）在使用中要盖好干燥器盖。盖干燥器盖时应将盖子的磨口面紧贴干燥器口边缘，然后用力把盖推到另一边缘盖严，要打开干燥器盖时，应用力沿着水平方向推移，用完后，立即盖严。

（4）灼烧热的坩埚、灰皿，不要立即放入干燥器内，待稍冷后再放入。

（5）长期不用的干燥器，常由于其磨口面的润滑脂凝固而不能打开，一般用热毛巾温热盖的边缘后即可打开。

12－32 使用压力气瓶时要遵守哪些安全事项？

使用压力气瓶要严格遵守下列规定：

（1）压力气瓶使用时要放在专用的移动车中或直立固定好，并避免阳光暴晒和剧烈振动。压力气瓶要涂有规定颜色的标志。

（2）压力气瓶上的压力表要专用，安装时要拧紧螺扣；开启气瓶时，人要站在气瓶主气门的侧面，若发现漏气则要立即检修。

（3）压力气瓶和压力表要按照有关规定定期进行安全技术检验。

（4）贮存压力气瓶时要把氧气和可燃气严格分开存放，并远离明火至少 10m 以上。用后的压力气瓶要剩余一定压力，一般不低于 0.3MPa。

（5）使用氧气瓶时要有专用的工具。专用工具不得玷污油类物质，操作人员也不得穿用带有油类的工作服或手套。

12－33 使用强酸、强碱时要注意哪些安全事项？

在实验室内使用强酸、强碱时要注意下列事项：

（1）搬运强酸、强碱时要带橡皮手套和橡皮围裙。开启盖时禁止用工具敲打，以免容器破裂。

（2）稀释硫酸时必须在瓷容器中进行；在不断搅拌下，缓慢地将硫酸注入水中（注意：不许将水注入硫酸中）。溶解固体强碱时也要在瓷容器内进行，绝对禁止加热。

（3）当需压碎或研磨苛性碱时，要带眼镜和橡皮手套。

12－34 使用高温炉时应注意哪些安全事项？

高温炉是实验室常用的加热设备。使用时要注意：

（1）高温炉要放在牢固的水泥台上，周围不应放有易燃易爆物品，更不允许在炉内灼烧有爆炸危险的物体。

（2）在高温炉内用碱性物质熔融试样或灼烧沉淀物时，应严格控制操作条件，最好预先在炉底上铺垫一块薄层耐火板，防止由于温度过高而发生飞溅而腐蚀炉膛。

（3）新购的或新换炉膛的高温炉，使用前要在低温下烘烤数小时，以防受潮炉膛因温度急剧变化而龟裂。

（4）对以硅碳棒、硅碳管为发热元件的高温炉，与发热元件连接的导线接头接触要良好，发现接头处出现“电焊花”或有嘶嘶声时，要立即停炉检修，经予消除。

（5）高温炉要接有良好的地线，其电阻应小于5Ω。

12－35 硅碳管有什么特性？使用时应注意哪些事项？

硅碳管是石英、石墨和水玻璃混合压制成型后通电加热到1200℃以上烧制而成的。它是一种高温发热元件，它的电阻值随着温度的变化而变化，是一种非线性电阻，从室温到850℃，电阻由大变小，850℃以后到1350℃，电阻又由小变大。硅碳管的最高使用温度为1350℃，可在1500℃下短时间使用，但会缩短使用寿命。硫、氯、氮等在高温下对硅碳管有侵蚀作用或导致其分解。此外，在高温下碱性氢氧化物、氧化物、硼化物及某些硅酸盐易与碳化硅发生化学反应而使硅碳管损坏。因此，在使用硅碳管时必须装有内套管，一般可用气密性钢玉管，以使被加热物体所产生的气体或熔融物不至于与硅碳管直接接触，从而达到保护硅碳管的目的。

市售硅碳管有两端引线的单螺纹管和一端引线的双螺纹管两种。在使用双螺纹管时要注意两条引线的接线夹子不要接触，以防止短路。同时，电极夹子也不宜拧得过紧，以免硅碳管断裂。同时必须使其紧密接触，防止存在空隙，否则在升温过程中易产生火花，烧坏夹子。

在使用硅碳管高温炉时应注意升温速度，同时也应注意试验结束后炉子的降温速度，炉子升至1500℃时不要马上切断电源，应逐步降低电压、电流，待炉温降至900℃后再切断电源。

12-36 煤质化验室常用热电偶有哪几种类型？

煤质化验室常用热电偶有如下几种类型：

（1）铂铑$_{10(13)}$-铂热电偶。分度号为S，以含铑10%（或13%）的铂铑合金作正极，纯铂丝作负极。适合于氧化性和中性介质中使用，一般条件下可测量的温度范围为-20~1300℃，在良好的条件下，短期测量可达1600℃。热电偶丝的直径一般不超过0.5mm，该电偶不宜在还原性物质及侵蚀性物质气氛中使用，为防止热电偶不受外来物质的侵害，使用时必须加装保护套管。

（2）铂铑$_{30}$-铂铑$_6$热电偶。分度号为B，以铂铑$_{30}$为正极，即铂70%，铑30%；铂铑$_6$为负极，即铂为94%，铑为6%。测温范围为300~1600℃，短期使用时，可测量1800℃高温。

（3）镍铬-镍铝（硅）热电偶。分度号为K，正极为镍铬合金，其成分为镍89%、铬9.8%、铁1%、锰0.2%；负极为镍铝合金，其成分为镍94%、铝2%、镁2.5%、硅1%。该热电偶测量的最高温度随偶丝直径的增加而升高。偶丝直径为0.5mm，长期使用温度为800℃，短期使用最高温度为900℃，偶丝直径为0.8mm或1mm时长期使用温度为900℃，短期使用温度为1000℃，直径为1.2mm或1.5mm时长期使用温度为1000℃，短期使用温度为1100℃等等。它是化验室最常用的一种热电偶。

（4）镍铬－考铜热电偶。分度号为E。长期使用温度为600℃，短期使用温度为800℃。

（5）铜－康铜热电偶。分度号为T。只适用于－200～400℃范围内测温，偶丝直径为1mm时长期使用温度为250℃，短期使用温度为400℃。直径0.5mm时长期使用温度为200℃，短期使用温度为250℃。

12－37 为什么对热电偶要定期进行检定？

燃料实验室内常用的热电偶有由贵重金属制成的铂铑$_{10}$－铂热电偶和贱金属制成的镍铬—镍铝热电偶两种。前者长期最高使用温度为1300℃，短期最高使用温度为1600℃；后者，对偶丝直径为0.8、1.0mm的热龟偶，其长期最高使用温度为900℃，短期最高使用温度为1000℃。这些热电偶尽管在使用中采用密封保护套管，但由于保护套管在高温下气密性降低，致使有害气体如二氧化碳、一氧化碳、硫氧化物、硅蒸气等有机会侵入，引起热电偶热端的金属组织晶体结构损坏，改变了热电特性，同时也降低了机械强度。对铂铑$_{10}$－铂热电偶，长期在高温下使用，还会使铂铑合金发生升华和再结晶现象，改变了原来铂铑和铂的成分比，因而也改变了其热电势。镍铬－镍硅热电偶也有类似。基于上述原因，热电偶必须按国家计量部门的规定，每半年校验一次，以免由于热电偶热电特性变异而给煤质测定结果带来严重的误差。

12－38　实验室干燥箱恒温区检验是怎样进行的?

（1）准备好检测用仪器设备。

1）热电偶：铜－康铜，直径为 0.5mm，6 支，经计量部门检定合格。

2）直流电位差计：0.05 级，经计量部门检定合格。

3）万能转换开关：6～8 位。

（2）测试点布置。

根据干燥箱的加热室空间体积布置温度测试点。一般实验室干燥箱加热室空间体积较小，布置 5 个测试点即可。具体布置为：在加热室内选定上、下两层测试面，上层为最高层板向上 10mm，下层为最低层板向下 10mm，布置 A、B、C、D 四个点各距自边长的 1/10，中心一点位于高、低层中心。

（3）恒温区检测方法。

将热电偶插入选定位置上，按通常加热方法使加热室升温，当高低层中心测温点温度达到 105～110℃后稳定 1h。然后，每隔 3min 测试所有测点的温度各一次，在 30min 内共测 10 次，再隔 30min 后，按同样的方法再测一次。求出每次测试中测试点的最高和最低温度之差 R，即

$$R_1 = X_{1,\max} - X_{1,\min}$$

$$R_2 = X_{2,\max} - X_{2,\min}$$

求出两次测试点最高和最低温度差值的算术平均值，即为 105～110℃温度下的温场均匀度。

$$\overline{R} = (R_1 + R_2)/2$$

若温度均匀度 R 不超过 5℃，则为合格，若超过，则不合格，视其超过程度可适当减少高层和低层之间的距离，重新检验。

12－39　干燥箱控温装置精密度如何测定？

将热电偶插在加热室几何中心处，干燥箱控温装置处于自动调节状态，并加热至 105～110℃后稳定 1h。记录控温周期内的加热室内温度变化，热电偶指示室内最高和最低温度（断电和通电瞬间）时作为一个周期，共进行 10 个周期，（用直流电位差计）将读取 mV 值换算成温度值。

计算出 10 个周期的最高温度和最低温度的差值 R，依次为 R_1、R_2、R_3、…、R_{10}。计算求出 10 次温差绝对值的平均值 R，即为控温精密度。

$$\overline{R} = [\,|R_1| + |R_2| + |R_3| + \cdots + |R_{10}|\,]/10 \tag{12-6}$$

若控温精密度不大于 ±2℃时则为合格。

对干燥箱的电热丝更换或控温装置大修时应重新进行检测。

12－40　实验室高温炉恒温区怎样确定？

（1）准备好检测用仪器设备。

1）热电偶：镍铬－镍硅，直径 0.5mm，1 级，有计量部门检定合格证书，3 支。

2）直流电位差计：0.05 级，经计量部门检定合格。

3）万能转换开关：4 位。

（2）测试点布置。依据高温炉炉膛体积并结合实际使用情况布置测试点。在使用空间内，选择上、下两个测试面，下层距炉底 25 ~ 30mm，上、下层间的距离不少于 100 ~ 120mm，在炉膛长和宽的方向上每距 2 ~ 3cm 布置一个测试点，在两个测试面几何中心位置还布置有一个测试点，用以监视炉温变化。

（3）恒温区检测方法。

1）预先做一块与炉门大小相同的耐火块，在其上按检测需要开设小孔，以便于热电偶从炉门插入和移动。

2）为减少热电偶用量，上、下两层分开进行检测，一般从下层开始检测，将两支热电偶分别放在对称于下面测试面中心，两支彼此距离为 3cm，其热端距炉膛后壁 2 ~ 3cm，另一支热电偶的热端则按在上、下层几何中心处。

3）调整好热电偶位置后，选择 900 ± 10℃为检测温度，当炉膛温度到达后，稳定 1h。

4）通过万能转换开关，转换检测各测试点温度，每一测试点共测三次，取平均值作为该点温度，同时还测量中心测试点温度一次，然后对称地将两支热电偶按每次 2 ~ 3cm 同步往炉门方向移动，直到离炉门 2cm 为止。每次移动后，热电偶要在该测试点上稳定 3 ~ 5min。注意：几何中心的热电偶不要移动。

5）等到对称的两支热电偶沿炉膛两侧向外移动 2 ~ 3cm 后，又重新插入到距炉膛后壁 2 ~ 3cm 处，按上述同样操作方法检测各测点温度，直到对称的两支热电偶距炉膛壁 1 ~ 2cm 或已经出现左右两侧对称测试点温差超过 20℃时为止。

6）下层各测试点测试完毕后，将两支热电偶移到上层，其检测操作同下层检测。

7）将各测试点的检测值按仪表的修正值修正后，还须进行炉膛温度变化影响的修正。

8）将温度修正值制成立体空间温度分布范围，取温度不大于20℃的连续各测试点组成立体空间作为恒温区域。

12－41　高温炉控温装置的精密度如何检测？

高温炉控温装置的精密度可按以下步骤进行检测：

（1）对位式（通过继电器实现）的高温炉：

1）在空载下，升温到900±10℃。

2）用高温炉配套的控温装置控制温度，使其达到稳定状态至少1h。

3）用另一支热电偶和电位差计检测一个控制周期时间的通电前最低温度值和通电后的最高温度值，求得两者的差值 x_i ，共进行8次，求出8次差值的绝对值的平均值 $\overline{x}$ ，即为控温精密度。

$$\overline{x} = (|x_1| + |x_2| + |x_3| + \cdots + |x_8|)/8$$

（2）对连续式控温（通过可控硅的电压导通角大小来实现）。

用控温装置上的同一支热电偶与分辨率不低于0.01mV的直流电位差计跟踪检测20～30min内炉温的最高值和最低值各不少于8次，并且求出最高值和最低值之间的差值，分别记作 $x_1, x_2, \cdots, x_8$ ，而后求得两者差值的平均值 $\overline{x}$，即为控温精密度。

$$\overline{x} = (|x_1| + |x_2| + \cdots + |x_8|)/8$$

高温炉配套用控温装置的精密度不超过±5℃判为合格，否则，不宜采用。

第十三章 燃料锅炉基础

13－1 什么叫锅炉？它包括哪些主要组成部分？

锅炉是一种产生蒸汽的换热设备。它通过燃料（煤、油或天然气）在炉内燃烧释放出的化学能——热量，加热工作介质——水，使水变成蒸汽，所产生的蒸汽可直接供工业生产使用或通过蒸汽动力机械转换为机械能。火电厂就是利用锅炉产生的高温高压蒸汽带动汽轮机转动，再由汽轮机推动发电机发电。

锅炉的主要组成包括下列几部分：

炉：用于燃烧有机燃料，将燃料的化学能转变为热能。

锅：用于加热进入锅炉本体的水工质，使之转变成额定压力下的饱和蒸汽。

过热器：用来加热饱和蒸汽，使之达到给定的过热温度。

省煤器：用于吸收排烟的热量来提高进入锅炉的给水温度。

空气预热器：用来利用排烟的热量来预热送入炉内的空气。

此外，还有炉墙、构架、管制件和其他附件。

以上各组成部分总称为锅炉机组。

13－2　锅炉设备还包括哪些辅助装置?

锅炉设备除了锅炉机组所包括的各组成部件外，还应包括下列辅助装置：

燃料贮存和输送装置：用来供给制粉系统和输送燃料。

燃料制备系统：用于把燃料制备成粉状。

除尘器：用来把烟气中的飞灰分离下来，以便于收集。

除灰装置：用于排除灰渣和飞灰。

水处理装置：用来净化锅炉给水。

给水装置：用来输送锅炉给水。

送风装置：用来把燃料燃烧所需的空气送入炉中。

吸风装置：用来排除燃料燃烧后形成的烟气。

13－3　锅炉的基本工作特性有哪些?

表征锅炉的基本工作特性有：

(1) 蒸发量：它是指锅炉单位时间内产生的蒸汽量，单位为 t/h；

(2) 蒸汽参数：它是指蒸汽压力表大气压和过热蒸汽温度，单位分别为 MPa 和℃；

(3) 蒸发率：它是指锅炉的蒸发量与其蒸发受热面积之比，单位为 t/ ($h \cdot m^2$)；

(4) 受热面强度：它是指单位受热面在单位时间内的平均吸热量，单位为 J/ ($h \cdot m^2$)；

(5) 锅炉效率：它是指在锅炉中有效利用的热量与燃料在炉中燃烧时所放出的热量之比，用百分数表示。

上述这些基本工作特性表征了锅炉的主要工作性能。

13-4 什么叫做饱和温度、饱和水和饱和蒸汽？

在一定压力下，加热水达到沸腾时的温度叫做饱和温度。饱和温度随着压力的变化而变化。压力愈高，饱和温度也就愈高。饱和温度下的水和蒸汽分别称为饱和水和饱和蒸汽。

13-5 什么叫做过热蒸汽、湿蒸汽和干蒸汽？

在一定压力下，温度高于饱和温度的蒸汽就叫过热蒸汽，这时蒸汽中不含有任何水分。含有水分的蒸汽叫做湿蒸汽，饱和蒸汽就是湿蒸汽。不含水分的蒸汽称为干蒸汽。

13-6 什么叫锅炉蒸发量和额定蒸发量？

锅炉运行时每小时产生的蒸气量称为锅炉蒸发量。锅炉在额定蒸汽压力和温度下长期运行时产生的最大蒸发量称为额定蒸发量，锅炉牌上标出的就是这种蒸发量。

13-7 喷燃器的作用是什么？

喷燃器是煤粉悬浮燃烧锅炉的重要辅助装置。常见的有圆形喷燃器和槽形喷燃器两种。它的用途是将磨制好的粉状燃料与空气一道送入炉内，并能使煤粉与空气混合良好，有利于着火燃烧，同时，还能迅速、均匀地使与空气混合好的煤粉充满整个炉膛。因此，喷燃器性能的好坏，对煤粉的安全燃烧和提高锅炉效率都有着密切的关系。

最近的研究指出，改进喷燃器的结构和工作性能还可减少在燃烧中生成的 NO_x，从而降低了烟气中的 NO_x 含量，减少了环境污染。

13-8 过热器的作用是什么?

过热器是一种热交换器，它可将饱和蒸汽干燥并过热到指定温度。锅炉安装了过热器，不仅可减少蒸汽输送管道中凝结热损失和汽轮机蒸汽的消耗量，而且还可提高汽轮机的效率和减少汽轮机叶片的积盐垢。同时，也避免由于同体积水、汽质量差所引起汽轮机推力的增加而使轴承损坏。因此，过热器已成为目前电站锅炉中不可缺少的组成部分。过热器按传热方式可分为对流式、辐射式和半辐射式三种。

13-9 省煤器有哪几种类型? 它有什么作用?

省煤器是一种烟气—给水之间的热交换设备。按制造材质来分有铸铁省煤器和钢管省煤器两种。铸铁省煤器外表面一般铸成鳞片形,以增加受热面面积,通常把给水加热到30~40℃,故亦称为非沸腾式省煤器,它只适用于低压锅炉;钢管省煤器多用无缝钢管弯成蛇形管并与联箱连接而制成,它可将给水加热到饱和温度,其中部分给水被加热到蒸汽状态(占水量的15%左右),故也称作沸腾式省煤器,适用于中、高压锅炉。一般给水温度每升高7℃约节省燃料1%。省煤器出口水温增高1%,则烟气温度降低2~3℃,因此,锅炉安装了省煤器,估计燃料消耗量可减少5%~15%。

13-10 空气预热器有哪几种类型? 其作用是什么?

空气预热器是一种烟气—空气之间的热交换设备。它分为导热式与再生式两种，导热式空气预热器是将烟气中的热量经过固定受热面传导到另一侧空气，使空气温度升高的。再生式空气预热器是利用转动受热面交替在烟气和空气之间完成热交换的，从而使空气温度升高。空气预热器的作用是：提高进入炉内的空气温度，以加速和改善燃料的燃烧过程，从而降低了化学不完全燃烧热损失和机械不完全燃烧热损失。同时，也由此降低了排烟热损失，一般地说，排烟温度降低10℃，锅炉效率就提高1%。当然，排烟温度也不能过低，否则，会导致锅炉尾部腐蚀和堵灰。

13－11　除尘器有哪些类型？它们的工作原理是什么？

除尘器主要用来净化烟气中的灰尘，使烟气达到环境排放标准。它按工作原理可分三大类：机械除尘器、湿式除尘器和电气除尘器。

机械除尘器主要是利用含有灰尘的烟气流变更流动方向时所产生的惯性作用将其中的灰尘分离出去，一般除尘效率可达85%左右。属于这类除尘器的有单筒式、组合式旋风除尘器。

湿式除尘器主要是使含灰尘的烟汽流自下而上旋转运动，烟气中的灰尘粒在离心力作用下被抛到筒壁上，而后被自上而下的水膜携带流出除尘器。一般除尘效率可达88%～95%。

电气除尘器主要依靠含有灰尘的烟气流在高直流电压形成的电晕区域内的运动离子和电子的作用下，与悬浮的灰粒相碰撞而把自己的电荷转给灰尘粒，使灰尘粒成中性后落入灰斗。通常这种除尘器的除尘效率高达90%～93%。

锅炉设备增设了除尘器，大大地减少了灰尘污染，保护了生态环境。

13－12　电厂常用的磨煤机有哪几种类型？

磨煤机是将煤磨碎的一种设备，它是煤粉锅炉设备中不可缺少的组成部分。电厂常用的磨煤机有低速、中速和高速三种类型。

(1) 低速磨煤机指钢球磨煤机（17～22r/min），它包括筒形、锥形磨煤机等。它工作可靠，单机出力大，但磨煤单位电耗、钢耗大，噪声也大，适于制备各种类别的煤和页岩等。

(2) 中速磨煤机（50r/min）包括平盘磨、碗形磨等。适于制备烟煤，而不宜制备硬煤。一般磨煤单位电耗低，消耗金属量少，噪音小，但制粉系统阻力大，通风电耗高，只适于磨制挥发分大的煤，但对于 $M_t > 12\%$，HGI < 64 或 $Aar > 30\%$ 的煤一般不太适用。

(3) 高速磨煤机（300～400r/min）包括各种锤击磨和风扇磨等，可适用于磨制高挥发分烟煤、褐煤、页岩以及 HGI < 85 的煤。它结构简单，单位制煤电耗和金属耗量均较小。但锤子、叶片磨损大，吨煤的金属消耗量可高达 200g，且煤水分增大时，出力受影响较明显。

13－13　什么叫做燃烧？燃烧需要哪些条件？

燃料中的可燃物质同空气中的氧在一定温度下进行激烈的化学反应，并产生光和热，这一反应过程称为燃烧。燃烧需具备下列三个条件：

(1) 含有可燃物质如碳、氢或碳氢组成的有机物。

(2) 有助燃氧气存在，通常来源于空气。

(3) 周围具备有一定的温度，一般要高于可燃物质的着火温度。

以上三个条件是互为联系的，其中以可燃物质最为重要，因为它含有产生热能的最基本的可燃物质。实践告诉我们：如果没有可燃物质，即使是有了充足的氧气和具备一定温度，也不会发生燃烧化学反应，当然也就没有什么热能可言了；再者，如果有了可燃物质和充分的氧气而不具备一定的温度，同样不会发生燃烧。所以上述三个条件是互为联系、缺一不可的。

13-14 煤炭在锅炉内是怎样燃烧的？

煤炭在炉内燃烧一般要经过四个阶段：

（1）干燥阶段。煤从炉膛内吸收热量，温度升高，水分被蒸发。

（2）挥发分析出及其燃烧阶段。煤中水分蒸发完后，煤继续升温，挥发分随之不断析出，当温度达到着火温度时，逸出的挥发分在煤颗粒表面开始燃烧。

（3）焦炭燃烧阶段。煤中挥发分析出后形成焦炭，焦炭表面温度进一步上升，便开始燃烧并放出大量热量。

（4）燃尽阶段。当焦炭燃烧到一定时间后，大部分含炭物质已燃烧完，只有少量焦炭继续燃烧直到燃尽。

研究表明：焦炭燃烧的时间（从开始燃烧到燃尽）远比挥发分长，约占煤全部燃烧时间的90%。

13-15 燃油在锅炉内燃烧要经过哪些过程？

由于燃油品种、加热温度、雾化器效率等的不同，燃油在炉内的实际燃烧过程是很复杂的。以下仅以重油为例来简介其大致历程：

（1）预先将重油加热到某温度（依粘度而定，通常要求达到 $11.5 \sim 27.7mm^2/s$）由喷燃器喷入炉内，被雾化成细小油粒，迅速吸收炉内热量而温度上升。

（2）当细油粒温度迅速上升到200℃左右时，就发生汽化作用。

（3）温度继续上升到300℃左右开始发生氧化作用。

（4）到500～600℃左右被氧化的油汽产生热裂作用并进行燃烧，释放出大量热量，同时，产生了燃烧产物——灰分（很少）和烟气。应当指出燃油在炉内所经历的四个过程的时间是极短促的，几乎是在同一时间内完成的。

13－16　试写出燃料中可燃成分燃烧时的化学反应式。

固体燃料、液体燃料或气体燃料的可燃成分，尽管组成它们的有机化合物不尽相同，但却都含有碳、氢、氮和硫等主要元素。这些元素在燃烧时的化学反应基本相同。

当完全燃烧时：

$$C_{(煤)} + O_2 \longrightarrow CO_2$$

$$N_{2(煤)} + xO_2 \longrightarrow 2NOx$$

$$2H_{2(煤)} + O_2 \longrightarrow 2H_2O$$

$$S_{(煤)} + O_2 \longrightarrow SO_2\text{（或 }2S + 3O_2 = 2SO_3\text{ 少量）}$$

当不完全燃烧时：除了发生上面化学反应外，还产生

$$2C + O_2 = 2CO \qquad (13-1)$$

此外，固体燃料中还含有硫化物矿物质、气体燃料含有H_2S，当它们燃烧时分别发生下列化学反应

$$4FeS_2 + 11O_2 = 2Fe_2O_3 + 8SO_2 \qquad (13-2)$$

$$2H_2S + 3O_2 = 2H_2O + 2SO_2 \qquad (13-3)$$

13－17　固体燃料的基本燃烧方式有哪几种？

燃料（煤）燃烧的基本方式有：

（1）层式燃烧。燃料在火床上燃烧。燃料从下料槽进入移动（或固定）的炉排上，并在吸收热量的同时，借助炉排下进入的空气开始燃烧，其中焦炭在燃烧层中燃烧，而挥发分则在炉膛内燃烧，常见的链条炉就属于这种，它要求煤质：M_t >20%，10%< A_d <30%，FT>1200℃，粘结性差。

（2）悬浮式燃烧。燃料在火室内燃烧。燃料（煤粉）和一次风、二次风经过喷燃器进入炉膛内，依靠与烟气直接接触和辐射吸收热量，一面迅速燃烧，一面随同烟气流动，因而形成悬浮燃烧。煤粉锅炉（包括旋风炉）就属于这种。它要求煤质：V_d >10%，A_d 不大于40%，ST>1350℃。

（3）沸腾式燃烧。燃料（粒度0~8mm左右）在流动床上燃烧。它是介于上述两者之间的一种燃烧方式，燃料从床的一端进入，而烧尽的灰则从床的另一端排出；它适于劣质煤燃烧，燃烧温度低，有利于降低 NO_x 和 SO_x 的形成。它对煤质要求不高，但对煤的粒度有一定要求，一般为8mm以下的煤末较宜。

13-18　锅炉运行中会发生哪些热损失？

近代锅炉的热效率一般可达到90%以上，它意味着燃料中有90%多的热量被有效利用。然而，锅炉在运行中不可避免地有热量损失。热损失通常以损失的热量占输入总热量的百分率来表示，热损失越小，锅炉热效率就越高。锅炉热损失有排烟热损失 q_2、机械不完全燃烧热损失 q_4、化学未完全燃烧热损失 q_3、散热热损失 q_5 和灰渣的物理显热热损失 q_6 等。对一般锅炉，q_2 约占全部热损失的8%~13%，q_3 约为1.5%，q_4 约为1.0%~10%，q_5 则依据锅炉蒸发量的不同而有所差别，蒸发量为10~200t/h时，q_5 约为0.5%

~1.8%。这些热损失会使锅炉热效率降低，其中排烟热损失影响最大，其次是机械不完全燃烧热损失。

13-19　什么是化学不完全燃烧热损失?

燃料进入炉膛后因迅速吸收热量，温度上升而产生热解释出可燃气体，其中，有小部分未与空气中的氧化合成最终氧化物或水，而是以一氧化碳、氢气、甲烷和其他低分子烃类化合物等存在于燃烧产物中，并随着烟气排出炉外，这种未能将燃料中的化学能全部释放出来而造成的热损失称为化学不完全燃烧热损失。

对于燃煤锅炉，化学不完全燃烧热损失一般较 q_4 和 q_2 要小得多，且量很少，难以测准，故在常规试验中可忽略不计。

13-20　煤质特性对化学不完全燃烧热损失有何影响?

化学不完全热损失除了与燃烧设备有关外，主要是空气不足或风煤粉混合不匀造成。但也与煤质特性有关，煤的发热量低，炉膛温度水平低，致使煤中的有机化合物来不及燃烧完全，就随着烟气排出炉外。

13-21　什么是机械不完全燃烧热损失?

煤粉进入锅炉中燃烧，其中有少部分未燃尽就被烟气带出炉膛外而形成飞灰中的可燃物，或由于重力作用而落入冷灰斗中形成灰渣中的可燃物，这些可燃物主要是由碳元素组成的。它含量的多少，随着锅炉的燃烧方式的不同和参数的高低而有很大的差别。这种燃料中的碳未能完全燃烧而引起的热损失叫做机械不完全燃烧热损失。

机械不完全燃烧热损失随着锅炉燃烧方式（不同炉型）均不同而有所差异。对于链条炉而言，机械不完全燃烧损失为飞灰、炉渣和漏煤三项引起的热损失；对于固态煤粉炉而言，则为飞灰和炉渣两项引起的热损失；对于液态煤粉炉而言，则只有一项飞灰热损失。

13-22 煤质特性对机械不完全燃烧热损失有何影响?

就煤的特性影响而言,煤中挥发分影响较大。挥发分高,着火快,在同样的燃烧时间内燃烧完全反应,而挥发分低,着火慢,部分可燃物来不及燃烬就被排出炉外。特别是当煤的灰分多,被灰分包围的碳颗粒就多;当煤的水分多,炉膛温度低,也会增加机械不完全燃烧热损失增多。只有煤被磨制到经济煤粉细度时,才可以减少机械不完全燃烧热损失。

13-23 什么是排烟热损失？煤质特性对排烟热损失有何影响?

排烟热损失是指烟气离开锅炉机组的最后受热面时所具有未被利用的热量随烟气排至大气中所造成的热损失。

排烟热损失是现代电厂锅炉热损失中最大的一项，主要取决于排烟温度。一般排烟温度增高 12~15℃，排烟热损失 q_2 约增加 1%。

煤中硫含量高，为减少锅炉尾部受热面腐蚀，排烟温度要保持高一些，这就增加了排烟热损失。

一般煤粉炉排烟温度为 120℃左右，如煤中水分含量高（折算水分 $M_2 > 5\%$）排烟温度就需提高到 140℃，这是因为烟气中蒸汽越多烟气中硫的氧化物结合成硫酸凝结在锅炉尾部受热面上也越多。水蒸气还增加了排烟量，也带走了一部分热量。

13-24 燃煤灰分和挥发分对锅炉煤粉气流着火有什么影响?

煤粉的灰分含量越多，煤粉的燃烧速度越慢，这是因煤粉中灰分阻碍挥发的析出和氧气向碳粉表面的扩散。灰分高导致燃烧器出口区域的烟气温度降低，煤粉着火困难或推迟，燃烧稳定性变差。

煤粉进入炉膛，首先是挥发分着火燃烧，放出热量，并加热焦碳，使焦碳温度迅速增长而加速燃烧。如果挥发分低，则着火温度愈高，使煤粉不易着火，着火推迟。另一方面，挥发分对煤粉气流的着火速度也有很大影响，挥发分较低的煤着火速度慢，燃烧不稳定，甚至发生灭火。

13-25 试简述煤粉水分和细度对锅炉煤粉气流着火和燃烧的影响。

煤粉水分高，不利于煤粉气流的着火，一方面水分高将使燃料在炉膛内吸热蒸发所需热量增加，煤粉气流着火热升高，着火困难；另一方面，由于水分在炉膛内的蒸发吸热，使炉膛温度降低，故燃煤水分过大使煤粉着火困难。

煤粉越细，总表面积越大，挥发分析出就越快，这对着火的提前和稳定燃烧是有利的，而且煤粉易燃烧完全。一般来讲，对无烟煤或贫煤，其煤粉要求较细些；对烟煤或褐煤，因其着火不困难，要求煤粉可适当粗些。

13-26 什么叫做锅炉热平衡?

锅炉热平衡一般指锅炉设备的输入热量与输出热量及各

项热损失的平衡。对于固体或液体燃料，通常以每千克燃料量为基础来计算，对于气体燃料，则以每标准立方米燃料量为基础计算。根据能量守恒定律，在锅炉运行工况稳定的情况下，输入锅炉的总热量应等于有效利用的热量及各种热损失的热量的总和。即：

进入锅炉燃料质量 × 燃料发热量（$Q_{net,ar}$） 热空气带来的热量 燃料的物理显热	=	有效利用的热量（q_1） 排烟损失的热量（q_2） 化学不完全燃烧损失的热量（q_3） 机械不完全燃烧损失的热量（q_4） 散热损失的热量（q_5） 灰渣带走的物理显热损失的热量和冷却损失的热量（q_6）
（收入）		（支出）

热平衡不仅是热量分析的科学方法，而且还是改进锅炉燃烧，提高锅炉热效率，从而达到节约能源和合理利用能源的手段。

13-27 什么是锅炉热效率？

锅炉热效率是锅炉有效利用的热量或称输出热量占输入热量的百分率。获得锅炉热平衡有两种方法，一种是正平衡法，另一种是反平衡法。

采用正平衡法（或称直接法）测量计算的热效率叫做正平衡热效率，计算公式如下

$$\eta_b = D(h_{gg} - h_{gs})/(B \cdot Q_{net,ar}) \times 100\% \quad (13-4)$$

采用反平衡法（或称间接法）测量计算的热效率称为反平衡热效率，计算公式如下

$$\eta_b = 100 - (q_2 + q_3 + q_4 + q_5 + q_6)\% \quad (13-5)$$

式中　B——燃煤量，t/h；

D ——额定蒸发量，t/h；

h_{gg} ——过热蒸汽热焓，kJ/kg；

h_{gs} ——给水热焓，kJ/kg。

13－28　什么叫做热效率试验？热效率试验有哪几种？

锅炉机组实际上是一种能量转换的热力设备。要了解锅炉机组运行情况和能量转换的效率，就得进行一系列试验，这种试验就是锅炉热效率试验。因采用的方法不同，锅炉热效率试验有正平衡热效率试验和反平衡热效率试验之分。反平衡热效率试验是预先测算出锅炉各项热损失，用输入热量为100，然后扣除各种热损失，这样就可求得锅炉热效率。这种方法虽然简便可行，但误差大，现在已逐渐不用了。正平衡热效率试验是直接测出入炉煤量、煤发热量和锅炉输出的热量，而后计算锅炉热效率，此法获得的热效率一般误差小，但由于火电厂燃煤数量多，又计量不准确，人工采样难以取到有代表性的煤样，因此，过去很少被应用。然而随着科学技术的发展和市场经济改革的深化，许多火电厂已安装了能采到有代表性煤样的机械采制样装置和精密度可达到0.5%的电子皮带秤。这些条件推进了采用正平衡方法进行锅炉的热效率试验，提高了热效率试验结果的准确性。

13－29　什么叫做发电煤耗、供电煤耗？

煤耗是火电厂的重要经济技术指标，同样发一度电，大容量机组消耗的标准煤量要比小容量机组消耗的少，所以煤耗低。煤耗有发电煤耗和供电煤耗之分。

发电煤耗是火力发电厂每发1kW·h电所消耗的标准煤量（折合成发热量为29.271MJ/kg的煤）。供电煤耗是扣除厂用电后发电厂向用户每供 1kW·h 电所消耗的标准煤量。因此，供电煤耗要大于发电煤耗。厂用电率愈高，两者相差就愈大。

13-30 如何计算发电标准煤耗？

发电标准煤耗是火电厂的一项重要经济技术指标，它反映火电厂管理和生产的综合水平。对凝汽式火电厂可按下列两种方法之一计算：

（1）正平衡法。

$$b=(BQ_{\mathrm{net,ar}}/29.271-B')/E \qquad \mathrm{kg/(kW\cdot h)} \tag{13-6}$$

（2）反平衡法。

$$b=(Q/29.271\eta_{\mathrm{b}}-B')/E \qquad \mathrm{kg/(kW\cdot h)} \tag{13-7}$$

以上两式中 b——发电标准煤耗，kg/（kW·h）；

29.271——标准煤发热量，kJ/kg；

B——实际燃用煤量，kg；

$Q_{\mathrm{net,ar}}$——收到基煤的低位发热量，kJ；

E——发电量，kW·h；

Q——有效利用的热量（由蒸汽、给水两者的热焓差算出），kJ；

B'——非发电供热用煤及耗汽所折合的标准煤量，kg，其余符号意义同前。

13-31 什么叫燃烧产物？燃烧产物中主要有哪些成分？

当燃煤进入锅炉内燃烧时，其中所含的可燃物质与源自空气中的氧在高温下发生激烈的化学作用并释放出热量，这时产生了固态灰（或液态灰）和混合气体。这两者统称为燃烧产物。混合气体俗称烟气。它主要含有 CO_2、O_2、H_2 和少量的 H_2O（气）、SO_x 以及极少量的未燃烧完全的 CO、CH_4、H_2 和 C_mH_n 等。固态灰中随烟气流排出炉外称为飞灰，受重力作用落入炉底称为炉渣。飞灰和炉渣的主要成分是 SiO_2、Al_2O_3、Fe_2O_3、CaO、MgO、K_2O 和 Na_2O 以及含有少量而常见的 TiO_2、MnO_2、P_2O_5 等。此外还含有一些未燃烧烬的碳粒等。

第十四章　误差及数据处理基础

14-1　煤质检验人员为何要掌握一定的误差及数理统计知识？

误差分析及数据处理的目的是对分析所得的数据作出科学评价。在试验过程中常受到各种因素的影响，使试验分析结果有一定波动，这是由于试验过程中，存在随机误差，系统误差，或者过失误差的缘故。我们必须判断和区别这些误差，并分析引起误差的原因，从而改进试验技术和方法，提高分析质量。

数理统计的方法就是将所得分析数据进行统计处理，从而估计出真实值所处的范围，以及试验方法的精密度和准确度。通过掌握数理统计方法还可确定方法的允许差，不同方法，不同仪器的精密度，两个变量之间的关系，或者用于考核化验人员的技术水平，研究和改进试验方法，采制样的精密度研究等。因此，一个煤质检验人员除具有一定的专业技术外还必须掌握一定的误差数理统计知识。

14-2　什么是误差？

观测值与真值或约定真值之间的差值称为误差。它可以用下式表示

$$E = x - \mu$$

式中　E ——误差；

x ——观测值；

μ——真值或约定真值。

误差有正有负，在观测值大于真值时为正误差，小于真值时为负误差，在无系统误差情况下，它反映了观测值的准确性，差值大，误差就大；差值小，误差就小，准确度就好。

14－3　什么叫真值和约定真值？

所谓真值是指被测物理量的真实值，也称量的真值，量的真值是理想的概念，在实际测量中，常用的是被测量的约定真值。对于给定目的而言，被认为充分接近真值，可以代替真值。

约定真值：如计量学的约定真值。标准器具的约定真值等。计量器具约定真值是指给定地点，由参考标准（即具有所能得到的最高计量特性的计量标准）复现的量值。例如，作为参考标准（标准砝码，标准物质，标准测量仪器等）在其证书上所给出的值。

14－4　误差根据其性质可分为哪几类？

根据误差的性质可分为三类：

（1）系统误差：它是观测值比真值系统偏高或偏低的误差。是由一些固定因素引起的，使多次测定的平均值与真值比较总是偏高或偏低，且偏高或偏低的值较为稳定。

（2）随机误差：它是由偶然因素引起的误差（正负误差出现的概率相等）。所以也叫偶然误差，它是由一些来源不十分清楚的偶然因素引起的单次测定值（ x_i ）与多次测定值的平均值（$\overline{x}$）之间的偏差。随机误差可用下式表示：

随机误差 = $x_1 - \overline{x}$ （14－1）

随机误差是一些无法控制的因素，如样品质量不均匀，温度、压力的变化。随机误差是不可测量的，也是无法校正的，但对一个量进行重复很多次测量，然后把测定结果进行统计，就会发现随机误差（偶然误差）是具有正态分布规律的，即：

1）绝对值相等的正、负误差出现的机会大致相等；

2）小误差出现的次数多，大误差出现的次数少，个别大的误差出现的次数极少；

3）随着测定次数的增加，误差的算术平均值趋近于零。

若操作仔细并进行多次测定，大部分的随机误差可在平均值中互相抵销。

（3）过失误差：它是由分析人员疏忽大意，误操作，看错、记错等造成的。过失误差使测定值产生明显的差异，应予弃去。过失误差无规律可循。严格要求试验人员加强责任心，遵守操作规程，养成良好的科学工作作风，细心操作，就可避免过失误差的产生。对有过失误差测量结果，反映在数据上是结果呈现异常偏大或偏小，可通过异常值的检验加以剔除。

14－5　系统误差的表示方法有哪几种？

系统误差的表示方法有下列两种：

（1）绝对误差：绝对误差（E_a）是指实验测定值（x）或多次测定的平均值（$\overline{x}$）与真实值（μ）之间的差。绝对误差有正有负，并与测定值单位相同，可用下列公式表示

$$E_a = x - \mu（或\ \overline{x} - \mu） \quad (14-2)$$

（2）相对误差：相对误差 E_r 是指绝对误差在真值中所占的份额。

$$E_r = (x - \mu)/\mu \tag{14-3}$$

相对误差的单位一般用百分率或千分率表示。

在试验中可能遇到两个测定结果的绝对误差相同，但其相对误差却相差很大。故用相对误差表示测定结果的准确性更具有实用价值。

14-6　系统误差的产生原因和消除方法是什么？

系统误差产生的原因有下列几方面。

（1）方法误差：分析方法不完善，如氧弹法测全硫时，不能将硫全部转化为三氧化硫，使硫的测定结果偏低。

（2）仪器和试剂的误差：如测定挥发分时高温炉控温仪表指示偏高，使测定结果偏高，又如试剂不纯或基准物质纯度不高也会使测定结果偏高或偏低等。

（3）操作误差：由于分析工作者操作不正确，试验条件控制不当造成，如采煤样工作中只采火车或皮带表面或局部煤就会造成系统偏差，在分析工作中观察终点颜色带有习惯性等等。

根据系统偏差产生的原因就可以找出消除的方法：

（1）选择准确度高的分析方法：在很多情况下，系统误差是由于分析方法本身的缺陷造成的，选择高准确度的分析方法是消除系统误差的有效措施，如用缓慢灰化法测灰分比快速法准确度高。

（2）对照试验：对照试验不仅可以发现系统误差，还可以求出校正系数以消除分析结果中的系统误差。如用标准煤样校正库仑定硫仪测定结果。校正系数是用标准试样（或纯物质）与未知试样在完全相同的条件下，用同一种方法进行测定求出的。

（3）空白试验：由于试剂不纯或外来杂质带进的系统误差可用空白试验来消除，空白试验是在不加试样情况下，按照分析试样同样操作手续进行分析，从加试样的测定结果中扣除空白试验所得的结果，就可消除因试剂不纯而造成的系统误差。

（4）仪器校正：根据测定项目的实际情况对所需仪器及测量仪表进行校准。如挥发分测定的控温仪表要定期校正。

14－7　随机误差的表示方法有哪几种？

随机误差的表示方法有下列三种：

（1）极差。极差（R）也叫极限偏差，是指一组按数值大小排列的数值组中的最大值（x_{max}）与最小值（x_{min}）之差，即 $R = x_{max} - x_{min}$，差值大，说明数值的离散性大，反之，则离散性小。因极差没有涉及中间测定数值及其测定次数，故不能充分反映二组数值的波动（精密度）。但它较直观，计算方便，可用于不超过 10 个数值的数组。

（2）平均偏差。平均偏差（d）也叫算术平均偏差，它是一组测定值中测定值（x_i）同其平均值（$\overline{x}$）差值（绝对值）的算术平均值。用数学公式表达如下：

$$d = \frac{\sum \left| x_i - \overline{x} \right|}{n} \qquad (14-4)$$

式中，n 为测定值的数目。

平均偏差既考虑了测定值的数目又考虑了所有测定值，因此，它能较好地反映测定数值的离散程度。

（3）标准偏差。标准偏差（S_x）也称均方根偏差，它是表示单次测定值（x_i）同平均值（$\overline{x}$）的一种平均偏差，也表示 n 次测定的数据群偏离中心值（平均值）的程度。标准差大，精密度差，标准差小，精密度好，它的最大优点是对特大偏差和特小偏差具有更高的敏感性，因此，它是一个很好的表示误差的方法。标准偏差的数学表达式如下

$$S_x=\sqrt{\frac{\Sigma(x_{\mathrm{i}}-\overline{x})^2}{n-1}} \tag{14-5}$$

标准偏差与极差都是表示数据波动情况，而标准偏差还与测定值的大小有关。

为了便于比较地评价一个分析方法的精密度，最好采用标准差（S_x）对平均值的相对值即相对标准偏差，其计算式如下

$$\text{相对标准差（RSD）\%}=\frac{S_x}{\overline{x}}\times 100 \tag{14-6}$$

14-8 什么是精密度和准确度？

精密度是指用一个确定的测定方法在受控条件下对一试样重复测定多次的一组观测值之间互相接近的程度，它是由随机误差引起的，系统误差不影响精密度。

准确度是指用一个确定的测定方法所得单项测定值或多次测定值的平均值与真实值之间接近的程度。测定值与平均值愈接近真值，误差愈小，愈准确，系统误差和随机误差都会影响准确度，所以它是测定结果中系统误差和随机误差的综合反映。

14-9 什么是测量不确定度？为什么用不确定度表示测量结果的准确度？

测量不确定度是被测量真值所处的量值范围。用测量不

确定度表示测量结果的准确度，是由于误差的定义是测量结果与被测量的真值之差，而在实际测量中被测量真值是未知的，因此，误差大小仅是个概念，是不确定的，而且误差还不能反映置信概率。而测量不确定度是以被测量结果为依据，再对被测量真值所处的范围作出估计，并且给出置信概率，这就更适合于实际应用。

14－10　什么是置信概率、置信范围？

在测试中，不存在系统误差的情况下，其测试结果是服从正态分布规律的，如用 μ 代表无限多次测定的平均值，σ 为无限多次测量结果的总体标准差，其数理统计证明，误差在 $\pm 1\sigma$ 内的结果占 68.3%，误差在 $\pm 2\sigma$ 内的占 95.5%，误差在 $\pm 3\sigma$ 内的占 99.7%，出现特大误差的极少。

68.3%，95.5%，99.7%称为置信概率。

$\mu \pm 1\sigma$，$\mu \pm 2\sigma$，$\mu \pm 3\sigma$ 称为置信区间或置信范围。

置信概率（P）可用显著水平（α）表示，$\alpha = I - P$。如置信概率为 95.0%则显著水平为 5.0%（$a = 0.05$）即全部测定值 x 与 μ 的差值中有 95.0%不超过 $\pm 2\sigma$。由于测定次数不是无限的，所以标准差 σ 以 S 代替。在煤质检测中常用的是 95%置信概率。

14－11　在煤质分析中如何控制试验结果的精密度？

在煤质分析中控制试验结果精密度的方法是采用同一实验室的允许差和不同实验室的允许差两种：

（1）同一化验室的允许差又叫重复性界限（通常以 r 表示），是指一个数值在重复条件下，即在同一化验室中由同一操作者，用同一台仪器，对同一试样，于短期内所做的重复测定，所得结果间的极限差值（95%概率下）不能超过此数值。

（2）不同化验室的允许差又叫再现性（通常以 R 表示），是指两个化验室所得结果的允许界限，它的确切定义是：一个数值在再现的条件下，即在不同化验室中，对从缩制到最后阶段的同一煤样中分取出来的，具有代表性的部分试样所做的重复测定所得结果的平均值间的差值（在特定概率下）不能超过此数值。

重复性和再现性的确定不可过严或过宽。过宽，则易放过意外差错，从而降低试验结果的可靠性；过严，则造成过多的返工，从而浪费人力和物力。

14-12　在煤质分析中对重复测定结果怎样取值？

煤质分析中，除特别要求外，每项分析试验应对同一煤样进行两次测定（通常为重复测定），两次测定值的差如不超过规定限度（重复性限，同一化验允许差 T），则取其算术平均值作为测定结果；否则，需进行第 3 次测定；如 3 次测定的极差小于 $1.2T$，则取 3 次测定值的算术平均值作为测定结果，否则需进行第 4 次测定；如 4 次测定值的极差小于 $1.3T$，则取 4 次测定值的算术平均值作为测定结果；如极差大于 $1.3T$，而其中 3 个值的极差小于 $1.2T$，则可取 3 个测值的算术平均值作为测定结果。如上述条件均未达到，则应舍弃全部测定结果，并检查仪器，然后重新进行测定。

14-13　如何提高测定结果的准确度？

测定结果的误差主要是由随机误差和系统误差引起的，因而要采取相应的措施尽可能减少误差的产生，才可提高测定结果的准确度。

（1）增加测定次数，减小随机误差。测定次数多，则平均值中的随机误差基本可达到相互抵消，从而使平均值更接近于真实值。一般要求每个试样重复测定两次，在要求精确测定的情况下，测定次数可适当增加到5~8次。

（2）进行比较试验，消除系统误差。

1）用标准煤样或已知结果的试样与被测试样一同进行比较试验。若用标准煤样作为被测试样则被测试样的测定值与标准值的差值是否在标准值的不确定度范围内。

2）用一种公认可靠的方法对同一试样进行比较试验。此外，还可进行空白试验，即在测定样品的过程中，同时进行与测定样品操作完全相同而不加样品的试验，以消除试剂中杂质的干扰和溶液受器皿材质的影响而引起的系统误差。

（3）校验仪器设备。由于仪器的加工质量和长期使用性能的改变，需进行定期校验和不定期校验，以消除仪器设备带来的系统误差。

14-14　什么是异常值？为什么要舍弃异常值？怎样舍弃？

在一组测定值中常有个别数值偏离平均值较远，这个数值称为异常值。若不对异常值进行舍弃，就会影响测定结果的平均值，从而使测定结果变得不准确。因此，对那些可疑数据要按一定方法进行检验，确认为异常值则必须舍弃。为便于掌握和应用，这里介绍下列两个简单的舍弃原则：

（1）用平均偏差表示测定结果精密度时，若其中某一可疑数值（x_i）与其平均值（$\overline{x}$）的偏差（d）等于或大于平均偏差（$\overline{d}$）的4倍，即 $x_i - \overline{x} \geqslant 4\overline{d}$，就可以认为是异常值，应予舍弃。

（2）用标准偏差表示测定结果精密度时，若其中某一可疑数值（x_i）与其平均值的偏差等于或大于标准偏差的3倍，即 $x_i - \overline{x} \geqslant 3S$，则认为该可疑数据为异常值，应给予舍弃。

上述计算平均值（$\overline{x}$）不包括可疑值。

14－15　怎样应用 Grubbs 法（T 检验法）判断可疑值的舍取？

在一组测定值中，有时会出现1至2个偏离平均值较远的数值，如果保留或舍弃这一数值对计算平值会产生影响，特别是对少量数据就不能随意舍弃，只能按一定法则发现和判断后，才能舍弃。利用 Grubbs 法（又称 T 检验法）判断可疑值的舍取程序如下：

（1）从数据组中找出最大值 x_n 和最小值 x_1。

（2）计算全部测定值的平均值（$\overline{x}$）和标准差（S_x）。

（3）计算 T_n 和 T_1 值：

$$T_n = \frac{X_n - \overline{x}}{S_x} \tag{14-7}$$

$$T_1 = \frac{\overline{x} - x_1}{S_x} \tag{14-8}$$

（4）查 Grubbs 临界值表，找出测定次数 n 和选定显著性水平 a 下的 $T_{a,n}$ 值。

（5）用 $T_{a,n}$ 值检验 T_n 和 T_1，当 $T_n > T_{a,n}$ 时，弃去 x_n，当 $T_1 > T_{a,n}$ 时，弃去 x_1。

（6）重复检验：在第一个异常值舍去后，重新计算 $\overline{x}$ 和 S_x，求得新的 T 值后再次进行检验，以此类推，直到不能检出异常值为止。

14-16　什么叫方差？它具有什么性质？

在一组测定值中，各测定值（x_i）同其平均值（$\overline{x}$）之差的绝对值的平方和的平均值叫做方差。它也能表示测定值的离散程度，通常用 V 表示，它的单位为测定值单位的平方。方差的数学表达式如下

$$V = \frac{\Sigma(x_i - \overline{x})^2}{n} \tag{14-9}$$

方差具有可加性，而标准偏差则无这种性质，因而它是数理统计中的一个重要的统计量。当由两个或两个以上的操作步骤组成一个复合试验过程时，不论它是由各步骤的最终结果的相加或相减组成的，其总方差等于各操作步骤方差的总和。例如，一个完整的煤质分析过程包括采样、制样和化验三个环节，因此，煤质分析的总方差（V_0）等于采样方差（V_S）、制样方差（V_p）和化验方差（V_T）之和。其数学表达式是：

$$V_0 = V_S + V_p + V_T \tag{14-10}$$

若用 S 表示标准偏差时，则其方差可写成：

$$S_0^2 = S_S^2 + S_P^2 + S_T^2 \tag{14-11}$$

在煤分析中，一般认为采样方差约为 $0.20P_L^2$，制样方差约 $0.04P_L^2$，而分析方差约为 $0.01P_L^2$，故其采样、制样和化验的总方差约为 $0.25P_L^2$，其中 P_L 为采样、制样和化验三者的总精密度。

14-17　怎样检验不同条件下所测得的两组数据是否具有相同的精密度？

在实际工作中有时需要比较不同条件下（例如不同环境条件，不同操作设备，不同测试方法，不同操作人员）所测

定的两组数据是否具有相同的精密度。具体作法如下：

(1) 先求出两组数据的方差（标准差的平方）S_1^2 及 S_2^2，再求出二者的比值 F，但必须是 $F>1$。

$$F=\frac{S_1^2}{S_2^2}\text{或 }F=\frac{S_2^2}{S_1^2} \tag{14-12}$$

(2) 由 F 临界值表查出临界值 F_a，表中第一自由度 $f_1=n_1-1$，第二自由度 $f_2=n_2-1$，n_1 和 n_2 分别是 S_1^2 和 S_2^2 的测定次数，显著性水平 α 通常取 0.05。

(3) 当计算出的 F 值小于由 F 临界值表查出的 F_a 值，则认为二者精密度无显著差异。反之，则认为二者之间有显著差异。

14-18 什么是标准物质？标准物质分几级？

标准物质是指在规定条件下，是有高稳定性的物理化学或计量特性，并经正式批准作为标准，用于校准计量器具，评价测量方法或确定材料特性量值的物质或材料。

标准物质管理办法中规定，作为统一量值的标准物质也是一种计量标准器，它包括化学成分标准物质，物理特性与物理化学特性测量标准物质，以及工程技术特性测量标准物质。

标准物质分为两级：

(1) 一级标准物质：

1) 用绝对测量法或两种以上不同原理的准确可靠的方法定值。在只有一种定值方法情况下，用多个实验室以同样准确的方法定值。

2) 准确度具有国内最高水平，均匀性在准确度要求范围内。

3）稳定性在一年以上或达到国际上同类标准物质先进水平。

4）包装形式符合标准物质技术规范的要求。

（2）二级标准物质：

1）用与一级标准物质进行比较测量的方法或用一级标准物质的定值方法定值。

2）准确度和均匀性未达到一级标准物质的水平但能满足一般测量的需要。

3）稳定性在半年以上，或能满足实际测量的需要。

4）包装形式符合标准物质技术规范要求。

14－19 标准煤样有哪些用途？

标准煤样是具有高度均匀性、良好稳定性和准确量值的煤样。它的用途为：

（1）用于燃料监督试验的质量控制，以保证发电厂燃料分析各项测试结果的准确性。

使用标准煤样来控制准确度，对标样进行重复测定，只要测定结果落在标样允许误差范围内就认为合格。

（2）用于测试仪器或测试方法的校准或鉴定。

用不同含量的标样对仪器或测试方法进行多次重复测定，对其结果进行数理统计计算，以判断仪器或方法的可靠性。

（3）考核煤质检验人员的技术水平，如获取上岗证考核，评定技能考核等。

（4）用于检验各试验室的质量管理，考核各燃料化验室的测试水平，如各地煤质检测中心考核评定各电厂化验室水平等。

14-20 煤质分析中常用的标准煤样有哪几种?

煤质分析中常用的标准煤有以下四种:

(1) *GBW*$_{(E)}$—G系列(工业分析)的动力用煤标准煤样:该系列含有13个不同特性量值的品种,其煤质特性指标有干基挥发分(V_d)、灰分(A_d)、高位发热量($Q_{gr,d}$)、硫分($S_{t,d}$)。

(2) *GBW*—1114煤灰熔融性温度标准物质其特性参数有弱还原性气氛和氧化性气氛环境中的变形温度(*DT*)、软化温度(*ST*)和流动温度(*FT*),此外,还有半球温度(*HT*)。

(3) *GBW*—1101~11105、*GBW*—11107~11113煤的物理和化学成分标准物质:该系列的煤质特性指标有干燥基灰分(A_d)、挥发分(V_d)、硫分($S_{t,d}$)、高位发热量($Q_{gr,d}$)、碳(C_d)、氢(H_d)、氮(N_d)和真密度($(TRD_{20}^{20})_d$)。

(4) *CASD*系列煤灰成分标准样品:其煤灰特性指标有二氧化硅(SiO_2)、三氧化二铝(Al_2O_3)、三氧化铁(Fe_2O_3)、氧化钙(CaO)、氧化镁(MgO)、二氧化钛(TiO_2)、氧化钾(K_2O)、氧化钠(Na_2O)和三氧化硫(SO_3)。

14-21 怎样应用标准煤样检验仪器的性能?

检验仪器性能,有一种简捷而又有效的方法就是应用标准煤样进行试验,并将实验数据用数理统计方法处理,才有可能作出正确的评价。具体做法如下:

(1) 用标准煤样进行不少于n次($n \geq 10$)的试验,从试验数据中找出最大值x_n和最小值x_1。

(2) 计算出T检验法中的T_1和T_2。再与Grubbs检验临

界值表中的 $T_{0.05,n}$，进行比较，以检验数组中有无异常值，若无异常值，则按下列公式求出测定平均值（$\overline{x}$）和测定值的标准偏差（S_x）：

$$\overline{x}=\frac{x_1+x_2+x_3+\cdots+x_n}{n}$$

$$S_x=\sqrt{\frac{1}{n-1}\sum_{i=1}^{n}(x_i-\overline{x})^2}$$

若有舍弃值，则剔除舍弃值后，重新计算测定平均值（$\overline{x}$）和标准偏差（S_x）。

（3）相对标准差 RSD（%）$=\frac{S_x}{\overline{x}}\times 100$

（4）用“t”分布法检验平均值 $\overline{x}$ 与标准煤样的名义值（U_a）之间有无显著性差异。先按下式计算出 $t_{计}$，再与查 t 分布表中获得的 $t_{0.05,n-1}$临界值比较：

$$t_{计}=\frac{|\overline{x}-U_a|\cdot\sqrt{n}}{S_x} \tag{14-13}$$

若 $t_{计}<t_{0.05,n-1}$，则无显著性差异；

若 $t_{计}\geqslant t_{0.05,n-1}$，则有显著性差异。

（5）判断：当实测标准煤样平均值（$\overline{x}$）与标准煤样名义值（U_a）不存在显著性差异时，说明仪器综合性能良好；相反，它们之间存在着显著性差异，同时又确认试验者操作正确无误，则应认为该仪器的综合性能不好。

14-22　怎样应用标准煤样评价试验方法？

标准煤样除了用来评价仪器设备外，还可用来评价新的试验方法，具体步骤如下：

（1）、（2）、（3）步骤同上题。

(4) 根据已计算出的测定平均值（$\bar{x}$）和标准偏差（S_x）按下式计算出测定平均值（$\bar{x}$）的置信范围（D）:

$$D = \bar{x} \pm t_{0.05,n-1} \times \frac{S_x}{\sqrt{n}} \tag{14-14}$$

(5) 比较标准煤样名义值(U_a) 是否介于 $\bar{x} + t_{0.05,n-1} \times \frac{S_x}{\sqrt{n}}$ 和 $\bar{x} - t_{0.05,n-1} \times \frac{S_x}{\sqrt{n}}$ 之间,即

$$\bar{x} + t_{0.05,n-1} \times \frac{S_x}{\sqrt{n}} > U_a > \bar{x} - t_{0.05,n-1} \times \frac{S_x}{\sqrt{n}}$$

(6) 方法精密度的评价

$$\mathrm{RSD}(\%) = \frac{S_x}{\bar{x}} \times 100$$

(7) 方法准确度的评价

$$\text{相对误差 } E_r(\%) = \frac{\bar{x} - U_a}{U_a} \times 100$$

14-23 什么叫有效数字?

有效数字是指具有实际意义的数字，即在数值中有量意义的数字。有效数字位数是根据测定方法和选用仪器的精密度决定的，例如普通分析天平能称量到0.0001g，滴定管能读到0.01mL，贝克曼温度计借助放大镜能读到0.002℃。因此，在实际工作中它们分别可写成20.1292g、16.51mL和2.315℃。20.1292有6位有效数字，而16.51和2.315各有4位有效数字；它们的最后一位数字都是不确定的，反复测量同一量时，这位数字波动不定。所以也叫可疑数字，其他数字则不会变动，都是可靠的。可见，有效数字是由可靠数字和可疑数字两部分组成的，但可疑数字至多只能保留一位，

过多，会造成虚构的精密度，过少，则使精密度降低。

14－24　怎样修约有效数字？

在记录试验数据和计算结果时：一旦有效数字的位数确定后，其后面的数字要按照四舍六入五成双的法则修约，即：

（1）拟舍弃数字的第一位大于 5 则进 1，如 24.236→24.24，小于 5 则舍弃，如 23.234→23.23。

（2）拟舍弃数字的第一位等于 5，且 5 后面的数字并非全为零时则进 1，如 23.2251→23.23。

（3）拟舍弃数字的第一位等于 5，且 5 后面的数字全部为零时，若 5 前面一位为奇数，则进 1 成双，如 23.235→23.24；若 5 前面为偶数，则舍去，如 23.225→23.22。

14－25　有效数字如何运算？

有效数字的加、减、乘、除运算法则是根据误差传递规律制定的。

加减运算：和或差的绝对误差较任何一个数的绝对误差大。

乘除运算：积和商的相对误差较任何一个数的相对误差大。

因此，所得结果有效数字的确定为：加减法以小数位数最少的数，乘除法以有效数字最少或相对百分误差最大的数为准，弃去多余的位数。

不论是加减乘除，在运算时要先进行修约再进行运算。

示例

加法：　　　　$0.0375+0.518+1.18$

错误的算法：　　　　$0.0375+0.518+1.18=1.7355$

正确的算法：　　　　$0.04+0.52+1.18=1.74$

减法：　　$2.1861-0.331-1.28$

错误的算法：　　　　$2.1861-0.331-1.28=0.5751$

正确的算法：　　　　$2.19-0.33-1.28=0.58$

可见正确的算法是应在运算前先确定保留的小数位数，再按修约法弃去那些不必要的数字，然后再作计算。

乘除法举例：

乘法　　　　$0.0381\times 28.51\times 1.6578$

除法　　　　$17.811\div 18.12\div 1.81$

第一法：以诸数据中有效数字位数最少的为原则进行运算，上例中乘法和除法中有效数字最少的均为三位，依此将其他数据也修约为三位，故应为

$$0.0381\times 28.5\times 1.66=1.80$$

$$17.8\div 18.1\div 1.81=0.543$$

第二法：以相对百分误差最大的数据为原则进行运算，在乘法中以 0.0381 的相对百分误差最大。

具体比较为

$$\frac{0.0001}{0.0381}\times 100=0.262\ (\%)$$

$$\frac{0.01}{28.51}\times 100=0.035\ (\%)$$

$$\frac{0.0001}{1.6578}\times 100=0.006\ (\%)$$

所以在此乘法中只能保留三位有效数字，故为

$$0.0381\times 28.5\times 1.66=1.80$$

除法可用上面类似的运算方法，求出 1.81 的相对百分误差为最大，依此将其他数据也修约为三位有效数字而后运

算，故列式为 $17.8 \div 18.1 \div 1.81 = 0.543$

14－26　两个变量之间的相互关系有哪几种情况？

由于事物的情况是复杂的，因而就构成了两个变量之间的关系有各种各样，常见的有以下四种情况：

（1）正相关：一个变量随着另一个变量的增加而增加，如煤中的氢随着挥发分的变化关系。

（2）负相关：一个变量随着另一个变量的增加而减少，如煤的发热量随着灰分的增加而降低。

（3）非线性相关：两个变量之间在某一范围是正相关的，而在另一个范围又是负相关的，因而呈现出一条曲线关系，如煤的挥发分与发热量的关系，挥发分低时表现为正相关，当挥发分增高到一定程度后又成为负相关。

（4）无相关：两个变量之间无规律可循。

14－27　怎样利用例常分析中的大量数据建立经验公式？

在火电厂燃料试验室中，为及时监督煤质或内部校核分析结果，往往需要利用大量的例常分析数据建立一个专用的经验公式（多数为一元线性回归方程），其通式用 $y = a + bx$ 表示。此公式有两个变量，一为自变量 x，另一为因变量 y。经验公式的建立可按下列步骤进行：

（1）搜集并经分析得到的至少 20 对（$n \geqslant 20$）相应的测定平均值数据，整理成表格后，将各相应数据分别标在直角坐标纸上，绘制成散点图，判断两者（x、y）是否有相关关系。

（2）若有相关关系，则分别计算有关参数。

1）x 与 y 的平均值

$$\bar{x} = \frac{1}{n}\sum_{i=1}^{n} x_i \qquad \bar{y} = \frac{1}{n}\sum_{i=1}^{n} y_i$$

2）x 与 y 的偏差平方和

$$l_{xx} = \sum_{i=1}^{n}(x_i - \bar{x})^2 = \sum_{i=1}^{n} x_i^2 - \frac{1}{n}\left(\sum_{i=1}^{n} x_i\right)^2 \tag{14-15}$$

$$l_{yy} = \sum_{i=1}^{n}(y_i - \bar{y})^2 = \sum_{i=1}^{n} y_i^2 - \frac{1}{n}\left(\sum_{i=1}^{n} y_i\right)^2 \tag{14-16}$$

3）x 偏差和 y 偏差的乘积和

$$l_{xy} = \sum_{i=1}^{n}(x_i - \bar{x})(y_i - \bar{y}) = \sum_{i=1}^{n} x_i y_i - \frac{1}{n}\left(\sum_{i=1}^{n} x_i\right)\left(\sum_{i=1}^{n} y_i\right) \tag{14-17}$$

(3) 依据上面数据计算回归方程中的 a、b 常数

$$b = \frac{l_{xy}}{l_{xx}} \tag{14-18}$$

$$a = \bar{y} - b\bar{x} \tag{14-19}$$

由此就可建立经验公式，即一元线性回归方程式。

(4) 检验回归方程的相关性 r

$$r = \frac{l_{xy}}{\sqrt{l_{xx} \cdot l_{yy}}} \tag{14-20}$$

若 r 值大于相关系数检验表中的相应数值，则认为 x 与 y 变量之间有较好的线性相关关系。

(5) 判断回归方程的准确度

$$S_r = \sqrt{1 - r^2} \cdot \sqrt{\frac{l_{yy}}{n - 2}} \tag{14-21}$$

用此回归线性方程推算的结果与实测值相比，有 95% 的

误差在 $\pm t_{0.05,n-1} \times S_r$ 范围内。

14－28 什么叫误差的传递？

在分析工作中有直接测定值和间接测定值两种，在燃料化学分析中更多的是间接测定值。所谓间接测定值就是先由若干操作步骤直接测得测定值，而后通过一定公式的计算（或称函数运算）得到的最终结果，即间接测定值。因每一直接测定值都含有误差，这些误差都对测定的最终结果发生影响，其影响大小反映到间接测定值的准确性和精密度上，这种直接测定值误差对最终测定结果的影响，被称为误差的传递。

14－29 按照系统误差的传递规律，如何对算数进行运算？

系统误差是可测的，其大小和正负方向是一定的。但依系统误差的传递规律对加减运算和乘除运算是不相同的。

（1）加减运算是按间接测定值的和、差的绝对误差等于各测定值的绝对误差之和、差进行的。

设运算式为 $$R = x + y - z$$

式中 R——间接测定值；

x、y、z——各直接测定值。

设 α、B、r 分别为 x、y、z 的绝对系统误差，P 为 R 的最大生成的绝对系统误差，则下式成立

$$R + P = (x + \alpha) + (y + B) - (z + r)$$

$$= x + y + z + \alpha + B + r \qquad (14-22)$$

所以 $$P = \alpha + B + r$$

（2）乘除运算是按间接测定值的积、商的相对误差等于各直接测定值的相对误差的和、差进行的。

设运算式 $$R=\frac{x\cdot y}{z}$$

式中 R——间接测定值；

x、y、z——各直接测定值。

并设 P、α、B、r 分别为 R 间接测定值和 x、y、z 直接测定值的相对误差，则下式成立

$$R+P=\frac{(x+\alpha)\cdot(y+B)}{z+r}$$

经整理、消项得出

$$\frac{P}{R}=\frac{\alpha}{x}+\frac{B}{y}-\frac{r}{z} \tag{14-23}$$

14－30 按照随机误差的传递规律如何对算数进行运算？

随机误差是一种不可定误差，因而也就无法测得。但随机误差是服从正态分布，故可先测出各直接测定值的标准差再计算出间接测定值的随机偏差。

(1) 加减运算

设运算式 $$R=x+y-z$$

式中 R——间接测定值；

x、y、z——各直接测定值。

并设 S_R^2、S_2^x、S_R^2、S_z^2 分别为 R、x、y、z 的以标准差表示的随机误差，因方整有可加性，下式成立

$$S_R^2=S_2^x+S_R^2+S_z^2 \tag{14-24}$$

即间接测定值的标准方差等于各直接测定值的标准方差之和。

(2) 乘除运算

设运算式 $$R=\frac{x\cdot y}{z}$$

式中，R、x、y、z 符号代表的意义同上。

并设 S_R、S_x、S_y 和 S_z 分别为 R、x、y 和 z 测定值的标准差。下式可成立：

$$\left(\frac{S_R}{R}\right)^2=\left(\frac{S_x}{x}\right)^2+\left(\frac{S_y}{y}\right)^2+\left(\frac{S_z}{z}\right)^2 \qquad (14-25)$$

即间接测定值的相对标准方差等于各直接测定值的相对标准方差之和。

14－31　电力系统计量（煤检）各项标准中怎样用标准煤样校准分析仪器？

目前煤质分析中应用快速分析仪器的较多，例如工业分析自动快速分析仪、库仑测硫仪、红外测硫仪、碳氢氮红外自动分析仪等。这些仪器在生产上发挥了重要的作用，为使这些仪器测定的结果准确可靠，电力系统制定了计量（煤检），库仑测硫仪，碳、氢、氧元素分析仪，自动工业分析仪等校准方法。

现将有关用标准煤样校准方法介绍如下：

（1）标准中根据仪器使用的状态分为新购置，使用中和修理后的情况列出校准项目于表 14－1。

表 14－1　　　　校　准　项　目

仪器状态	校准项目
新购置的仪器	外观检查，示值误差，相对标准差，系统误差
修理后的仪器	外观检查，示值误差，相对标准差，系统误差
使用中的仪器	外观检查，示值误差，相对标准差

外观检测：检查仪器型号、制造厂、制造日期及计量器许可证、标志及编号。

外观损伤、锈蚀情况，各部功能等。

(2) 示值误差：根据测定项目，选两个不同含量的标准煤样，按仪器操作步骤，每个标样重复测定至少3次，计算平均值与标准值的差值，即为仪器的示值误差。

$$\Delta = \bar{x} - U_a$$

式中 Δ——示值误差，%；

$\bar{x}$——3次重复测定的算术平均值，%；

U_a——标准值，%。

3次测定结果的平均值与标准值的差值在标准值的不确定度范围内为合格。

(3) 相对标准差：选一个标准煤样，按仪器说明书进行测定，对测定项目连续重复测定7次，计算相对标准差。相对标准差的计算步骤如下：

1) 检定项目的测定结果按顺序（由小到大）排列，找出最大值 x_{max} 和最小值 x_{min}。

2) 计算全部测定值的平均值和标准差

$$\text{平均值} \quad \bar{x} = \frac{x_1 + x_2 + x_3 + \cdots + x_n}{n}$$

$$\text{标准偏差} \quad S = \sqrt{\frac{\sum_{i=1}^{n}(x_i - \bar{x})^2}{n-1}}$$

3) 计算 T_n 和 T_1 值

$$T_n = \frac{x_{max} - \bar{x}}{S}$$

$$T_1 = \frac{\bar{x} - x_{min}}{S}$$

查 Grubbs 临界值表找出测定次数 n 和选定显著性水平

的 $T_{a,n}$值，若 T_1 大于查表值则舍去最小值 x_{min}；若 T_n 大于查表值则舍去最大值。舍去可疑值后重新计算平均值 $\overline{x}$ 及标准偏差 S。

4）相对标准偏差的计算

$$相对标准偏差\quad RSD（\%）=\frac{S}{\overline{x}}\times 100$$

相对标准偏差必须符合各项目的允许值，见表 14－2。

（4）系统误差检验：

用“t”分布法检验平均值（$\overline{x}$）与标准煤样的标准值（U_a）之间有无显著差异

$$T_{计}=\frac{\left|\overline{x}-U_a\right|\sqrt{n}}{S}$$

查“t”分布表，若 $t_{计}<t_{a,n-1}$则无显著差异，若 $t_{计}>t_{a,n-1}$，则有显著差异。

表 14－2　计量（煤检）煤质分析仪器校准方法中各测定项目相对标准偏差允许值表

校准仪器名　称	校准项目	含量范围（%）	RSD（%）
库仑测硫仪	全硫（$S_{t,ad}$）	<1.00	1.80
		≥1.00	1.20
红外测硫仪	全硫（$S_{t,ad}$）	同上	同上
碳氢氮元素分析仪	C_{ad}	≥40.00	0.60
	H_{ad}	≥3.00	1.60
	N_{ad}	≥0.80	1.90
自动工业分析仪	M_{ad}	<5.00	1.50
		≥5.00	1.10
	A_{ad}	<15.00	0.50
		≥15.00	0.40
	V_{ad}	<20.00	0.55
		≥20.00	0.45

14－32 在煤和焦炭分析试验中要采用可替代方法时应考虑哪些试验参数？

通常在煤和焦炭分析中进行可替代方法试验时需考虑下列这些参数：

(1) 样品质量，固体试剂质量及它们的临界范围；

(2) 样品状况：水分含量、粒度大小及粒度范围；

(3) 试剂纯度、溶液浓度；

(4) 炉温及加热带常恒温区；

(5) 燃烧或加热的时间；

(6) 炉内或烘箱内的气氛；

(7) 分光光度测量中波长和比色皿厚度；

(8) 标定程序。

此外，还需对使用条件和试验步骤做出明确规定。

14－33 实验室内可替代方法与国家标准方法的比较方法是采用什么原理？

该方法的原理是用两种(可替代和国标)试验方法分别对一系列样品(含盖被测量值的全部范围)各进行两次重复测定，并进行一些相关统计量的计算。

对准确度则依据两种方法测定结果的差值平均值和标准差所计算的 t 值与查表中 $t_{a,n-1}$ 临界值比较而得出可替代方法与国家标准方法比较有无偏倚的结论。对精密度则比较可替代方法与国家标准方法两者重复测定的方差来得出可替代方法的精密度比国标方法差或不差的结论。

若两种方法所用试样规格相同，从同一试验样品分取 4 份进行分析。

若两种方法试验样品规格不同，例如试样粒度不同，则先制备出需要较大粒度试验的试验样品，然后将其缩分为2份，其中一份进一步制成所需规格的第二份试验样品。从每个样品中各取2份进行重复测定。

14-34 试述实验室内可替代方法与国家标准方法比较的试验步骤？

此方法对准确度估计有两个方法，方法A和方法B。

(1) 方法A。确定最大允许偏倚值为B。

用下式计算国家标准方法的标准差

$$S_{GB}=\frac{r}{2\sqrt{2}}$$

式中 S_{GB}——国家标准方法在重复条件下的标准差；

r——国家标准方法规定的重复性限。

计算确定所需重复测定次数的计算因子 g 值

$$g=\frac{B}{S_{GB}}$$

根据 g 值，从 g 值表14-3中查得为检测最大允许偏倚值B所需的重要测定次数 n。

用可替代方法和国家标准方法分别对一系列 n 个样品进行试验，每个方法对每个样品进行2次重复测定。

计算两个方法结果间差值的标准差

$$S_d=\sqrt{\frac{\sum_1^n d_i^2-\frac{1}{n}(\sum_1^n d_i^2)^2}{n-1}}$$

式中 S_d——两个试验方法结果之差的标准差；

d_i——两试验方法在第 i 个样品的分析结果（平均值）之差。

由 S_d 代替 S_{GB}重新计算 g 值，查 g 值表求得新的 n 值，如已进行的试验次数比新的 n 值少，则补充试验。直到达到新的 n 值。

由两个样品的两个方法结果之差 d_i 计算两方法结果间的平均差值 $\overline{d}$，（考虑差值的正负号），用上式计算差值的标准差 S_d 并计算统计量 $t_{计}$

$$t_{计} = |\overline{d}| \times \sqrt{n}/S_d$$

将 $t_{计}$ 与查 t 值表得的（$n-1$）自由度下临界值 $t_{a,n-1}$ 比较，若 $t_{计} > t_{a,n-1}$得出可替代方法与国家标准方法比较有偏倚的结论。否则，得出无偏倚的结论。

（2）方法 B。用可替代方法和国家标准方法对一系列的 n 个（至少 10 个）常规分析样品分别进行试验，每个方法对每个样品进行 2 次重复测定，由每个样品的两个方法结果之差 d_i 计算两个方法间的平均差值 $\overline{d}$，再计算差值的标准 S_d 及统计量 $t_{计}$。计算及判断方法同方法 A。

若估计偏倚值 $\overline{d}$，则真实偏倚的 95%置信概率下的置信限为

$$d \pm \frac{t_{0.05,n-1} \times S_d}{\sqrt{n}}$$

精密度估计：

用下式分别计算出国家标准方法和可替代方法重复测定方差 S^2_{GB}和 $S^2_{AI,T}$。

$$S^2 = \frac{\sum_{1}^{n} W_i^2}{2n}$$

$$W_i = x_{i,1} - x_{i,2}$$

式中　W_i——每个方法对 i 样品重复测定结果之间的差值；

n——重复测定结果对的个数。

比较国家标准方法的方差 S_{GB}^2 和可替代方法的方差 S_{ALT}^2：

1）若 $S_{AI,T}^2 \leqslant S_{GB}^2$，得出可替代方法的精密度与国家标准方法的精密度一样好或更好的结论。

2）若 $S_{ALT}^2 > S_{GB}^2$ 则用 $F_{计} = S_{AIT}^2 / S_{GB}^2$ 计算出 $F_{计}$ 值。将 $F_{计}$ 值与从 F 值表查得的（$n-1$）自由度下 $F_{a,n-1}$ 值进行比较，若 $F_{计} > F_{a,n-1}$ 得出可替代方法比国家标准方法精密度差的结论，若 $F_{计} \leqslant F_{a,n-1}$，则得出可替代方法精密度不比国家标准方法精密度差的结论。

表 14-3　计算所需分析次数的 g 值表

	0	1	2	3	4	5	6	7	8	9
0				4.170	2.782	2.195	1.872	1.659	1.506	1.389
10	1.295	1.218	1.154	1.099	1.051	1.009	0.971	0.938	0.907	0.880
20	0.855	0.832	0.810	0.790	0.772	0.755	0.739	0.724	0.710	0.696
30	0.684	0.672	0.660	0.649	0.639	0.629	0.620	0.611	0.602	0.594
40	0.586	0.579	0.571	0.564	0.558	0.551	0.545	0.539	0.533	0.527
50	0.521	0.516	0.511	0.506	0.501	0.496	0.491	0.478	0.483	0.478
60	0.474	0.470	0.466	0.463	0.459	0.455	0.451	0.448	0.445	0.441
70	0.438	0.435	0.432	0.429	0.426	0.423	0.420	0.417	0.414	0.411
80	0.409	0.406	0.404	0.401	0.399	0.396	0.394	0.392	0.389	0.387
90	0.385	0.383	0.380	0.378	0.376	0.374	0.372	0.370	0.368	0.366

注　所需分析次数为与 g 相应的第 1 列与第一行数字之和。

第十五章　煤质各指标相互关系及分析结果的审核

15－1　了解和掌握煤质各指标间相互关系的目的是什么？

充分了解和掌握煤质指标间的相互关系，是做好煤质分析结果综合审查工作中最基本、最重要的环节。煤的工业分析指标间和工业分析与元素分析之间，以及灰熔融性温度与灰成分之间，它们之间都有很好的相关关系和一定的规律。掌握了这些规律就可以灵活的审查化验结果。

当然在审查化验结果时，除运用普遍规律外，还要了解和掌握一些特殊规律和情况，以免出现差错。

15－2　煤中各种水分之间的关系和各类别煤的水分变化范围是什么？

同一煤种的煤全水分均高于空干基水分，全水分是一个变化较大的数值，它不仅与煤的类别有关，而且还与测定的时间、地点和条件有关，并随采煤方法，煤炭的条件和矿井水文地质情况而异，例如，水采原煤全水分要高，运输过程遇有雨天全水分也必然增高。反之，某些全水分较高的煤在堆放过程中有时会因逐渐失去水分而使全水分降低。一般来说，褐煤全水分最高，一般为40%，最高达60%，不粘煤的全水分达15%，气煤、肥煤、瘦煤等一般不超过5%。

空气干燥基煤样水分除随空气相对湿度而有一定变化外，主要还是随煤的变质程度而异，褐煤比长焰煤、气煤、肥煤要高。而肥煤又依次低于焦煤、瘦煤、贫煤和无烟煤。各种类别煤的水分变化范围见表15-1。

表15-1　　各种牌号煤的水分变化范围

煤质类别	全水分（%）	空气干燥基水分（%）
褐煤	~40	5~28
长焰煤	8~15	2~14
不粘煤	~15	3~15
弱粘煤	~10	0.5~5
1/2中粘煤	~10	0.5~5
气煤	~5	1~6
气肥煤	~5	1~6
1/3焦煤	~5	0.8~3
肥煤	~5	0.3~3
焦煤	~5	0.3~1.7
瘦煤	~5	0.4~1.8
贫瘦煤	~6	0.4~1.8
贫煤	~6	0.6~2.5
无烟煤	~6	1~5

15-3　煤的水分（M_{ad}）和挥发分（V_{daf}）的关系是什么？

煤的水分（M_{ad}）和挥发分（V_{daf}）的关系是：煤中M_{ad}通常以V_{daf}25%左右的焦煤为最低，大多在0.5%以下，V_{daf}超过30%的年轻煤，水分M_{ad}就增高到2%~3%以上。总的来说，焦渣特征序号CRC越小的年轻煤，M_{ad}也越高。例如不粘煤类，有的V_{daf}低至25%~30%左右，但其焦渣特征序号为1~2号，所以其水分M_{ad}常常高达5%~15%左右。对年轻的长焰煤和褐煤来说，虽然挥发分和焦渣特征大致相同，但M_{ad}常有很大差别，如长焰煤的V_{daf}为45%；M_{ad}多小于 8%，而相同挥发分的褐煤 M_{ad}普遍可达 10% ~ 15% 以上。对 V_{daf}小于 20% 的高变质煤，M_{ad}随 V_{daf}的降低而有逐渐增高的趋势，但在贫煤阶段的 M_{ad}值大多不超过 2%。

15-4 煤中灰分和挥发分有什么关系？

对同一矿井的煤样来说，挥发分 V_{daf}是随其灰分 A_d 的增高而有一定的增高。这是由于矿物质在测挥发分过程的同时也要分解析出一部分 CO_2、S、结晶水等无机挥发物质，从而导致挥发分产率增高。其挥发分 V_{daf}的增高幅度不仅与煤中矿物质的含量有关，而且还与矿物质的组成成分有关。如方解石等碳酸盐矿物组分较多的煤，其析出的无机挥发分也多，从而导致煤的 V_{daf}值明显增高。

对同一矿井的煤，其干燥基挥发分 V_d 也可用灰分 A_d 来计算，其回归方程式为

$$V_d = b_0 + b_1 A_d$$

15-5 煤的水分（M_t 及 M_{ad}）与发热量有什么关系？

全水分高的煤将直接影响到收到基低位发热量的降低。M_t 每增加 1% 将影响 $Q_{net,ar}$降低 250 ~ 335J/g，所以，全水分越高的煤，$Q_{net,ar}$也越低，如 M_t 达 40% 以上的年轻褐煤，其收到基低位发热量 $Q_{net,ar}$可降低至 12.5MJ/kg 以下。而 M_t，低至 3% 左右的低灰主焦煤，其 $Q_{net,ar}$可达 29.40MJ/kg 以上。

煤的空气干燥基水分 M_{ad}高低与煤的煤化程度有关，一般越年轻的煤，其 M_{ad}也越高，如年轻褐煤的 M_{ad}高达 35% 以上，年老褐煤的 M_{ad}也多在 15% 以上。M_{ad}越高的煤，发热量 $M_{gr,ad}$也越低，而 M_{ad}的高低主要取决于煤的类别，即

发热量高的焦、肥煤的 M_{ad} 也越低，到无烟煤阶段，随着 M_{ad} 的增高（年老无烟煤），发热量也就明显降低。

15-6 煤的挥发分与发热量之间有什么关系？

煤的挥发分和发热量的关系较为复杂，在烟煤阶段，以挥发分 V_{daf} 在 28% 左右的肥煤和焦肥煤的发热量 $Q_{gr,daf}$ 最高，其 $Q_{gr,daf}$ 最高可达 37.2MJ/kg，随着挥发分的不断增高，煤的 $Q_{gr,daf}$ 有逐渐降低的趋势，且其中粘结性越差的煤，发热量随 V_{daf} 的增高而降低的趋势也越明显。挥发分小于 28% 以后，煤的发热量 $Q_{gr,daf}$ 则随 V_{daf} 的降低而稍有下降的趋势，只有进入无烟煤阶段以后，$Q_{gr,daf}$ 值才有随 V_{daf} 的降低而明显下降的趋势。

总之，各种煤的挥发分与发热量之间呈弧形曲线关系，以 V_{daf} 在 28% 的焦煤和肥煤平均发热量 $Q_{gr,daf}$ 为最高，随着挥发分增高发热越低，V_{daf} 大于 37% 的褐煤 $Q_{gr,daf}$ 降到 25.9MJ/kg。

15-7 灰分（A_d）和发热量（$Q_{gr,d}$）的关系是什么？

对同一矿井的煤来说，通常发热量 $Q_{gr,d}$ 随着灰分 A_d 的增高而降低，两者相关性很好，这几乎是普遍的现象。因此，其发热量 $Q_{gr,d}$ 可用灰分 A_d 来进行推算，一般误差较小。下式为常用的两者相关的经验公式

$$Q_{gr,d} = b_0 + b_1 A_d$$

统计日常积累的大量实测数据，用来计算出上式中的 b_0 和 b_1 常数。显然，当 b_0 和 b_1 为已知时，则在实验室内只要测定灰分值就可计算出相应的煤的发热量了。

15-8 煤的挥发分（V_{daf}）与碳（C_{daf}）、氧（O_{daf}）、氮（N_{daf}）的关系是什么？

煤中碳含量（C_{daf}）总的趋势是随着挥发分（V_{daf}）的增高而降低，尤其是V_{daf}在30%以下的中、高变质程度煤，其C_{daf}随V_{daf}的降低而增高的趋势更为明显。

挥发分与氧的关系：由于煤中氧（O_{daf}）是由其他元素成分的差减法求得的，所以其结果的误差较大，但对年轻煤来说，O_{daf}与V_{daf}之间呈正变直线关系，即V_{daf}越高的煤，其O_{daf}也越高。对所有的煤来说，总的趋势也是O_{daf}随V_{daf}的增高而增高，但对年老的无烟煤阶段，随着挥发分的降低，其O_{daf}反而有所增加。这是由于年老无烟煤水分（M_{ad}）含量高，因此，发热量较年轻煤低，氢和氮也是年老的煤较年轻的煤低。

煤中氮含量变化范围很小，一般都在0.5%～3.0%范围内变化，煤中氮含量与挥发分成正比，煤中氮（N_{daf}）随挥发分（V_{daf}）的增高而增高，如褐煤的挥发分最高，故其氮含量一般也最高，无烟煤的挥发分最低，故其N_{daf}也最低，在烟煤阶段，氮含量不仅随V_{daf}的增高而增高，而且在V_{daf}相同的条件下，粘结性越强的煤，其N_{daf}也往往越高，无粘结性烟煤其氮含量几乎都在1%以下。

15-9 煤中挥发分与氢之间有什么关系？

煤中干燥无灰基氢含量H_{daf}与挥发分V_{daf}的变化关系较有规律性，即氢含量随着挥发分的增高而增加。挥发分小于12%时，其氢含量增加明显，挥发分为12%～45%时，氢含量增加缓慢，但挥发分大于45%时，氢含量又有所增加。根据两者变化规律，氢含量可从挥发分与氢的关系式中推算出来。

对于 $V_{daf} \leqslant 24\%$的所有烟煤和无烟煤

$$H_{daf} = \frac{V_{daf}}{0.1462 V_{daf} + 1.1124} \tag{15-1}$$

对于 $V_{daf} > 24\%$，焦渣特征为 3～8 号的烟煤

$$H_{daf} = \frac{V_{daf}}{0.114 V_{daf} + 2.24} \tag{15-2}$$

对于 $V_{daf} > 24\%$，焦渣特征为 1～2 号的烟煤

$$H_{daf} = 0.074 V_{daf} + 2.16 \tag{15-3}$$

对于 $V_{daf} > 37\%$的各种褐煤

$$H_{daf} = 0.0835 V_{daf} + 1.205 \tag{15-4}$$

15-10 煤中碳与氢、氧之间的变化规律是什么?

碳、氢和氧是组成煤的主要元素，约占 90%以上。它们都受到煤化程度的影响。碳与氢是煤中的主要发热元素，它们之间有较好的负相关性，即煤中的氢含量随着碳含量的增加而降低，特别是在无烟煤阶段，这种降低趋势尤为明显。但对年轻煤，这种降低趋势变得非常缓慢，其中，以碳含量在 80%～86%左右的强粘结性气煤、气肥煤类的氢含量最高，可达 6%左右。

煤中碳与氧也呈负相关性，即煤中的氧含量随着碳含量的增加而降低，特别是褐煤阶段较为明显，而对无烟煤而言，则相对缓慢些。例如 $C_{daf} > 85\%$时，$O_{daf} < 7\%$；$C_{daf} > 90\%$时，$O_{daf} < 4\%$。

15-11 煤中氢和氧、氮含量的关系是什么?

煤中氢和氧的关系：对年轻煤的氧含量高，往往氢含量也较高，如褐煤中的 O_{daf} 多在 20% 以上，其氢（H_{daf}）也多在 5.5% 以上。而无烟煤的氧和氢含量则均较低。所以总的趋势是煤中氢含量随着氧含量的增高而增高。但在烟煤阶段，往往是氢含量高的煤，氧含量反而较低，如肥煤和气肥煤氧含量多在 4% ~ 6% 左右，而其氢含量可高至 5.5% ~ 6.5% 以上。气煤和长焰煤的氧含量较高，O_{daf} 多在 8% ~ 15% 左右，其氢含量多在 5% ~ 6% 左右，焦煤的氧含量多在 3% ~ 4% 左右，而其氢含量可达 4.7% ~ 5.4% 左右，所以总的趋势是褐煤、长焰煤、年轻气煤等氧和氢均较高，而不粘煤则氧含量越高时其氢含量则越低，对炼焦煤来说，氢含量高时氧含量就低，对无烟煤来说，则氧含量越高氢含量就越低。

煤中氮和氢含量的关系：对还原程度高的煤，其氢含量高，同时氮含量也高。所以，总的趋势是煤中氮含量（N_{daf}）随着氢含量（H_{daf}）的增高而增高。如粘结性强的气肥煤和肥煤，气煤等的氢含量高，它们的氮含量也高。而烟煤中的不粘煤类还原程度低，氧化程度高，所以它们的氮含量（N_{daf}）往往比相同挥发分的强粘结煤低，这类煤的氢含量（H_{daf}）多低至 3.5% ~ 4.5% 左右，氮含量（N_{daf}）也低至 0.7% ~ 1.0% 左右。由于煤中氢和氮含量变化范围都较小，用统计的方法来表示 N_{daf} 和 H_{daf} 的关系也就不明显。但根据对大量煤样的研究结果表明，煤中氮含量相当于氢含量的 1/4 ~ 1/3 左右。但不同年代形成的煤二者关系有不同程度的差异。

15-12 煤的发热量与碳的关系是什么?

煤的干燥无灰基发热量实质上是煤中碳、氢、氧、硫等元素的综合反映，其中碳与发热量的关系甚为密切。当含碳量 $C_{daf} \leqslant 90\%$ 时，煤的高位发热量 $Q_{gr,daf}$ 随碳含量的增加而增高；当 $C_{daf} > 90\%$ 时，其发热量随着碳的增加而降低。这是因为 $C_{daf} > 90\%$ 的煤，绝大多数为无烟煤，而到无烟煤阶段，氢含量 H_{daf} 下降而碳含量却增加不多（约增加 2%~4% 左右），由于氢的发热量是碳的 3.5 倍，故最终结果导致煤的发热量反而随着碳含量的增加而降低。

15-13 煤的发热量与氢、氧的关系是什么?

煤的发热量与氢的关系：从褐煤到无烟煤，其氢含量（H_{daf}）变化范围很小，一般都在 4%~6.5% 的较小范围内变化，仅不粘煤的氢含量（H_{daf}）可降低 3.5% 左右。而褐煤到烟煤的发热量（$Q_{gr,daf}$）变化范围较大，一般从 25.2~37.0MJ/kg 之间，所以在褐煤和烟煤阶段的 $Q_{gr,daf}$ 值几乎与 H_{daf} 值没有很好的正变关系。但进入无烟煤阶段后；因其发热量和氢含量的变化均较大，即 H_{daf} 从 0.5% 左右到 4% 均有，$Q_{gr,daf}$ 也大多数在 31.5~36.5MJ/kg 之间，$Q_{gr,daf}$ 显著地随其 H_{daf} 的降低而降低。一般氢含量较高的年轻无烟煤，其 H_{daf} 可达 3.5%~4.0% 左右，$Q_{gr,daf}$ 多数小于 33MJ/kg。

发热量与氧的关系，煤中氧含量（O_{daf}）与其发热量（$Q_{gr,daf}$）之间的关系不呈有规律的线性关系，在炼焦煤阶段，以氧含量（O_{daf}）在 3%~5% 之间的煤（以焦煤和肥煤为主）发热量最高，O_{daf} 大于 5% 的煤，其 $Q_{gr,daf}$ 随 O_{daf} 的增高有降低的趋势，反之，对于 O_{daf} 小于 3% 的煤，其 $Q_{gr,daf}$ 随 O_{daf} 的降低也有缓慢降低的趋势。在无烟煤阶段，氧含量与发热量无明显的关系，但在氧含量（O_{daf}）大于10%的低阶煤中，如褐煤、长焰煤、不粘煤和弱粘煤等煤种，则 $Q_{gr,daf}$ 常随氧含量的增高而有明显的降低。通常，O_{daf} 在10%～15%的低阶煤中，$Q_{gr,daf}$ 普遍大于30.3MJ/kg，O_{daf} 大于20%的褐煤类，$Q_{gr,daf}$ 可低至29.7MJ/kg，O_{daf} 大于25%的年轻褐煤，其 $Q_{gr,daf}$ 也均低于26.7MJ/kg。

15－14　煤的挥发分（V_{daf}）与着火温度的关系是什么？

总的规律是 V_{daf} 越高的煤，其着火温度越低。所以，从各类煤来看，以褐煤的着火温度最低，烟煤着火温度居中，无烟煤着火温度最高。在烟煤中也是煤化程度低的长焰煤和不粘煤的着火温度较低，贫煤的着火温度最高。对相同挥发分的煤来说，焦渣特征序号数越小的煤其着火温度也越低。我国各类别煤的着火温度如表15－2所示。

表15－2　各类别煤的着火温度

煤类别	着火温度℃	煤类别	着火温度℃
无烟煤	400	气煤	330～340
贫瘦煤	370～380	长焰煤	290～300
焦煤	360～370	褐煤	260～290
肥煤	340～350	弱粘和不粘煤	290～350

15－15　煤灰的颜色与煤灰熔融性温度的关系是什么？

根据煤灰的颜色初步判断煤灰熔融温度（ST）或流动温度（FT）的高低。如果煤灰颜色越红，表示其 Fe_2O_3 含量也越高，其煤灰熔融温度的ST和FT温度也越低；如果煤灰呈明显的红色，则ST一定低于1500℃，甚至不超过1350℃；如煤灰呈白色，其灰熔融性温度多数较高，ST很少低于

1250℃，甚至在1350℃以上，有的超过1500℃。然而某些第三纪的年轻褐煤灰，虽外观呈白色，但因含有20%~30%以上的CaO，其灰分ST和FT温度常低于1250℃，甚至在1150℃以下。所以，根据煤灰的颜色，即可初步了解其灰熔性温度的高低。

15-16 煤灰成分与灰熔融性温度的关系是什么？

煤灰成分与灰熔融性的关系十分密切。煤灰中的Al_2O_3是增高灰熔融性软化温度和流动温度的主要成分。如Al_2O_3的含量>20%的煤灰，其ST一般均大于1250℃；当Al_2O_3的含量>30%时，煤灰的ST普遍增至1350℃以上；Al_2O_3的含量>35%的煤灰，ST多大于1400℃；Al_2O_3的含量>40%的煤灰，ST几乎都大于1500℃。Al_2O_3的含量<20%的煤灰，ST普遍低于1300℃。这一规律可作为审查熔融温度的主要依据，煤灰中的Al_2O_3含量最低为7~8%左右，最高可达45%，一般在20%~30%左右。

煤灰中的SiO_2,一般是降低灰熔融性温度的组分,因为它能与其他组分形成低熔点的共熔体。但当灰中的SiO_2超过40%以后,由于其开始出现了单体SiO_2,所以又使灰熔融性温度有所提高。煤灰中SiO_2大多数含量在30%~6υ%左右。

煤灰中的Fe_2O_3是降低灰熔融性温度的主要组分之一，但当Fc_2O_3的含量达50%以上时，由于已存在不同数量的单体Fe_2O_3反而会使灰熔融性丌高。煤灰中的铁在氧化条件卜以Fe_2O_3的形态存在，其熔化温度为1560℃；在弱还原状态下以FeO的形态存在，其熔化温度为1420℃；在强还原状态下，以元素铁存在、其熔化温度为1530℃。煤灰中Fe_2O_3一般在9.5%左右。

煤灰中的 CaO 通常也是降低其软化温度和流动温度的组分。因为 CaO 与 SiO_2 能形成低熔融温度的硅酸钙组分。但当 CaO 在煤灰中的含量超过 35%时，由于出现单体的 CaO，又使灰熔融性增高。煤灰中 CaO 含量一般为 10%以下。

煤灰中的 MgO、K_2O、Na_2O 都是降低灰熔融性温度的组分，但由于它们在煤灰中含量都很少，MgO 一般都低于 5%，K_2O 和 Na_2O 含量也都小于 5%，TiO_2 大都为 1%～2%，所以这一组分对灰熔融性的影响不太明显。

15-17　煤灰中 Al_2O_3/b 与灰熔融性温度 ST 及 FT 的关系是什么？

煤灰熔融性软化温度 ST 随着 Al_2O_3/b（$b = Fe_2O_3 + CaO + MgO + K_2O + Na_2O$）的增高而增高。

$Al_2O_3/b > 1.4$ 时 ST 在 1400℃以上；

$Al_2O_3/b > 1.8$ 时 ST 在 1450℃；

$Al_2O_3/b < 0.8 \sim 0.2$ 的褐煤 ST < 1300℃；

$Al_2O_3/b < 0.2$ 大都是 CaO 组分较高的侏罗纪和晚第三纪煤，其 ST 一般为 1200～1350℃。

煤灰熔融性温度 FT 与 Al_2O_3/b 的关系为：

$Al_2O_3/b > 1.7$ 时，FT > 1500℃

$Al_2O_3/b < 1.0$ 时，FT < 1400℃

$Al_2O_3 \leqslant 0.6 \sim 0.19$ 时，FT < 1100～1300℃

$Al_2O_3 < 0.18$ 时，FT 为 1250～1375℃。

15-18　煤灰熔融性 ST 及 FT 温度与 b($Fe_2O_3 + CaO + MgO$

$+K_2O+Na_2O$ 等易熔组分之和)值的关系是什么?

对大多数煤灰来说，b 值在 55%以下者，其 ST 值随 b 值的增高而降低，但 b 值超过 55%的煤灰，由于 CaO 含量过高，则其 ST 又随 b 值的增高而有所增高。通常，凡 ST > 1500℃的煤灰，b 值均小于 15%，ST 值大于 1400℃的煤灰，b 值不超过 25%。总之，凡 b 值超过 40%的煤灰，其 ST 一般常低于 1250℃以下。b 值在 40%以下的煤灰，其 ST 一般大于 1300℃。所以，b 值高是降低煤灰熔融温度（ST 及 FT）的重要参考。与此相反，Al_2O_3 含量高是增高煤灰熔融温度的主要因素。

15-19 煤的真密度与其他指标间的关系是什么?

煤的真密度随矿物质量增加而增高，因为煤中有不同的矿物质存在，它们的密度各不相同，但都比煤的大，例如褐煤和烟煤的真密度大约为 1.25~1.45，而煤中黄铁矿密度为 4.9~5.1，石英的密度为 2.65~2.66，粘土密度为 2.4~2.6，由此可见煤的真密度随着煤中不同矿物质及其含量的增加而增高，对同一产地的煤，灰分每增加 1%，其真密度平均增高 0.01。

真密度与挥发分的关系是：对烟煤和无烟煤来说，V_{daf} 小于 30%时，真密度随 V_{daf} 的降低而逐渐增高；当 V_{daf} 降到 10%以后，真密度（TRD）可增高到 1.35~1.80。对 V_{daf} 小于 8%的无烟煤这种反比关系更为明显。

煤的真密度（TRD）与视密度（ARD）之间的关系：由于煤的视密度包含有煤内部的空隙，因而视密度低于真密度，一般在 0.05~0.15 之间。内表面积大的低煤化程度的煤，如褐煤、不粘煤、长焰煤，其视密度比真密度小的较多，内表面积小的强粘结性炼焦煤，真密度和视密度之间相差较少。

15－20　煤的可磨性指数与其他指标间的关系是什么？

煤的可磨性与煤的变质程度有关。在一般情况下，焦煤和肥煤的可磨性指数最大，即这些类别煤最容易被磨细，年老无烟煤及年轻褐煤的可磨性指数最小，因此，不仅年老的煤不易磨细，而且年轻的煤也同样不易磨细。煤的可磨性指数还随水分和灰分的增加而降低，同一种煤的水分和灰分越高，可磨性指数也就越低。

15－21　煤的氧化对煤质各项指标的影响是什么？

煤长期储存时，因受风、雨及温度变化的影响发生氧化变质。氧化后各项指标变化情况如下：水分和灰分有所增高，挥发分的变化是年老的煤氧化后挥发分有所增高，年轻煤氧化后有所降低。碳氢含量在受氧化后有比较明显的降低，氧则随煤的氧化而迅速增高。硫含量受氧化后，煤中黄铁矿逐渐氧化成硫酸盐，使硫酸盐含量增高，有机硫只有在经过深度氧化后，才能显著降低。

煤的发热量的变化随挥发分含量的不同而有所差异，挥发分（V_{daf}）小于17%的贫煤贮存六个月后，发热量损失2%左右，挥发分（V_{daf}）大于35%的气煤、长焰煤贮存六个月后，发热量损失5%左右，发热量愈高的煤，热量损失愈大。煤的机械强度受氧化后降低。热稳定性也降低，容易自燃发火。

15－22　煤质分析结果为什么要审查？

我国煤炭种类繁多，特别是电力用煤，其种类更加混杂。即使是同一种类煤，因产地和煤层不同，其性质和组成就可能相差甚远，所以作为电厂煤质化验室的技术负责人，必须对报出的结果予先进行严格的审查。报出的煤质分析结果准确与否，对电力生产的安全运行，经济核算至关重要。

煤质分析结果的审查是一项技术性和经验性极强的工作，审查人员不但要掌握各测定项目的原理和方法，还要了解各项目之间的相互关系以及各类别煤的特征，本厂常用煤类特征，供应类别煤的特征等，以便对分析结果作出正确的判断，发现问题，及时纠正，以免给电厂安全生产及经济核算造成不应有的损失。

15－23　对只有工业分析结果煤样的数据如何审查？

对一般发电厂煤质日常监督情况来说，往往只需要简单的工业分析结果，如水分（M_t、M_{ad}）、灰分（A_d）、挥发分（V_{daf}）、焦渣特征（CRC）、全硫（$S_{t,d}$）、发热量（$Q_{gr,ad}$或$Q_{gr,d}$，$Q_{net,ar}$）。

在这种情况下，首先根据干燥无灰基挥发分（$V_{daf}\%$）及焦渣特征号数来判断其他指标是否与它们有矛盾，这时也应考虑灰分（A_d）的大小，因为灰分对其他指标有不同程度的影响，如灰分高，就会因使 V_{daf}值增高而使焦渣特征序号降低，发热量也显著降低。如某一煤样的 $V_{daf}>18\%$，焦渣特征序号为 4 的煤，应是瘦煤，如发现 $Q_{gr,daf}$小于 34MJ/kg，M_{ad}又大于 2%，则发热量偏低，水分偏高。又如某煤的 V_{daf}为 39.40%，焦渣序号为 3，A_d 为 20.50%，可初步判断为长焰煤，因为褐煤的 V_{daf}也大于 37%，但焦渣特征为 1～2 号，而不粘煤和弱粘煤的 V_{daf}又低于 37%，所以初步判断为长焰煤，长焰煤的发热量（$Q_{gr,daf}$）应在29～33.5MJ/kg之间（见表15－3）。又如V_{daf}为25%，焦渣特征序号为1～2号的煤应为不粘煤，如发现$Q_{gr,daf}$高达35MJ/kg，M_{ad}又低于1%时，则发热量偏高、水分偏低。

总之，对只有工业分析几项分析结果数据的审查，一定要抓住各项指标间的相互关系，同时，又要注意灰分的影响以及平时所用煤种的变化情况。

15－24 如何利用工业分析结果回归的经验公式来审查发热量？

只有工业分析各项结果时，可通过相应煤种所回归的经验公式计算后比较，加以审查。

(1) 对V_{daf}大于10%～25%，CRC为1～4的烟煤。

$$Q_{gr,ad}=37.567-0.535M_{ad}-0.418A_{ad}-0.193V_{ad}+0.078V_{daf}+0.1867CRC-0.113S_{t,ad} \quad (15-5)$$

如计算值与实测值之差超过1.19MJ/kg，表明出现了偏差，应予以复查。

(2) 对V_{daf}大于25%，CRC为4的烟煤。

$$Q_{gr,daf}=37.847-0.006M_{ad}-0.0285A_{d}-0.1124V_{daf} \quad (15-6)$$

如计算值与实测值之差超过1.14MJ/kg，则应予复查。

(3) V_{daf}大于25%，CRC为3的烟煤。

$$Q_{gr,daf}=37.875-0.0304M_{ad}-0.0314A_{d}-0.1276V_{daf}-0.1037S_{t,d} \quad (15-7)$$

如计算与实测值之差超过1.08MJ/kg，则应予复查。

(4) V_{daf}大于25%，CRC为1～2的烟煤。

$$Q_{gr,ad}=36.78-0.524M_{ad}-0.42A_{ad}-0.1764V_{ad}$$

$$+0.0635V_{daf}+0.301CRC \quad (15-8)$$

如计算与实测值之差超过 1.57MJ/kg，则应予复查。

（5）对已知煤种或矿区的煤，应用同一矿区煤的实测水分、灰分、挥发分或焦渣特征数据为基础推导出的回归式来审核实测发热量 $Q_{gr,ad}$值，将具有很高的精密度。

15－25　对有工业分析和元素分析结果的煤样数据应如何审查发热量？

对既有工业分析又有元素分析结果的煤样数据，可根据煤的挥发分及焦渣特征与发热量、碳、氢等指标的相互关系，再结合灰分高低，判断化验结果的正确性。对同一煤层或品种的煤来说，灰分越高，就会使挥发分也增高，焦渣特征号数降低，发热量 $Q_{gr,daf}$也显著降低。而且，灰分越高，水分也越低。灰分越高的煤，氢含量比同煤种低灰分煤高。

对同一煤样来说，V_{daf}和焦渣特征序号与 $Q_{gr,daf}$及 M_{ad}，C_{daf}和 H_{daf}都有很好的相关关系，一定要从各方面进行综合分析，才能找出差错，审查步骤大体如下：

（1）根据实测结果 V_{daf}和焦渣特征号数，再结合灰分高低，判断发热量 $Q_{gr,daf}$和水分 M_{ad}是否正确以及该煤样属于哪一类别煤。参见表 15－3。

（2）不同类别煤的干燥基高位发热量 $Q_{gr,daf}$有一定范围，尤其是上限不能超过一定的数值，下限会随灰分含量的增高而降低。特别是灰分 A_d 超过 40%则更低。

（3）审核发热量的准确性可利用元素分析结果为参数的回归式，下面介绍几种回归式。

1）门捷列夫式。

$$Q_{gr}=338.7C+1254.5H+108.7S-108.7O \quad J/g \quad (15-9)$$

表 15 – 3 我国不同类别煤的主要煤质指标变化范围

煤炭类别	工业分析					元素分析			
	M_{ad}	V_{adf}(%)	CRC	$S_{t,d}$	$Q_{gr,daf}$(MJ/kg)	C_{daf}(%)	H_{daf}(%)	N_{daf}(%)	O_{daf}(%)
褐　煤	3 ~ 26	38 ~ 62	1	0.1 ~ 6.0	20 ~ 30.5	61.5 ~ 76	4.5 ~ 6.9	0.6 ~ 3.5	14 ~ 28
长焰煤	1 ~ 20	> 37 ~ 53	1 ~ 4	0.2 ~ 5.0	29 ~ 33.5	72 ~ 81	4.5 ~ 6.8	0.6 ~ 2.8	8 ~ 19
不粘煤	1 ~ 14	> 20 ~ 37	1 ~ 4	0.1 ~ 2.5	28 ~ 35.5	74 ~ 86	3.5 ~ 5.2	0.6 ~ 1.6	7 ~ 16
弱粘煤	0.6 ~ 5	> 20 ~ 37	3 ~ 6	0.1 ~ 3.0	32.5 ~ 36.2	81 ~ 89	4.5 ~ 5.5	0.6 ~ 1.65	6 ~ 11
气　煤	0.5 ~ 6	> 28 ~ 49	4 ~ 8	0.2 ~ 9.0	32.5 ~ 36.6	77 ~ 87	47 ~ 6.7	0.7 ~ 2.4	7 ~ 13
1/3 焦煤	0.4 ~ 4	> 28 ~ 37	4 ~ 8	0.1 ~ 5.0	33.5 ~ 36.7	81 ~ 89.5	4.7 ~ 6.0	0.8 ~ 2.0	3 ~ 10
气肥煤	0.3 ~ 3	> 37 ~ 59.5	5 ~ 8	1.0 ~ 12.0	33.9 ~ 36.6	77 ~ 87	5.4 ~ 7.2	0.7 ~ 1.9	2.5 ~ 7.5
肥　煤	0.2 ~ 2.0	> 20 ~ 37	6 ~ 8	0.3 ~ 10.0	34.5 ~ 37.2	83 ~ 90	4.7 ~ 6.3	0.7 ~ 1.9	3 ~ 6.5
焦　煤	0.1 ~ 2.0	> 15 ~ 28	5 ~ 8	0.1 ~ 8.0	34.5 ~ 37.2	85 ~ 91.5	4.5 ~ 5.5	0.5 ~ 2.0	2 ~ 5.0
瘦　煤	0.3 ~ 2.0	> 13 ~ 20	3 ~ 7	0.2 ~ 7.0	34.5 ~ 36.6	86 ~ 92.5	4.2 ~ 4.9	0.6 ~ 1.85	1 ~ 4.2
贫瘦煤	0.3 ~ 2.0	11.5 ~ 20	3 ~ 6	0.2 ~ 7.5	34.0 ~ 36.5	86 ~ 92.5	4.0 ~ 4.8	0.5 ~ 1.85	0.9 ~ 4.0
贫　煤	0.4 ~ 2.5	> 10 ~ 20	1 ~ 3	0.2 ~ 12.0	33.5 ~ 36.5	87 ~ 92.9	3.7 ~ 4.8	0.5 ~ 1.80	0.8 ~ 4.0
无烟煤	0.5 ~ 9.0	> 1.5 ~ 10	1 ~ 2	0.1 ~ 8.0	31.5 ~ 36.5	87 ~ 98	0.5 ~ 4.2	0.2 ~ 1.8	0.1 ~ 5.0

2）对干燥基灰分不超过30%的高变质褐煤、烟煤和无烟煤。

$$Q_{gr,d}=453.7C_d+1470H_d+240.9S_{t,d}+96.6A_d-11587\quad J/g \tag{15-10}$$

3）对干燥基灰分不超过25%的各种煤。

$$Q_{gr,d}=359.2C_d+1135.7H_d+58.5N_d+112.1S_{t,d}-84.5O_d-9621\quad J/g \tag{15-11}$$

15-26　对提供有工业分析和元素分析的煤质资料如何审查碳、氢、氮数据？

对提供有工业分析和元素分析结果的煤质资料可依次按下列步骤进行审查。

（1）审查碳的准确性。

煤中碳含量是随煤化程度的增高而增加的，不同类别的煤 C_{daf}的含量有一定范围，但煤中的矿物质和硫分含量的高低都会影响各类煤的 C_{daf}含量下限值。因此，在审查 C_{daf}含量结果时，必须考虑煤的类别、灰分以及硫分含量等因素，如高灰分煤 C_{daf}超过了上限值，肯定实测结果有了偏差，此外，硫含量 $S_{t,daf}$达2%以上，则下限值比表15-4规定的还低。一般 $S_{t,daf}$每增加1%，C_{daf}下值降低0.8%~1.0%。

还可用工业分析结果为参考审核煤中碳含量的准确性。

审核碳的回归式：适用于褐煤、烟煤、无烟煤（01号除外）

$$C_d=35.411-0.341A_d-0.199V_d-0.412S_{t,d}，d+1.632Q_{gr,d} \tag{15-12}$$

如实测 C_d 值与计算 C_d 值之差超过1.90%时，则出现较大偏差，应予以复查。

(2) 审核氢的准确性。

煤中氢含量 H_{daf} 总的趋势是随煤化程度的增高而降低，尤其是无烟煤阶段比烟煤阶段降低更明显，一般在 4% 以下。烟煤阶段的氢含量 H_{daf} 变化不大，一般在 3.4% ~ 6.9%，极少数达 7.3% 左右。褐煤的 H_{daf} 一般在 4.3% ~ 6.9%之间见表 15 - 5。

表 15 - 4　　不同类别煤中 C_{daf} 含量的变化范围

煤炭类别	C_{daf}（%）		备　　注
	下限值	上限值	
无烟煤	> 86.00	< 98.00	本表中 C_{daf} 上、下限值的条件是：$A_d \leqslant 40\%$，$S_{t,d} \leqslant 2\%$，如 $A_d \leqslant 30\%$，则 $S_{t,d} \leqslant 3\%$，如为低灰、低硫煤，则下限值比表中数高
贫煤	> 85.00	< 93.00	
贫瘦煤、瘦煤	> 85.00	< 92.70	
焦煤	> 85.00	< 92.50	
肥煤	> 82.00	< 91.00	
1/3 焦煤	> 80.00	< 91.00	
气肥煤	> 80.00	< 89.50	
气煤	> 73.00	< 89.00	
长焰煤	> 72.00	< 81.50	
不粘煤	> 74.00	< 86.00	
弱粘煤	> 73.00	< 89.50	
1/2 中粘煤	> 73.00	< 89.50	
褐煤	> 61.5	> 76.00	

利用工业分析结果审核氢含量的准确性，其回归式如下：

审核氢的回归式（适用于褐煤、烟煤及年轻无烟煤）：

$$H_{daf} = 0.00117 A_d + 0.57 \sqrt{V_{daf}} + 0.1362 Q_{gr,daf} - 2.806 \qquad (15-13)$$

如计算值与实测值之差超过 0.65%，则认为有较大偏差，应复查纠正。

（3）审核氮的准确性。

煤中氮含量有95%以上变化在0.5%～2.5%之间，仅无烟煤的N_{daf}有低至0.3%左右和褐煤及长焰煤的N_{daf}值有高至3%以上的，见表15－6。下面利用工业分析为参数审核氮的准确性；

褐煤氮含量用挥发分为参数的回归式进行审核

$$N_{daf}=0.0128V_{daf}+1.34 \tag{15-14}$$

侏罗纪煤含氮量用下列回归式

$$N_{daf}=0.014V_{daf}+0.51 \tag{15-15}$$

烟煤氮含量用下列回归式

$$N_{daf}=0.016V_{daf}+0.90 \tag{15-16}$$

如果计算值与实测值之差超过0.51%，则认为有较大的偏差，应复查改正。

表15－5　不同类别煤中氢含量H_{daf}的变化范围

煤炭类别	H_{daf}（%）（A_d≤40%）		备　　注
	下限值	上限值	
无烟煤	0.50	4.20	氢含量受矿物质中结晶水含量的影响而有变化，灰分越高，对H_{daf}值的影响也越大
贫煤	3.70	4.80	
贫瘦煤、瘦煤	4.20	5.00	
焦煤	4.30	5.60	
肥煤	4.80	6.60	
1/3焦煤	4.70	5.80	
气肥煤	5.00	7.30	
气煤	4.50	6.90	
长焰煤	4.40	6.10	
不粘煤	3.40	5.10	
弱粘煤、1/2中粘煤	4.40	5.60	
褐煤	4.30	6.90	

表 15-6　　我国不同煤类的 N_{daf} 值变化范围

煤炭类别	N_{daf}（%）（$A_d \leqslant 40\%$）		备　　注
	下限值	上限值	
无烟煤	0.30	2.00	煤中氮含量以第三纪煤最高，早、中侏罗世煤最低，石炭、二叠煤氮含量居两者之间（以上规律是指同一煤类而言）
贫煤	0.50	2.00	
贫瘦煤、瘦煤	0.50	2.00	
焦煤	0.50	2.00	
1/3 焦煤、肥煤、气肥煤	0.80	2.70	
气煤、长焰煤	0.70	2.80	
弱粘煤、1/2 中粘煤	0.60	1.80	
不粘煤	0.50	1.70	
褐煤	0.60	3.50	

15-27　对提供有工业分析及元素分析的煤质数据时，如何审查硫的分析结果?

审核煤的全硫是否有较大偏差时，最好结合该煤产地的成煤时期和地质条件来分析，如同一煤田，上部山西统煤多为全硫小于 1% 的低硫煤，下部太原统煤的硫分多为大于 2%，甚至超过 6%～7%，且往往越是下部煤层，硫分含量越高。这是因为上石炭太原统成煤时期煤层中吸收了大量海水中的硫酸盐，经过复杂的还原作用转变为硫铁矿硫和有机硫。低硫煤主要分布在中生代的侏罗纪煤。

我国的煤类别中含硫范围在 0.1%～12% 之间，其中以含量 0.5%～3% 占绝大部分。东北地区全硫含量大多数在 0.5% 以下，全硫大于 8% 的煤常见于贵州和广西。大多数高硫煤以硫铁矿硫为主。

审查硫的结果时，还要考虑硫分对其他指标的影响，如煤中硫铁矿含量高时，煤灰中的 Fe_2O_3，必然高，灰熔融性应较低。

审核工业分析中水分（M_{ar}或 M_{ad}）和灰分（A_{ar}或 A_{ad}）与元素分析中碳（C_{ar}或 C_{ad}）、氢（H_{ar}或 H_{ad}）、氮（N_{ar}或 N_{ad}）、硫（$S_{t,ar}$，或 $S_{t,ad}$）、氧（O_{ar}或 O_{ad}）几项的百分含量之和是否 100%。

15－28 根据上面的审核步骤，审核下列两组化验结果的准确性？

表 15－7 桑树坪矿和华亭矿煤质实测结果

煤样名称	M_{ad}（%）	A_{ad}（%）	V_{daf}（%）	$Q_{gr,ad}$（MJ/kg）	CRC
桑树坪矿	0.62	25.37	18.73	25.90	3
华亭矿	7.98	13.83	38.36	23.88	2

煤样名称	C_{ad}（%）	H_{ad}（%）	N_{ad}（%）	$S_{t,ad}$（%）	O_{ad}（%）
桑树坪矿	64.44	3.38	1.13	0.96	4.10
华亭矿	61.32	3.33	0.80	0.77	11.97

审核方法：

（1）首先根据表 15－7 中挥发分和焦渣特征序号及水分（M_{ad}）判断上述两矿属于哪一类别煤：桑树坪矿 V_{daf}为 18.73%，焦渣号数为 3，M_{ad}为 0.62%，应属于瘦煤或贫瘦煤，发热量（$Q_{gr,daf}$）应在 34.0～36.5MJ/kg 之间，实测值（$Q_{gr,daf}$）为 35.0MJ/kg，比较吻合。华亭矿 V_{daf}为 38.36%，M_{ad}为 7.98%，焦渣特征为 2，初步判断应为长焰煤。长焰煤发热量（$Q_{gr,daf}$）应在 29 ~ 33.5MJ/kg 之间，实测（$Q_{gr,daf}$）为 30.57MJ/kg，比较吻合，二者的 H_{daf}值，桑树坪矿是 4.58%，华亭矿是 4.33%，也比较吻合。

（2）用元素分析结果审核发热量的准确性。

用门捷列夫式计算结果并与实测值比较：

桑树坪矿 $Q_{gr,ad}$计算结果为 25.72MJ/kg，实测结果 $Q_{gr,ad}$为 25.90MJ/kg。

华亭矿 $Q_{gr,ad}$计算结果为 23.73MJ/kg，实测结果 $Q_{gr,ad}$为 23.88MJ/kg。

（3）利用工业分析结果审核碳、氢、氮等的含量。

桑树坪矿：C_d 计算结果为：62.60%，实测为 64.44%。
H_{daf}计算结果为 4.47%，实测为 4.56%。
N_{daf}计算结果为 1.19%，实测为 1.13%。

华亭矿：C_d 计算结果为：59.37%，实测为 61.32%。
H_{daf}计算结果为 4.96%，实测为 4.33%。
N_{daf}计算结果为 1.04%，实测为 0.80%。

（4）工业分析中 M_{ad}和 A_{ad}与元素分析 C_{ad}、H_{ad}、N_{ad}、$S_{t,ad}O_{da}$之和是否为 100（%）？

桑树坪矿：0.62 + 25.37 + 64.44 + 3.38 + 1.13 + 0.96 + 4.10 = 100（%）

华亭矿：7.98 + 13.83 + 61.32 + 3.33 + 0.80 + 0.77 + 11.97 = 100（%）

（5）硫的测定结果与煤种产地也吻合。

经审核，各项测定结果基本符合要求。

15 - 29　如何根据煤灰中 SiO_2 和 Al_2O_3 的含量判断软化温度

ST?

SiO_2：SiO_2 含量小于 20%的煤灰，其 ST 大都在 1350℃以下，SiO_2 含量在 75%时，其 ST 随 SiO_2 含量增高而增高，当 SiO_2 含量在 30%～60%之间时其煤灰的 ST 的高低要取决于 Al_2O_3 和 Fe_2O_3、CaO 等其他成分的多少。

Al_2O_3：煤灰的软化温度 ST 总的趋势是随着灰中 Al_2O_3 含量的增高而逐渐增高，如 Al_2O_3 含量在 35%以上时，ST 最低也在 1350℃以上，Al_2O_3 超过 40%，ST 一般都大于 1400℃。当然，也有个别情况，这是由于煤灰成分的复杂性决定。

15－30　如何根据煤灰中 Fe_2O_3、CaO、MgO 含量判断其 ST 温度?

Fe_2O_3：煤灰的软化温度 ST 总的趋势是随 Fe_2O_3 含量的增高而降低。如灰中 Fe_2O_3 含量大于 25%时，ST 最大也在 1250℃以下；Fe_2O_3 含量大于 10%时，ST 值一般小于 1500℃；Fe_2O_3 含量低于 15%时，ST 值从 1100℃到 1500℃值均有，主要取决于其他含量。

CaO 和 MgO：我国煤灰中 CaO 含量大部分在 10%以下，部分在 10%～30%左右。总的趋势是 ST 温度随着煤灰中 CaO 含量增高而降低。如 ST 大于 1500℃的煤灰，CaO 含量不超过 10%，而 CaO 含量大于 15%的煤灰，ST 则低至 1350℃以下。但当 CaO 含量大于 40%时，其 ST 又增高到 1500℃以上，这是由于煤灰中呈单体存在 CaO 较多的缘故。

MgO：MgO 含量一般在 5%以下，通常不超过 13%。MgO 含量低于 3%的煤灰，ST 温度从 1100℃至 1500℃的均有，4%以上时，ST 几乎都在 1350℃以下，但当 MgO 含量大于5%时，煤灰的ST温度又有随MgO含量的增加而增高的趋势。

15－31 怎样利用煤灰成分分析结果审核煤灰熔融性？

煤灰熔融性的软化温度ST（℃）和流动温度FT（℃）与煤灰成分有密切关系，利用煤灰成分计算出ST和FT与实测值进行比较的回归式如下：

$$\begin{aligned} ST\ (℃) = & 1804.7 - 4.63SiO_2 + 0.71Al_2O_3 \\ & - 11.28Fe_2O_3 + 23.4TiO_2 - 7.09CaO \\ & + 13.16MgO - 26.01SO_3 \\ & - 34.2K_2O + 34.91Na_2O \end{aligned} \quad (15-17)$$

$$\begin{aligned} FT\ (℃) = & 1790.2 - 4.90SiO_2 + 0.68Al_2O_3 \\ & - 10.14Fe_2O_3 + 23.54TiO_2 \\ & - 6.98CaO + 0.43MgO - 19.40SO_3 \\ & + 9.4K_2O - 20.47Na_2O \end{aligned} \quad (15-18)$$

当ST计算与实测值之差超过179℃，应复查ST值或灰成分分析结果。

当FT的计算与实测值之差超过152℃时，则表明出现较大偏差。应复查ST值或灰成分的分析结果。

15－32 如何根据煤中硫铁矿硫结果判断煤灰中的三氧化二铁结果的准确性？

煤中硫铁矿硫含量和煤灰中的Fe_2O_3含量是有一定关系的，FeS_2的分子量是119.967，当硫铁矿转换成硫铁矿硫$S_{p,d}$时为$\frac{FeS_2}{S_2}=\frac{119.967}{64}=1.871$，即煤中的$FeS_2$含量等于$1.871S_{p,d}$。煤中硫铁矿在燃烧过程中反应是：

$$4FeS_2 + 11O_2 = 2Fe_2O_3 + 8SO_2$$

上式中4个分子的 FeS_2 燃烧后转变为2个分子的 Fe_2O_3，其转换系数为0.66557（2×119.967÷159.692）。所以，由 $S_{p,d}$转变为煤中 Fe_2O_3 的系数应为1.2453（1.871×0.66557）。即煤中的 Fe_2O_3 含量等于 $1.2453S_{p,d}$。再根据煤的灰分产率计算出煤灰中 Fe_2O_3 含量，其含量应不低于 $1.2453S_{p,d}/A_d$。否则，表明不是 $S_{p,d}$结果偏高，就是煤灰中的 Fe_2O_3 含量偏低。为此，就需在 $S_{p,d}$和灰中 Fe_2O_3 之间进行初步判断，究竟哪个数据出错的可能性较大而进行复查。

15-33　如何根据煤中全硫（$S_{t,d}$）含量判断煤灰成分中 SO_3 测定值的准确性？

煤中的硫分经燃烧后除硫酸盐可全部转入煤灰中以外，硫铁矿硫和有机硫大部分将成为 SO_2 排入大气中，煤灰中的CaO等碱性组分不能全部吸收由燃烧而放出 SO_x。根据硫分与 SO_3 间的比例关系，可判断煤灰中 SO_3 结果是否出现问题，公式如下：

煤灰中的 SO_3 含量：SO_3（%）$<2.5S_{t,d}/A_d\times100$

如某煤灰中 A_d 为36.15%，$S_{t,d}$为1.90%，而煤灰中的 SO_3 为11.2%。根据上式计算出该煤样的灰成分 SO_3 含量不得高于2.5×1.90÷36.15×100＝13.13%，而实测 SO_3 含量（11.20%）未超出理论值（13.13%），不必要复查。

15-34　如何根据煤中硫酸盐硫（$S_{s,d}$）结果判断煤灰中 SO_3 含量的准确性？

煤中的硫酸盐无论是以 $CaSO_4$ 的形态存在还是以

$FeSO_4 \cdot 7H_2O$的形态存在，由硫酸盐中硫转化为 SO_3 时增加的倍数都为 2.5 倍（$SO_3/S = 2.5$）。所以，煤灰中的 SO_3 含量不得低于 $2.5S_{s,d}/A_d$。

如某煤矿实测 $S_{s,d}$为 0.27%，A_d 为 22.95%，而煤灰中的 SO_3 实测值为 1.93%。由上述关系式求出的煤灰中的 SO_3 含量不得低于 $2.5 \times 0.27 \div 22.95 = 0.0294$（2.94%），但实测为1.93%，低于理论值约 1%，说明灰成分中 SO_3 测值偏低，应复查。

15－35 如何根据煤中干燥基碳酸盐二氧化碳含量 $(CO_2)_d$ 来判断灰成分中 CaO 和 MgO 结果的准确性？

煤中的 CaO 大部分来自煤中的石灰石 $CaCO_3$，少部分来自硅酸钙矿物和极少量的石膏（$CaSO_4 \cdot 2H_2O$），煤中 $(CO_2)_d$ 除大部分来自 $CaCO_3$ 外，也有部分为 $MgCO_3$ 分解而生成的 $(CO_2)_d$，所以煤中 $(CO_2)_d$ 含量较高者，多半是煤灰中的 CaO 含量也高。只有早、中侏罗世时期形成的煤灰中 Fe_2O_3 含量较高，同时 CaO 含量也较高。

根据煤中 $(CO_2)_d$ 主要来自煤中 $CaCO_3$ 和 $MgCO_3$，而它们的分子量分别是 56.08 和 40.30，可分别从煤灰中 CaO 和 MgO 的含量推算出这两个组分中与煤中的 $(CO_2)_d$ 相结合的量，当计算出 $(CO_2)_d$ 值低于煤中实测 $(CO_2)_d$ 含量时，表明煤灰中 CaO 和 MgO 含量与煤中 $(CO_2)_d$ 含量有矛盾，需要进行复查。

由煤中 CaO 和 MgO 换算成与其结合的 $(CO_2)_d$ 时，它们间的换算系数分别是 0.78447（由 CO_2 分子量 44.01 除以 CaO 分子量 56.08 而得），和 1.0920（由 CO_2 的分子量 44.01 除以 MgO 分子量 40.30 而得），因此，根据煤灰产率可推算出

CaO 和 MgO 与煤中（CO_2）$_d$ 相结合的数量式：（0.78447 ×灰中 CaO 含量 + 1.0920 ×灰中 MgO 含量）× A_d = 与煤（CO_2）$_d$ 相结合的 CaO 和 MgO 的总量。

如煤样的 A_d 为 20.30%，（CO_2）$_d$ 为 3.03%，CaO 为 11.3%，MgO 为 1.07%，其结果是否有矛盾？Ca + MgO +（CO_2）$_d$ 的总量为

$$(0.78447 \times 11.30 + 1.0920 \times 1.07) \times 20.30/100$$
$$= 2.037$$

令 $2.037 < 3.03$

表明不是（CO_2）$_d$ 值偏高，就是 MgO + CaO 测定值偏低。

15-36 火力发电厂锅炉设计煤质资料一般需要测定哪些特性？

发电厂锅炉设计煤质资料一般由设计和基建单位提出要求，由有经验和技术力量较好，设备齐全的单位承担化验项目。

锅炉设计所用煤类是根据电厂所处地理位置及国民经济发展的需要而定。一般来说设计煤种采样矿点都较多，涉及到电厂投产后所能供应的煤矿。测定项目也较多，一般为：

煤的工业分析：M_t、M_{ad}、A_{ar}、V_{daf}。

煤的元素分析：C_{ar}、H_{ar}、N_{ar}、$S_{t,ar}$、O_{ar}

发热量：$Q_{net,ar}$。

可磨性指数：HGI。

煤灰熔融性温度：DT、ST、HT、FT。

煤灰成分分析：SiO_2、Al_2O_3、Fe_2O_3、TiO_2、K_2O、Na_2O、SO_3 等。

各种形态硫的测定：S_p、S_O、S_S。

此外，还要测定煤的磨损指数，灰的比电阻等项目。

同时，根据设计要求，提供煤质各种基的换算数据。

提供的设计煤质资料一般可以是多个矿点化验后，根据煤矿生产情况，再按比例混合后的测定结果，也可以是一个大型煤矿的煤质化验结果。

15－37　什么是锅炉设计煤质或校核煤质？

锅炉是根据所燃用的煤质特性而设计。一台锅炉不能什么类别的煤质都能烧，例如烧贫煤的电厂锅炉不能烧不粘煤和长烟煤，对煤炭来说，即使是同一矿区的煤，其性质也有差别，例如同是贫煤矿区，有的矿灰分低，硫分也低，有的矿灰分高，硫分也高。锅炉设计时，也不能单烧一个煤矿的煤，所以对煤质特性指标必须有一个适当的变化范围，因此，在进行电厂初设时必须提供两个煤质资料，一个是设计煤质，另一个是校核煤质，设计煤质是以此煤质资料为主进行设计，校核煤质就是锅炉根据某种煤质特性设计时允许变化的最大限度，也就是在此煤质燃烧的情况下仍能维持安全经济运行。例如某个烧不粘煤的电厂，由于该矿区有长烟煤，今后有掺烧长焰煤的可能，校核煤质的挥发分（V_{daf}）就必须高于设计煤质的挥发分（V_{daf}）；如烧贫瘦煤的电厂，供应矿区有的灰分高，有的灰分低，设计时校核煤质灰分就应比设计煤质高，以便将来供应高灰分煤时也能适应，当然这都是有限度的，设计煤质与校核煤质相差越大，锅炉的安全系数就越高。

校核煤质资料的提出，可以参考煤矿或电厂的化验资料，经研究后确定，可以是一个煤矿的资料，也可以是几个矿点采样后按比例混合后的化验结果。

设计煤质和校核煤质资料必须详细核算，应用煤质各指标的相互关系，核查无误后方可提出。

现举例比较设计煤质和校核煤质情况，以烧贫瘦煤某电厂工业分析元素分析和灰熔融温度为例，参见下表。

项目	设计煤质	校核煤质
M_{ar}（%）	7.77	7.04
A_{ar}（%）	30.20	38.28
V_{daf}（%）	22.05	25.43
C_{ar}（%）	51.44	44.71
H_{ar}（%）	2.97	2.95
N_{ar}（%）	1.36	1.19
$S_{t,ar}$（%）	3.01	2.54
O_{ar}（%）	3.25	3.29
$Q_{net,ar}$（MJ/Kg）	20.10	17.72
HGI	80	87
灰熔融温度		
DT（℃）	1210	1400
ST（℃）	1300	>1400
FT（℃）	1400	>1400

15－38　电厂锅炉设计煤质资料如何审核？

由于锅炉设计煤质资料与其安全、经济运行有着直接关系，因而对其各项分析结果的审核非常重要，所以对报出的各项结果要的审核要严格。

首先，要根据煤质各成分之间的相互关系审核工业分析各项与元素分析各项的数据，再由发热量与灰分的关系，与有机元素之间的关系审核发热量的数据。如利用元素分析结果的回归式计算的发热量与实测值进行比较；由灰成分各项结果计算灰熔融温度与实测值进行比较；由煤中硫铁矿硫测定结果判断灰成分中三氧化二铁含量的准确性；由煤中全硫含量判断灰成分中三氧化硫测定值的准确性等。

总之，审核各项分析结果要仔细认真，一般要由化验技术较全面的人员担任。

同时，若设计煤质由不同矿点的煤混合而成，审核时，其混合煤样各项指标的实测值，还应与各矿点单独煤样的测定值按比例计算值相一致。

计 算 示 例

一、全 水 分

1. 某实验室从火车运来煤样一箱，外包装已损坏，估计煤样水分有损失。今测得煤样 $M_f = 4.5\%$，$M_{ad} = 1.25\%$，试问实验室收到煤样后的 M_t 是多少？

解： $M_t(\%) = 4.50 + 1.25 \times (100 - 4.50)/100$

$= 5.69$

2. 从邮局寄来一煤样，经检查确认外包装无损坏。称得煤样毛质量比外包装上注明的少了 12.60g，煤样质量 1350.58g。测定空气干燥煤样时水分为 4.50%，问邮寄前煤样的全水分 M_t 是多少？

解： 运输中损失水分 M_1（%） $= 12.60 \times 100/1350.58$

$= 0.93$

$M_t(\%) = 0.93 + 4.50 \times (100 - 0.93)/100 = 5.39$

3. 某电力设计院运送密封煤样到煤化验室，外包装容器质量 750g，煤样连容器称得质量为 3875g，化验室收到煤样后称得质量仅为 3850g，求煤样在运送过程中全水分的损失率？

解： 煤样质量为：3875 − 750 = 3125g

全水分损失率（$M_1\%$）为

$(3875-3850)/3125\times100=0.80$

4. 某发电厂运送煤样到某电力研究所化验煤质，煤样质量为2500g，运送到试验所后测得 M_t 为4.50%，已知煤样运送过程中水分损失率0.90%，问该煤样原有全水分是多少?

解：M_t（%）$=0.90+4.50\times(100-0.90)/100$

$=5.36$

5. 两步法测定燃煤水分数据如下：

$M_f=1.65\%$　$M_{inh}=2.86\%$，试计算 M_t 等于多少?

解：$M_t(\%)=1.65+2.86\times(100-1.65)/100=4.46$

6. 空气干燥法测定烟煤全水分，称量瓶质量为16.6000g，盛入试样后的质量为17.6500g，在干燥箱中干燥2h后称得质量为17.6100g，经检验性干燥试验后，又称得其质量为17.6020g，问该烟煤全水分是多少?

解：试样质量 $=17.6500-16.6000=1.0500$g

因检查性干燥试验后质量的减少为0.008g而小于0.01g规定

故 M_t（%）$=[(17.6500-17.6020)\times100]/1.0500$

$=4.57$

7. 空气干燥法测定无烟煤全水分，称量瓶质量为18.8200g，装入试样后，称得质量为19.8400g，干燥3h后又称得质量为19.8000g，经检验性干燥试验后再称得其质量为19.8500g，问该无烟煤全水分是多少?

解：试样质量 $m=19.8400-18.8200=1.0200$g

由于检查性干燥试验后试样质量增加，故采用质量增加前的质量作为计算依据

故 $M_t(\%)=(19.8400-19.8000)\times100/1.0200$

$=3.92$

8. 空气干燥法测定全水分（M_t），称取试样质量为12.02g，经规定时间干燥和检查性干燥后质量减少了0.25g，试问该煤样的全水分是多少？

解： M_t（%） $=0.25\times100/12.02=2.08$

9. 某化验室采用方法D中的两步法测定全水分（M_t）。第一步取粒度小于13mm煤样测得表面水分（M_f）为5.80%。第二步取粒度小于6mm煤样测得内在水分（M_{inh}）为2.50%，试求该煤样的全水分是多少？

解： M_t（%） $=5.80+2.50\times\dfrac{100-5.80}{100}=8.15$

10. 从煤矿发来一批原煤分三批次由火车运到电厂。第一批次20节车皮（容量50t，下同）测得M_{ar}为5.86%；第二批次30节车皮测得M_{ar}为6.96%，第三批次22节车皮测得M_{ar}为4.65%，试问这批原煤的平均全水分$\bar{M}_{ar}$是多少？

解： $\bar{M}_{ar}(\%)=\dfrac{20\times50\times5.86+30\times50\times6.93+22\times50\times4.65}{20\times50+30\times50+22\times50}$

$=5.95$

11. 从大型煤矿由火车运来筛选煤2500t因火车编组关系分两批次运到电厂，第一批次1100t，测得$M_{ar}=7.65\%$；第二批次测得$M_{ar}=5.50\%$，试问这批煤的平均全水分（$\bar{M}_{ar}$）是多少？

解： $\bar{M}_{ar}(\%)=1100\times7.65+(2500-1100)\times5.50/2500$

$=6.45$

12. 对某火电厂的燃煤测得全水分（M_{ar}）为8.10%，收到基低位发热量$Q_{net,ar}$为21.18MJ/Kg。试求其折算水分是多少？

解： 折算水分M_z（%） $=8.10\times4.18/21.18$

$=1.60$

13. 某电厂去煤矿采样，所采煤样连同容器总质量为5600g运到化验室后为5570g，包装容器质量为860g，求煤样在运送过程中的全水分损失率（M_1）为多少？

解：煤样质量为5600－860＝4740g

全水分损失率（M_1）为

$$M_1(\%)=\frac{5600-5570}{4740}\times100=0.63$$

14. 某电研院测定某煤样全水分为5.6%，已知煤样在运送过程中全水分损失率为0.80%，问该煤样原有全水分是多少？

解：全水分 M_t（%）$=0.8+5.60\times\frac{100-0.8}{100}=6.36$

15. 用两步法测定全水分，用浅盘称取粒度小于13mm的煤样500.00g；在50℃温度下干燥到质量恒定后称量为751.50g，浅盘质量为295.20g，将同一煤样破碎到粒度小于6mm后，在105～110℃下干燥到质量恒定，测得内在水分为2.63%，求此煤样的全水分？

解：先计算表面水分（M_f），再计算全水分（M_t）

$$M_f(\%)=\frac{(500.00+295.20)-751.50}{500.00}\times100=8.7$$

$$M_t(\%)=8.7+\frac{100-8.7}{100}\times2.63=11.1$$

16. 某火电厂采用两步法测定煤的全水分，当破碎到粒度小于13mm时，测定其外在水分（M_f）为8.50%，当破碎到6mm以下时，测定其内在水分（M_{inh}）为1.25%，求该煤样的全水分（M_t）？

解：M_t（%）$=8.50+\frac{100-8.50}{100}\times1.25=9.64$

17. 设将粒度不超过6mm的全水分煤样装入容器中密封

后称量为1500g，容器质量为150g。化验室收到煤样后，容器和试样质量共1495g。测定煤样全水分时，称取试样10.00g，干燥后失重1.060g。问煤样装入容器时的全水分是多少？

解： 设运输中煤样水分损失率为 M_1，则

$$M_1\ (\%) = \frac{1500-1495}{1500-150} \times 100 = 0.37$$

设煤样的全水分为 M_t，则

$$M_t(\%) = 0.37 + \frac{1.060}{10.000} \times 100 \times \frac{100-0.37}{100} = 10.93$$

二、燃料质量管理

1. 某火电厂从国营煤矿运来一批长焰煤，矿方煤质报告：$M_{ad}=7.98\%$，$H_{ad}=3.33\%$，$M_t=17.0\%$，$Q_{net,ar}=20.53MJ/kg$。来厂后化验结果：$M_t=14.50\%$，$M_{ad}=6.98\%$，$Q_{gr,ad}=24.80MJ/kg$，$A_{ad}=14.50\%$，试问该批长焰煤质量是否合格？

解： 报告值（矿方）：

$$H_{ar}\ (\%) = 3.33 \times \frac{100-17.00}{100-7.98} = 3.00$$

$$Q_{gr,d} = (20530 + 206 \times 3.00 + 23 \times 17.00) \times \frac{100}{100-17.00}$$

$$= 25.95MJ/kg$$

检验值（电厂方）：

$$A_d(\%) = 14.50 \times \frac{100}{100-6.98} = 15.59$$

$$Q_{gr,d}=24.80\times\frac{100}{100-6.98}=26.66\text{MJ/kg}$$

报告值 - 检验值($\Delta Q_{gr,d}$)

$$25.95-26.66=-0.71\text{MJ/kg}$$

今 $\Delta Q_{gr,d}<0.056\times15.59=0.87\text{MJ/kg}$

故评定该批煤质量为合格。

2. 某用煤单位与煤炭销售公司签定合同，约定店头煤矿热量 $Q_{gr,d}$值要大于 27.50MJ/kg。今从该公司运来一批煤，经用户验收结果为：$M_{ad}=2.64\%$，$Q_{gr,d}=26.83\text{MJ/kg}$，$A_{ad}=18.32\%$。试问该批煤质量符合合同要求否？

解： 报告值（约定值）$Q_{gr,d}=27.50\text{MJ/kg}$

检验值（用煤单位)：

$$A_d(\%)=18.32\%\times\frac{100}{100-2.64}=18.82$$

$$Q_{gr,d}=26.83\times\frac{100}{100-2.64}=27.56\text{MJ/kg}$$

报告值 - 检验值（$\Delta Q_{gr,d}$)

$=27.50-27.56=-0.06\text{MJ/kg}$

令 $\Delta Q_{gr,d}<+0.056\times18.82/\sqrt{2}=0.75\text{MJ/kg}$

故该批煤质量评定为符合合同要求。

3. 某火电厂收到出卖方一批原煤，报告单上注明该批煤的 $Q_{net,ar}$为 22.46MJ/kg，$M_t=8.89\%$，试用下列两公式分别计算 $Q_{gr,d}$值是否相同？(假设 $H_{ad}=3.80\%$，$M_{ad}2.50\%$)

解：（1）按（Ⅰ）式计算：

$$Q_{gr,d}=(Q_{net,ar}+206\times H_{ar}+23M_{ar})\times\frac{100}{100-M_{ar}}\cdots(\text{Ⅰ})$$

$H_{ar}(\%)=3.8\times(100-8.89)/(100-2.50)=3.55$

代入（Ⅰ）式：

$$Q_{gr,d} = (22460 + 206 \times 3.55 + 23 \times 8.89) \times \frac{100}{100 - 8.89}$$

$$= 25.68 \text{MJ/kg}$$

（2）按（Ⅱ）式计算：

$$Q_{gr,d} = (Q_{net,ar} + 23M_{ar}) \times \frac{100}{100 - M_{ar}} + 206H_d \cdots\cdots(Ⅱ)$$

$$H_d(\%) = 3.80 \times \frac{100}{100 - 2.50} = 3.90$$

代入(Ⅱ)式：

$$Q_{gr,d} = (22460 + 23 \times 8.89) \times \frac{100}{100 - 8.89} + 206 \times 3.90$$

$$= 25.68 \text{MJ/kg}$$

依据上述计算表明（Ⅰ）式和（Ⅱ）式的计算结果是相同的。

4. 某火电厂收到出卖方以火车运来的一批筛选煤，收货通知单上写明：$Q_{net,ar}$为 22.46MJ/kg，M_{ar}为 8.89%，M_{ad}为 2.50%，H_{ad}为 3.80%，试换算成 $Q_{gr,d}$是多少？

解： $$Q_{gr,d} = (Q_{net,ar} + 206H_{ar} + 23M_{ar}) \times \frac{100}{100 - M_{ar}}$$

$$H_{ar}(\%) = 3.80 \times \frac{100 - 8.89}{100 - 2.50} = 3.55$$

代入上式得到

$$Q_{gr,d} = (22460 + 206 \times 3.55 + 23 \times 8.89) \times \frac{100}{100 - 8.89}$$

$$= 25.68 \text{MJ/kg}$$

5. 上题中若火电厂对该批筛选煤采样化验的煤质结果为：$M_{ad} = 2.50\%$，$Q_{gr,ad} = 24050 \text{J/g}$，$A_{ad} = 26.80\%$。按GB/T18666标准中质量评定指标要求，试问该批筛选煤的质量是否合格？

解：$A_d(\%) = 26.80 \times \frac{100}{100 - 2.50} = 27.49$

$Q_{gr,d} = 24050 \times [100/(100 - 2.50)]$

$= 24667 J/g = 24.67 MJ/kg$

报告值－检验值（$Q_{gr,d}$）

$= 25.68 - 24.68 = 1.00 MJ/kg$

令 $\Delta Q_{gr,d} = 1.00 MJ/kg < 1.12 MJ/kg$，故该批筛选煤质量评定为合格。

6. 从煤炭销售公司运来一批混煤，经采样化验结果为：$M_{ad} = 1.50\%$，$A_{ad} = 14.50\%$，而销售公司报告的煤质：$M_{ad} = 2.00\%$，$A_{ad} = 13.50\%$，按 GB/T18666 标准验收该批煤的质量是否合格？

解：报告值（销售方）：

$$A_d(\%) = 13.50 \times \frac{100}{100 - 2.00} = 13.78$$

检验值（用户方）：

$$A_d(\%) = 14.50 \times \frac{100}{100 - 1.50} = 14.72$$

报告值－检验值

$(\Delta A_d)\% = 13.78\% - 14.72\% = -0.94$

令 $\Delta A_d(\%) = -0.94 > -0.141 \times 14.72 = -2.08\%$

故评定该批煤质量合格。

7. 某火电厂为限制入厂煤的硫分，以降低 SO_2 排放量，与供煤单位签订商品煤供应合同，要求供煤硫分 $S_{t,d}$ 低于 1.20%。今由汽车运来一批混煤，经验收结果：$M_{ad} = 2.50\%$，$S_{t,ad} = 1.70\%$。试按商品煤质量验收标准评定该批混煤硫质量指标是否符合规定值要求？

解：用户检验值：

$$S_{t,d}(\%) = 1.70 \times 100/(100 - 2.50) = 1.74$$

硫指标实际允许差：

$$T(\%) = T_0/\sqrt{2} = -0.17 \times 1.74/\sqrt{2} = -0.21$$

报告值 - 检验值

$$\Delta S_{t,d}(\%) = 1.20 - 1.74 = -0.54$$

今 $\Delta S_{t,d}(\%) = -0.54\% < -0.21$

故评定该批质量为不合格。

8. 某电厂从大型煤矿运来一批原煤，经采样化验结果：$M_{ad} = 2.50\%$，$A_{ad} = 29.50\%$，而销售公司报告的煤质：$M_{ad} = 3.00\%$，$A_{ad} = 28.50\%$，试问该批煤质量是否合格？

解：电厂方检验值：

$$A_d(\%) = 29.50 \times \frac{100}{100 - 2.50} = 30.26$$

煤矿方报告值：

$$A_d(\%) = 28.50 \times \frac{100}{100 - 3.00} = 29.38$$

报告值 - 检验值 ΔA_d（%）$= 29.38 - 30.26 = -0.88$

今 $\Delta A_d(\%) = -0.88 > -2.82 \times \frac{1}{\sqrt{2}} = -1.99$

故该批煤质量煤质评定为合格。

9. 某火电厂从煤炭公司由火车运来一批原煤，供煤合同上灰分（A_d）约定值为 28.00%，该批煤到达电厂后实测煤质：$M_{ad} - 3.00\%$，$A_{ad} = 30.50\%$，试按验收标准中灰分质量指标评定该批煤是否合格？

解：报告值（约定值）A_d（%）$= 28.00$

检验值：　A_d（%）$= 30.50 \times \frac{100}{100 - 3.00} = 31.44$

依规定，报告值 - 检验值

$$\Delta A_{d}(\%) = 28.00 - 31.44 = -3.44$$

今 $\Delta A_{d}(\%) = -3.44 < -2.82 \times \frac{1}{\sqrt{2}} = -1.99$

故评定该煤质量为不合格。

10. 煤矿运来一列火车原煤，经轨道衡称量，其量（m_{DS}）为 1568t，实测该批煤全水分（M_{DS}）比规定水分（M_{gs}）5.00%高出 2.50%，因水分与煤质量有关。问按规定水分计算煤量(m_{gs})是多少？

解： 到厂实测水分（M_{DS}）（%）$= 5.0 + 2.5 = 7.5$

含规定水分煤量

$(m_{gs}) = 1568t \times (100 - 7.5)/(100 - 5.0) = 1526.7t$

11. 某火电厂由洗煤厂运来一批洗中煤，用火车轨道衡称量（m_{DS}）为 850t，经采、制样和化验实测全水分（M_{DS}）为9.8%，问折合到计量水分（M_{JS}）为 6.0%煤量 m_{JL}是多少？

解： $m_{JL} = 850 \times (100 - 9.8) / (100 - 6.0)$

$= 815.6t$

12. 某火电厂装机容量 1200MW，日耗煤量 1.1 万吨，燃煤平均含硫量（$S_{t,ar}$）2.50%，经验估计约有 80%煤中硫转化 SO_2 并随烟气排入大气。试问该厂日 SO_2 排污量有多少？若按排污费标准每排放一公斤 SO_2 征收排污费 0.20 元计，电厂日应缴纳排污费多少？

解： 日 SO_2 排污量：

$$\begin{aligned} G &= 2 \times B \times S_{t,ar} \times f \\ &= 2 \times 1.1 \times 10^{4} \times 10^{3} \times 0.025 \times 0.8 \\ &= 4.4 \times 10^{5} kg(SO_2) \end{aligned}$$

日排污费：$4.4 \times 10^5 \times 0.2 = 8.8 \times 10^4$ 元

13. 有一台循环硫化床燃煤锅炉，运行中喷入石灰石粉脱硫，脱硫效率约为 50%，日燃煤量 1000t，其含硫量（$S_{t,ar}$）平均为 3.0%，其中只有 80% 转化为 SO_2。试问该锅炉 SO_2 日排污量是多少？若按每公斤 0.20 元缴纳排污费，每月应交多少？（每月按 30 天计）

解： 日 SO_2 排污量：

$$
\begin{aligned}
G &= 2 \times B \times S_{t,ar} \times (1-\eta_0) \times f \\
&= 2 \times 1000 \times 10^3 \times 0.030 \times (1-0.5) \times 0.8 \\
&= 2.4 \times 10^4 \text{kg}(SO_2)
\end{aligned}
$$

月排污费：$2.4 \times 10^4 \times 30 \times 0.2 = 14.4 \times 10^4$ 元

14. 有一燃油火电厂每年燃油量约 12 万吨，油的含硫量为 0.15%，试问每年 SO_2 排污量有多少？

解： 年 SO_2 排污量：

$$
\begin{aligned}
G &= 2 \times B \times S \\
&= 2 \times 12 \times 10^4 \times 10^3 \times 0.0015 \\
&= 3.6 \times 10^5 \text{kg}(SO_2)
\end{aligned}
$$

15. 一台燃用重油的锅炉，日耗油量 500t，燃油的含硫量为 0.95%，安装脱硫设备，脱硫效率为 70%，试问每年 SO_2 排污量是多少？（每年按 300 天计）

解： 年 SO_2 排污量：

$$
\begin{aligned}
G &= 2 \times B \times S \times (1-\eta_0) \times 300 \\
&= 2 \times 500 \times 10^3 \times 0.0095 \times (1-0.7) \times 300 \\
&= 855 \times 10^3 \text{kg}(SO_2)
\end{aligned}
$$

三、采样和制样

1. 某火电厂由铁路运来原煤 750t，采样时作为一采样单元（车皮容量为 50t），其最大粒度不超过 100mm，试问其总样的煤样量（M）是多少？

解：车皮数：$750 \div 50 = 15$ 节

子样数：$3 \times 15 = 45$ 个

子样质量：　4kg

故　　　　　　$M = 45 \times 4 = 180\text{kg}$

2. 某火电厂燃煤由海运供应，为能获得有代表性的煤样，该厂在码头卸煤带式输送机上采取煤样，输送机出力为 1500t/h，海轮运煤量为 30000t，平均分装在 5 个舱内，煤的最大粒度不超过 100mm，采样时，每舱作为一采样单元，试计算组成总样的子样数，每舱所采取的煤样量和采样时间间隔各是多少？

解：每舱装煤量：$30000/5 = 6000\text{t}$

每个子样质量：4kg

每舱应采的最少子样数：

$N = 60 \times \sqrt{\dfrac{6000}{1000}} = 147$ 个（式中的 60 为参比基数）

因每舱为一采样单元，故可采取 6 个总样，每个总样由 147 个子样组成，则每舱采取的煤样量为：$4 \times 147 = 588\text{kg}$

采样时间间隔为：

$$T = 60 \times 6000/(1500 \times 147) = 1.63\text{min} \approx 1.6\text{min}$$

3. 某电厂由铁路运来某煤矿一批筛选煤 200t，车皮容量为 50t，问共需采多少个子样？并如何分布这些子样数？

解：车皮数：$200/50 = 4$ 节

因是筛选煤，又是 4 节车皮，200t 批煤量，依规定应采的子样数不得少于 18 个。

子样数分布：首先，每节车皮布置 4 个子样，即三个子样布置在同一条斜线上，多出一个子样布置在另一斜线上。还多下的两个子样，可按“均匀布置”的原则，布置在第一、三节车皮或第二、四节车皮的未布满三个子样的对角线上。

4. 某火电厂用火车从洗煤厂运来洗中煤 250t，每节车皮 50t，问共需采多少个子样？并如何分布这些子样数？

解：车皮数：250/50 = 5 节；因为是洗中煤，所以依据规定最少采取 6 个子样。

子样数分布：首先，每节车皮布置一个子样，共 5 个子样，余下一个子样依据“均匀布点”的原则布置在第三节车皮的同一条斜线上。

5. 某火电厂由多辆汽车运来小窑煤（原煤）500t，每辆车厢容量 10t，问共需采取多少个子样数，这些子样如何合理分布？

解：（1）按批煤量计算：

应采的最少子样数 = 60 × 500/1000 = 30 个（式中 60 为参比基数）

（2）依据“按三点循环法每车采取一个子样”的规定计算：

车辆数：500/10 = 50 辆

应采取的子样数：50 × 1 = 50 个

（3）以子样数多者为准，故需采取子样数为 50 个。

子样点分布：按 3 点循环（首尾两点距车角 0.5m）每车布置一个子样，50 辆车共布置 50 个子样。

6. 秦皇岛煤炭转运站有一专用动力煤堆（原煤），煤堆形状基本呈圆锥体，依据进煤记录，该堆煤量约为 20000t。问需采取多少个子样？这些子样应如何合理分布？

解：应采的最少子样数：

$$N = 60 \times \sqrt{\frac{20000}{1000}} = 269 \text{ 个}$$（式中 60 为参比基数）

原则上这些子样数分布在离圆锥体顶部和底部各 0.5m 处以及锥体高度的 1/2 处—（采样时，应先除去 0.2m 的表层煤），具体子样数的分配可依据采样点处的周长长度按比例分配子样，采样点要按等弧度或等距离布置在圆周上。

7. 某火电厂运来了 50 车皮的一列火车煤（车皮容量为 50t），其中 40 节车皮为筛选煤，其粒度大于 100mm；10 节为洗中煤，其粒度小于 50mm，问筛选煤和洗中煤各采多少个子样和各采多少个煤样量？

解：（1）对于 40 节车皮筛选煤：

1）按批煤量计算：

实际煤量：$40 \times 50 = 2000$t

应采的最少子样数：

$$N = 60 \times \sqrt{\frac{2000}{1000}} \approx 85 \text{ 个}$$（式中的 60 为参比基数）

2）依据"火车顶部采样，原煤和筛选煤每车至少采取 3 个子样"的原则计算：$3 \times 40 = 120$ 个；

3）以子样数多者为准，故需采取 120 个子样

4）应采煤样量为：$5 \times 120 = 600$kg

（2）对 10 节车皮洗中煤：

1）按批煤量计算：

实际煤量：$10 \times 50 = 500$t

应采的子样数：

$20 \times 500/1000 = 10$ 个（式中的 20 为参比基数）

2）依据"火车顶部采样，对洗中煤，每车至少采取 1

个子样”的原则计算，应采的子样数为：$1 \times 10 = 10$ 个

3）以子样数多者为准，故需采子样数为 10 个。

4）应采的煤样量为：$2 \times 10 = 20$kg

8. 某火电厂采制员将采集的 100kg 煤样，全部破碎到粒度小于 6mm。试问用二分器缩分多少次才可得到符合规定要求的最少留样量？

解：有两种求法：

（1）直接推算法：

第一次：$100 \times \frac{1}{2} = 50$kg

第二次：$50 \times \frac{1}{2} = 25$kg

第三次：$25 \times \frac{1}{2} = 12.5$kg

第四次：$12.5 \times \frac{1}{2} = 6.25$kg

依规定粒度小于 6mm 的最少留样量为 7.5kg，故需进行三次缩分就可满足，因缩分四次的留样量小于 7.5kg，不合规定要求。

（2）公式计算法：

依据粒度小于 6mm 煤样的最少留样量为 7.5kg 的规定要求，并设 x 为二分器的缩分次数，则下式成立：

$$100 \times \left(\frac{1}{2}\right)^{x} = 7.5$$

求解公式得出：$x = 3.74$ 次

依据粒度对缩分的最少留样量只允许多、不允许少的原则，缩分三次即可；因缩分四次其留样量少于规定要求。

9. 某采制操作员对一个粒度小于 6mm 的煤样用二分器进行缩分，经 5 次缩分后得到煤样量为 8.5kg。试问未缩分

前的煤样量是多少？

解：依据二分器缩分原理，并设未缩分前煤样量为 x，则下式成立：

$$x \times (1/2)^5 = 8.5$$

解得：$x = 272\text{kg}$

10. 某火电厂入炉煤机械采制样装置设计为二级采样系统，即两级破碎，两级缩分，第一级缩分器的缩分比为1∶10，第二级的缩分比为1∶12。当采样器每3min采一个子样，子样质量为25kg，机械采制样装置共运行了2h。问最终样品罐内的留样量是多少？

解：先求出2h内采取的子样数为：$2 \times 60/3 = 40$ 个

因每个子样质量为25kg，故采集的煤样量为：

$$40 \times 25 = 1000\text{kg}，则$$

最终留样量：$1000 \times 1/10 \times 1/12 = 8.33\text{kg}$

11. 某火电厂采制员对一台新型的机械采制样装置性能进行试验，当试验结束时，称量留煤样量和余煤样量分别为5kg和250kg（假设在机械采制样装置运行中煤样量无任何损失），试问该机采装置的缩分比是多少？

解：依据缩分比定义，该机采装置的缩分比可计算如下：

$$[5.0/(250 + 5.0)] \times 100 = 1.96\%$$

即缩分比近似为：$2/100 = 1/50$

12. 某火电厂采用多份采样方法测定新安装的入炉煤机械化采样装置的采样精密度。试验条件：在一个班的上煤期间（2h）采取子样，共采48个子样。并依次轮放入8只容器中，然后分别制样化验。试以其试验结果（见下表）计算该装置的采样精密度（以灰分表示）？

多份采样试验结果

容　器（试样）号	A_d,%	容　器（试样）号	A_d,%
1	25.3	2	27.1
3	26.5	4	25.5
5	26.8	6	24.8
7	23.9	8	26.5

解：（1）统计量计算：

$\bar{A}_d = 25.80$　　　　$n = 8$

$\sum A_d^2 = 25.3^2 + 27.1^2 + \cdots + 23.9^2 + 26.5^2$

$= 5333.74$

$\sum A_d = 206.40$

（2）计算总体标准差 S

$$S = \sqrt{\frac{\sum A_{d,i}^2 - (\sum A_{d,i})^2/n}{n-1}}$$

$$= \sqrt{\frac{5333.74 - (206.40)^2/8}{10-1}}$$

$= 1.108$

平均灰分精密度 $= t_{0.05,n-1} \times S/\sqrt{n}$

$= 2.37 \times 1.108/\sqrt{8}$

$= 0.928\%$

由第三章表 3－8 精密度范围计算表查得自由度为 8 时，$a_L = 0.68$，$a_U = 1.92$。

精密度上限 $= 1.92 \times 0.928 = 1.781\%$

精密度下限 $= 0.68 \times 0.928 = 0.631\%$

因此可认为该采样装置在条件不变的情况下（上煤时间，子样数目和煤品种等）采样的精密度（以灰分计）在

95%置信水平落在0.631%和1.781%之间。

13. 试以某火电厂采用双倍子样数双份采样方法采取子样的试验结果（见下表），来估算单个采样单元（采制化）精密度？

采制化精密度试验结果

双份子样				双份子样			
对数号	A样 A_d	B样 A_d	A－B |d|	对数号	A样 A_d	B样 A_d	A－B |d|
1	21.1	20.5	0.6	6	21.8	20.5	1.3
2	22.4	21.9	0.5	7	21.8	21.9	0.1
3	22.2	22.5	0.3	8	20.8	22.5	1.7
4	20.6	20.3	0.3	9	16.9	15.5	1.4
5	21.8	22.5	0.7	10	20.8	18.9	1.9

注 采样中整批煤为一采样单元。

解：(1) 计算相关统计量

$$\bar{d}=\sum d_i/np=(0.6+0.5\cdots+1.4+1.9)/10$$

$$=0.88$$

$$\sum d_i^2=(d_1{}^2+d_2{}^2\cdots+d_9{}^2+d_{10}^2)$$

$$=(0.6^2+0.5^2\cdots+1.4^2+1.9^2)$$

$$=11.44$$

$$S^2=\sum d_i^2/2\times np$$

$$=11.44/2\times 10$$

$$=0.5720$$

(2) 计算采制化精密度 P_L

$$P_L=t_{0.05,n-1}\times S$$

$$=2.26\times\sqrt{0.5720}$$

$$=1.71\%$$

如果整批煤划分为 m 个采样单元例如 3 个，则

$$
\begin{aligned}
P_L &= t_{0.05, n-1} \times S/\sqrt{m} \\
&= 2.26 \times \sqrt{0.5720}/\sqrt{3} \\
&= 0.99\%
\end{aligned}
$$

14. 某火电厂为估计某大型煤矿运来的进厂原煤的初级子样方差，对连续 10 批来煤进行采样，每批煤只采 3 个子样，共 30 个子样，而后分别制样化验其煤质特性参数。结果示于下表。试计算该矿原煤的初级子样方差？（假设制样和化验方差 $V_{PT}=0.5$）

初级子样方差试验结果

初级子样（个）	A_d,%	初级子样（个）	A_d,%	初级子样（个）	A_d,%
1	20.77	11	19.00	21	25.00
2	19.23	12	18.50	22	22.10
3	21.57	13	17.18	23	21.80
4	17.08	14	20.10	24	23.80
5	18.85	15	16.90	25	24.10
6	16.88	16	23.00	26	18.90
7	18.43	17	22.18	27	20.18
8	20.65	18	21.05	28	22.20
9	22.10	19	18.58	29	20.00
10	24.00	20	22.18	30	23.00

解：（1）计算采制化总方差（V_{SPT}）

$\sum A_d^2 = 12940$　　　$\bar{x} = 20.64$

$\sum A_d = 619$　　　$n = 30$

$(\sum A_d)^2 = 12784$

代入下式：

$$V_{SPT} = \frac{\sum A_d^2 - \frac{(\sum A_d)^2}{n}}{n-1}$$

$$= \frac{12940 - \frac{619^2}{30}}{30-1}$$

$$= 5.379$$

（2）计算初级子样方差（V_I）：

$$V_I = V_{SPT} - V_{PT}$$
$$= 5.379 - 0.5$$
$$= 4.879$$

15. 试以下列条件：煤的最大流量 $C = 1000t/h$，采样器开口宽度 $b = 150mm$，采样器横过皮带速度 $V = 4m/s$，试计算横过皮带采样器一次所截取的子样质量是多少？

解：依据已知条件可利用下式计算：

$$m = c \cdot b \times 10^{-3}/3.6 \times V$$
$$= 1000 \times 150 \times 10^{-3}/3.6 \times 4$$
$$= 10.42kg$$

16. 试按下列条件：煤的最大流量 $C = 1000t/h$，采样器开口宽度 150mm，采样器切割煤流速度 $V = 0.46m/s$，试计算下落煤流采样器一次所截取的子样质量是多少？

解：依据已知条件可利用下列公式计算：

$$m = c \cdot b \times 10^{-3}/3.6 \times V$$
$$= 1000 \times 150 \times 10^{-3}/3.6 \times 0.46$$
$$= 90.58kg$$

四、工 业 分 析

1. 用质量为 20.8055g 的称量瓶称取分析煤样 1.0030g，

在 105～110℃温度下干燥后，称得质量为 21.8010g，检查性干燥后称量为 21.8005g，问分析煤样的水分是多少？

解： 煤样加称量瓶质量为：

$$20.8055 + 1.0030 = 21.8085\text{g}$$

故煤样的分析基水分为：

$$M_{ad}(\%) = \frac{21.8085 - 21.8005}{1.0030} \times 100 = 0.80$$

2. 用质量为 19.3600g 的称量瓶，称取空气干燥基煤样后为 20.3598g，干燥后称量为 20.3296g，检查性干燥后又称量为 20.3310g，求空气干燥基水分？

解： M_{ad}（%）$= \dfrac{20.3598 - 20.3296}{20.3598 - 19.3600} \times 100$

$= 3.02$

3. 在已灼烧至质量恒定的灰皿中，称取空干基煤样 1.0020g，经灼烧后称量为 16.7110g，检查性灼烧后为 16.7102g，灰皿质量为 16.4410g，求此煤样的空干基灰分？

解： 空干基灰分（A_{ad}）

$$A_{ad}(\%) = \frac{16.7102 - 16.4410}{1.0020} \times 100$$

$$= 26.87$$

4. 称取分析试样质量为 1.0030g，测定灰分，灼烧后恒定质量为 16.5060g，灰皿质量为 16.3517g，测得该煤样的空气干燥基水分为 1.80%，试求煤样的空气干燥基和干燥基灰分？如此煤样的全水分为 6.30%，求收到基灰分为多少？

解： 空气干燥基灰分（A_{ad}）：

$$A_{ad}(\%) = \frac{16.5060 - 16.3517}{1.0030} \times 100 = 15.38$$

干燥基灰分：

$$A_d(\%) = 15.38 \times \frac{100}{100-1.80} \times 100 = 15.66$$

收到基灰分（A_{ar}）：

$$A_{ar}(\%) = 15.38 \times \frac{100-6.30}{100-1.80} = 14.68$$

5. 于已灼烧至质量恒定的灰皿中称取空气干燥基煤样，灰皿质量为 20.8890g，装入煤样后为 21.8866g，灼烧后称得质量为 21.1900g，检查性灼烧后称得质量为 21.1908g，求 A_{ad}为多少？

解： $$A_{ad}(\%) = \frac{21.1908-20.8890}{21.8866-20.8890} \times 100 = 30.25$$

6. 某化验员测定一个含碳酸盐和硫都较大的煤样的灰分，开始误在不带烟囱的马弗炉中灼烧测定，纠正后在带烟囱的马弗炉中灼烧测定，两次测量的记录如下，试求两者测定灰分相差多少？

记录项目	不带烟囱的马弗炉	带烟囱的马弗炉
灰皿质量，g	20.1500	21.2590
灰皿加试样质量，g	21.2500	22.3500
灼烧后灰皿（含残留物）质量，g	20.4680	21.5500
检查性灼烧后质量，g	20.4670	21.5556

解： 不带烟囱马弗炉中的测量结果：

试样质量 = 21.2500 − 20.1500 = 1.1000g

残留物质量 = 20.4670 − 20.1500 = 0.3170g

$$A_{ad}(\%) = \frac{0.3170}{1.1000} \times 100 = 28.82$$

带烟囱的马弗炉中的测量结果：

试样质量 = 22.3500 − 21.2590 = 1.0910g

残留物质量 = 21.5500 - 21.2590 = 0.2910g

$$A_{ad}(\%) = \frac{0.2910}{1.0910} \times 100 = 26.67$$

不带烟囱的马弗炉中测定的灰分比带烟囱的马弗炉中测定的大，两者相差值为：

$$28.82 - 26.67 = 2.15(\%)$$

7. 某火电厂验收一批 3200t 的原煤煤量。该批煤分三批次运抵电厂，第一批次为 1000t，化验 M_{ar}为 4.85%，A_{ad}为 28.80%，第二批为 1300t，化验 M_{ar} 为 5.50%，A_{ad} 为 30.50%，第三批次煤化验 M_{ar}为 6.50%，A_{ad}为 31.80%，试计算这批煤的平均 A_{ar}是多少？（假设各 M_{ad}均为 2.50%）

解： 第一、二、三批次煤的灰分（A_{ar}）分别设为 A_{ar}^1，A_{ar}^2和 A_{ar}^3，则

$$A_{ar}^1(\%) = 28.80 \times (100 - 4.85)/(100 - 2.50) = 28.11$$

$$A_{ar}^2(\%) = 30.50 \times (100 - 5.50)/(100 - 2.50) = 29.56$$

$$A_{ar}^3(\%) = 31.80 \times (100 - 6.50)/(100 - 2.50) = 30.50$$

$$A_{ar}(\%) = [1000 \times 28.11 + 1300 \times 29.56 + (3200 - 1000 - 1300) \times 30.50]/3200 = 29.37$$

8. 设挥发分坩埚质量为 15.5320g，加入煤样后质量为 16.5405g，在 900 ± 10℃下，加热 7min 后称量为16.3520g，并已知此煤样的空气干燥基水分 M_{ad}为2.85%，问煤样的空气干燥基挥发分是多少？

解： 空气干燥基挥发分（V_{ad}）可按下式计算

$$V_{ad}(\%) = \frac{16.5405 - 16.3520}{16.5405 - 15.5320} \times 100 - 2.85 = 15.84$$

9. 某电厂测定空气干燥基挥发分，称取煤样质量为

1.0030g，在 900±10℃下，加热 7min 后，称量后失去质量为 0.2865g，已知煤样空气干燥基水分为 1.56%，求挥发分 V_{ad}为多少？

解： V_{ad}（%）$=\dfrac{0.2865}{1.0030}\times 100-1.56$

$=28.56-1.56$

$=27.00$

10. 某电厂入炉煤测得：M_{ar}为 4.50%，M_{ad}为 1.03%，A_{ad}和 V_{ad}分别为 24.82%和 15.30%。根据这些实测记录，求煤样的干燥基、干燥无灰基、收到基挥发分各是多少？

解： $V_{d}(\%)=15.30\times\dfrac{100}{100-1.03}-1.03=15.46$

$$V_{daf}(\%)=15.30\times\frac{100}{100-(1.03+24.82)}=20.63$$

$$V_{ar}(\%)=15.30\times\frac{100-4.50}{100-1.03}=14.76$$

11. 某化验员测定挥发分时提供试验记录如下：

煤样质量 = 0.9989g

加热后失去质量 = 0.2410g

$M_{ad}=0.69(\%)$，$A_{ad}=23.10(\%)$，$(CO_2)_{ad}=5.80(\%)$

试计算 V_{ad}和 V_{daf}各是多少？

解： $V_{ad}(\%)=(0.2410/0.9989)\times 100-0.69-5.80$

$=17.64$

$V_{daf}(\%)=17.64\times 100/(100-0.69-23.10-5.80)$

$=25.05$

12. 某煤样测得空干基水分 M_{ad}为 1.87%，空干基挥发分为 15.67%，空干基灰分为 28.43%，求干燥基和干燥无灰基固定碳的百分含量？

解：$FC_{ad}(\%) = 100 - (1.87 + 15.67 + 28.43) = 54.03$

干燥基灰分：$A_d(\%) = 28.43 \times 100/(100 - 1.87) = 28.97$

干燥基挥发分：

$$V_d(\%) = 15.67 \times 100/(100 - 1.87) = 15.97$$

所以干燥基固定碳：

$$FC_d(\%) = 100 - 28.97 - 15.97 = 55.06$$

干燥无灰基挥发分：

$$V_{daf}(\%) = 15.67 \times \frac{100}{100 - 1.87 - 28.43} = 22.48$$

所以干燥无灰基固定碳：

$$FC_{daf}(\%) = 100 - 22.48 = 77.52$$

13. 已测得某煤样空气干燥基水分 M_{ad} 为 1.05%，灰分 A_{ad} 28.63%，V_{ad} 为 25.75%，全水分 M_t 为 8.50%，求 FC_{ad}，FC_d，FC_{ar} 和 FC_{daf} 各是多少？

解：$FC_{ad}(\%) = 100 - (1.05 + 28.63 + 25.75) = 44.57$

$$FC_d(\%) = 44.57 \times \frac{100}{100 - 1.05} = 45.04$$

$$FC_{ar}(\%) = 44.57 \times \frac{100 - 8.50}{100 - 1.05} = 41.21$$

$$FC_{daf}(\%) = 44.57 \times \frac{100}{100 - 1.05 - 28.63} = 63.38$$

14. 某化验室测得入厂煤试验结果如下：

$$M_{ar} = 6.1\%$$

$$M_{ad} = 1.90\%$$

$$A_{ad} = 25.60\%$$

$$V_{ad}=14.36\%$$

试计算 FC_{ad}，并换算成收到基、干燥基、干燥无灰基，表示各成分百分数含量。

解：FC_{ad}（%）$=100-1.90-25.60-14.36=58.14$

收到基：

$$A_{ar}(\%)=25.60\times\frac{100-6.1}{100-1.90}=24.50$$

$$V_{ar}(\%)=14.36\times\frac{100-6.1}{100-1.90}=13.75$$

$$FC_{ar}(\%)=100-6.1-24.50-13.75=55.65$$

干燥基：

$$A_{d}(\%)=25.60\times\frac{100}{100-1.90}=26.10$$

$$V_{d}(\%)=14.36\times\frac{100}{100-1.90}=14.64$$

$$FC_{d}(\%)=100-(26.10+14.64)=59.26$$

干燥无灰基：

$$V_{daf}(\%)=14.36\times\frac{100}{100-1.90-25.60}=19.81$$

$$FC_{daf}(\%)=100-19.81=80.19$$

五、发 热 量

1. 某研究所煤质室从国外进一批量热标准苯甲酸，标签上注明其热值为 $6287.2\mathrm{cal}_{15℃}$，试换算成用 20℃ 卡（$\mathrm{cal}_{20℃}$）和其相应的焦耳表示各是多少？

解：用 20℃卡表示热值：

$$Q_{ba}=6287.2\times4.1855/4.1816=6293.1\mathrm{cal}_{20℃}$$

用焦耳表示热值：

$$Q_{ba} = 6293.1 \times 4.1816 = 26315\text{J/g}$$

2. 有一位煤质化验人员重复测定入厂煤样发热量两次，其结果为 22085J/g、22230J/g，然后取其平均值作为该煤样的报告值，这符合现行标准规定值吗？

解：现行 GB/T213－2003 标准中规定实验室对于同一煤样重复测定两次的结果之差最大不得超过 120J/g。(含 120J/g)如果超过，通常做法应重新测定一次，取其两次相差不超过 120J/g 的测定值的平均值作为该煤样报告值。因此该位化验人员的做法是不正确的。

3. 某火电厂选用二级标准苯甲酸标定恒温式热量计的热容量，标定 5 次的结果如下：

热容量E(J/K)　10238,10248,10252,10297,10263。

试问热容量的标定精密度是否符合规定要求？

解：计算：热容量的平均值 $\overline{E} = 10260\text{J/K}$

热容量的标定标准差 $S_E = 22.744$

RSD（相对标准差）$= 22.744 \times 100/10260$

$= 0.22\%$

今热容量标定的相对标准差 0.22%超过规定的 0.20%

故热容量的标定精密度不符合要求。

4. 上题中如果标定热容量补作一次，从 6 次中选出 5 次，其结果如下：

热容量 E(J/K)　10238,10248,10252,10263,10254。

试问热容量的标定精密度是否满足规定要求？

解：计算：热容量的平均值 $\overline{E} = 10251\text{J/K}$

热容量的标准差 $S_E = 9.110$

RSD（相对标准差）$= 9.110 \times 100/10251$

$= 0.09\%$

今相对标准差0.09%小于0.20%，热容量的标定精密度满足规定要求，故可以将标定热容量的平均值作为该热量计的热容量。

5. 某火电厂化学班用带有贝克曼温度计的恒温式热量计测定入炉煤发热量，其原始记录如下：

试样质量为0.9985g；点火温度为1.235℃，相应孔经修正值为0.010℃；终点温度为3.230℃；相应孔径修正值为－0.005℃；热容量为9998J/℃；温度计平均分度值H＝1.010;冷却校正值为0.008℃；点火丝生成热38J。试计算$Q_{b,ad}$是多少？

解：

$$Q_{b,ad}=\frac{9998\times1.010[(3.230-0.005)-(1.235+0.010)+0.008]-38}{0.9985}$$

$=20066.8$

$=20067J/g$

6. 在上式中如果测得$S_{b,ad}$为2.35%，其$Q_{gr,ad}$应是多少？

解： $Q_{gr,ad}=20067-(94.1\times2.35+0.0012\times20067)$

$=19821J/g$

7. 某一煤试验室标定恒温式热量计热容量的试验结果如下：

标准苯甲酸质量为0.9985g，标准苯甲酸热值为26346J/g，点火热为41J，修正后温升值为1.995K。

在计算中因操作员把温升值误计为1.975K，问由此引起的热容量标定值的偏差是多少？

解： 先计算出硝酸生成热＝0.9985×26346×0.0015＝39J

E(正)＝(0.9985×26346＋39＋41)/1.995＝13226J/K

E(误) = (0.9985 × 26346 + 39 + 41)/1.975 = 13360J/K

由苯甲酸质量错误而引起的热容量标定值偏差为：

$$13360 - 13226 = 134\text{J/K}$$

8. 利用绝热式热量计测定煤发热量，其试验记录如下：

试样质量（m）= 0.9898g；包纸产生的热量（q_2）= 115J；点火丝产生的热量（q_1）= 40J；修正后的温升值（Δt）= 1.750K；热容量（E）= 11090J/K。

由于计算时，将试样质量误计为 0.8998g，问由此导致测定弹筒发热量（$Q_{b,ad}$）的偏差是多少？

解： $Q_{b,ad}$(正) = [11090 × 1.750 − (40 + 115)]/0.9898

= 19451J/g

$Q_{b,ad}$(误) = [11090 × 1.750 − (40 + 115)]/0.8998

= 21396J/g

两者相差为：21396 − 19451 = 1945J/g，即由于试样量错误使计算结果偏高 1945J/g。

9. 某化验室测发热量时的试验数据如下：

试样质量（m）= 1.1180；点火丝产生的热量（q_1）= 40J；添加物产生的热量（q_2）= 125J；修正后温升值（Δt）= 1.985K；热容量（E）= 11290J/K。

在计算时将热容量值误为 11920J/K，问由此而引起的发热量（$Q_{b,ad}$）的偏差是多少？

解： $Q_{b,ad}$(正) = [11290 × 1.985 − (40 + 125)]/1.1180

= 19898J/g

$Q_{b,ad}$(误) = [11920 × 1.985 − (40 + 125)]/1.1180

= 21016J/g

两者相差为：21016 - 19898 = 1118J/g，即由于热容量值错误而使计算结果偏高1118J/g。

10. 有一空气干燥煤样，其质量为1500g，测得 M_{ad} = 4.00%，A_{ad} = 28.50%，$Q_{gr,ad}$ = 20.150kJ/g，试求 $Q_{gr,daf}$是多少？

当向此全部煤样添加水，使之达到7.5%，问须添加多少水？这时 $Q_{gr,ar}$是多少？

解： $Q_{gr,daf} = 20.150 \times 100/(100 - 4.0 - 28.50)$

$= 29.852\text{kJ/g}$

当往此煤样中添加水到达7.5%时所需的水量计算如下：

煤样中原水分量为：1500g × 4.00% = 60g

原煤样中干基煤量为：1500 - 60 = 1440g

设添加水为 x g，则下式成立

$$\frac{x + 60}{1440 + x + 60} \times 100 = 7.5$$

解得：$x = 56.8\text{g}$

含7.5%水的煤样的发热量为

$$Q_{gr,ar} = 20.150 \times \frac{100 - 7.5}{100 - 4.00} = 19.414\text{kJ/g}$$

11. 为精密计算锅炉热力试验结果，需要将 $Q_{net,v,ar}$换算成 $Q_{net,p,ar}$，今已知：$Q_{gr,v,ad}$ = 21230J/g，H_{ad} = 3.00%，M_{ad} = 1.58%，M_{ar} = 5.80%，O_{ad} = 4.50%，试计算 $Q_{net,p,ar}$是多少？

解： $Q_{net,p,ar} = (21230 - 212 \times 3.00 - 0.8 \times 4.50)$

$$\times \frac{100 - 5.80}{100 - 1.58} - 24.4 \times 5.80$$

$= 19566\text{J/g}$

12. 某火电厂测得入厂煤的煤质结果：$A_{ad}=28.50\%$，$M_{ad}=2.50\%$，$Q_{gr,ad}=5250cal_{20℃}$，试用 MJ/kg 单位表示 $Q_{gr,daf}$ 是多少？

解：$Q_{gr,ad}=4.1816\times5250=21.95MJ/kg$

$$Q_{gr,daf}=21.95\times100/(100-2.50-28.50)$$
$$=31.81MJ/kg$$

13. 某入厂煤煤样，送往实验室测得 M_{ar} 为 8.50%，$Q_{gr,ar}$ 为 19700J/g，过了两天后，又测得 M_{ar} 为 6.50%，问这时 $Q_{gr,ar}$ 是多少？

解：含有 M_{ar} 为 6.50%时的发热量

$$Q_{gr,ar}=19700\times\frac{100-6.50}{100-8.50}=20130J/g$$

14. 某火电厂测得入厂煤煤质结果：$M_{ad}=2.00\%$，$M_{ar}=6.5\%$，$H_{ad}=3.00\%$，$S_{b,ad}=1.50\%$，$Q_{b,ad}=20072J/g$，$A_{ad}=45.50\%$，试求：$Q_{gr,ad}$，$Q_{net,ad}$，$Q_{net,ar}$，$Q_{net,d}$ 和 $Q_{net,daf}$ 各是多少？

解：$Q_{gr,ad}=20072-(94.1\times1.50+0.0012\times20072)$

$$=19907J/g$$

$$Q_{net,ad}=(19907-206\times3.00)-23\times2.00$$
$$=19243J/g$$

$$Q_{net,ar}=(19907-206\times3.00)\times\frac{100-6.5}{100-2.00}-23\times6.5$$
$$=18254J/g$$

$$Q_{net,d}=(19243+23\times2.00)\times\frac{100}{100-2.00}$$
$$=19683J/g$$

$$Q_{net,daf}=(19243+23\times2.00)\times\frac{100}{100-2.00-45.50}$$

$$= 36742\text{J/g}$$

15. 怎样以铜川煤的空气干燥基低位发热量直接换算到收到基、干燥基、干燥无灰基低位发热量？

已知测定结果：$Q_{net,ad} = 21420\text{J/g}$，$M_{ad} = 2.73\%$，$M_{ar} = 4.50\%$，$A_{ad} = 29.26\%$。

解： 收到基低位发热量

$$Q_{net,ar} = (21420 + 23 \times 2.73) \times \frac{100 - 4.50}{100 - 2.73} - 23 \times 4.50$$
$$= 20988\text{J/g}$$

干燥基低位发热量

$$Q_{net,d} = (21420 + 23 \times 2.73) \times \frac{100}{100 - 2.73}$$
$$= 22086\text{J/g}$$

干燥无灰基低位发热量

$$Q_{net,daf} = (21420 + 23 \times 2.73) \times \frac{100}{100 - 2.73 - 29.26}$$
$$= 31586\text{J/g}$$

16. 试按下面给出的试验结果计算恒容和恒压的高、低位发热量？

寨沟矿煤试验结果：$M_{ar} = 1.87\%$，$M_{ad} = 0.53\%$，$H_{ad} = 3.44\%$；$S_{b,ad} = 1.53\%$，$O_{ad} = 3.38\%$，$Q_{b,v,ad} = 28770\text{J/g}$，$\alpha = 0.0016$。

解： 恒容高、低位发热量的计算

$$Q_{gr,v,ad} = 28770 - (94.1 \times 1.53 + 0.0016 \times 28770)$$
$$= 28579\text{J/g}$$

$$Q_{net,v,ad} = (28579 - 206 \times 3.44) \times \frac{100 - 1.87}{100 - 0.53} - 23 \times 1.87$$
$$= 27452\text{J/g}$$

恒压高、低位发热量计算

$$Q_{gr,p,ad} = 28579 + 6.15 \times 3.44 - 0.8 \times 3.38 = 28598 J/g$$

$$Q_{net,p,ad} = (28579 - 212 \times 3.44 - 0.8 \times 3.38) \times \frac{100 - 1.87}{100 - 0.53} - 24.5 \times 1.87 = 27426 J/g$$

17. 一批分成三批次运达火电厂的原煤，总煤量 4200t。第一批次煤量 1200t，测得 M_{ar} 为 5.00%，$Q^1_{net,ar}$ 为 19800J/g；第二批煤量 1300t，测得 M_{ar} 为 8.01%，$Q^2_{net,ar}$ 为 17500J/g；第三批为余下的煤量，测得 M_{ar} 为 6.05%，$Q^3_{net,ar}$ 为18050J/g。假设三批次 M_{ad} 和 H_{ad} 相同并分别为 2.00%和3.50%，试问该批煤的平均收到基低位发热量（$\overline{Q}_{net,ar}$）是多少？

解：令第一、二、三批次的空干基高位发热量分别为 $Q^1_{gr,ad}$，$Q^2_{gr,ad}$ 和 $Q^3_{gr,ad}$，则：

$$Q^1_{gr,ad} = (19800 + 23 \times 5.00) \times \frac{100 - 2.00}{100 - 5.00} + 206 \times 3.50 = 21263 J/g$$

$$Q^2_{gr,ad} = (17500 + 23 \times 8.01) \times \frac{100 - 2.00}{100 - 8.01} + 206 \times 3.50 = 19560 J/g$$

$$Q^3_{gr,ad} = (18050 + 23 \times 6.05) \times \frac{100 - 2.00}{100 \quad 6.05} + 206 \times 3.50 = 19694 J/g$$

因为 $$\overline{Q}_{gr,ad} = \frac{1200 \times 21263 + 1300 \times 19560 + 1700 \times 19694}{4200} = 20100 J/g$$

$$\overline{M}_{ar}\% = \frac{1200 \times 5.00 + 1300 \times 8.01 + 1700 \times 6.05}{4200}$$

$= 6.36\%$

所以 $\overline{Q}_{net,ar} = (20100 - 206 \times 3.50)\dfrac{100 - 6.36}{100 - 2.00} - 23 \times 6.36$

$= 18370 J/g$

六、元 素 分 析

1. 用三节炉法测定碳、氢，称取空干基煤样 0.2000g，M_{ad}为 0.83%，试验后吸水剂瓶增量 0.0595g，（经空白修正后）二氧化碳吸收瓶增量为 0.4472g，煤样中碳酸盐二氧化碳（CO_2）$_{ad}$为 5.80%。试计算煤样中碳，氢含量是多少？

解： $H_{ad}(\%) = 0.0595 \times 0.1119 \times 100/0.2000 - 0.1119 \times 0.83$

$= 3.24\%$

$C_{ad}(\%) = 0.4472 \times 0.2729 \times 100/0.2000 - 0.2729 \times 5.80$

$= 59.44$

2. 用电量－重量法测定空干基测定煤中碳、氢含量，试验记录如下：

试样质量为：0.2050g

煤样空气干燥基水分：$M_{ad} = 0.92\%$

煤样中碳酸盐二氧化碳：$(CO_2)_{ad} = 3.60$

CO_2 吸收管共增重：0.4480g

电量积分仪显示的氢的毫克数为 6.35mg（已减空白），试计算煤中碳、氢含量（C_{ad}、H_{ad}）各是多少？

解： $C_{ad}(\%) = \dfrac{0.2729 \times 0.4480}{0.2050} \times 100 - 0.2729 \times 3.60$

$= 58.66$

$H_{ad}(\%) = \dfrac{6.35}{0.2050 \times 1000} \times 100 - 0.1119 \times 0.92$

$= 2.99$

3. 某化验室测定空气干燥基煤样含氮量，称取该煤样0.2020g进行测定，滴定硼酸吸收液所用标准硫酸溶液的摩尔浓度为 $C\left(\frac{1}{2}H_2SO_4\right) = 0.025$mol/L，消耗标准硫酸的体积为5.50ml，空白试验时硫酸标准溶液用量为0.30ml，求该煤样的含氮量？

解：

$$N_{ad} = \frac{C\ (V_1 - V_2)\ \times 0.014}{m} \times 100$$

式中 C——硫酸标准溶液的浓度，(mol/L)；

V_1——硫酸标准溶液的用量，(mol)；

V_2——空白试验时硫酸标准溶液的用量，(ml)；

0.014——氮的毫摩尔质量，(g/mmol)；

m——分析煤样质量，(g)。

$$N_{ad}(\%) = \frac{0.025(5.50 - 0.30) \times 0.014}{0.2020} \times 100 = 0.90$$

4. 用艾氏法测定煤中全硫，称取分析煤样质量为1.0010g,灼烧后硫酸钡沉淀质量为0.2329g，空白试验硫酸钡质量为0.0038g，试计算煤中全硫含量是多少？

解： $S_{t,ad}(\%) = \frac{(0.2329 - 0.0038) \times 0.1374}{1.0010} \times 100$

$= 3.14$

5. 库仑滴定法测定煤中全硫记录如下：

库仑积分器显示硫的毫克数为1.30mg，煤试样量为0.0508g,试求煤的全硫是多少？

解： $S_{t,ad}(\%) = \frac{1.30}{50.8} \times 100 = 2.56$

6. 某化验室用高温燃烧中和法测定分析煤样中全硫含

量，称取该煤样 0.2050g。所用氢氧化钠标准溶液的浓度为 0.050mol/L，消耗氢氧化钠体积为 33.50mL，空白试验时消耗氢氧化钠标准溶液体积为 0.50mL。求该煤样的全硫含量（设 $f=1$）。

解： $S_{t,ad}(\%)=\dfrac{(33.5-0.50)\times0.050\times0.0016\times1}{0.2050}\times100$

$=1.29$

7. 某化验员测定煤中各种形态硫，测得硫酸盐硫和硫化铁硫分别为 0.20% 和 2.87%，已知此煤样的全硫为 3.89%，试求有机硫含量为多少？

解： $S_{0,ad}(\%)=3.89-(0.20+2.87)=0.82$

8. 某化验室测定入炉煤样的工业分析和元素分析，其结果如下：

空干基水分：$M_{ad}=1.05\%$

空干基灰分：$A_{ad}=28.83\%$

碳：$C_{ad}=61.80\%$

氢：$H_{ad}=3.22\%$

氮：$N_{ad}=0.90\%$

硫：$S_{c,ad}=1.05\%$（$S_{c,ad}$为可燃硫）

试计算煤中空干基氧及干燥无灰基氧的含量各是多少？

如果煤中空干基碳酸盐二氧化碳 $(CO_2)_{ad}$为 2.69% 时，那么空干基和干燥无灰基的氧又各是多少？

解： 空干基氧的计算：

$O_{ad}(\%)=100-(61.80+3.22+0.90+1.05+1.05+28.83)$

$=3.15$

$O_{daf}(\%)=3.15\times100/(100-1.05-28.83)=4.49$

当上述煤中 $(CO_2)_{ad}$为 2.69% 时，则 C_{ad}（%）应为

$$61.80-0.2729\times 2.69=61.07$$

因此氧为：

$$O_{ad}(\%)=100-(61.07+3.22+0.90+1.05+1.05+28.83)$$

$$=3.88$$

$$O_{daf}(\%)=3.88\times 100/(100-1.05-28.83-2.69)$$

$$=5.75$$

9. 某电厂要求对该厂中速磨煤机排出石子煤进行工业分析与元素分析，以探索利用的可能性。试验结果如下：

$M_{ad}=0.33\%$，$A_{ad}=66.83\%$，$C_{ad}=7.70\%$，$H_{ad}=0.45\%$，$N_{ad}=0.27\%$，$S_{c,ad}$（可燃硫）$=34.54\%$，$S_{p,ad}=33.94\%$。

解： 尚未计算氧含量，空气干燥基元素组成的百分组成的总和就已超过了100%，即达到110.12%，显然这是由于黄铁矿硫（S_P）含量高引起的，故应对实测灰分进行校正。

今煤中黄铁矿硫 $S_{P,ad}=33.94\%$，相应于 $S_{p,ad}$ 的铁含量为 $33.94\times 0.8709=29.56\%$，然后将Fe含量换算成由于Fe氧化成 Fe_2O_3 时所增加的灰分百分率，即 $29.56\times 0.4298=12.70\%$，故实际灰分为 $66.83\%-12.70\%=54.13\%$，这样就可计算出

$$O_{ad}(\%)=100-(0.33+54.13+0.45+7.70+0.27+34.54)$$

$$=100-97.42=2.58$$

10. 某化验人员用库仑滴定法测得煤灰中硫的含量为2.60%，已知此煤样的全硫（$S_{t,ad}$）为2.50%，灰分 A_{ad} 为29.70%，试求此煤灰中 SO_3，含量及煤中可燃硫含量是多少？

解： 煤灰中 SO_3 含量为：2.60×2.5（S换算成 SO_3 的化学因子）$=6.50\%$

煤中不燃硫：S_{ic}（%）$=2.60\times29.70/100=0.77$

煤中可燃硫：S_c（%）$=2.50-0.77=1.73$

七、煤质在线分析

1. 某电厂为要检验煤质在线分析仪稳定性能，选用两个参比标准煤样 A 和 B 各重复测量 10 次，隔一天又按同样操作重复测量 10 次。在每次重复测量期间，记录一次相应的分析仪示值，其试验结果列为下表中，试计算和评价该仪器的稳定性能？

解：(1) 统计量的计算

示值的平均值、方差和精密度

a. 参比样 A（时间 0 时）：

$$\overline{A}_0=\frac{1}{n}\sum A_{i,0}=\frac{1}{10}\ (25.56+25.90+\cdots+25.90)\ =26.36$$

$$S_{A0}^2=\sum\ (A_{i,0}-\overline{A}_0)^2/\ (n-1)\ =0.5162$$

$$P_{Ai\ ,0}=t_{0.05,9}\times\sqrt{S_{A,0}^2}=2.26\times0.7185=1.62$$

b. 参比样 A（时间 q 时）：

$\overline{A}_q=26.62$； $S_{A,q}^2=0.4337$； $P_{A,q}=0.96$

c. 参比样 B（时间 0 时）：

$$\overline{B}_0=\frac{1}{n}\sum B_{i,0}=\frac{1}{10}\ (15.65+15.85+\cdots+16.79)\ =15.94$$

$$S_{B,0}^2=\sum\ (B_{i,0}-\overline{B}_0)^2/\ (n-1)\ =0.2809$$

$$P_{B,0}=2.26\times0.2809=0.6348$$

d. 参比样 B（时间 q 时）：

$\overline{B}_q = 15.96$;

$S^2_{B,q} = 0.2056$;

$P_{B,q} = 2.26 \times 0.2056 = 0.4647$

分析仪的稳定性试验结果

时　间　0			时　间　q		
周　期	分析仪示值		周　期	分析仪示值	
	参比样 A	参比样 B		参比样 A	参比样 B
1	25.56	15.56	1	26.80	16.01
2	25.90	15.85	2	26.50	16.55
3	26.10	16.05	3	27.70	15.98
4	27.00	16.50	4	26.50	15.05
5	27.40	15.00	5	25.60	15.50
6	25.40	15.80	6	25.98	16.20
7	26.80	16.50	7	27.08	16.58
8	26.20	15.90	8	26.00	15.90
9	27.30	15.50	9	27.35	15.85
10	25.90	16.79	10	26.70	16.00
平均值	$\overline{A}_0$　26.36	$\overline{B}_0$　15.94	平均值	$\overline{A}_q$　26.62	$\overline{B}_q$　15.96
方差 V	$S^2_{A,0}$ 0.5162	$S^2_{B,0}$ 0.2809	方差 V	$S^2_{B,q}$ 0.4237	$S^2_{B,q}$ 0.2056
精密度 P	$P_{A,0}$	$P_{B,0}$	精密度 P	$P_{A,q}$	$P_{B,q}$

（2）显著性检验：

1）方差变化：

$$F_A = 0.5162/0.4237 = 1.218$$

$$F_B = 0.2809/0.2056 = 1.366$$

查临界值 $F_{0,05,9,9} = 3.18$

$F_A = 1.218 < 3.18$，$S^2_{A,0}$与 $S^2_{A,q}$间无显著性差异

$F_B = 1.366 < 3.18$，$S^2_{B,0}$与 $S^2_{B,q}$间无显著性差异

2）示值变化

a. 计算结合标准差：

$$S_{A(0+q)} = \sqrt{\frac{0.5162 \times (10-1) + 0.4237 \times (10-1)}{10+10-2}}$$

$$= 0.6855$$

$$S_{B(0+q)} = \sqrt{\frac{0.2809 \times (10-1) + 0.2056 \times (10-1)}{10+10-2}}$$

$$= 0.4932$$

b. 计算统计量 t：

$$t_A = \frac{|26.36 - 26.62|}{0.6855 \times \sqrt{\frac{1}{10} + \frac{1}{10}}} = 0.8481$$

$$t_B = \frac{|15.94 - 15.96|}{0.4932 \times \sqrt{\frac{1}{10} + \frac{1}{10}}} = 0.0907$$

查 t 值表临界值 $t_{0.05,18} = 2.10$

$t_A = 0.8481 < 2.10$，　$t_B = 0.0907 < 2.10$

示值 A_0 与 A_q 间无显著性差异

示值 B_0 与 B_q 间无显著性差异

（3）评价：

分析仪对参比样 A 和 B 在时间 0 和时间 q 时的测量方差间无显著性差异，说明在这段时间内精密度无显著性变化。

分析仪对参比样 A 和 B 的时间 0 和时间 q 的测量值无显著性差异，说明测量值在这段时间内无显著性变化。

2. 某电力试验研究院受某电厂委托对一台煤质在线灰分仪进行动态标定试验，其试验结果列于下表，试判断所标定曲线是否存在刻度系统误差和截距系统误差？

标定试验结果（灰分，%）

序号	分析仪示值 A_i	双份参比值				标值与参比值之差 d_i
		参比值 1，D1	参比值 2，D2	平均值 $\overline{D_i}$	差值 dup D1 - D2	
1	16.45	16.47	16.07	16.270	0.40	0.180
2	19.57	19.80	20.83	20.315	-1.03	-0.745
3	12.28	12.87	12.40	12.635	0.47	-0.355
4	16.39	20.34	20.99	20.165	-0.645	-3.775
5	18.72	19.32	19.35	19.335	-0.03	-0.615
6	15.96	15.84	15.90	15.870	-0.06	0.090
7	16.95	15.97	16.05	16.010	-0.08	0.940
8	9.71	9.21	9.59	9.400	-0.38	0.310
9	16.48	17.13	17.12	17.125	0.01	-0.645
10	14.10	12.95	12.38	12.665	0.58	1.435
11	13.99	14.27	13.66	13.965	0.61	0.025
12	11.92	11.99	11.24	11.615	0.75	0.305
13	19.91	18.82	19.60	19.210	-0.78	-0.300
14	11.90	12.92	11.11	12.015	1.81	-0.115
15	14.79	15.43	14.81	15.120	0.62	-0.330
16	17.77	17.75	17.27	17.51	0.48	0.260
17	11.43	10.51	9.90	10.205	0.61	1.225
18	14.66	13.85	13.57	13.710	0.28	0.950
19	13.30	12.92	12.42	12.960	0.82	-1.660
20	12.30	14.37	13.55	13.960	0.82	-1.660

解：（1）离群值检验，检验前经目视判断示值与参比值间相关性良好，灰分分析仪示值与参比值的最大差值为 -3.775（NO.4 号煤样），计算统计量 C：

$$C = d_{最大}^2 / \Sigma d_i^2$$

$$= \frac{(-3.775)^2}{[(0.180)^2 + (-0.745)^2 + \cdots + (-1.660)^2]}$$

$$= 0.576$$

查 C 值表（科克伦 Cochran），得临界值 $C_{0.01,20} = 0.480$

今 $C = 0.576 > 0.480$，故判明 -3.775 为离群值，舍弃。

舍去 -3.775 后的最大值（次大值）是 -1.660

计算统计量 $C' = \frac{(-1.660)^2}{\Sigma d_i^2} = 0.263$

Σd_i^2 中不包含 -3.775

查 C 值得临界值 $C_{0.01,19} = 0.496$

今 $C' = 0.236 < 0.496$，故判明 -1.660 为正常值，应保留。

（2）分析仪刻度偏倚（系统误差）检验

1）相关数据的计算

a. $S_A{}^2 = \Sigma A_i^2 - \frac{1}{n}(\Sigma A_i)^2$

$$= 4306.79 - \frac{1}{19}(281.19)^2$$

$$= 145.33$$

b. $S_D^2 = \Sigma \overline{D}_i^2 - \frac{1}{n}(\Sigma D_i)^2$

$$= 4287.15 - \frac{1}{19}(279.61)^2$$

$$= 172.32$$

c. $S_{A\cdot\overline{D}}=\Sigma A\cdot\overline{D}_i-\frac{1}{n}(\Sigma A_i)(\Sigma\overline{D}_i)$

$=4291.73-\frac{1}{19}(281.19)(279.61)$

$=153.65$

d. $S_{dup}^2=\Sigma dup_i^2-\frac{1}{n}(\Sigma dup_i)^2$

$=13.61-3.71$

$=9.900$

e. $\sigma_c^{\ 2}=S_{\overline{D}}^2-\frac{1}{4}S_{dup}^2$

$=172.32-\frac{1}{4}9.900$

$=169.84$

f. $\beta=S_{A\cdot D}/\left(S_{\overline{D}}^2-\frac{1}{4}S_{dup}^2\right)$

$=153.65/169.84$

$=0.9047$

g. 通过示值和参比值回归得到两者相关系数：$r=0.9710$

2）斜率的方差 V_β

$$V_\beta=n^{-1}\times\sigma_c^{-2}\times\left|\left[\frac{S_{dup}^2}{4}\right]\times\beta^2\times(0.5+\sigma_c^{-2})+(S_A^2-\beta^2\cdot\sigma_c^{\ 2})\times\left(1+\left[\frac{S_{dup}^2}{4}\right]\cdot\sigma_c^{-2}\right)\right|$$

$$=\frac{1}{19\times169.84}\times\left|\frac{9.900}{4}\times0.9047^2\times\left(0.5+\frac{1}{169.84}+(145.33-0.9047^2\times169.84)\times\left(1+\left[\frac{9.900}{4}\right]\times\frac{1}{9.900}\right)\right|$$

$$= 0.0003 \times |8.923| = 0.0027$$

3）刻度偏倚检验

$$t_\alpha = \frac{|\beta - 1|}{\sqrt{V_\beta}} = \frac{|0.9047 - 1|}{\sqrt{0.0027}} = 1.834$$

查 t 值表，得临界值 $t_{0.01,17} = 2.88$

今 $t_\alpha = 1.834 < 2.88$，故认为分析仪刻度不存在偏倚。

（3）截距偏倚检验

$$V_\mathrm{d} = \left[\Sigma d_i^2 - \frac{1}{n}\ (\Sigma d_i)^2\right] /\ (n-1)$$

$$= \left[11.6517 - \frac{1}{19}\ (11.15)^2\right] /\ (19-1)$$

$$= 0.5977$$

$$S_\mathrm{d} = \sqrt{V_\mathrm{d}} = \sqrt{0.5977} = 0.7731$$

$$\overline{d} = \frac{1}{n}\Sigma d_i = \frac{1}{19} \times 11.15 = 0.2168$$

$$t_\alpha = |d| / \left(S_\mathrm{d} \times \frac{1}{\sqrt{n}}\right)$$

$$= |0.2168| / \left(0.7731 \times \frac{1}{\sqrt{19}}\right)$$

$$= 1.2222$$

查 t 值表，得临界值 $t_{0.01,18} = 2.878$

今 $t_\alpha = 1.2222 < 2.878$，故认为无截距偏倚。

3. 为要检验煤质在线灰分仪的动态精密度，采用了较为简便的动态对比方法，试验中采取的 20 个比对周期的参比样的参比值和相应的仪器示值列于下表中，试计算该仪器的动态精密度？

比对动态精密度试验数据（灰分,%）

	分析仪示值 A	参比值 R	分析仪值与参比值之差
1	8.89	8.2	0.69
2	8.73	7.76	0.97
3	8.53	7.84	0.69
4	8.84	8.44	0.4
5	8.77	8.62	-0.35
6	8.44	7.53	0.91
7	7.04	6.78	-1.17
8	8.12	7.83	-0.34
9	7.81	7.37	0.44
10	8.33	7.95	0.38
11	8.71	8.02	0.69
12	8.94	8.23	0.71
13	8.78	8.34	0.44
14	9.12	8.85	0.27
15	9.01	8.12	-0.55
16	8.71	8.04	0.67
17	8.79	8.11	0.68
18	8.65	8.15	0.5
19	8.88	8.19	0.69
20	8.96	8.71	0.38
Σd_i^2			8.1572
C			0.115
$C_{0.01,20}$			0.480
$\overline{d}$			0.355
V			0.297
S			0.545

解：（1）离群值检验（检验前，须判断分析仪示值与参比值相关性是否良好）

参比值 R 和分析仪示值 A 之差值组中的最大值为 1.17（NO.7），计算统计量 C

$$C = d_{最大}^2/\Sigma d_i^2$$
$$= 1.17^2/（0.69^2 + 0.97^2 + \cdots + 0.38^2） = 0.115$$

查 C 值表（Cochran），得临界值 $C_{0.01,20} = 0.480$

今 $C = 0.115 < 0.480$，故 −1.17 为正常值，保留。

（2）比对动态精密度

1）分析仪示值 A 与参比值 R 之差 d 的方差 V_d 和标准差

$$V_{d,q} = \frac{\Sigma d_i^2 - \frac{1}{n}（\Sigma d_i)^2}{n-1}$$
$$= \left[8.157 - \frac{1}{20} \times （7.100)^2\right]/（20-1） = 0.2967$$

$$S_d = \sqrt{V_d} = \sqrt{0.2967} = 0.5447$$

比对动态精密度 P_d

$$P_d = t_{0.05,n-1} \times S_d$$
$$= 2.086 \times 0.545$$
$$= 2.086 \times 0.5447$$
$$= 1.136$$

如若以前同类仪器所得的比对动态精密度为 0.9%（A_d）则其

$$V_{d,0} = （0.90/2)^2 = 0.202$$

利用 F 检验法检验该分析仪的精密度与以前同类仪器的精密度有否存在显著性差异：

$$F_a = V_{d,q}/V_{d,0} = 0.297/0.202 = 1.470$$

查表得临界值 $F_{0.05,19}=2.17$

今 $F_a=1.470<2.17$，$V_{d,0}$与 $V_{d,q}$之间无显著性差异。故可认为该仪器测定灰分的精密度与以前同类仪器测定灰分的精密度是处于同等水平的。

八、误差及数据处理

1. 根据下面实测全硫含量结果计算其平均偏差和标准偏差各是多少？测定结果 $S_{t,ad}$（%）：1.02，1.03，1.02，0.96,1.01，1.04，1.00，0.97，1.02，0.97。

解：(1) 用平均偏差表示，其计算步骤是

1）计算测定值的平均值，$\bar{x}=1.00$。

2）求出各测定值同平均值之差 d，它们分别为：-0.02，-0.03，-0.02，0.04，-0.01，-0.04，0.00，0.03，-0.02，0.03。

3）求出 d 的绝对值的总和 R，即 $R=0.24$。

4）求 d 绝对值的平均值，即$\dfrac{R}{10}=0.024$。

(2) 用标准偏差（S）表示，其计算步骤是

1）先计算测定值的平均值，$\bar{x}=1.00$

2）求出各测定值同平均值之差 d 的平方和的平均值，即

$$\begin{aligned}&[(-0.02)^2+(-0.03)^2+(0.04)^2+(-0.02)^2\\&+(-0.01)^2+(-0.04)^2+(0.00)^2+(0.03)^2\\&+(-0.02)^2+(0.03)^2]\div 10\end{aligned}$$

$$=0.00072$$

3）对 d 的平方和的平均值开平方，即

$$\sqrt{0.00072} = 0.027$$

上述两种方法计算结果说明，对同一组测定值精密度用标准偏差表示比用算术平均偏差表示大。

2. 上题中测定的全硫平均值，若用平均值的平均偏差（$d_{\bar{x}}$）和平均值标准偏差（$S_{\bar{x}}$）表示其精密度，它们各是多少？

解： 用平均值的平均偏差（$d_{\bar{x}}$）表示全硫测定结果的精密度：

$$d_{\bar{x}} = \frac{\overline{d}}{\sqrt{n}} = \frac{0.024}{\sqrt{10}} = 0.0076$$

故真实值落在 $\overline{x} \pm d_x = 1.00 \pm 0.0076$

用平均值标准偏差 $S_{\bar{x}}$表示全硫测定结果的精密度：

$$S_{\bar{x}} = \frac{S}{\sqrt{n}} = \frac{0.027}{\sqrt{10}} = 0.0085$$

若显著性水平取 0.05，则真实值有 95%概率落在：

$$\begin{aligned}\overline{x} \pm t_{0.05,9} \times S_{\bar{x}} &= 1.00 \pm 2.262 \times 0.0085 \\ &= 1.00 \pm 0.019\end{aligned}$$

计算结果表明，用第二种方法计算的偏差值比第一种方法大，其波动范围也大。因此，按后者计算的测定结果对指导设计和控制生产较前者更有把握。

3. 某化验员测定煤中氮的含量，共测定 10 次，其结果如下：

1.52，1.46，1.61，1.54，1.26，1.49，1.62，1.71，1.65，1.74

试检查其中的否有异常值需剔除？

解： 用 Grubbs 法决定应舍去的数据。

上列数据的平均值 $\overline{x} = 1.56$，标准差 $S = 0.14$，最大值

$x_n = 1.74$ 最小值 $x_1 = 1.26$

$$T_n = \frac{1.74 - 1.56}{0.14} = 1.28$$

$$T_1 = \frac{1.56 - 1.26}{0.14} = 2.14$$

当选择 $\alpha = 0.05$，查 Grubbs 表，$n = 10$ 时，$T_{0.05,10} = 2.18$。

因 $1.28 < 2.18$，$2.14 < 2.18$，所以无舍弃的异常值。

4. 为选用高温燃烧法替代经典的艾氏卡法测定全硫可能性，同时用此两种方法对一个煤样各进行 10 次试验，其结果如下：

艾氏卡法：0.93，2.82，2.83，2.81，2.74，
2.97，2.87，2.94，2.95，2.94

高温燃烧法：2.84，2.79，2.68，2.70，2.82，
2.99，2.95，2.88，2.71，2.64

试比较两方法的精密度？

解：（1）求出艾氏法的平均值：$\overline{x}_1 = 2.88$；

标准方差：$S_1^2 = 0.0059$；

高温燃烧法的平均值：$\overline{x}_2 = 2.80$；

标准方差：$S_2^2 = 0.0139$

（2）利用 F 法检验两者的标准方差：

$$F = \frac{S_2^2}{S_1^2} = 2.36$$

（3）查 F 分布表中第一自由度和第二自由度都等于 9（10 − 1）时的 F 临界值为 $F_{0.05} = 3.18$。今 $2.36 < 3.18$，说明此两种方法之间没有显著性差异，也就是说高温燃烧法的精密度不比艾氏法低，因此，高温燃烧法可以代替艾氏法。

5. 某火电厂要用库仑法代替操作烦琐的艾氏卡法测定

煤中全硫，用标准煤样中的硫（$U=1.31\%$）在实验室内一共进行了 8 次测定。其结果 $S_{t,ad}$（%）：1.30　1.33　1.31　1.29　1.29　1.28　1.27　1.33. 试求库仑法测定全硫的精密度？

解：（1）把测定数据由小到大顺序排成数组：

1.27　1.28　1.29　1.29　1.30　1.31　1.33　1.33

（2）求出测定平均值 $\overline{x}$ 和测定值标准差 S_x：

$$\overline{x}（\%）=\frac{1.27+1.28+1.29+1.29+1.30+1.31+1.33+1.33}{8}$$

$$=1.30$$

$$S_x=0.022$$

（3）求出 T（Grubbs）检验法中的 T_1 和 T_n 值：

$$T_1=\frac{1.30-1.27}{0.022}=1.36$$

$$T_n=\frac{1.33-1.30}{0.022}=1.36$$

查（Grubbs）表中 $T_{0.05,8}$临界值为 2.03，今 $1.36<2.03$，故无舍弃值。

（4）求测定平均值的置信范围（D），在 95%概率下：

$$D=1.30\pm2.37\times\frac{0.022}{\sqrt{8}}=1.30\pm0.02,$$

即 1.28～1.32。

可见平均值置信范围为 1.28%～1.32%，包含了标准煤样的名义值，故库仑法可替代艾氏卡法测定煤中全硫。

（5）库仑法测定全硫的精密度：

$$相对标准偏差（RSD）（\%）=\frac{0.022}{1.30}\times100=1.69$$

（6）库仑法测定全硫的准确度：

相对误差 E_r（%）$= \dfrac{1.31-1.30}{1.31} \times 100 = 0.76$

6. 某火电厂为检验电脑恒温式热量计的性能，用标准煤样（$Q_{gr,d} = 25989$J/g）对该仪器进行 8 次发热量试验。试验结果按大小排列如下（单位 J/g）：

25964　26005　26018　26022　26051　26076　26093　26281

解：计算测定平均 $\overline{x}$ 和 S_x 值：

$$\overline{x} = (25964 + 26005 + 26018 + 26022 + 26051 + 26076 + 26093 + 26281)/8$$

$$= 26064\text{J/g}$$

$$S_x = 96.808$$

计算 T_1 和 T_n 值以检验有否异常值：

$$T_1 = \frac{\overline{x} - x_1}{S_x} = \frac{26046 - 25964}{96.808} = 1.03$$

$$T_n = \frac{x_n - \overline{x}}{S_x} = \frac{26281 - 26064}{96.808} = 2.24$$

查 Grubbs 检验临界值表 $T_{0.05,8} = 2.03$，今 $T_1 = 1.03 < T_{0.05,8}$，而 $T_n = 2.24 > T_{0.05,8}$，故 26281 数据为异常值应舍去。

舍去后重新计算 $\overline{x}$、S_x、T_1、和 T_n：

$$\overline{x} = (25964 + 26005 + 26018 + 26022 + 26051 + 26076 + 26093)/7$$

$$= 26033\text{J/g}$$

$$S_x = 44.090$$

$$T_1 = \frac{26033 - 25964}{44.090} = 1.57$$

$$T_n = \frac{26093 - 26033}{44.090} = 1.36$$

今 T_1 和 T_n 均小于 Grubbs 表中的 $T_{0.05,7}=1.94$，故无舍去值。

再计算出平均值（$\bar{x}$）的标准偏差：$S_{\bar{x}}=\frac{44.090}{\sqrt{7}}=16.67$，然后用 t 分布法检验 $\bar{x}$ 与标准煤样的名义值之间有无差异性：

$$t_{计}=\frac{|\bar{x}-U_a|}{S_{\bar{x}}}=\frac{26033-25989}{16.67}=2.64$$

查 t 分布表得到 $t_{0.05,6}=2.447$，今 $2.64>2.447$，这表明用这台热量计测定的结果（平均值）与标准煤样名义值之间有显著差异，经确认操作者操作正确，故认为该热量计综合性能不好，不能用于测定燃料发热量。

7. 某化验室用两台热量计同时测定一个标准煤样的发热量，各测 8 次，其结果如下，问两热量计是否具有相同的精密度？（经 T 检验无舍弃值）

第一台热量计：

21050　21080　21060　21050　（J/g）

21090　21070　21040　21020　（J/g）

第二台热量计：

21010　21060　21040　21070　（J/g）

20990　20980　21000　21050　（J/g）

解： $S_1=22.50$

$S_1^2=507$

$S_2=34.22$

$S_2^2=1171$

$S_2^2/S_1^2=2.31$

查 F 临界值表　$F_{0.05,7}=3.79$

今 2.31 < 3.79

两台热量计的精密度无显著差异。

8. 下面为统计某电厂入厂煤例行试验中的 M_{ar}、A_{ar}和相对应的 $Q_{net,ar}$数据，经整理列表于下。试建立（$M_{ar}+A_{ar}$）和 $Q_{net,ar}$相关的回归方程式，并求出该方程的准确度和两者的相关性（系数）?

入厂煤例行试验结果统计

序号	M_{ar} (%)	A_{ar} (%)	x_i $M_{ar}+A_{ar}$ (%)	y_i $Q_{net,ar}$ Mg/kg
1	8.89	20.77	29.66	22.46
2	8.08	19.23	27.31	23.28
3	7.92	19.36	27.28	23.06
4	11.37	11.57	22.94	24.32
5	8.69	17.06	25.75	23.56
6	9.91	15.04	24.95	23.78
7	8.21	18.58	26.79	23.17
8	11.37	11.57	22.94	24.32
9	7.92	19.36	27.28	23.06
10	9.81	20.01	29.82	22.30
11	9.42	18.89	28.31	22.40
12	8.85	16.88	25.73	23.57
13	10.92	18.43	29.35	22.22
14	6.28	20.65	26.93	23.46
15	7.30	12.41	19.71	26.08
16	10.03	29.63	39.66	18.60
17	17.30	13.91	31.21	21.56
18	11.17	27.78	38.95	18.67
19	5.20	21.48	26.68	23.57
20	5.60	23.59	29.19	22.61
			$\Sigma x_i=560.44$	$\Sigma y_i=456.05$

解：先在直角坐标纸上把（$M_{ar}+A_{ar}$）之和同相对应的$Q_{net,ar}$作出散点图，初步判断两者是否有相关关系，若有则按下列步骤继续进行。

（1）计算下列有关参数：

1）x 与 y 的平均值

$$\bar{x}=\frac{1}{20}\times 560.44=28.022$$

$$\bar{y}=\frac{1}{20}\times 456.05=22.802$$

2）$L_{xx}=16125.52-\frac{1}{20}\times(560.44)^2=420.87$

$$L_{yy}=10455.25-\frac{1}{20}\times(456.05)^2=56.17$$

3）$L_{xy}=12626.75-\frac{1}{20}\times 560.44\times 456.05=-152.68$

（2）计算 b 和 a

$$b=\frac{-152.68}{420.87}=-0.3628$$

$$a=22.802-(-0.3628)\times 28.022=32.968$$

故要建立的线性回归方程式可写成为

$$y=32.968-0.3628x$$

显然只要知道 x 值（$M_{ar}+A_{ar}$）就可推算出 y 值（$Q_{net,ar}$）。

（3）相关系（系数）：

$$r_{计}=\frac{-152.68}{\sqrt{420.87\times 56.17}}=-0.9930$$

查相关系数 r 检验表，取显著性水平 $\alpha=0.05$，自由度为 20－2 时，$r=0.444$，今 $r_{计}>r$，故（$M_{ar}+A_{ar}$）和 $Q_{net,ar}$ 之间的相关关系较好。

（4）回归线性方程式的准确度：

$$S_r = \sqrt{1 - (-0.09930)^2} \times \sqrt{\frac{56.17}{20-12}} = \pm 0.2086$$

依据实测同种煤的 M_{ar} 与 A_{ar} 之和，用此回归线性方程推算的 $Q_{net,ar}$ 的误差为 $\pm 2.101 \times 0.2086 = \pm 0.438$MJ/kg。

9. 某电厂对一台库仑测硫仪进行校准，选一标准煤样 $S_{t,d}$ 为 2.88%，连续测定 7 次，其结果为：(排列次序是数据从小到大) 2.82、2.83、2.84、2.86、2.87、2.89、2.89

解：（1）计算平均值 $\bar{x} = 2.86$（%）

标准差 $S = 0.028$

（2）用 Grubbs 法检验有无舍弃值

$$T_n = \frac{2.89 - 2.86}{0.028} = 1.07$$

$$T_1 = \frac{2.86 - 2.82}{0.028} = 1.43$$

查 Grubbs 表，$T_{0.05,7} = 1.94$，今 T_n 和 T_1 均小于 $T_{0.05,7}$，无舍弃值。

（3）计算相对标准差 $\text{RSD} = \frac{S}{\bar{x}} \times 100 = \frac{0.028}{2.86} \times 100 = 0.98\%$

计量标准中规定值为：$S_{t,ad} > 1.00$ 时，RSD 为 1.20，今计算值（RSD）小于规定值，精密度符合要求。

（4）系统误差检验：

用“t”分布法检验平均值 $\bar{x}$ 与标准煤样的标准值 U_a 有无显著差异

$$t_{计} = \frac{|\bar{x} - U_a|\sqrt{n}}{S}$$

$$= \frac{|2.86 - 2.88|\sqrt{7}}{0.028}$$

$$= 1.890$$

查“t”分布表 $t_{0.05,7-1}$为 2.447

今 $t_{计} < t_{0.05,7-1}$，测定结果为标准煤样标准值无显著差异。

10. 某电力研究院对红外测硫仪进行校准，选一个标准煤样 $S_{t,d}$为 1.25%，连续测定 7 次，结果如下：

1.22、1.22、1.23、1.24、1.24、1.25、1.25 计算相对标准偏差（RSD）及判断有无系统误差？

解：（1）计算平均值 $\overline{x} = 1.24$

标准偏差 $S = 0.0127$

（2）用 Grubbs 法检验有无舍弃值

$$T_n = \frac{1.25 - 1.24}{0.0127} = 0.78$$

$$T_1 = \frac{1.24 - 1.22}{0.0127} = 1.57$$

查 Grubbs 表，$T_{0.05,7}$为 1.94，今 T_n 和 T_1 均小于 $T_{0.05,7}$，无舍弃值。

（3）计算相对标准偏差 RSD

$$\begin{aligned} \mathrm{RSD} &= \frac{S}{\overline{x}} \times 100 \\ &= \frac{0.0127}{1.24} \times 100 \\ &= 1.02\% \end{aligned}$$

当 $S_{t,ad} > 1.00$ 时，RSD 规定值为 1.20%。

今计算值 RSD 小于规定值，因此相对标准偏差符合要求。

（4）系统误差检验

$$t_{计} = \frac{|\overline{x} - U_a|\sqrt{n}}{S}$$

$$= \frac{|1.24 - 1.25|\sqrt{7}}{0.0127}$$

$$= 2.08$$

查"t"分布表 $t_{0.05,6}$ 为 2.447。

今 $t_{计} < t_{0.05,6}$，因此测定结果平均值与标准煤样标准值无显著差异。

11. 某化验室对所用碳、氢、氮元素分析仪进行校准，所用标准煤样的标准值为：$C_d = 65.30\%$，$H_d = 3.85\%$，$N_d = 1.41\%$，用元素分析仪连续测定 7 次，结果如下：（按含量大小排列）

	C_d (%)	H_d (%)	N_d
1	65.35	3.90	1.43
2	65.34	3.87	1.41
3	65.33	3.85	1.40
4	65.25	3.85	1.39
5	65.20	3.79	1.38
6	65.13	3.79	1.37
7	64.95	3.75	1.35

计算相对标准偏差（RSD）及检验系统误差？

解：(1) 计算 C_d、H_d、N_d 的各自平均值（$\overline{x}$）及标准偏差（S）

$\overline{x}_{C_d} = 65.22$　　$\overline{x}_{H_d} = 3.83$　　$\overline{x}_{N_d} - 1.39$

$S_{C_d} = 0.15$　　$S_{H_d} = 0.053$　　$S_{N_d} = 0.026$

(2) 用"T"检验法，检查有无异常值：

$$T_n = \frac{x_{max} - \overline{x}}{S}$$

$$T_1 = \frac{\overline{x} - x_{min}}{S}$$

查 Grubbs 临界表，若 $T_n > T_{0.05,n}$，则舍去 x_{max}，若 $T_1 > T_{0.05,n}$，则舍去 x_{min}（x_{max}和 x_{min}为每项的最大值和最小值）。

经统计计算三项中无舍去值。

(3) 计算相对标准偏差　$RSD = \frac{S}{\overline{x}} \times 100$

碳的 $RSD = \frac{0.15}{65.22} \times 100 = 0.23\%$

氢的 $RSD = \frac{0.053}{3.83} \times 100 = 1.38\%$

氮的 $RSD = \frac{0.026}{1.39} \times 100 = 1.87\%$

经查对碳、氢、氮的相对标准偏差均未超过规定范围。

(4) 系统误差的检验：

用"t"分布法检验平均值 $\overline{x}$ 与标准煤样的标准值 U_a 之间有无显著差异：

计算 $t_{计} = \frac{|\overline{x} - U_a|\sqrt{n}}{S}$

碳：$t_{计} = \frac{|65.22 - 65.30|\sqrt{7}}{0.15} = 1.41$

氢：$t_{计} = \frac{|3.83 - 3.85|\sqrt{7}}{0.053} = 1.00$

氮：$t_{计} = \frac{|1.39 - 1.41|\sqrt{7}}{0.026} = 2.04$

查"t"分布表 $t_{0.05,6} = 2.447$

今碳、氢、氮的 $t_{计}$ 均未超过 $t_{0.05,6}$的值，所以与标准煤样标准值无显著差异。

12. 用标准煤样校核快速煤质工业分析仪的灰分和挥发

分测定结果的相对标准偏差和系统误差？

标准煤样的标准值为 A_d（%）=28.48

V_d（%）=14.51

用标准煤样连续测定7次结果如下：

A_d（%）	V_d（%）
28.70	14.56
28.60	14.54
28.56	14.50
28.58	14.48
28.53	14.39
28.48	14.38
28.43	14.40
$\overline{x}=28.55$	$\overline{x}=14.46$
S=0.087	S=0.074

（两组数据经“T”检验无舍弃值）。

解：（1）求相对标准偏差RSD：

灰分的RSD（%）$=\dfrac{0.087}{28.55}\times 100=0.30$

挥发分的RSD（%）$=\dfrac{0.074}{14.46}\times 100=0.51$

经检查灰分和挥发分的相对标准偏差均未超过规定值。

（2）系统误差的检验：

灰分：$t_{计}=\dfrac{|28.55-28.48|\sqrt{7}}{0.087}=2.129$

挥发分：$t_{计}=\dfrac{|14.46-14.51|\sqrt{7}}{0.074}=1.788$

由“t”分布表查得 $t_{0.05,6}$为2.447

今灰分的 $t_{计}$ 和挥发分的 $t_{计}$ 均小于查表 $t_{0.05,6}$ 的值，因此灰分和挥发分与标准煤样标准值无显著差异。

13. 某电力试验研究院为采用电量法代替重量法测定煤中氢含量，按 GB/T18510—2001 标准中的方法 A 进行试验，其试验结果列于下表中，试判断电量法可否代替重量法？

可替代方法与国家标准方法比较——方法 A

电量法（可替代方法）H_d%					重量法（国家标准方法）H_d%				两方法结果之差 d
分析次数	X_1	X_2	$\overline{X}_{ALT}$	重复测定值之差 W_i	1	2	$\overline{X}_{GB}$	重复测定值之差 W_i	$\overline{X}_{ALT}-\overline{X}_{GB}$
1	4.36	4.40	4.38	0.04	4.50	4.38	4.44	0.12	-0.06
2	3.22	3.14	3.18	0.08	3.30	3.21	3.26	0.09	-0.08
3	2.24	2.26	2.25	0.02	2.35	2.31	2.33	0.04	-0.08
4	3.28	3.42	3.35	0.14	3.29	3.33	3.31	0.04	0.04
5	5.21	5.29	5.25	0.08	5.33	5.27	5.30	0.06	-0.05
6	2.25	2.31	2.28	0.06	2.30	2.18	2.24	0.12	0.04
7	4.88	4.78	4.83	0.10	4.79	4.82	4.80	0.03	0.03
8	4.21	4.28	4.24	0.07	4.17	4.21	4.19	0.04	0.05
9	3.87	3.98	3.92	0.11	3.97	3.99	3.98	0.02	-0.06
10	2.93	2.83	2.88	0.10	2.78	2.86	2.82	0.08	0.06
11	4.10	4.02	4.06	0.08	4.10	4.06	4.08	0.04	-0.02
12	3.46	3.58	3.52	0.12	3.60	3.56	3.58	0.01	-0.06
13	4.65	4.61	4.63	0.04	4.70	4.65	4.68	0.05	-0.05
				$\Sigma W_i^2 = 0.0974$				$\Sigma W_i^2 = 0.0587$	$\overline{d} = -0.018$
									$S_d = 0.054$

解：（1）根据测定要求确定最大的允许偏倚（系统误差）B 为 0.06%。

(2) 计算要达到这一允许差要求的重复次数 n。

1) 根据 GB/T476 标准中测氢和重复界限值 0.15%，计算标准差 S_{GB}:

$$S_{GB} = r/2\sqrt{2} = 0.15/2\sqrt{2} = 0.053$$

2) 按下式计算 g 值:

$$g = B/S_{GB} = 0.06/0.053 = 1.132$$

查 g 值表 14－3（第十四章）与 g 值相对应的 n 为 13 次。

(3) 分别用电量法（可替代方法）和重量法（国家标准方法）对 13 个常规分析煤样各进行 2 次重复测定，其结果示于表中。

(4) 依据表中试验结果计算下列统计量:

1) 每种方法两次重复测定的差值 W_i 和差值平均值 $\bar{x}_{ALT}$或 $\bar{x}_{GB}$。

2) 计算两种方法对同一煤样测定结果的平均值 x 的差值 d_i（考虑正负号）和差值的平均值 $\bar{d}$ 和差值的标准差 S_d

(5) 根据 S_d 值重新计算 g 值:

$$g = B/S_d = 0.06/0.054 = 1.111$$

由 g 值表查得新的 n 值为 13，与所进行的分析次数相同，不需补做试验。

(6) 准确度的计算:

根据平均差值 $\bar{d}$，差值的标准差 S_d 按正式计算统计量 $t_{计}$:

$$t_{计} = |\bar{d}| \times \sqrt{n}/S_d = 0.018 \times \sqrt{13}/0.054 = 1.202$$

由 t 分布表查得 t_C（$t_{0.05,12}$）＝2.179，今 $t_{计} = 1.202 < t_C = 2.179$,故得出电量法替代重量法测定氢含量，其系统误

差不会超过0.06%水平。

(7) 精密度的计算：

依据表中两次重复测定结果的差值 W_i，分别计算两种方法的重复测定方差：

$$S_{GB}^2 = \Sigma W_i^2/2n = \frac{0.058}{2\times 13} = 0.0023$$

$$S_{AL,T}^2 = \Sigma W_i^2/2n = \frac{0.0974}{2\times 13} = 0.0037$$

计算 $F_{计} = S_{AL,T}^2/S_{GB}^2 = 0.0037/0.0023 = 1.609$

从 F 分布查得 $F_{0.05,12,12} = 2.69$，今 $F_{计} = 1.609 < F_{0.05,12,12} = 2.69$，故可得出电量法的精密度不会比重量法差。

14. 某煤质化验室拟采用电量法（可替代方法）替代重量法（国家标准方法）测定煤中氢含量，按照GB/T18510—2001标准中的方法B分别连续对10个常规分析煤样进行2次重复测定，结果列在下表中：

可替代方法与国家标准方法比较——方法B

电量法（可替代方法）H_d%					重量法（国家标准方法）H_d%				两方法结果之差 d
分析次数	X_1	X_2	$\overline{X}_{ALT}$	重复测定值之差 W_i	1	2	$\overline{X}_{GB}$	重复测定值之差 W_i	$\overline{X}_{ALT}-\overline{X}_{GB}$
1	4.36	4.40	4.38	0.04	4.50	4.38	4.44	0.12	-0.06
2	3.22	3.14	3.18	0.08	3.30	3.21	3.26	0.09	-0.08
3	2.24	2.26	2.25	0.02	2.35	2.31	2.33	0.04	-0.08
4	3.28	3.42	3.35	0.14	3.29	3.33	3.31	0.04	0.04
5	5.21	5.29	5.25	0.08	5.33	5.27	5.30	0.06	-0.05
6	2.25	2.31	2.28	0.06	2.30	2.18	2.24	0.12	0.04
7	4.88	4.78	4.83	0.10	4.79	4.82	4.80	0.03	0.03
8	4.21	4.28	4.24	0.07	4.17	4.21	4.19	0.04	0.05

续表

电量法（可替代方法）H_d%					重量法（国家标准方法）H_d%				两方法结果之差 d
分析次数	X_1	X_2	$\overline{X}_{ALT}$	重复测定值之差 W_i	1	2	$\overline{X}_{GB}$	重复测定值之差 W_i	$\overline{X}_{ALT}-\overline{X}_{GB}$
9	3.87	3.98	3.92	0.11	3.97	3.99	3.98	0.02	-0.06
10	2.93	2.83	2.88	0.10	2.78	2.86	2.82	0.08	0.06
				$\Sigma W_i^2=0.075$				$\Sigma W_i^2=0.053$	$\overline{d}=-0.011$
									$S_d=0.059$

试判断电量法可否替代重量法测定煤中氢含量？

解：（1）准确度的计算：

1）分别计算两种方法对同一煤样重复测定的平均值和两平均值的差值 d_i（考虑正负号）

2）计算两平均值的差值的平均值 $\overline{d}$ 和标准差 S_d，依此可按下式计算统计量 $t_{计}$：

$$t_{计}=|\overline{d}|\times\sqrt{n}/S_d=0.011\times\sqrt{10}/0.059=0.590$$

由 t 分布表查得 $t_{0.05,9}=2.262$，今 $t_{计}=0.590<t_{0.05,9}=2.262$，故可认为电量法无系统误差的结论，在95%置信概率下偏倚值 $\overline{d}$ 的置信范围 D：

$$D=-0.011\pm2.262\times0.059/\sqrt{10}$$
$$=-0.011\pm0.042$$

（2）精密度的计算：

1）分别计算两种方法对同一煤样重复测定结果的差值 W_i 并分别计算两方法的方差：

$$S_{AL,T}^2=\frac{0.075}{20}=0.00375$$

$$S_{GB}^2 = \frac{0.053}{20} = 0.00265$$

按下式计算 $F_{计}$：

$$F_{计} = S_{AL,T}^2 / S_{GB}^2 = 0.00375/0.00265 = 1.415$$

2）从 F 分布表查得临界值 $F_{0.05,9,9} = 3.18$，今 $F_{计} = 1.415 < F_{0.05,9,9} = 3.18$。故可认为电量法测定煤中氢含量的精密度不比国家标准方法差。

附　　录

附表1　　　　主要煤质分析项目新、旧名称对照

新符号（1988.7.1实施）	名　　称	旧符号（停用）	名　　称
M_{ad}	空气干燥基水分	W^f	分析基水分
A_d	干燥基灰分	A^g	干基灰分
V_{daf}	干燥无灰基挥发分	V^r	可燃基挥发分
CRC	*焦渣特征	—	焦渣特征
FC_d	*干燥基固定碳	C^g_{GD}	干燥基固定碳
$S_{t,d}$	干燥基全硫	S^g_Q	干燥基全硫
$S_{p,d}$	干燥基硫铁矿硫	S^g_{LT}	干燥基硫铁矿硫
$S_{s,d}$	干燥基硫酸盐硫	S^g_{LY}	干燥基硫酸盐硫
$S_{o,d}$	干燥基有机硫	S^g_{LJ}	干燥基有机硫
MM_d	干燥基矿物质	—	干燥基矿物质
$Q_{b,ad}$	*空气干燥基弹筒发热量	Q^f_{DT}	分析基弹筒发热量
$Q_{gr,d}$	干燥基高位发热量	Q^g_{GW}	干燥基高位发热量
$Q_{gr,daf}$	干燥无灰基高位发热量	Q^r_{GW}	可燃基高位发热量
M_{ar}	收到基水分	W^y	应用基水分
M_t	*全水分	W_Q	全水分
b	奥亚膨胀度	b	奥亚膨胀度
$G—K$	葛金试验焦型	$G—K$	葛金试验焦型
$R.\ I.$	罗加指数	RI	罗加指数
P_M	*年轻煤的透光率	$P^{目}$	年轻煤的透光率
$E_{B,d}$	干燥基苯萃取物产率	E^g_B	干燥基苯萃取物产率
$HA_{t,d}$	*干燥基腐植酸产率	H^g_m	干燥基腐植酸产率
HGI	哈氏可磨性指数	$K_{H,G}$	哈氏可磨性指数

续表

新符号（1988.7.1实施）	名　　称	旧符号（停用）	名　　称
$T_{ar,d}$	干燥基焦油产率	T^g	干燥基焦油产率
CR_d	*干燥基半焦产率	K^E	干燥基半焦产率
a	*二氧化碳转化率	a	二氧化碳转化率
Cl_{in}	结渣率	JZ	结渣率
TS	*热稳定性	RW	热稳定性
Ge_d	干燥基锗含量	Ge^g	干燥基锗含量
Ga_d	干燥基镓含量	Ga^g	干燥基镓含量
U_d	干燥基铀含量	U^g	干燥基铀含量
Cl_d	干燥基氯含量	Cl^g	干燥基氯含量
$A_{s,d}$	干燥基砷含量	As^g	干燥基砷含量
F_d	干燥基氟含量	F^g	干燥基氟含量
P_d	干燥基磷含量	P^g	干燥基磷含量
$Q_{net,ar}$	收到基低位发热量	Q_{DW}^{Y}	应用基低位发热量
$Q_{net,d}$	干燥基低位发热量	Q_{DW}^{g}	干燥基低位发热量
$Q_{gr,maf}$	恒湿无灰基高位发热量	$Q_{GW}^{-A,GN}$	恒湿无灰基高位发热量
MHC	最高内在水分	W_{GN}	最高内在水分
$CO_{2,d}$	干燥基二氧化碳	CO_2^g	干燥基二氧化碳
TRD_d	干燥基真相对密度	$(d\frac{20}{20})^g$	干燥基真比重
ARD_{ad}	*空气干燥基视相对密度	d_{ah}^{f}	分析基视比重
C_{daf}	干燥无灰基碳含量	C^r	可燃基碳含量
H_{daf}	干燥无灰基氢含量	H^r	可燃基氢含量
N_{daf}	干燥无灰基氮含量	N^r	可燃基氮含量
O_{daf}	干燥无灰基氧含量	O^r	可燃基氧含量
$S_{t,daf}$	干燥无灰基硫含量	S^r	可燃基硫含量
DT	①灰熔融性变形温度	T_1	灰熔点变形温度
ST	②灰熔融性软化温度	T_2	灰熔点软化温度
HT	③灰熔融性半球温度	—	—
FT	④灰熔融性流动温度	T_3	灰熔点流动温度

续表

新符号（1988.7.1实施）	名　称	旧符号（停用）	名　称
$G_{R.I.}$	*粘结指数（G）	$G_{R.I}$	粘结指数
Y	*胶质层最大厚度	Y	胶质层最大厚度
X	焦块最终收缩度	X	焦块最终收缩度
CSN	坩埚膨胀序数	FSI	自由膨胀序数
a	收缩度	a	收缩度
$W_{ater,ad}$	*空气干燥基干馏总水分	W_Z^f	分析基于馏总水分
SiO_2	二氧化硅含量	SiO_2	二氧化硅含量
Al_2O_3	氧化铝含量	Al_2O_3	氧化铝含量
Fe_2O_3	三氧化二铁含量	Fe_2O_3	三氧化二铁含量
TiO_2	二氧化钛含量	TiO_2	二氧化钛含量
CaO	氧化钙含量	CaO	氧化钙含量
MgO	氧化镁含量	MgO	氧化镁含量
SO_3	三氧化硫含量	SO_3	三氧化硫含量
K_2O	氧化钾含量	K_2O	氧化钾含量
Na_2O	氧化钠含量	Na_2O	氧化钠含量
P_2O_5	五氧化二磷含量	P_2O_5	五氧化二磷含量
MnO_2	二氧化锰含量	MnO_2	二氧化锰含量
V_2O_5	五氧化二钒含量	V_2O_5	五氧化二钒含量
R_2O	*碱性氧化物含量	R_2O	碱性氧化物含量
M_f	④外在水分	W_{WZ}	外在水分
M_{inh}	⑤内在水分	W_{NZ}	内在水分
$Q_{net,p}$	恒压低位发热量	$Q_{DW,P}$	恒压低位发热量
$Q_{gr,v}$	恒容高位发热量	$Q_{GW,V}$	恒容高位发热量

注　目前，我国所用煤质分析项目的符号与国际标准组织相同的，这里不再重复，其中带*的，为我国仅有的，另外，①、②、③、④在国际标准中采用A、B、C、D，④、⑤在国际标准中分别以X和M表示。

附表 2　　煤质分析项目新、旧符号对照

新国标 GB483—1987			旧国标 GB483—1981		
符号	单位	名　称	符号	单位	名　称
a	%	收缩度			无
A	%	灰分	A	%	灰分
Al_2O_3	%	三氧化二铝含量	Al_2O_3	%	三氧化二铝含量
As	ppm	砷含量	As	ppm	砷含量
ARD	无	视（相对）密度			无
b	%	膨胀度	b	%	膨胀度
C	%	碳含量	c	%	碳含量
CaO	%	氧化钙含量	CaO	%	氧化钙含量
Cl	%	氯含量	Cl	%	氯含量
Clin	%	结渣率	JZ	%	结渣率
CO_2	%	二氧化碳含量	CO_2	%	二氧化碳含量
CR	%	半焦产量	K	%	半焦产量
CSN	无	坩埚膨胀序数			无
DT	℃	灰熔融性变形温度	T_1	℃	灰熔融性变形温度
E_B	%	苯萃取物产率	E_B	%	苯萃取物产率
F	ppm	氟含量			无
FC	%	固定碳含量	C_{GD}	%	固定碳含量
FT	℃	灰熔融性流动温度	T_3	℃	灰熔融性流动温度
Fe_2O_3	%	三氧化二铁含量	Fe_2O_3	%	三氧化二铁含量
G_{RI}	%	粘结指数	$G_{R.I.}$	无	粘结指数
Ga	ppm	镓含量			无
Ge	ppm	锗含量			无
H	%	氢含量	H	%	氢含量
HA	%	腐植酸产率			无
HGI	无	哈氏可磨性指数	K_{HG}	无	可磨指数
K_2O	%	氧化钾含量			无
M	%	水分	W	%	水分
MgO	%	氧化镁含量	MgO	%	氧化镁含量
MHC	%	最高内在水分			无
MM	%	矿物质含量			无
MnO_2	%	二氧化锰含量			无
N	%	氮含量	N	%	氮含量
Na_2O	%	氧化钠含量			无
O	%	氧含量	O	%	氧含量
P	%	磷含量	P	%	磷含量

续表

新国标 GB483—1987			旧国标 GB483—1981		
符号	单位	名　称	符号	单位	名　称
P_2O_5	%	五氧化二磷含量			无
P_M	%	透光率	P_M	%	透光率
Q	J/g 或 MJ/kg	发热量	Q	卡/克 或大卡/公斤	发热量
R.I.	无	罗加指数	*R.I.*	无	粘结力
S	%	硫含量	S	%	硫含量
SiO_2	%	二氧化硅含量	SiO_2	%	二氧化硅含量
SO_3	%	三氧化硫含量	SO_3	%	三氧化硫含量
ST	℃	灰熔融性软化温度	T_2	℃	灰熔融性软化温度
*T*ar	%	焦油产率	*T*	%	焦油产率
TiO_2	%	二氧化钛含量	TiO_2	%	二氧化钛含量
TRD	无	真相对密度	*d*	无	真比重
TS	%	热稳定性	*R*w	%	热稳定性指数
V	%	挥发分	*V*	%	挥发分
Water	%	干馏总水产率			无
X	mm	焦块最终收缩度	*X*	mm	焦块最终收缩度
Y	mm	胶质层最大厚度	*Y*	mm	胶质层最大厚度
α	%	二氧化碳转化率	α	%	二氧化碳转化率

附表 3　　煤质分析项目右下标新、旧符号对照

新国标 GB483—1987		旧国标 GB483—1981	
符　号	名　称	符　号	名　称
f	外在或游离	WZ	外在或游离
inh	内在	NZ	内在
o	有机	YJ	有机
p	硫化铁	LT	硫化铁
s	硫酸盐	LY	硫酸盐
gr，v	恒容高位	GW	高位
net，p	恒压低位		无
net，v	恒容低位	DW	低位
t	全	Q	全

附表 4　**煤质分析中各指标的名称、代表符号和取位表**

煤质指标名称	代表符号	单　位	测　定　值	报　告　值
全　水　分	M_t	%	小数后两位	小数后两位
工业分析　水　分	M	%	小数后两位	小数后两位
灰　分	A	%	小数后两位	小数后两位
挥发分	V	%	小数后两位	小数后两位
固定碳	FC	%	小数后两位	小数后两位
最高内在水分	MHC	%	小数后两位	小数后两位
发热量	Q	J/g,MJ/Kg	个位,小数后三位	十位,小数后两位
元素分析　碳	C	%	小数后两位	小数后两位
氢	H	%	小数后两位	小数后两位
氮	N	%	小数后两位	小数后两位
硫	S	%	小数后两位	小数后两位
氧	O	%	小数后两位	小数后两位
全　硫	S_t	%	小数后两位	小数后两位
形态硫　硫铁矿硫	S_P	%	小数后两位	小数后两位
硫酸盐硫	S_S	%	小数后两位	小数后两位
有机硫	S_O	%	小数后两位	小数后两位
碳酸盐二氧化碳	CO_2	%	小数后两位	小数后两位
褐煤苯萃取物产率	E_B	%	小数后两位	小数后两位
腐植酸产率	H_A	%	小数后两位	小数后两位

续表

煤质指标名称	代表符号	单位	测定值	报告值
煤中有害元素和稀散元素磷	P	%	小数后三位	小数后三位
氯	Cl	%	小数后三位	小数后三位
氟	F	μg/g	个位	个位
锗	Ge	μg/g	个位	个位
镓	Ga	μg/g	个位	个位
砷	As	μg/g	个位	个位
硒	Se	μg/g	个位	个位
汞	Hg	μg/g	个位	个位
煤灰成分分析二氧化硅	SiO_2	%	小数后两位	小数后两位
三氧化二铝	Al_2O_3	%	小数后两位	小数后两位
三氧化铁	Fe_2O_3	%	小数后两位	小数后两位
氧化钙	CaO	%	小数后两位	小数后两位
氧化镁	MgO	%	小数后两位	小数后两位
氧化钠	Na_2O	%	小数后两位	小数后两位
氧化钾	K_2O	%	小数后两位	小数后两位
氧化锰	Mn_3O_4	%	小数后两位	小数后两位
三氧化硫	SO_3	%	小数后两位	小数后两位
五氧化二磷	P_2O_5	%	小数后两位	小数后两位
煤中矿物质	MM	%	小数后两位	小数后一位
胶质层指数:胶质层最大厚度	Y	mm	小数后一位	个位
焦块最终收缩度	X	mm	小数后一位	个位

续表

煤质指标名称	代表符号	单　位	测　定　值	报　告　值
坩埚膨胀序数	CSN		1/2序号	1/2序号
粘结指数	$G_{R,I}$		小数后一位	小数后一位
罗加指数	$R.I$		小数后一位	小数后一位
奥一阿膨胀度　膨胀度	b	%	小数后一位	小数后一位
收缩度	a	%	小数后一位	小数后一位
格一金干馏试验　干馏总水产率	*Water*	%	小数后两位	小数后两位
铝甑干馏试验　干馏半焦产率	CR	%	小数后两位	小数后两位
干馏焦油产率	*Tar*	%	小数后两位	小数后两位
煤灰熔融性特征温度　变形温度	DT	℃	十位	十位
软化温度	ST	℃	十位	十位
半球温度	HT	℃	十位	十位
流动温度	FT	℃	十位	十位
煤对二氧化碳化学反应性	α	%	小数后一位	小数后一位
结渣率	*Clin*	%	小数后两位	小数后两位
热稳定性	TS	%	小数后两位	小数后两位
抗碎强度	SS	%	小数后两位	小数后一位
磨损指数	AI	mg/Kg	个位	个位
哈氏可磨性指数	HGI		个位	个位
年轻煤透光率	P_M	%	个位	个位
真(相对)密度	TRD		小数后两位	小数后两位
视(相对)密度	ARD		小数后两位	小数后两位

附表 5

“t” 分布

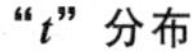

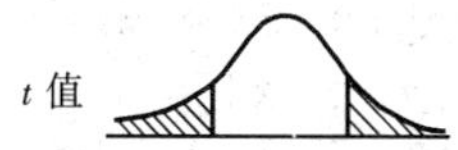

自由度	显著性水平					
	0.2	0.1	0.05	0.02	0.01	0.001
1	3.078	6.314	12.706	31.821	63.657	636.619
2	1.886	2.910	4.303	6.965	9.925	31.598
3	1.638	2.353	3.182	4.541	5.841	12.941
4	1.533	2.132	2.776	3.747	4.604	8.610
5	1.476	2.015	2.571	3.365	4.032	6.859
6	1.440	1.943	2.447	3.143	3.707	5.959
7	1.415	1.895	2.365	2.998	3.499	5.405
8	1.397	1.860	2.306	2.896	3.355	5.041
9	1.383	1.833	2.262	2.821	3.250	4.781
10	1.372	1.812	2.228	2.764	3.169	4.587
11	1.363	1.796	2.201	2.718	3.106	4.437
12	1.356	1.782	2.179	2.681	3.055	4.318
13	1.350	1.771	2.160	2.650	3.012	4.221
14	1.345	1.761	2.145	2.624	2.977	4.140
15	1.341	1.753	2.131	2.602	2.947	4.073
16	1.337	1.746	2.120	2.583	2.921	4.015
17	1.333	1.740	2.110	2.567	2.898	3.965
18	1.330	1.734	2.101	2.552	2.878	3.922
19	1.328	1.729	2.093	2.539	2.861	3.883
20	1.325	1.725	2.086	2.528	2.845	3.850
21	1.323	1.721	2.080	2.518	2.831	3.819
22	1.321	1.717	2.074	2.508	2.819	3.792
23	1.319	1.714	2.069	2.500	2.807	3.767
24	1.318	1.711	2.064	2.492	2.797	3.745
25	1.316	1.708	2.060	2.485	2.787	3.725
26	1.315	1.706	2.056	2.479	2.779	3.707
27	1.314	1.703	2.052	2.473	2.771	3.690
28	1.313	1.701	2.048	2.467	2.763	3.659
29	1.311	1.699	2.045	2.462	2.756	3.659
30	1.310	1.697	2.042	2.457	2.750	3.646
40	1.303	1.684	2.021	2.423	2.704	3.551
60	1.296	1.671	2.000	2.390	2.660	3.460
120	1.289	1.658	1.980	2.358	2.617	3.373
∞	1.282	1.645	1.960	2.326	2.576	3.291

附表 6

“*F*”分　　布

F 值

显著性水平　　0.05:上行字;0.01:下行字

第二自由度	第一自由度															
	1	2	3	4	5	6	7	8	9	10	12	16	24	40	100	∞
1	161	200	216	225	230	234	237	239	241	242	244	246	249	251	253	254
	405.2	499.9	540.3	562.5	576.4	585.9	592.8	598.1	602.2	605.6	610.6	616.9	623.4	628.6	633.4	636.6
2	18.51	19.00	19.16	19.25	19.30	19.33	19.36	19.37	19.38	19.39	19.41	19.43	19.45	19.47	19.49	19.50
	98.49	99.01	99.17	99.25	99.30	99.33	99.34	99.36	99.38	99.40	99.42	99.44	99.46	99.48	99.49	99.50
3	10.13	9.55	9.28	9.12	9.01	8.94	8.88	8.84	8.81	8.78	8.74	8.69	8.64	8.60	8.56	8.53
	34.12	30.81	29.46	28.71	28.24	27.91	27.67	27.49	27.34	27.23	27.05	26.83	26.60	26.41	26.23	26.12
4	7.71	6.94	6.59	6.39	6.26	6.16	6.09	6.04	6.00	5.96	5.91	5.84	5.77	5.71	5.66	5.63
	21.20	18.00	16.69	15.98	15.52	15.21	14.98	14.80	14.66	14.54	14.37	14.15	13.93	13.74	13.57	13.46
5	6.61	5.79	5.41	5.19	5.05	4.95	4.88	4.82	4.78	4.74	4.68	4.60	4.53	4.46	4.40	4.36
	16.26	13.27	12.06	11.39	10.97	10.67	10.45	10.27	10.15	10.05	9.89	9.68	9.47	9.29	9.13	9.02
6	5.99	5.14	4.76	4.53	4.39	4.28	4.21	4.15	4.10	4.06	4.00	3.92	3.84	3.77	3.71	3.67
	13.74	10.92	9.78	9.15	8.75	8.47	8.26	8.10	7.98	7.87	7.72	7.52	7.31	7.14	6.99	6.88
7	5.59	4.74	4.35	4.12	3.97	3.87	3.79	3.73	3.68	3.63	3.57	3.49	3.41	3.43	3.28	3.23
	12.25	9.55	8.45	7.85	7.46	7.19	7.00	6.84	6.71	6.62	6.47	6.27	6.07	5.90	5.75	5.65

续表

第二自由度	第一自由度															
	1	2	3	4	5	6	7	8	9	10	12	16	24	40	100	∞
8	5.32	4.46	4.07	4.84	3.69	3.58	3.50	3.44	3.39	3.34	3.28	3.20	3.12	3.05	2.98	2.93
	11.26	8.65	7.59	7.01	6.63	6.37	6.19	6.03	5.91	5.82	5.67	5.48	5.28	5.11	4.96	4.86
9	5.12	4.26	3.86	3.63	3.48	3.37	3.29	3.23	3.18	3.13	3.07	2.98	2.90	2.82	2.76	2.71
	10.56	8.02	6.99	6.42	6.06	5.80	5.62	5.47	5.35	5.26	5.11	4.92	4.73	4.56	4.41	4.31
10	4.96	4.10	3.71	3.48	3.33	3.22	3.14	3.07	3.02	2.97	2.91	2.82	2.74	2.67	2.59	2.54
	10.04	7.56	6.55	5.99	5.64	5.39	5.21	5.06	4.95	4.85	4.71	4.52	4.33	4.17	4.01	3.91
12	4.75	3.88	3.49	3.26	3.11	3.00	2.92	2.85	2.80	2.76	2.69	2.60	2.50	2.42	2.35	2.30
	9.33	6.93	5.95	5.41	5.05	4.82	4.65	4.50	4.39	4.30	4.16	3.98	3.78	3.61	3.46	3.36
14	4.60	3.74	3.34	3.11	2.96	2.85	2.77	2.70	2.65	2.60	2.53	2.44	2.35	2.27	2.19	2.13
	8.00	6.51	5.56	5.06	5.03	4.69	4.46	4.28	4.14	4.03	3.94	3.80	3.62	3.43	3.26	3.11
16	4.49	3.63	3.24	3.01	2.85	2.74	2.66	2.59	2.54	2.49	2.42	2.33	2.24	2.16	2.07	2.01
	8.53	6.23	5.29	4.77	4.44	4.20	4.03	3.89	3.78	3.69	3.55	3.37	3.18	3.01	2.86	2.75
18	4.41	3.55	3.16	2.93	2.77	2.66	2.58	2.51	2.46	2.41	2.34	2.25	2.15	2.07	1.98	1.92
	8.28	6.01	5.09	4.58	4.25	4.01	3.85	3.71	3.60	3.51	3.37	3.19	3.00	2.83	2.68	2.57
20	4.35	3.49	3.10	2.87	2.71	2.60	2.52	2.45	2.40	2.35	2.28	2.18	2.08	1.99	1.90	1.84
	8.10	5.85	4.94	4.43	4.10	3.87	3.71	3.56	3.45	3.37	3.23	3.05	2.86	2.69	2.53	2.42

续表

第二自由度	第一自由度															
	1	2	3	4	5	6	7	8	9	10	12	16	24	40	100	∞
25	4.24	3.38	2.99	2.76	2.60	2.49	2.41	2.34	2.28	2.24	2.16	2.06	1.96	1.87	1.77	1.71
	7.77	5.57	4.68	4.18	3.86	3.63	3.46	3.32	3.21	3.13	2.99	2.81	2.62	2.45	2.29	2.17
30	4.17	3.32	2.92	2.69	2.53	2.42	2.34	2.27	2.21	2.16	2.09	1.99	1.89	1.79	1.69	1.62
	7.56	5.39	4.51	4.02	3.70	3.47	3.30	3.17	3.06	2.98	2.84	2.66	2.47	2.29	2.13	2.01
40	4.08	3.23	2.84	2.61	2.45	2.34	2.25	2.18	2.12	2.07	2.00	1.90	1.79	1.69	1.59	1.51
	7.31	5.18	4.31	3.83	3.51	3.29	3.12	2.99	2.88	2.80	2.66	2.49	2.29	2.11	1.94	1.81
50	4.03	3.18	2.79	2.56	2.40	2.29	2.20	2.13	2.07	2.02	1.95	1.85	1.74	1.63	1.52	1.44
	7.17	5.06	4.20	3.72	3.41	3.18	3.02	2.88	2.78	2.70	2.56	2.39	2.18	2.00	1.82	1.68
100	3.94	3.09	2.70	2.46	2.30	2.19	2.10	2.03	1.97	1.92	1.85	1.75	1.63	1.51	1.39	1.28
	6.90	4.82	3.98	3.51	3.20	2.99	2.82	2.69	2.59	2.51	2.36	2.19	1.98	1.79	1.59	1.43
1000	3.85	3.00	2.61	2.38	2.22	2.10	2.02	1.95	1.89	1.84	1.76	1.65	1.53	1.41	1.26	1.08
	6.66	4.62	3.80	3.34	3.04	2.82	2.66	2.53	2.43	2.34	2.20	2.01	1.81	1.61	1.38	1.11
∞	3.84	2.99	2.60	2.37	2.21	2.09	2.10	1.94	1.88	1.83	1.75	1.64	1.52	1.40	1.24	1.00
	6.64	4.60	3.78	3.32	3.02	2.80	2.64	2.51	2.41	2.32	2.18	1.99	1.79	1.59	1.36	1.00

附表 7

Cochran 临界值表

l \ $f=n-1$	显著性水平 0.01											
	1	2	3	4	5	6	7	8	9	10	16	∞
2	0.9999	0.9950	0.9794	0.9586	0.9373	0.9172	0.8998	0.8823	0.8674	0.8539	0.7949	0.5000
3	0.9933	0.9423	0.8831	0.8335	0.7933	0.7606	0.7335	0.7107	0.9612	0.6743	0.6059	0.3333
4	0.9576	0.8643	0.7814	0.7112	0.6771	0.6410	0.6129	0.5897	0.5702	0.5536	0.4884	0.2500
5	0.9279	0.7885	0.6957	0.6323	0.5875	0.5531	0.5259	0.5037	0.4854	0.4697	0.4094	0.2000
6	0.8328	0.7218	0.6258	0.5635	0.5195	0.4866	0.4608	0.4401	0.4229	0.4084	0.3529	0.1667
7	0.8376	0.6644	0.5685	0.5080	0.4659	0.4347	0.4105	0.3911	0.3751	0.3616	0.3105	0.1429
8	0.7945	0.6152	0.5209	0.4627	0.4226	0.3932	0.3704	0.3522	0.3379	0.3248	0.2979	0.1252
9	0.7544	0.5727	0.4810	0.4251	0.3870	0.3592	0.3378	0.3207	0.3067	0.2950	0.2514	0.1111
10	0.7175	0.5358	0.4469	0.3934	0.3572	0.3308	0.3106	0.2945	0.2813	0.2704	0.2297	0.1000
12	0.6523	0.4751	0.3919	0.3428	0.3099	0.2861	0.2680	0.2535	0.2419	0.2320	0.1961	0.0833
15	0.5747	0.4069	0.3317	0.2882	0.2593	0.2386	0.2228	0.2104	0.2002	0.1918	0.1612	0.0667
20	0.4799	0.3297	0.2654	0.2288	0.2048	0.1877	0.1748	0.1646	0.1567	0.1501	0.1248	0.0500

续表

l \ $f=n-1$	显著性水平 0.05											
	1	2	3	4	5	6	7	8	9	10	16	∞
2	0.9985	0.9750	0.9392	0.9057	0.8772	0.8534	0.8332	0.8159	0.8010	0.7880	0.7341	0.5000
3	0.9669	0.8709	0.7977	0.7457	0.7071	0.6771	0.6530	0.6333	0.6167	0.6025	0.5466	0.3333
4	0.9065	0.7679	0.6841	0.6287	0.5895	0.5598	0.5365	0.5175	0.5017	0.4884	0.4366	0.2500
5	0.8412	0.6838	0.5981	0.5441	0.5065	0.4783	0.4564	0.4387	0.4241	0.4118	0.3645	0.2000
6	0.7808	0.6161	0.5321	0.4803	0.4447	0.4184	0.3980	0.3817	0.3682	0.3568	0.3135	0.1667
7	0.7271	0.5612	0.4800	0.4307	0.3974	0.3726	0.3535	0.3384	0.3259	0.3154	0.2756	0.1429
8	0.6798	0.5157	0.4377	0.3910	0.3595	0.3362	0.3185	0.3043	0.2926	0.2829	0.2462	0.1250
9	0.6385	0.4775	0.4027	0.3584	0.3286	0.3067	0.2901	0.2768	0.2659	0.2568	0.2226	0.1111
10	0.6020	0.4450	0.3733	0.3311	0.3029	0.2823	0.2666	0.2541	0.2439	0.2353	0.2032	0.1000
12	0.5401	0.2924	0.3264	0.2880	0.2624	0.2439	0.2299	0.2187	0.2098	0.2022	0.1737	0.0333
15	0.4709	0.3346	0.2728	0.2419	0.2195	0.2034	0.1911	0.1815	0.1736	0.1671	0.1429	0.0667
20	0.3894	0.2705	0.2205	0.1921	0.1735	0.1602	0.2501	0.1422	0.1357	0.1303	0.1108	0.0500

附表 8　　　　　**相 关 系 数 γ**

自由度	显著性水平				
	0.10	0.05	0.02	0.01	0.001
1	0.988	0.997	0.9995	0.9998	1.000
2	0.900	0.950	0.980	0.990	0.999
3	0.805	0.878	0.934	0.958	0.992
4	0.729	0.811	0.882	0.917	0.974
5	0.669	0.754	0.832	0.874	0.951
6	0.621	0.0706	0.788	0.834	0.925
7	0.582	0.666	0.749	0.797	0.898
8	0.549	0.631	0.715	0.764	0.872
9	0.521	0.602	0.685	0.734	0.847
10	0.497	0.576	0.658	0.707	0.823
11	0.476	0.552	0.633	0.683	0.801
12	0.457	0.532	0.612	0.661	0.780
13	0.440	0.513	0.592	0.641	0.760
14	0.425	0.497	0.574	0.622	0.742
15	0.412	0.482	0.557	0.605	0.725
16	0.400	0.468	0.542	0.589	0.708
17	0.389	0.455	0.528	0.575	0.693
18	0.378	0.443	0.515	0.561	0.679
19	0.368	0.432	0.503	0.548	0.665
20	0.359	0.422	0.492	0.536	0.652
25	0.323	0.380	0.445	0.486	0.597
30	0.296	0.349	0.409	0.448	0.554
35	0.274	0.324	0.381	0.418	0.519
40	0.257	0.304	0.357	0.393	0.490
45	0.242	0.287	0.338	0.372	0.465
50	0.230	0.273	0.321	0.354	0.443
60	0.210	0.250	0.294	0.324	0.408
70	0.195	0.232	0.273	0.301	0.380
80	0.182	0.217	0.256	0.283	0.357
90	0.172	0.205	0.242	0.267	0.337
100	0.163	0.195	0.230	0.254	0.321

附表 9　**Grubbs 检验临界值表**

$T_{\alpha,n}$ (α \ n)	3	4	5	6	7	8	9	10	11	12	13
5.0%	1.15	1.46	1.67	1.82	1.94	2.03	2.11	2.18	2.23	2.29	2.33
2.5%	1.15	1.48	1.71	1.89	2.02	2.13	2.21	2.29	2.36	2.41	2.46
1.0%	1.15	1.49	1.75	1.94	2.10	2.22	2.32	2.41	2.48	2.55	2.61
	14	15	16	17	18	19	20	21	22	23	24
5.0%	2.37	2.41	2.44	2.47	2.50	2.53	2.56	2.58	2.60	2.62	2.64
2.5%	2.51	2.55	2.59	2.62	2.65	2.68	2.71	2.73	2.76	2.78	2.80
1.0%	2.66	2.71	2.75	2.79	2.82	2.85	2.88	2.91	2.94	2.96	2.99
	25	30	35	40	45	50	60	70	80	90	100
5.0%	2.66	2.75	2.82	2.87	2.92	2.96	3.03	3.09	3.14	3.18	3.21
2.5%	2.82	2.91	2.98	3.04	3.09	3.13	3.20	3.26	3.31	3.35	3.38
1.0%	3.01										

附表 10　　　国际原子量(1975年)

元　素	原　子　量	元　素	原　子　量
1. 氢 H	1.0079	25. 锰 Mn	54.9380
2. 氦 He	4.0026	26. 铁 Fe	55.847
3. 锂 Le	6.941	27. 钴 Co	58.9332
4. 铍 Be	9.01218	28. 镍 Ni	58.70
5. 硼 B	10.81	29. 铜 Cu	63.546
6. 碳 C	12.011	30. 锌 Zn	65.38
7. 氮 N	14.0067	31. 镓 Ga	69.72
8. 氧 O	15.9994	32. 锗 Ge	72.59
9. 氟 F	18.998403	33. 砷 As	74.9216
10. 氖 Ne	20.179	34. 硒 Se	78.96
11. 钠 Na	22.98154	35. 溴 Br	79.904
12. 镁 Mg	24.305	36. 氪 Kr	83.80
13. 铝 Al	26.98154	37. 铷 Rb	85.4678
14. 硅 Si	28.0855	38. 锶 Sr	87.62
15. 磷 L	30.97376	39. 钇 Y	88.9059
16. 硫 S	32.06	40. 锆 Zr	91.22
17. 氯 Cl	35.453	41. 铌 Nb	92.9064
18. 氩 Ar	39.948	42. 钼 Mo	95.94
19. 钾 K	39.0983	43. 锝 Tc	[99]
20. 钙 Ca	40.08	44. 钌 Ru	101.07
21. 钪 Sc	44.9559	45. 铑 Rh	102.9055
22. 钛 Ti	47.90	46. 钯 Pd	106.4
23. 矾 V	50.9414	47. 银 Ag	107.868
24. 铬 Cr	51.996	48. 镉 Gd	112.41

续表

元　素	原子量	元　素	原子量
49. 铟 ln	114.82	77. 铱 lr	192.22
50. 锡 Sn	118.69	78. 铂 Pt	195.09
51. 锑 Sb	121.75	79. 金 Au	196.9665
52. 碲 Te	127.60	80. 汞 Hg	200.59
53. 碘 I	126.9045	81. 铊 Tl	204.37
54. 氙 Xe	131.30	82. 铅 Pb	207.2
55. 铯 Cs	132.9054	83. 铋 Bi	208.9804
56. 钡 Ba	137.33	84. 钋 Po	[209]①
57. 镧 La	138.9055	85. 砹 At	[210]
58. 铈 Ce	140.12	86. 氡 Rn	[222]
59. 镨 Pr	140.9077	87. 钫 Fr	[223]
60. 钕 Nd	144.24	88. 镭 Ra	226.0254
61. 钷 Pm	[145]	89. 锕 Ac	227.0278
62. 钐 Sm	150.4	90. 钍 Th	232.038
63. 铕 Eu	151.96	91. 镤 pa	231.0359
64. 钆 Gd	157.25	92. 铀 U	238.029
65. 铽 Tb	158.9254	93. 镎 Np	237.0482
66. 镝 Dy	162.50	94. 钚 Pu	[244]
67. 钬 Ho	164.9304	95. 镅 Am	[243]
68. 铒 Er	167.26	96. 锔 Cm	[247]
69. 铥 Tm	168.9342	97. 锫 Bk	[247]
70. 镱 Yb	173.04	98. 锎 Cf	[251]
71. 镥 Lu	174.97	99. 锿 Es	[254]
72. 铪 Hf	178.49	100. 镄 Fm	[257]
73. 钽 Ta	180.9479	101. 钔 Md	[258]
74. 钨 W	183.85	102. 锘 No	[259]
75. 铼 Re	186.207	103. 铹(镂)Lr	[260]
76. 锇 Os	190.2		

① 括弧内为元素稳定同位素的质量数。

附表 11　　　　各种干燥剂的干燥能力

干　燥　剂	干燥能力 25℃时在 1L 空气中剩下的水蒸气（mg）	再生方法
无水硫酸铜	1.4	炒　干
溴化锌	1.1	
氯化锌	0.8	
氯化钙（熔结的）	0.36	
粒状氯化钙	0.14～0.25	炒　干
硫酸（95.1%）	0.3	
氧化铜	0.2	
氢氧化钠（熔结的）	0.16	
溴化钙	0.14	
氧化镁	0.008	
硫酸钙	0.004	
硅胶	0.003～0.005	110℃烘干
硫酸（100%）	0.003	蒸发浓缩
三氧化二铝	0.003	
二水高氯酸镁	0.002	
氢氧化钾（熔结的）	0.002	
无水氯酸镁	0.0005	
五氧化二磷	<0.000025	

附表 12　　　　水的密度及比体积

温度(℃)	密度(g/mL)	比体积(mL/g)	温度(℃)	密度(g/mL)	比体积(mL/g)
-10	0.99815	1.00180	25	0.99703	1.00294
-9	0.99843	1.00157	26	0.99681	1.00320
-8	0.99869	1.00131	27	0.99654	1.00347
-7	0.99892	1.00108	28	0.99626	1.00375
-6	0.99912	1.00088	29	0.99597	1.00405
-5	0.99930	1.00070	30	0.99567	1.00435
-4	0.66645	1.00055	35	0.99406	1.00598
-3	0.99958	1.00042	40	1.99224	1.00782
-2	0.99970	1.00031	45	0.99024	1.00985
-1	0.99979	1.00021	50	0.98807	1.01207
0	0.99987	1.00013	55	0.98573	1.01448
+1	0.99993	1.00007	60	0.98324	1.01705
2	0.99997	1.00003	65	0.98059	1.01979
3	0.99999	1.00001	70	0.97781	1.02270
4	1.00000	1.00000	75	0.97489	1.02576
5	0.99999	1.00001	80	0.97183	1.02899
6	0.99997	1.00003	85	0.96865	1.03237
7	0.99993	1.00007	90	0.96534	1.03599
8	0.99988	1.00012	95	0.96192	1.03959
9	0.99981	1.00019	100	0.95838	1.04343
10	0.99973	1.00027	110	0.9510	1.0515
11	0.99963	1.00037	120	0.9434	1.0601
12	0.99952	1.00048	130	0.9352	1.0693
13	0.99940	1.00060	140	0.9264	1.0794
14	0.99927	1.00073	150	0.9173	1.0902
15	0.99913	1.00087	160	0.9075	1.1019
16	0.99897	1.00103	170	0.8973	1.1145
17	0.99880	1.00120	180	0.8866	1.1279
18	0.99862	1.00138	190	0.8750	1.1429
19	0.99843	1.00157	200	0.8649	1.1563
20	0.99823	1.00177	210	0.850	1.177
21	0.99802	1.00198	220	0.837	1.195
22	0.99780	1.00221	230	0.822	1.215
23	0.99756	1.00244	240	0.809	1.236
24	0.99732	1.00268	250	0.799	1.251

附表 13　　镍铬－镍硅(镍铬－镍铝)热电偶分度表

分表号:K　　(参考端温度为 0℃)

温度(℃)	0	1	2	3	4	5	6	7	8	9
	热电动势(mV)									
－270	－6.458									
－260	－6.441	－6.444	－6.446	－6.448	－6.450	－6.452	－6.453	－6.455	－6.456	－6.457
－250	－6.404	－6.408	－6.413	－6.417	－6.421	－6.425	－6.429	－6.432	－6.435	－6.438
－240	－6.344	－6.351	－6.358	－6.364	－6.371	－6.377	－6.382	－6.388	－6.394	－6.399
－230	－6.262	－6.271	－6.280	－6.289	－6.297	－6.306	－6.314	－6.322	－6.329	－6.337
－220	－6.158	－6.170	－6.181	－6.192	－6.202	－6.213	－6.223	－6.233	－6.243	－6.253
－210	－6.035	－6.048	－6.061	－6.074	－6.087	－6.099	－6.111	－6.123	－6.135	－6.147
－200	－5.891	－5.907	－5.922	－5.936	－5.951	－5.965	－5.980	－5.994	－6.007	－6.021
－190	－5.730	－5.747	－5.763	－5.780	－5.796	－5.813	－5.829	－5.845	－5.860	－5.876
－180	－5.550	－5.569	－5.587	－5.606	－5.624	－6.642	－5.660	－5.678	－5.695	－5.712
－170	－5.354	－5.374	－5.394	－5.414	－5.434	－5.454	－5.474	－5.493	－5.512	－5.531
－160	－5.141	－5.163	－5.185	－5.207	－5.228	－5.249	－5.271	－5.292	－5.313	－5.333
－150	－4.912	－4.936	－4.959	－4.983	－5.006	－5.029	－5.051	－5.074	－5.097	－5.119
－140	－4.669	－4.694	－4.719	－4.743	－4.768	－4.792	－4.817	－4.841	－4.865	－4.889
－130	－4.410	－4.437	－4.463	－4.489	－4.515	－4.541	－4.567	－4.593	－4.618	－4.644
－120	－4.138	－4.166	－4.193	－4.221	－4.248	－4.276	－4.303	－4.330	－4.357	－4.384
－110	－3.852	－3.881	－3.910	－3.939	－3.968	－3.997	－4.025	－4.053	－4.082	－4.110
－100	－3.553	－3.584	－3.614	－3.644	－3.674	－3.704	－3.734	－3.764	－3.793	－3.823

续表

温度 (℃)	0	1	2	3	4	5	6	7	8	9
	热电动势(mV)									
-90	-3.242	-3.274	-3.305	-3.337	-3.368	-3.399	-3.430	-3.461	-3.492	-3.523
-80	-2.920	-2.953	-2.985	-3.018	-3.050	-3.082	-3.115	-3.147	-3.179	-3.211
-70	-2.586	-2.620	-2.654	-2.687	-2.721	-2.754	-2.788	-2.821	-2.854	-2.887
-60	-2.243	-2.277	-2.312	-2.347	-2.381	-2.416	-2.450	-2.484	-2.518	-2.552
-50	-1.889	-1.925	-1.961	-1.996	-2.032	-2.067	-2.102	-2.137	-2.173	-2.208
-40	-1.527	-1.563	-1.600	-1.636	-1.673	-1.709	-1.745	-1.781	-1.817	-1.853
-30	-1.156	-1.193	-1.231	-1.268	-1.305	-1.342	-1.379	-1.416	-1.453	-1.490
-20	-0.777	-0.816	-0.854	-0.892	-0.930	-0.938	-1.005	-1.043	-1.081	-1.118
-10	-0.392	-0.431	-0.469	-0.508	-0.547	-0.585	-0.624	-0.662	-0.701	-0.739
0	-0.000	-0.039	-0.079	-0.118	-0.157	-0.197	-0.236	-0.275	-0.314	-0.353
0	0.000	0.039	0.079	0.119	0.158	0.198	0.238	0.277	0.317	0.357
10	0.397	0.437	0.477	0.517	0.557	0.597	0.637	0.677	0.718	0.758
20	0.798	0.838	0.879	0.919	0.960	1.000	1.041	1.081	1.122	1.162
30	1.203	1.244	1.285	1.325	1.366	1.407	1.448	1.489	1.529	1.570
40	1.611	1.652	1.693	1.734	1.776	1.817	1.858	1.899	1.949	1.958
50	2.022	2.064	2.105	2.146	2.188	2.229	2.270	2.312	2.353	2.394
60	2.436	2.477	2.519	2.560	2.601	2.643	2.684	2.726	2.767	2.809
70	2.850	2.892	2.933	2.975	3.016	3.058	3.100	3.141	3.183	3.224
80	3.266	3.307	3.349	3.390	3.432	3.437	3.515	3.556	3.598	3.639
90	3.681	3.722	3.764	3.805	3.847	3.888	3.930	3.971	4.012	4.054
100	4.095	4.137	4.178	4.219	4.261	4.302	4.343	4.384	4.426	4.467
110	4.508	4.549	4.590	4.632	4.673	4.714	4.755	4.796	4.837	4.878
120	4.919	4.960	5.001	5.042	5.083	5.124	5.164	5.205	5.246	5.287

续表

温度（℃）	0	1	2	3	4	5	6	7	8	9
	热电动势(mV)									
130	5.327	5.368	5.409	5.450	5.490	5.531	5.571	5.612	5.652	5.693
140	5.733	5.774	5.814	5.855	5.895	5.936	5.976	6.016	6.057	6.097
150	6.137	6.177	6.218	6.258	6.298	6.338	6.378	6.419	6.459	6.499
160	6.539	6.579	6.619	6.659	6.699	6.739	6.779	6.819	6.859	6.899
170	6.939	6.979	7.019	7.059	7.099	7.139	7.179	7.219	5.259	7.299
180	7.338	7.378	7.418	7.458	7.498	7.538	7.578	7.618	7.658	7.697
190	7.737	7.777	7.817	7.857	7.897	7.937	7.977	8.017	8.057	8.097
200	8.137	8.177	8.216	8.256	8.296	8.336	8.376	8.416	8.456	8.497
210	8.537	8.577	8.617	8.657	8.697	8.737	8.777	8.817	8.857	8.897
220	8.938	8.978	9.018	9.058	9.099	9.139	9.179	9.220	9.260	9.300
230	9.341	9.381	9.421	9.462	9.502	9.543	9.583	9.624	9.664	9.705
240	9.745	9.786	9.826	9.867	9.907	9.948	9.989	10.029	10.70	10.111
250	10.151	10.192	10.233	10.274	10.315	10.355	10.396	10.437	10.478	10.519
260	10.560	10.600	10.641	10.682	10.723	10.764	10.805	10.846	10.887	10.928
270	10.969	11.010	11.051	11.093	11.134	11.175	11.216	11.257	11.298	11.339
280	11.381	11.422	11.463	11.504	11.546	11.587	11.628	11.669	11.711	11.752
290	11.793	11.835	11.876	11.918	11.959	12.000	12.042	12.083	12.125	12.166
300	12.207	12.249	12.290	12.332	12.373	12.415	12.456	12.498	12.539	12.581
310	12.623	12.664	12.706	12.747	12.789	12.831	12.872	12.914	12.955	12.997
320	13.039	13.080	13.122	13.164	13.205	13.247	13.289	13.331	13.372	13.414
330	13.456	13.497	13.539	13.581	13.623	13.665	13.706	13.748	13.790	13.832
340	13.874	13.915	13.957	13.999	14.041	14.083	14.125	14.167	14.208	14.250

续表

温　度	0	1	2	3	4	5	6	7	8	9
(℃)	热　电　动　势(mV)									
350	14.292	14.334	14.376	14.418	14.460	14.502	14.544	14.586	14.628	14.670
360	14.712	14.754	14.796	14.838	14.880	14.922	14.964	15.006	15.048	15.090
370	15.132	15.174	15.216	15.258	15.300	15.342	15.384	15.426	15.468	15.510
380	15.552	15.594	15.636	15.679	15.721	15.763	15.805	15.847	15.889	15.931
390	15.974	16.016	16.058	18.100	16.142	16.184	16.227	16.269	16.311	16.353
400	16.395	16.438	16.480	16.522	16.564	16.607	16.649	16.691	16.733	16.776
410	16.818	16.860	16.902	16.945	19.987	17.029	17.072	17.114	17.156	17.199
420	17.241	17.283	17.326	17.368	17.410	17.453	17.459	17.537	17.580	17.622
430	17.664	17.707	17.749	17.792	17.834	17.876	17.919	17.961	18.004	18.046
440	18.088	18.131	18.173	18.216	18.258	18.301	18.343	18.385	18.428	18.470
450	18.513	18.555	18.598	18.640	18.683	18.725	18.768	18.810	18.853	18.895
460	18.938	18.980	19.023	19.065	19.108	19.150	19.193	19.235	19.278	19.320
470	19.363	19.405	19.448	19.490	19.533	19.576	19.618	19.661	19.703	19.746
480	19.788	19.831	19.873	19.916	19.959	20.001	20.044	20.086	20.129	20.172
490	20.214	20.257	20.299	20.342	20.385	2.0427	20.470	20.512	20.555	20.598
500	20.640	20.683	20.725	20.768	20.811	20.853	20.896	20.938	20.981	21.024
510	21.066	21.109	21.152	21.194	21.237	21.280	21.322	21.365	21.407	21.450

续表

温　度	0	1	2	3	4	5	6	7	8	9
(℃)	热　电　动　势(mV)									
520	21.493	21.535	21.578	21.621	21.663	21.706	21.749	21.791	21.834	21.876
530	21.919	91.962	22.004	22.047	22.090	22.132	22.175	22.218	22.260	22.303
540	22.346	22.388	22.431	22.473	22.516	22.559	22.601	22.644	22.687	22.729
550	22.772	22.815	22.857	22.900	22.942	22.985	23.028	23.070	23.113	23.156
560	23.198	23.241	23.284	23.326	23.369	23.411	23.454	23.497	23.539	23.582
570	23.624	23.667	23.710	23.752	23.795	23.837	23.880	23.923	23.965	24.008
580	24.050	14.093	24.136	24.178	24.221	24.263	24.306	24.384	24.391	24.434
590	24.475	24.519	24.561	24.604	24.646	24.689	24.731	24.774	24.817	24.859
600	24.902	24.944	24.987	25.029	25.072	25.114	25.157	25.199	25.242	25.284
610	25.327	25.369	25.412	25.454	25.497	25.539	25.582	25.624	25.666	25.709
620	25.751	25.794	25.836	25.879	25.921	25.964	26.006	26.048	26.091	26.133
630	26.176	26.218	26.260	26.303	26.345	26.387	26.430	26.472	26.515	26.557
640	26.599	26.642	26.684	26.726	26.769	26.811	26.853	26.896	26.938	26.980
650	27.022	27.065	27.107	27.149	27.192	27.234	27.276	27.318	27.361	27.403
660	27.445	27.487	27.529	27.572	27.614	27.656	27.698	27.740	27.783	27.825
670	27.867	27.909	27.951	27.993	28.035	28.078	28.120	28.162	28.204	28.246
680	28.288	23.330	28.372	28.414	28.456	28.498	28.540	28.583	28.625	28.667
690	28.709	23.751	28.793	28.835	28.877	28.919	28.961	29.002	29.044	29.086

续表

温 度 (℃)	0	1	2	3	4	5	6	7	8	9
	热 电 动 势(mV)									
700	29.128	29.170	29.212	29.254	29.296	29.338	29.380	29.422	29.464	29.505
710	29.547	29.589	29.631	29.673	29.715	29.756	29.798	29.840	29.882	29.924
720	29.965	30.007	30.049	30.091	30.132	30.174	30.216	30.257	30.299	30.341
730	30.383	30.424	30.466	30.508	30.549	30.591	30.632	30.674	30.716	30.757
740	30.799	30.840	30.882	30.924	30.965	31.007	31.048	31.090	31.031	31.173
750	31.214	31.256	31.297	31.339	31.380	31.422	31.463	31.504	31.546	31.587
760	31.629	31.670	31.712	31.753	31.794	31.836	31.877	31.918	31.960	32.001
770	32.042	32.084	32.125	32.166	32.207	32.249	32.290	32.331	32.372	32.414
780	32.455	32.496	32.537	32.578	32.619	32.661	32.702	32.743	32.784	32.825
790	32.866	32.907	32.948	32.990	33.031	33.072	33.113	33.154	33.195	33.236
800	33.277	33.318	33.359	33.400	33.441	33.482	33.523	33.564	33.604	33.645
810	33.686	33.727	33.768	33.809	33.850	33.891	33.931	33.927	34.013	34.054
820	34.095	34.136	34.176	34.217	34.258	34.299	34.339	34.380	34.421	34.461
830	34.502	34.543	34.583	34.624	34.665	34.705	34.746	34.787	34.827	34.868
840	34.909	34.949	34.990	35.030	35.071	35.111	35.152	35.192	35.233	35.273
850	35.314	35.354	35.395	35.435	35.476	35.516	35.557	35.597	35.637	35.678
860	35.718	35.758	35.799	35.839	35.880	35.920	35.960	36.000	36.041	36.081

续表

温　度 (℃)	0	1	2	3	4	5	6	7	8	9
	热　电　动　势(mV)									
870	36.121	36.162	36.202	36.242	36.282	36.232	36.363	36.403	36.443	36.483
880	36.524	36.564	36.604	36.644	36.684	36.724	36.764	36.804	36.844	36.885
890	36.925	36.965	37.005	37.045	37.085	37.125	37.165	37.205	37.245	37.285
900	37.325	37.365	37.405	37.445	37.484	37.524	37.564	37.604	37.644	37.684
910	37.724	37.764	37.803	37.843	37.883	37.923	37.963	38.002	38.042	38.082
920	38.122	38.162	38.201	38.241	38.281	38.320	38.360	38.400	38.439	38.479
930	38.519	38.558	38.598	38.638	38.677	38.717	38.765	38.796	38.836	38.875
940	38.915	38.954	38.994	39.033	39.073	39.112	39.152	39.191	39.231	39.270
950	39.310	39.349	39.388	39.428	39.467	39.507	39.546	39.585	39.625	39.664
960	39.703	37.743	39.782	39.821	39.861	39.900	39.939	39.979	40.018	40.057
970	40.096	40.136	40.175	40.214	40.253	40.292	40.332	40.371	40.410	40.449
980	40.488	40.527	40.566	40.605	40.645	40.684	40.723	40.762	40.801	40.840
990	40.897	40.918	40.957	40.996	41.035	41.074	41.113	41.152	41.191	41.230
1000	41.269	41.308	41.347	41.385	41.424	41.463	41.502	41.541	41.580	41.619
1010	41.657	41.696	41.735	41.774	41.813	41.851	41.890	41.929	41.968	42.006
1020	42.045	42.084	42.123	42.161	42.200	42.239	42.277	42.316	42.355	42.393

续表

温　度	0	1	2	3	4	5	6	7	8	9
(℃)	热　电　动　势(mV)									
1030	42.432	42.470	42.509	42.548	42.586	42.625	42.663	42.702	42.740	42.779
1040	42.817	42.856	42.894	42.938	42.971	43.010	43.048	43.087	43125	43.164
1050	43.202	43.240	43.279	43.317	43.356	43.394	43.432	43.471	43.509	43.547
1060	43.585	43.624	43.662	43.700	43.739	43.777	43.815	43.853	43.891	43.930
1070	43.968	44.006	44.044	44.082	44.121	44.159	44.197	44.235	44.273	44.311
1080	44.349	44.387	44.425	44.463	44.501	44.539	44.577	44.615	44.653	44.691
1090	44.729	44.767	44.805	44.834	44.881	44.919	44.957	44.995	45.033	45.070
1100	45.108	45.146	45.184	45.222	45.260	45.297	45.335	45.373	45.411	45.448
1110	45.486	45.524	45.561	45.599	45.637	45.675	45.712	45.750	45.787	45.825
1120	45.863	45.900	45.938	45.975	45.013	45.051	45.088	46.126	46.163	46.201
1130	46.238	46.275	46.313	46.350	46.388	46.425	46.463	46.500	46.537	46.575
1140	46.612	46.649	46.687	46.724	46.761	46.799	46.836	46.873	46.910	46.948
1150	46.985	47.022	47.059	47.096	47.134	47.171	47.208	47.245	47.282	47.319
1160	47.356	47.393	47.430	47.468	47.505	47.542	47.579	47.616	47.653	47.689
1170	47.726	47.763	47.800	47.837	47.874	47.911	47.948	47.985	48.021	48.058
1180	48.095	48.132	48.169	48.205	48.242	48.279	48.316	48.352	48.389	48.426
1190	48.462	48.499	48.536	48.572	48.609	48.645	48.682	48.718	48.755	48.792

续表

温度 (℃)	0	1	2	3	4	5	6	7	8	9
	热电动势(mV)									
1200	48.828	48.856	48.901	48.937	48.974	49.010	49.047	49.083	49.120	49.156
1210	49.192	49.229	49.265	49.301	49.338	49.374	49.410	49.446	49.483	49.519
1220	49.555	49.591	49.627	49.663	49.700	49.736	49.772	49.808	49.844	49.880
1230	49.916	49.952	49.988	50.024	50.060	50.096	50.132	50.168	50.204	50.240
1240	50.276	50.311	50.347	50.383	50.419	50.455	50.491	50.526	50.562	50.598
1250	50.633	50.669	50.705	50.741	50.776	50.812	50.847	50.883	50.919	50.954
1260	50.990	51.025	51.061	51.096	51.132	51.167	51.203	51.238	51.274	51.309
1270	51.344	51.380	51.415	51.450	51.486	51.521	51.556	51.592	51.627	51.662
1280	51.697	51.733	51.768	51.803	51.838	51.873	51.908	51.943	51.979	52.014
1290	52.049	52.084	52.119	52.154	52.189	52.224	52.259	52.294	52.329	52.364
1300	52.398	52.433	52.468	52.503	52.538	52.573	52.608	52.642	52.677	52.712
1310	52.747	52.781	52.816	52.851	52.886	52.920	52.955	52.989	53.024	53.059
1320	53.093	53.162	53.128	53.197	53.232	53.266	53.301	53.335	53.370	53.404
1330	53.439	53.473	53.507	53.542	53.576	53.611	53.645	53.679	53.714	53.748
1340	53.782	53.817	53.851	53.885	53.920	53.954	54.988	54.022	54.057	54.091
1350	54.125	54.159	54.193	54.228	54.262	54.296	54.330	54.364	54.398	54.432
1360	54.466	54.501	54.535	54.569	54.603	54.637	54.671	54.705	54.739	54.773
1370	54.807	54.841	54.875							

附表 14

铂铑 10 – 铂热电偶分度表

分表号:S

(参考端温度为℃)

温度 (℃)	0	1	2	3	4	5	6	7	8	9
	热电动势(mV)									
-50	-0.236									
-40	-0.194	-0.199	-0.203	-0.207	-0.211	-0.215	-0.220	-0.224	-0.228	-0.232
-30	-0.150	-0.155	-0.159	-0.164	-0.168	-0.173	-0.177	-0.181	-0.186	-0.190
-20	-0.103	-0.108	-0.112	-0.117	-0.122	-0.127	-0.132	-0.136	-0.141	-0.145
-10	-0.053	-0.058	-0.063	-0.068	-0.073	-0.078	-0.083	-0.088	-0.093	-0.098
0	-0.000	-0.005	-0.011	-0.016	-0.021	-0.027	-0.032	-0.037	-0.042	-0.048
0	0.000	0.005	0.011	0.016	0.022	0.027	0.033	0.038	0.044	0.050
10	0.055	0.061	0.067	0.072	0.078	0.084	0.090	0.095	0.101	0.107
20	0.113	0.119	0.125	0.131	0.137	0.142	0.148	0.154	0.161	0.167
30	0.173	0.179	0.185	0.191	0.197	0.203	0.210	0.216	0.222	0.228
40	0.235	0.241	0.247	0.254	0.260	0.266	0.273	0.279	0.286	0.292
50	0.299	0.305	0.312	0.318	0.325	0.331	0.338	0.345	0.351	0.358
60	0.365	0.371	0.378	0.385	0.391	0.398	0.405	0.412	0.419	0.425
70	0.432	0.439	0.446	0.453	0.460	0.467	0.474	0.481	0.488	0.495
80	0.502	0.509	0.516	0.523	0.530	0.537	0.544	0.551	0.558	0.566
90	0.573	0.580	0.587	0.594	0.602	0.609	0.616	0.623	0.631	0.638

续表

温　度	0	1	2	3	4	5	6	7	8	9
(℃)	热　电　动　势(mV)									
100	0.645	0.653	0.660	0.667	0.675	0.682	0.690	0.697	0.704	0.712
110	0.719	0.727	0.734	0.742	0.749	0.757	0.764	0.772	0.780	0.787
120	0.795	0.802	0.810	0.818	0.825	0.833	0.841	0.848	0.856	0.864
130	0.872	0.879	0.887	0.895	0.903	0.910	0.918	0.926	0.934	0.942
140	0.950	0.957	0.965	0.973	0.981	0.989	0.997	1.005	1.013	1.021
150	1.029	1.037	1.045	1.053	1.061	1.069	1.077	1.085	1.093	1.101
160	1.109	1.117	1.125	1.138	1.141	1.149	1.158	1.166	1.174	1.182
170	1.190	1.198	1.207	1.215	1.223	1.231	1.240	1.248	1.256	1.264
180	1.273	1.281	1.289	1.297	1.306	1.314	1.322	1.331	1.339	1.347
190	1.356	1.364	1.373	1.381	1.389	1.398	1.406	1.415	1.423	1.432
200	1.440	1.448	1.457	1.465	1.474	1.482	1.491	1.499	1.508	1.516
210	1.525	1.543	1.542	1.551	1.559	1.568	1.576	1.585	1.594	1.602
220	1.611	1.620	1.628	1.637	1.645	1.654	1.663	1.671	1.680	1.689
230	1.698	1.706	1.715	1.724	1.732	1.741	1.750	1.759	1.767	1.776
240	1.785	1.794	1.802	1.811	1.820	1.829	1.838	1.846	1.855	1.864

续表

温度(℃)	0	1	2	3	4	5	6	7	8	9
	热电动势(mV)									
250	1.873	1.882	1.891	1.899	1.908	1.917	1.926	1.935	1.944	1.953
260	1.962	1.971	1.979	1.988	1.997	2.006	2.015	2.024	2.033	2.042
270	2.051	2.060	2.069	2.078	2.087	2.096	2.105	2.114	2.123	2.132
280	2.141	2.150	2.159	2.168	2.177	2.186	2.195	2.204	2.213	2.222
290	2.232	2.241	2.250	2.259	2.268	2.277	2.286	2.295	2.304	2.314
300	2.323	2.332	2.341	2.350	2.359	2.368	2.378	2.387	2.396	2.405
310	2.414	2.424	2.433	2.442	2.451	2.460	2.470	2.479	2.488	2.497
320	2.506	2.516	2.525	2.534	2.543	2.553	2.562	2.571	2.581	2.590
330	2.599	2.608	2.618	2.627	2.636	2.646	2.655	2.664	2.674	2.683
340	2.692	2.702	2.711	2.720	2.730	2.739	2.748	2.758	2.767	2.776
350	2.786	2.795	2.805	2.814	2.823	2.833	2.842	2.852	2.861	2.870
360	2.880	2.889	2.899	2.908	2.917	2.927	2.936	2.946	2.955	2.965
370	2.974	2.984	2.993	3.003	3.012	3.022	3.031	3.041	3.050	3.059
380	3.069	3.079	3.088	3.097	3.107	3.117	3.126	3.136	3.145	3.155
390	3.164	3.174	3.183	3.193	3.202	3.212	3.221	3.231	3.241	3.250

续表

温度 (℃)	0	1	2	3	4	5	6	7	8	9
	热电动势(mV)									
400	3.260	3.269	3.279	3.288	3.298	3.308	3.317	3.327	3.336	3.346
410	3.356	3.365	3.375	3.384	3.394	3.404	3.413	3.423	3.433	3.442
420	3.452	3.462	3.471	3.481	3.491	3.500	3.510	3.520	3.529	3.539
430	3.549	3.558	3.568	3.578	3.587	3.597	3.607	3.616	3.626	3.636
440	3.645	3.655	3.665	3.675	3.684	3.694	3.704	3.714	3.723	3.733
450	3.743	3.752	3.762	3.772	3.782	3.791	3.801	3.811	3.821	3.831
460	3.840	3.850	3.860	3.870	3.879	3.889	3.899	3.909	3.919	3.928
470	3.938	3.948	3.958	3.968	3.977	3.987	3.997	4.007	4.017	4.027
480	4.036	4.046	4.056	4.066	4.076	4.086	4.095	4.105	4.115	4.125
490	4.135	4.145	4.155	4.164	4.174	4.184	4.194	4.204	4.214	4.224
500	4.234	4.243	4.253	4.263	4.273	4.283	4.293	4.303	4.313	4.323
510	4.333	4.343	4.352	4.362	4.372	4.382	4.392	4.402	4.412	4.422
520	4.432	4.442	4.452	4.462	4.472	4.482	4.492	4.502	4.512	4.522
530	4.532	4.542	4.552	4.562	4.572	4.582	4.592	4.602	4.612	4.622
540	4.632	4.642	4.652	4.662	4.672	4.682	4.692	4.702	4.712	4.722

续表

温　度 (℃)	0	1	2	3	4	5	6	7	8	9
	热　电　动　势(mV)									
550	4.732	4.742	4.752	4.762	4.772	4.782	4.792	4.802	4.812	4.822
560	4.832	4.842	4.852	4.862	4.873	4.883	4.893	4.903	4.913	4.923
570	4.933	4.943	4.953	4.963	4.973	4.984	4.994	5.004	5.014	5.024
580	5.034	5.044	5.054	5.065	5.075	5.085	5.095	5.105	5.115	5.125
590	5.136	5.146	5.156	5.166	5.176	5.186	5.197	5.207	5.217	5.227
600	5.237	5.247	5.258	5.268	5.278	5.288	5.298	5.309	5.319	5.329
610	5.339	5.350	5.360	5.370	5.380	5.391	5.401	5.411	5.421	5.431
620	5.442	5.452	5.462	5.473	5.483	5.493	5.503	5.514	5.524	5.534
630	5.544	5.555	5.565	5.575	5.586	5.596	5.606	5.617	5.627	5.637
640	5.648	5.658	5.668	5.679	5.689	5.700	5.710	5.720	5.731	5.741
650	5.751	5.762	5.772	5.782	5.793	5.803	5.814	5.824	5.834	8.845
660	5.855	5.866	5.876	5.887	5.897	5.907	5.918	5.928	5.939	5.949
670	5.960	5.970	5.980	5.991	6.001	6.012	6.022	6.033	6.043	6.054
680	6.064	6.075	6.085	6.096	6.106	6.117	6.127	6.138	6.148	6.159
690	6.169	6.180	6.190	6.201	6.211	6.222	6.232	6.243	6.253	6.264

续表

温 度 (℃)	0	1	2	3	4	5	6	7	8	9
	热 电 动 势(mV)									
700	6.274	6.285	6.295	6.306	6.316	6.327	6.338	6.348	6.359	6.369
710	6.380	6.390	6.401	6.412	6.422	6.433	6.443	6.454	6.465	6.475
720	6.486	6.496	6.507	6.518	6.528	6.539	6.549	6.560	6.571	6.581
730	6.592	6.603	6.613	6.624	6.635	6.645	6.656	6.667	6.677	6.688
740	6.699	6.709	6.720	6.731	6.741	6.752	6.763	6.773	6.784	6.795
750	6.805	6.816	6.827	6.838	6.848	6.859	6.870	6.880	6.891	6.902
760	6.913	6.923	6.934	6.945	6.956	6.966	6.977	6.988	6.999	7.009
770	7.020	7.031	7.042	7.053	7.063	7.074	7.085	7.096	7.107	7.117
780	7.128	7.139	7.150	7.161	7.171	7.182	7.193	7.204	7.215	7.225
790	7.236	7.247	7.258	7.269	7.280	7.291	7.301	7.312	7.323	7.334
800	7.345	7.356	7.367	7.377	7.388	7.399	7.410	7.421	7.432	7.443
810	7.454	7.465	7.476	7.486	7.497	7.508	7.519	7.530	7.541	7.552
820	7.563	7.574	7.585	7.596	7.607	7.618	7.629	7.640	7.651	7.661
830	7.672	7.683	7.694	7.705	7.716	7.727	7.738	7.749	7.760	7.771
840	7.782	7.793	7.804	7.815	7.826	7.837	7.848	7.859	7.870	7.881

续表

温度（℃）	0	1	2	3	4	5	6	7	8	9
	热电动势(mV)									
850	7.892	7.904	7.915	7.926	7.937	7.948	7.959	7.970	7.981	7.992
860	8.003	8.014	8.025	8.036	8.047	8.058	8.069	8.081	8.092	8.103
870	8.114	8.125	8.136	8.147	8.158	8.169	8.180	8.192	8.203	8.214
880	8.225	8.236	8.247	8.258	8.270	8.281	8.292	8.303	8.314	8.325
890	8.336	8.348	8.359	8.370	8.381	8.392	8.404	8.415	8.426	8.437
900	8.448	8.460	8.471	8.482	8.493	8.504	8.516	8.527	8.538	8.549
910	8.560	8.572	8.583	8.594	8.605	8.617	8.628	8.639	8.650	8.662
920	8.673	8.684	8.695	8.707	8.718	8.729	8.741	8.752	8.763	8.774
930	8.786	8.797	8.808	8.820	8.831	8.842	8.854	8.865	8.876	8.888
940	8.899	8.910	8.922	8.933	8.944	8.956	8.967	8.978	8.990	9.001
950	9.012	9.024	9.035	9.047	9.058	9.069	9.081	9.092	9.103	9.115
960	9.126	9.138	9.149	9.160	9.172	9.183	9.195	9.206	9.217	9.229
970	9.240	9.252	9.263	9.275	9.282	9.298	9.309	9.320	9.332	9.343
980	9.355	9.366	9.378	9.389	9.401	9.412	9.424	9.435	9.447	9.458
990	9.470	9.481	9.493	9.504	9.516	9.527	9.539	9.551	9.562	9.573

续表

温 度 (℃)	0	1	2	3	4	5	6	7	8	9
	热 电 动 势(mV)									
1000	9.585	9.596	9.608	9.619	9.631	9.642	9.654	9.665	9.677	9.689
1010	9.700	9.712	9.723	9.735	9.746	9.758	9.770	9.781	9.793	9.804
1020	9.816	9.828	9.839	9.851	9.862	9.874	9.886	9.897	9.909	9.920
1030	9.932	9.944	9.955	9.967	9.979	9.990	10.002	10.013	10.025	10.037
1040	10.048	10.060	10.072	10.083	10.095	10.107	10.118	10.130	10.142	10.154
1050	10.165	10.177	10.189	10.200	10.212	10.224	10.235	10.247	10.259	10.271
1060	10.282	10.294	10.306	10.318	10.329	10.341	10.353	10.364	10.376	10.388
1070	10.400	10.411	10.423	10.435	10.447	10.459	10.470	10.482	10.494	10.506
1080	10.517	10.529	10.541	10.553	10.565	10.576	10.588	10.600	10.612	10.624
1090	10.635	10.647	10.659	10.671	10.683	10.694	10.706	10.718	10.730	10.742
1100	10.754	10.765	10.777	10.789	10.801	10.813	10.825	10.836	10.848	10.860
1110	10.872	10.884	10.896	10.908	10.919	10.931	10.943	10.955	10.967	10.979
1120	10.991	11.003	11.014	11.026	11.038	11.050	11.062	11.074	11.086	11.098
1130	11.110	11.121	11.133	11.145	11.157	11.169	11.181	11.193	11.205	11.217
1140	11.229	11.241	11.252	11.264	11.276	11.288	11.300	11.312	11.324	11.336

续表

温度	0	1	2	3	4	5	6	7	8	9
(℃)	热电动势(mV)									
1150	11.348	11.360	11.372	11.384	11.396	11.408	11.420	11.432	11.443	11.455
1160	11.467	11.479	11.491	11.503	11.515	11.527	11.539	11.551	11.563	11.575
1170	11.587	11.599	11.611	11.623	11.635	11.647	11.659	11.671	11.683	11.695
1180	11.707	11.719	11.731	11.743	11.755	11.767	77.779	11.791	11.803	11.815
1190	11.827	11.839	11.851	11.863	11.875	11.887	11.899	11.911	11.923	11.935
1200	11.947	11.959	11.971	11.983	11.995	12.007	12.019	12.031	12.043	12.055
1210	12.067	12.079	12.091	12.103	12.116	12.128	12.140	12.152	12.164	12.176
1220	12.188	12.200	12.212	12.224	12.236	12.248	12.260	12.272	12.284	12.296
1230	12.308	12.320	12.332	12.345	12.357	12.369	12.381	12.393	12.405	12.417
1240	12.429	12.441	12.453	12.465	12.477	12.489	12.501	12.514	12.526	12.538
1250	12.550	12.562	12.574	12.586	12.598	12.610	12.622	12.634	12.647	12.659
1260	12.671	12.683	12.695	12.707	12.719	12.731	12.743	12.755	12.767	12.780
1270	12.792	12.804	12.816	12.828	12.840	12.852	12.864	12.876	12.888	12.901
1280	12.913	12.925	12.937	12.949	12.961	12.973	12.985	12.997	13.010	13.022
1290	13.034	13.046	13.058	13.070	13.082	13.094	13.107	13.119	13.131	13.143

续表

温　度（℃）	0	1	2	3	4	5	6	7	8	9
	热　电　动　势(mV)									
1300	13.155	13.167	13.179	13.191	13.203	13.216	13.228	13.240	13.252	13.264
1310	13.276	13.288	13.300	13.313	13.325	13.337	13.349	13.361	13.373	13.385
1320	13.397	13.410	13.422	13.434	13.446	13.458	13.470	13.482	13.495	13.507
1330	13.519	13.531	13.543	13.555	13.567	13.579	13.592	13.604	13.616	13.628
1340	13.640	13.652	13.664	13.677	13.689	13.701	13.713	13.725	13.737	13.749
1350	13.761	13.774	13.786	13.798	13.810	13.822	13.834	13.846	13.859	13.871
1360	13.883	13.895	13.907	13.919	13.931	13.942	13.956	13.968	13.980	13.992
1370	14.004	14.016	14.028	14.040	14.053	14.065	14.077	14.089	14.101	14.113
1380	14.125	14.138	14.150	14.162	14.174	14.186	14.198	14.210	14.222	14.235
1390	14.247	14.259	14.271	14.283	14.295	14.307	14.319	14.332	14.344	14.356
1400	14.368	14.380	14.392	14.404	14.416	14.429	14.441	14.453	14.465	14.477
1410	14.489	14.501	14.513	14.526	14.538	14.550	14.562	14.574	14.586	14.598
1420	14.610	14.622	14.635	14.647	14.659	14.671	14.683	14.695	14.707	14.719
1430	14.731	14.744	14.756	14.768	14.780	14.792	14.804	14.816	14.828	14.840
1440	14.352	14.865	14.877	14.889	14.901	14.913	14.925	14.937	14.949	14.961

续表

温　度	0	1	2	3	4	5	6	7	8	9
(℃)	热　电　动　势(mV)									
1450	14.973	14.985	14.998	15.010	15.022	15.034	15.046	15.058	15.070	15.082
1460	15.94	15.106	15.118	15.130	15.143	15.155	15.167	15.179	15.191	15.203
1470	15.215	15.227	15.239	15.251	15.263	15.275	15.287	15.299	15.311	15.324
1480	15.336	15.348	15.360	15.372	15.384	15.396	15.408	15.420	15.432	15.444
1490	15.456	15.468	15.480	15.492	15.504	15.516	15.528	15.540	15.552	15.564
1500	15.576	15.589	15.601	15.613	15.625	15.637	15.649	15.661	15.673	15.685
1510	15.697	15.709	15.721	15.733	15.745	15.757	15.769	15.781	15.793	15.805
1520	15.817	15.829	15.841	15.853	15.865	15.877	15.889	15.901	15.913	15.925
1530	15.937	15.940	15.961	15.973	15.985	15.997	16.009	16.021	16.033	16.045
1540	16.057	16.069	16.080	16.092	16.104	16.116	16.128	16.140	16.152	16.164
1550	16.176	16.188	16.200	16.212	16.224	16.236	16.248	16.260	16.270	16.284
1560	16.296	16.308	16.319	16.331	16.343	16.355	16.367	16.379	16.391	16.403
1570	16.415	16.427	16.439	16.451	16.462	16.474	16.486	16.498	16.510	16.522
1580	16.534	16.546	16.558	16.569	15.581	16.593	16.605	16.617	16.629	16.641
1590	16.653	16.664	16.676	16.688	16.700	16.712	16.724	16.736	16.747	16.759

续表

温度 (℃)	0	1	2	3	4	5	6	7	8	9
	热电动势(mV)									
1600	16.771	16.783	16.795	16.807	16.819	16.830	16.842	16.854	16.866	16.878
1610	16.890	16.901	16.913	16.925	16.937	16.949	16.960	16.972	16.984	16.996
1620	17.008	17.019	17.031	17.043	17.055	17.067	17.078	17.090	17.102	17.114
1630	17.125	17.137	17.149	17.161	17.173	17.184	17.196	17.208	17.220	17.231
1640	17.243	17.255	17.267	17.278	17.290	17.302	17.313	17.325	17.337	17.349
1650	17.360	17.372	17.384	17.396	17.407	17.419	17.431	17.442	17.454	17.466
1660	17.477	17.489	17.501	17.512	17.524	17.536	17.548	17.559	17.571	17.583
1670	17.594	19.606	17.617	17.629	17.641	17.652	17.664	17.676	17.687	17.699
1680	17.711	17.722	17.734	17.745	17.757	17.769	17.780	17.792	17.803	17.815
1690	17.826	17.838	17.850	17.861	17.873	17.884	17.896	17.907	17.919	17.930
1700	17.942	17.953	17.965	17.976	17.988	17.999	18.010	18.022	18.033	18.045
1710	18.056	18.068	18.079	18.090	18.106	18.113	18.124	18.136	18.147	18.158
1720	18.170	18.181	18.192	18.204	18.215	18.226	18.237	18.249	18.260	18.271
1730	18.282	18.293	18.305	18.316	18.327	18.338	18.349	18.360	18.372	18.383
1740	18.394	18.405	18.416	18.427	18.438	18.449	18.460	18.471	18.482	18.493
1750	18.504	18.515	18.526	18.536	18.547	18.558	18.569	18.580	18.591	18.602
1760	18.612	18.623	18.634	18.645	18.655	18.666	18.677	18.687	18.698	18.709

参 考 文 献

1 杨金和等主编．煤炭化验手册．北京：煤炭工业出版社，1998

2 尹世安．动力燃料分析．北京：水利电力出版社，1984

3 钱钟彭等译．燃用化石燃料的蒸汽发电厂．北京：水利电力出版社，1992

4 刘光庭．质量管理．北京：清华大学出版社，1986

5 国家电力调度通信中心编．燃料管理工程．北京：冶金工业出版社，1995

6 西安热工研究所等编著．锅炉燃烧调整试验方法．北京：水利电力出版社，1974

7 杨金和主编．煤质化验和仪器的使用与维护．北京：煤炭工业出版社，1996

8 魏文德主编．有机化工原料大全．第一卷．北京：化工出版社，1989

9 王其俊．同位素仪表．北京：原子能出版社，1980

10 广东邮电学校编．微波技术基础．北京：人民邮电出版社，1980

11 蔡少辉．核技术在煤在线分析中的应用状况．核电子学与探测技术．1993，Vol13（b）

12 Sonerby B．D．On－line Nuclear Technigues in the Coal Industry．Nacl．Geophs．1991

13 方文沐等编．燃料分析技术问答．北京：中国电力出版社，1993

14 中能电力工业燃料公司组编．动力用煤煤质检验与管理．中国电力出版社．

15 曹长武编著．电力用煤采制技术及其应用．中国电力出版社，1993

16 钱绍圣编著．测量不确定度．清华大学出版社，2002